上：九六式中迫撃砲　高射角放列姿勢
下：九六式重迫撃砲　駐退機、閉鎖機、平衡機、方向照準機転輪

上：九七式中迫撃砲（長）　鋼製本床板と木製副床板
下：九九式小迫撃砲　一〇〇式榴弾は九七式曲射歩兵砲と共用

二式十二糎迫撃砲　放列砲車重量２６０キロ

二式船舶用中迫撃砲　対潜用水中弾を用いる

上：試製四式七糎噴進砲　砲尾から砲口を通視
下：試製四式四十糎噴進榴弾　6個の噴気孔と側方噴気孔

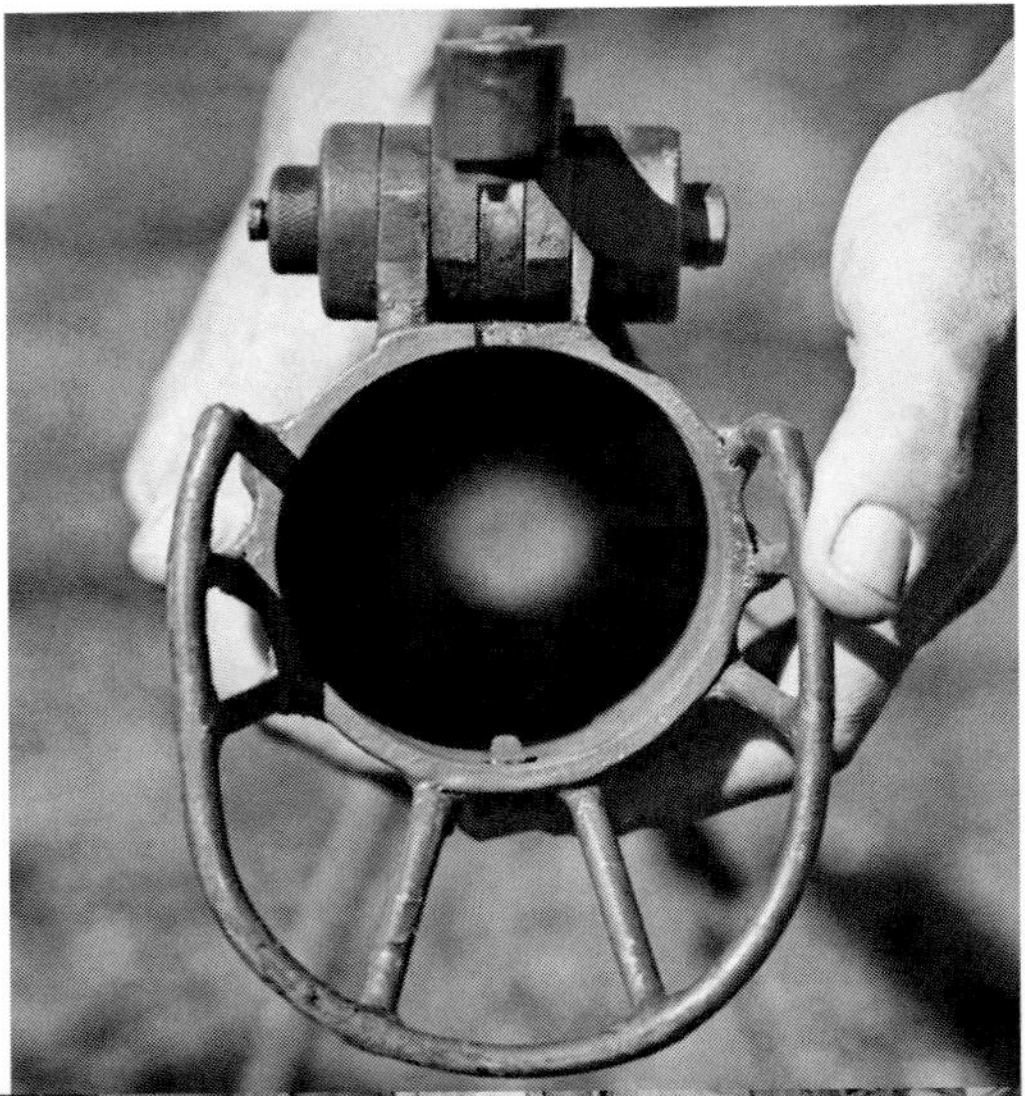

NF文庫
ノンフィクション

新装版

日本陸軍の火砲 迫撃砲 噴進砲 他

日本の陸戦兵器徹底研究

佐山二郎

潮書房光人新社

本書は日本陸軍の迫撃砲、噴進砲など特種砲の発達が分かる一冊です。

迫撃砲は敵に接近し、大きな落角で多量の爆薬を備えた弾丸を放射、噴進砲は硫黄島の戦いでも強力な威力をもって兵員、物資を攻撃、米軍を苦しめた、ロケット弾を発射する火砲です。

そのほかに無反動砲、船載火砲、列車砲、装甲列車などを収載、その発達と歴史を解説します。

日本陸軍の火砲　迫撃砲　噴進砲　他――目次

迫撃砲

噴進砲

無反動砲

船載火砲

列車砲

装甲列車

日本陸軍の火砲　迫撃砲　噴進砲　他

迫撃砲

木製応急迫撃砲
TEMPORARY WOODEN MORTAR

日露戦争の旅順攻囲戦で、わが第三軍は対壕作業で徐々に前進し、敵と接触したとき、その先頭では爆薬戦、手投げ弾戦が演じられた。工兵中佐今沢義雄は木製の12cm迫撃砲を考案し、次いでこれを18cmに改造した。木砲に竹の箍《たが》をはめた花火筒のようなものだが、近距離から爆弾を発射して大いに威力を発揮した。これがわが国初めての迫撃砲戦闘である。

迫撃砲の威力が認められると、戦地においては様々なものを創造した。中口径速射加農の薬莢をそのまま砲身に代用したり、技術審査部ではオランダ式二十拇《ドイム》臼砲の流用も考えた。この臼砲と弾丸は兵器廠に多数貯蔵があったが木製信管の在庫がなかったので、審査部は砲兵工廠と協議して直ちにその大量生産を計画した。そして幹部速成教育をやろうとしているうちに旅順は開城し、この計画は中止となった。

第二軍工兵部が明治三十八年（一九〇五年）四月に作成した意見書「奉天会戦の結果に基づく新兵器（迫撃砲）改良意見」に次の記述がある。

「奉天会戦における迫撃砲の応用は、野戦陣地攻撃に迫撃砲を使用する嚆矢《こうし》となった。迫撃砲の構造は不完全で、それを使用する兵員は全く無経験であったが、数回にわたり応用した結果には見るべきものがあった。目下の戦闘状態において、敵陣地の攻撃は頗《すこぶ》る困難であり、将来にわたって何度も遭遇せざるを得ない難問である。奉天会戦の結果を精査すると、将来予想される困難な戦闘を有利に導くためには、迫撃砲の構造を努めて完全にし、数量を増加し、使用法に練達させることが目下最大の急務である。以下に迫撃砲の効用と改良すべき諸点をあげる。

奉天会戦において迫撃砲を使用したのは前後6回あった。そのうち第四師団の小貴興堡《しょうきこうほ》攻撃、第五師団の王家窩棚《おうかかほう》など3回の攻撃においては迫撃砲の効果があり、攻撃を助けたことが少なくなかったが、他の3回、すなわち第三師団の李官堡《りかんほ》、第八師団の揚士屯《ようしとん》などの攻撃においては、迫撃砲を操作する兵員が損害を受け、その目的を達することができなかった。とはいえ、これらの攻撃戦は攻撃部隊全部の不成功に基づくもので、迫撃砲の効力を左右するものではない。実に迫撃砲はその構造を完全にし、その使用法に練達すれば、陣地攻撃に必要欠くべからざる兵器である。しかし、奉天会戦に使用した迫撃砲の半分は旅順で使用した木砲であり、残る半分は新たに支給された紙製砲であった。弾丸も多くは旅順攻撃に使用した残り物で、その構造には不完全な点が多かった。将来これを野戦的陣地攻撃に使用するには、次のような改良を必要とする。

1、砲身について

木製のものは耐久性に欠け、乾燥すると使用できなくなる。また、重量、幅員ともに過大で、野戦用に適さない。紙製のものは軽量で取り扱いは便利だが、構造が粗雑かつ薄弱で、少し装薬を増やすとたちまち破壊してしまう。したがって、砲身は薄い鋼板製または青銅製とするのが最良である。もし紙製とする場合は、紙質（現行のものはボール紙製）を美濃紙とし、内面の薄鋼板製底鈑の装着を完全にすること。最も必要なことは最大射距離が５００ｍに達するよう堅牢にし、工兵１個中隊に少なくとも４門を持たせることである。

2、砲架について

現行のものは構造が不完全で、携行に不便かつ重過ぎる。さらに軽便にし、１名で運搬できること、また、最小角度を変更できるようにする必要がある。

3、弾丸について

現行の爆裂弾はジナミット（鉱山用爆薬の一種）に鉄片を混ぜたものだが、ジナミットは冬期に不発が多く、夏期には危険性が高いため、少なくとも綿火薬に改良し、ことに鉄片と爆薬とは混合しないことを要する。また、点火具の保存はより確実とすることが必要。尋常弾は必要ないので将来これを廃止したほうがよい。光弾は不完全で腔内破裂が多い。装薬にラカロック（塩素酸カリとニトロベンゼンの混合爆薬）を応用すれば良好となるのではないか。一般に弾丸の外被が薄弱過ぎ、破裂する前に物体に衝突すればたちまち破壊してしまうことが多い。弾体を多少堅固にすることが必要。

米国観戦武官による日露戦争報告書に記載された日露両国の応急迫撃砲と各種手投げ弾

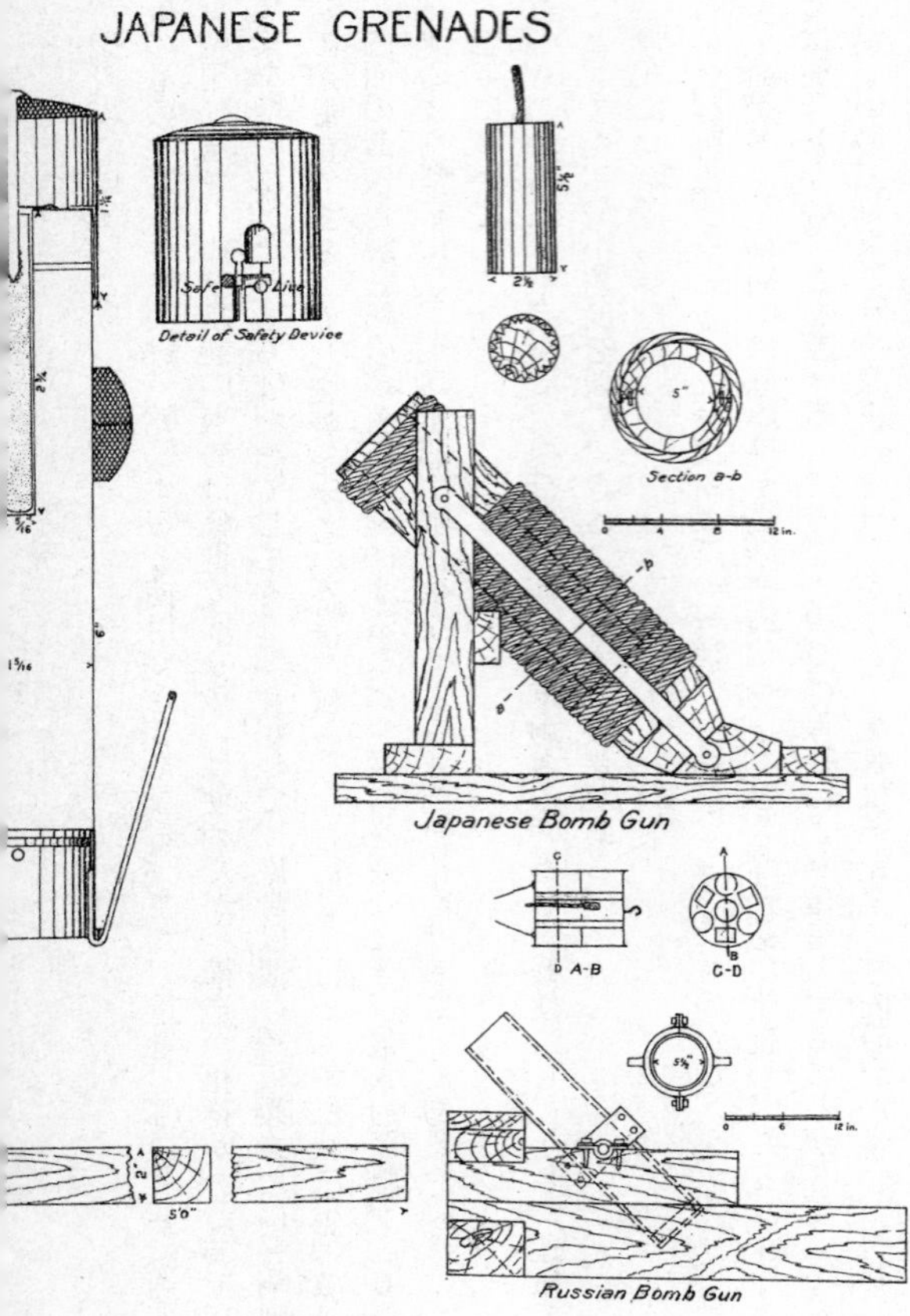

17　木製応急迫撃砲

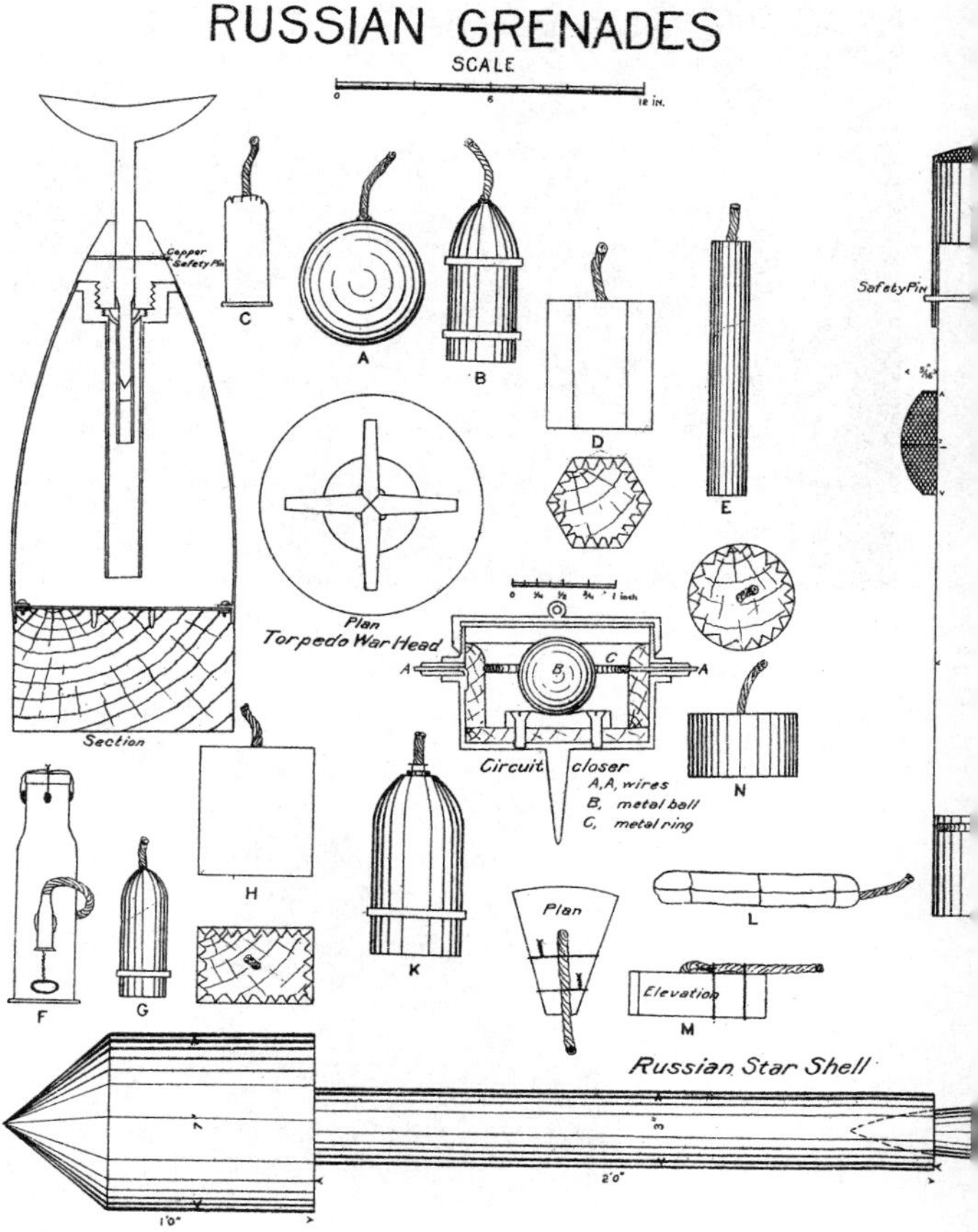

RUSSIAN GRENADES
SCALE
0
6
12 IN.
Copper Safety Pin
Section
C
A
B
D
E
Safety Pin
Plan
Torpedo War Head
0 1/4 1/2 3/4 1 inch
A
B
C
A
Circuit closer
A, A, wires
B, metal ball
C, metal ring
N
F
G
H
K
Plan
L
Elevation
M
Russian Star Shell
1'0"
2'0"
3"

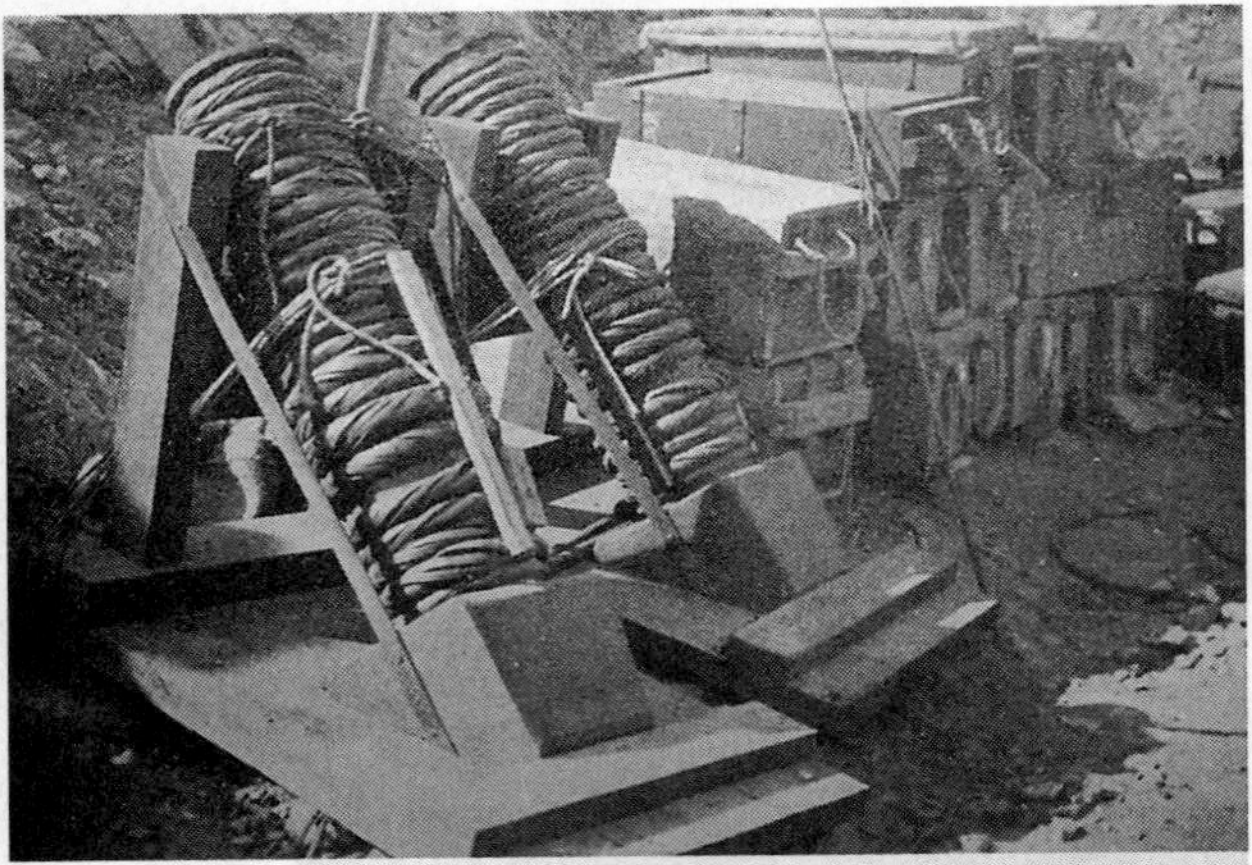

木製応急迫撃砲。木砲に竹の箍《たが》を巻いた砲身は共通だが、砲架の形、砲身の固定法に違いがある。

(1)

４、装薬について

現行の装薬は5種あり、その量が一定していないため、使用が煩雑である。そこで距離100mの最少装薬を母嚢《のう》とし、これに同一の子嚢若干を加えれば所望の距離に達するよう、さらには最大射距離500mに達するようにすること。なお、陸軍省から送付された44㎜鋳鉄製迫撃砲は口径が小さすぎて実用には適さない」

戦争が終わった明治三十八年九月、大連兵站司令部から迫撃砲や手投弾などが陸軍省に献納された。これらは鴨緑江軍第十一師団野戦兵器廠および臨時野戦兵器廠において製作し、戦闘に使用したもので、18㎝、12㎝、7㎝の3種の迫撃砲各1門と、それらに使用した霰弾、爆弾、導火索が含まれていた。18㎝迫撃砲の属具箱に収容されていた品目は、砲身、洗桿、火門針、固定杭、垂球、火縄が各1、標桿《ひょうかん》が大2、小2、水縄5m、白木綿が2反、標示杭が4と記録されている。木製迫撃砲の代表的な型式である。

試製迫撃砲

44mm MORTAR, EXPERIMENTAL

本迫撃砲は、軍務局砲兵科が大阪砲兵工廠に命じて急遽製造した、日本陸軍で最初の金属製迫撃砲であるが、使用部隊からは不評であった。砲身は軟鋼管と青銅製の底部からなり、重量約2kg、弾丸は重量700gの銑製爆弾で、定量装薬と一包になっている。

射撃の方法は、爆弾外包を括《くく》っている糸を解き、中から門線を取り出した後、爆弾を砲腔内に装填し、門線に点火する。門線から弾側を経てまず弾底の装薬が発焼すると同時に、他の2本の門線を経て弾頭の信管に点火する。信管は曳火信管で、5秒後に炸薬に点火し爆発する。装薬は7g、射角45度で射程は約100mである。100m以上の射程を得るには別包の追加装薬を先に腔内に投入する。射角は砲尾を地中に挿入して調整する方式であった。

陸軍省が迫撃砲の製作に動いたのは、4回にも及んだ旅順の総攻撃が終わった明治三十七年十二月のことで、第一軍、第二軍、第三軍、第四軍に迫撃砲6門と迫撃弾1000発ずつを支給するため、臨時軍事費1万3200円をあてて迫撃砲24門、迫撃弾4000発を製

21　試製迫撃砲

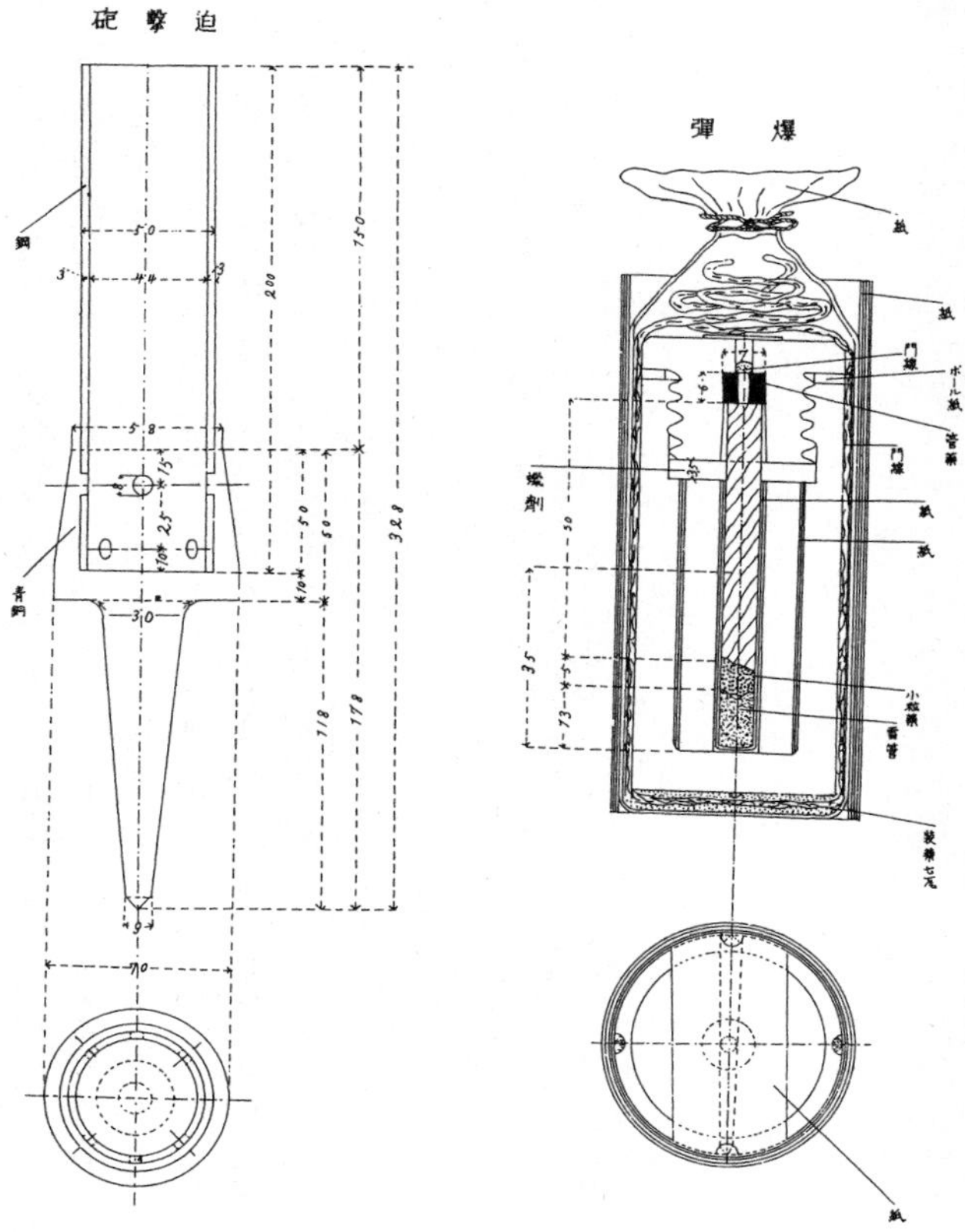

試製迫撃砲と銑製爆弾

造し、兵器本廠へ引き渡すよう大阪砲兵工廠に命じた。これが44㎜迫撃砲で、第三軍ひきあての6門は満州軍総司令部の希望により第四軍に増備された。その後東京砲兵工廠へも迫撃砲25門、迫撃砲爆弾2600発などの追加製造を命じた。

明治三十八年七月、陸軍技術審査部から審査官が戦地へ出張し、迫撃砲の使用法を教習した。これは迫撃砲の使用法を誤ると危害を被るおそれがあるためで、技術審査部長有坂成章も試製研究中の迫撃砲は使用上若干の注意を要すると認めている。

携帯迫撃砲

106mm INFANTRY MORTAR, EXPERIMENTAL

陸軍技術審査部は明治三十八年（一九〇五年）に口径１０６㎜、最大射程４５０ｍの携帯迫撃砲を製造して、奉天方面に送ろうとしたが、下志津原で八月に行なった射撃試験で過早破裂を生じ、試験主任将校と砲手２名が死亡、砲側にいた他の者も全員負傷し、見学将校６名も重軽傷を負うという事故が発生し、そのうちに日露休戦条約が結ばれたので、この迫撃砲は実戦には使わなかった。

携帯迫撃砲　運搬姿勢

(上)携帯迫撃砲と弾薬箱の運搬姿勢。左の兵士は腰に着発式手榴弾を付けている。(下)携帯迫撃砲の発射。拉縄。

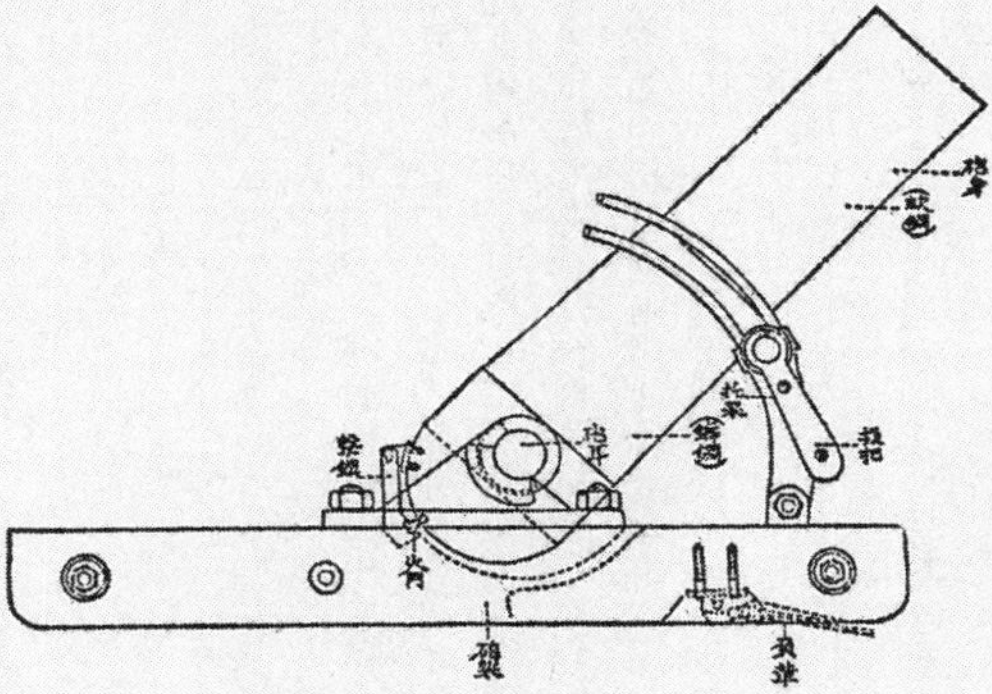

（上）携帯迫撃砲射撃姿勢左後視。
（下）携帯迫撃砲側面図。

迫撃砲

75mm INFANTRY MORTAR

明治四十二年二月、内務次官から陸軍へ要請があり、台湾の土匪討伐に使用するため、迫撃砲6門と弾薬500発を台湾総督府に貸与することになった。この迫撃砲は明治四十年に技術審査部が試作したもので、明治四十一年九月下旬から十月上旬にかけて伊良湖射場で発射試験を行なった。試験の結果、火砲一般の機能は良好であった。射弾は400ないし800mの弾道高を描き、1200ないし300mにある目標に対し頭上から射撃することができる。後坐を完全に制限するときは射角60度以下において射角の減少に伴い多少の仰起があるが、駐鋤《ちゅうじょ》を土中に挿入すれば45度の射角で後坐は50~60cmに止まり、仰起はしない。砲身は腔綫《こうせん》を切ってある。

本砲の操作は砲車長1名、砲手2名で行なう。移動は砲手2名が両手で標桿を握り、火砲を提携して運搬する。

弾丸は銑製で黄色薬を炸薬とし、26秒複働信管を有する。静止破裂試験の結果、弾体部は概して5g以下の細片となり、破片の総数8500個に達した。着発弾の漏斗孔《ろうとこう》（じょうご状の爆発孔）は径1・4m、深さ0・3mを得た。迫撃砲は日露戦争中の試作当時から安全性に問題があり、本砲も発火を行なう場合は不時の危害を避けるため、砲手は掩蓋を有する掩体内に隠れて操作することになっていた。このため台湾へ送るときも有坂審査部長の命により、使用法説明と危害予防のため下士1名を派遣した。

●迫撃砲主要諸元

砲身	口径	75㎜
	全長	600㎜（8口径）
	重量	12・4kg
全備重量		42kg
弾量		4kg
初速		133m／s

迫撃砲　側面、平面図

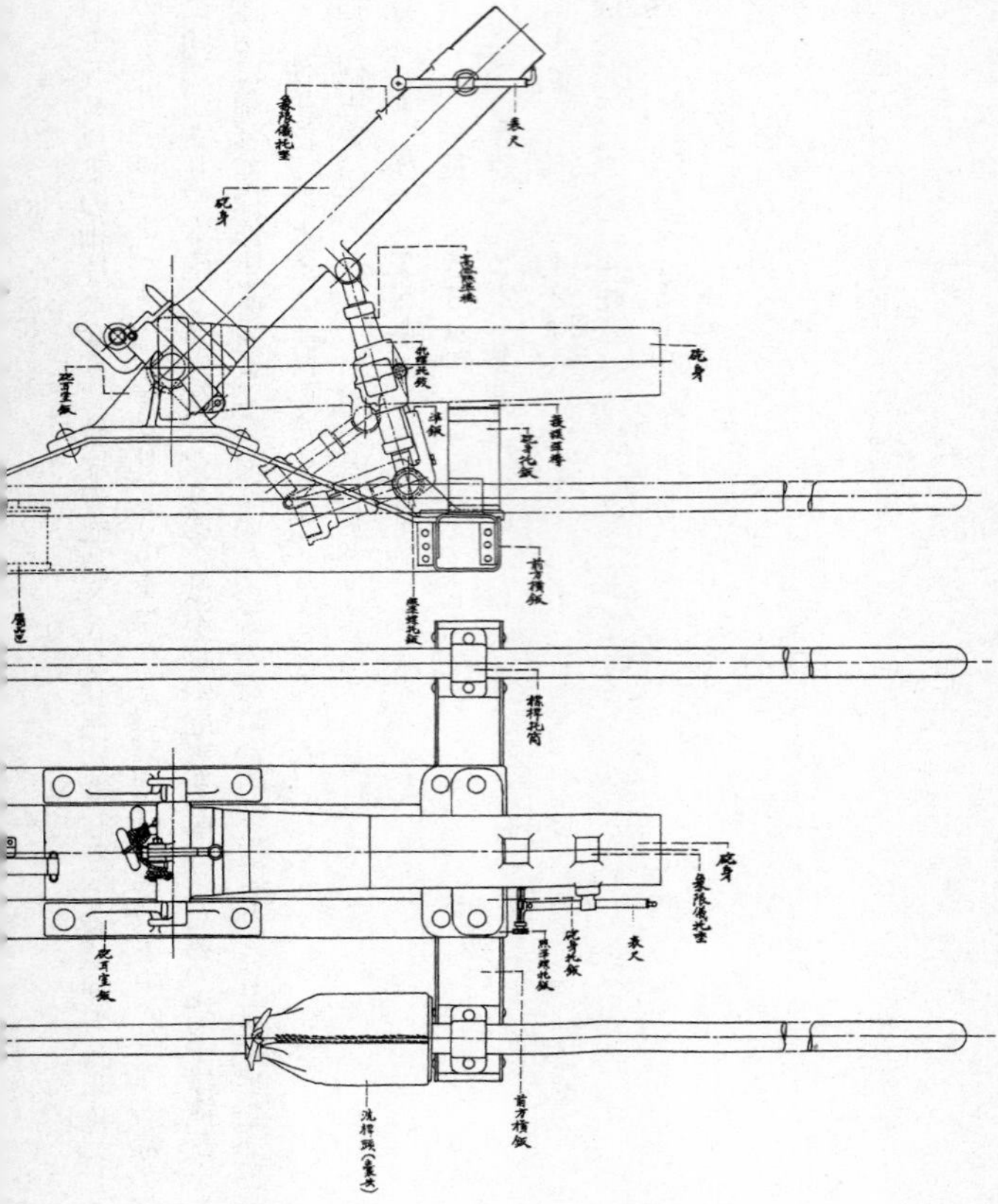

迫撃砲弾薬　銑製榴弾弾薬筒

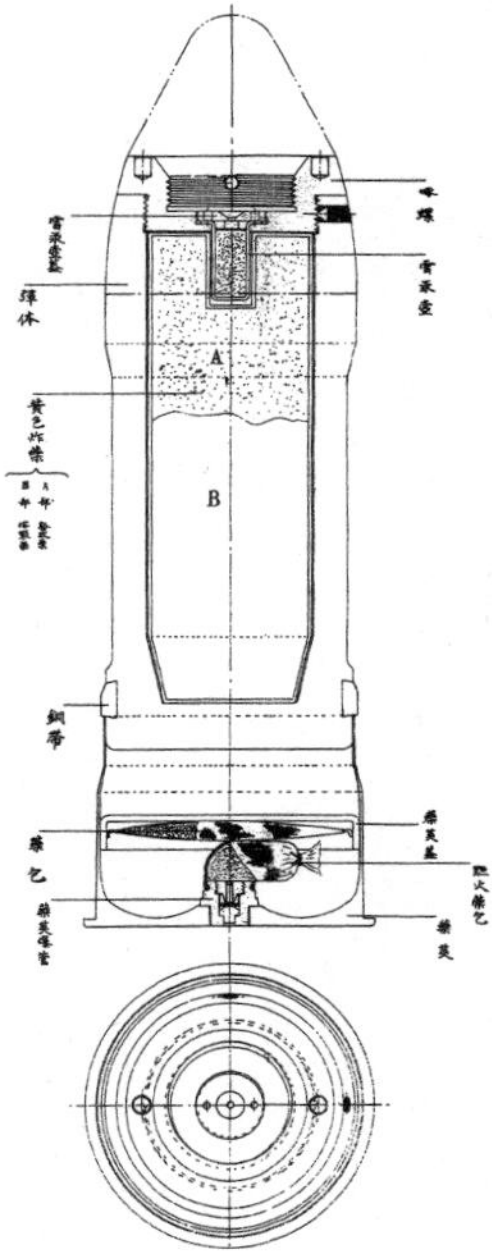

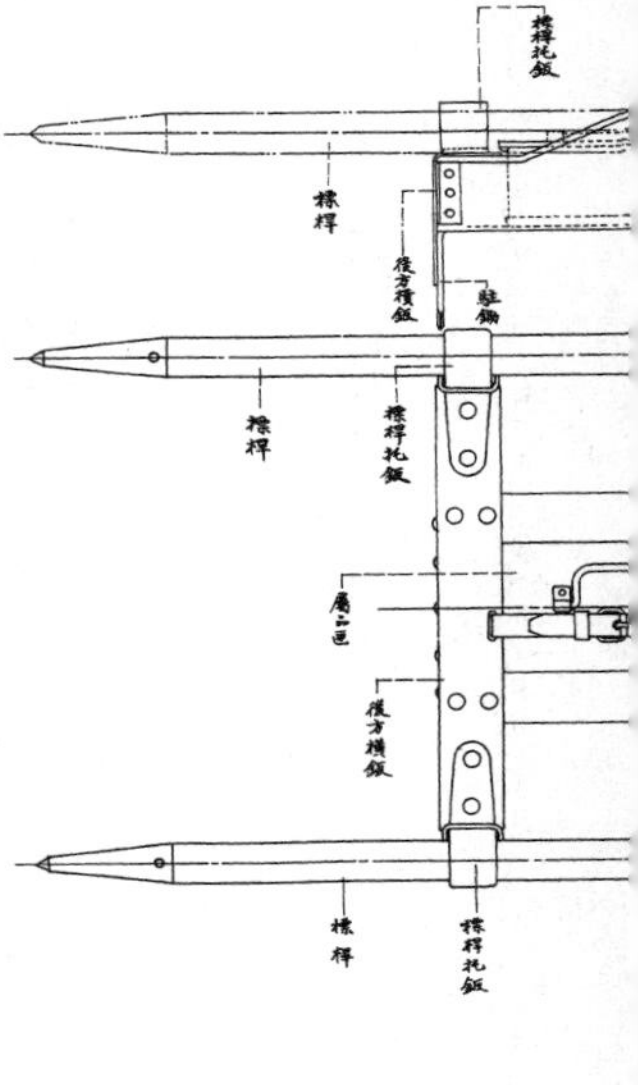

軽迫撃砲

75mm INFANTRY LIGHT MORTAR

明治四十二年六月、陸軍技術審査部は迫撃砲の制式調査を行ない、設計要領書を作成した。

同四十四年三月、要領書に基づき、七糎迫撃砲を1門試製した。

様式	履鈑式砲架
口径	75mm
全備重量	60kg以内
弾量	12・5kg（圧出桿共）
最大射程	約450m

大正三年（一九一四年）の青島戦役に実用試験を兼ねて本砲6門と迫撃砲弾600発を投入し、軽迫撃砲小隊2個を編成した。

大正四年三月、泰平組合はイギリスへ売り渡す目的で軽迫撃砲4門と弾薬1000発の払下げを受け、1万9400円余りで売却した。この迫撃砲は青島攻囲に使用したもので、払下げの結果、軽迫撃砲は2門と弾薬若干を残すのみとなった。

大正六年六月、陸軍歩兵学校は軽迫撃砲の実用試験を行なった。その結果、軽迫撃砲の任務については、「砲兵の威力を補い、歩兵と密接な連係を保持してこれを援助するにある」とし、その理由は、「本砲は射程が短小で、射撃速度が遅く、到底一般野砲兵のように広範な任務の下に逐次的にその威力を発揚することは困難であるから、極限した目標に対して徹底的にその効果を収める以外にない。戦場内における運動はすべて人力で行なうにも拘わらず、本砲の全備重量は機関銃の約2倍あり、弾薬1発は機関銃の1弾薬箱に相当するので、到底運動戦に随伴し、使用することは困難である。砲床が尋常土で特別の設備を施さない場合は、2、3発発射後は殆ど方向の修正ができなくなるほど、床板が土中に沈下するのを常とする。以上の見地から、軽迫撃砲は陣地戦において、しかも最も限定した範囲にのみ使用するのを適当とする」としている。

大正七年のシベリア出兵に際し、当時の情況から慎重な審査を経ることができないまま、急遽本砲を製造して支給した。

大正八年四月、富士瀧ヶ原射場において、軽迫撃砲試製瓦斯《がす》弾第1号（甲）、（乙）、および第2号の発射試験を行なった。

大正十三年十一月、本砲の榴弾に不発が多いことから、危害予防のため、平時は榴弾の使用を停止した。

(上)軽迫撃砲。担桿を装着した運搬姿勢。床板の左右に駐退機を備える。
(下)軽迫撃砲の発射。この砲は駐退機を取り外している。

33　軽迫撃砲

(上)軽迫撃砲。床板の前方に支柱を立て、駐退機を連結する。弾丸の装填。
(中)同、弾丸の圧出桿を砲身に入れ、弾頭は砲口外に出る。
(下)同、拉縄を張って発射準備完了。

軽迫撃砲　側面図　各部名称

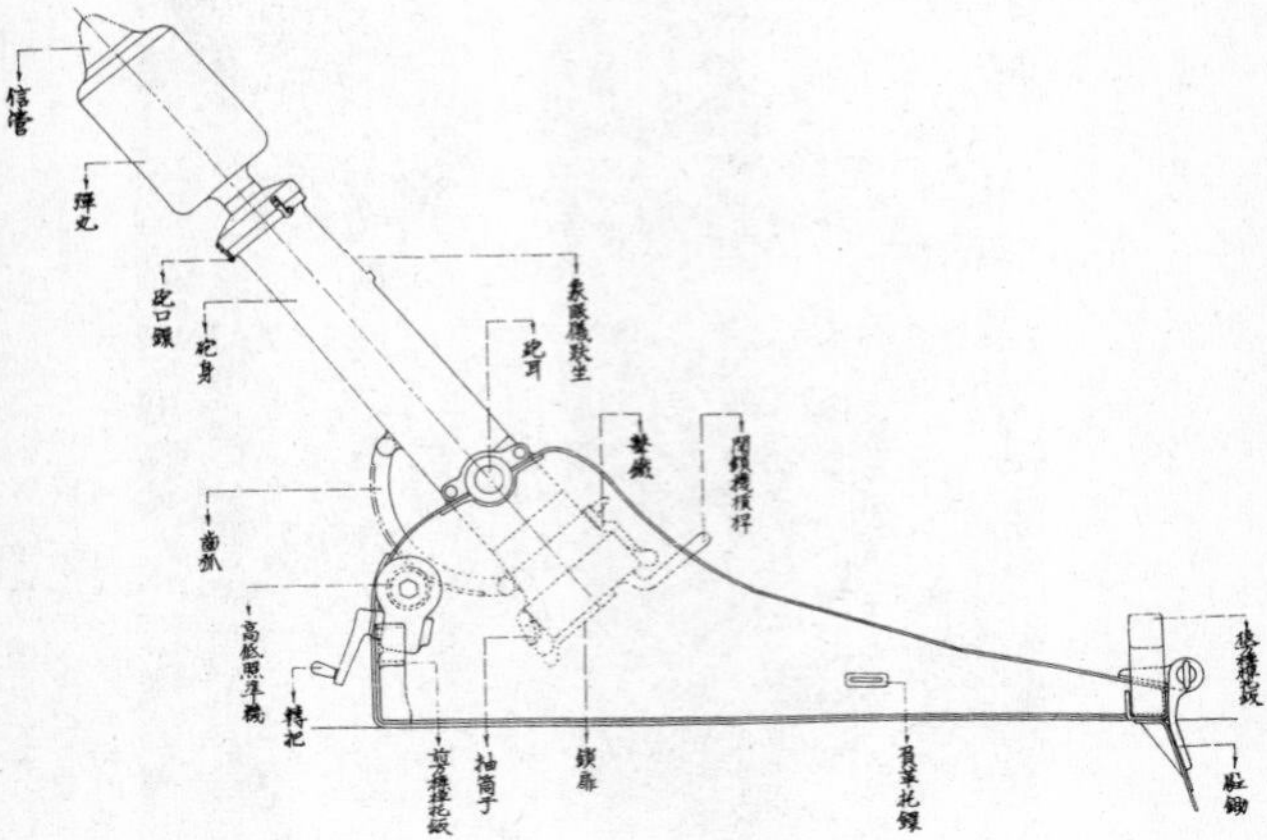

軽迫撃砲弾薬　柄桿式榴弾弾薬筒　各部名称

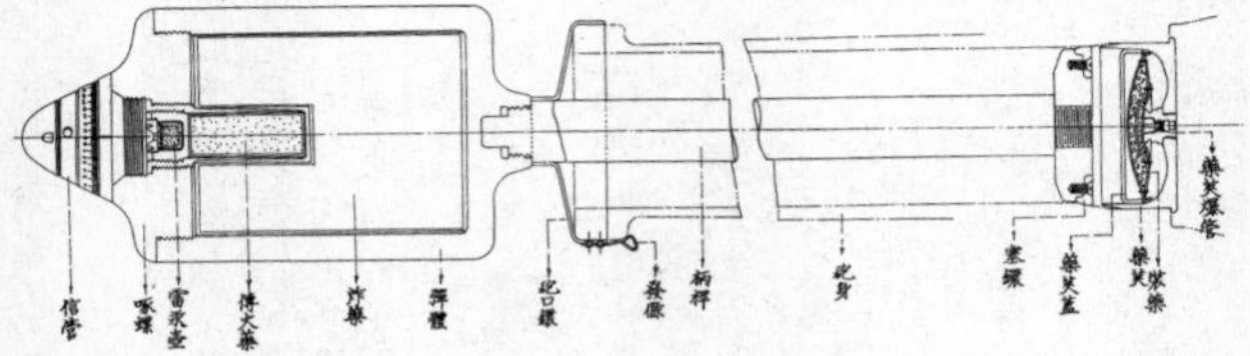

軽迫撃砲は狙撃砲や擲弾銃とともに歩兵部隊に支給した。狙撃砲1個小隊と迫撃砲2個小隊で特種砲隊を編成し、連隊に配属した。1個小隊は軽迫撃砲2門を装備する。1砲には砲車長1名、砲手4名を属す。軽迫撃砲は2砲手で運搬し、また、これを2部に分解するときは各部を1砲手で運搬することができる。

本砲は間接照準を建前とし、垂球照準法は簡易であったが、掩体上に頭を出すことの不利があった。柄桿《へいかん》式弾丸の信管は延期18秒で、射程は1号弾360m、2号弾380m、試製3号弾は650mであった。

●軽迫撃砲主要諸元

砲身（滑腔）	口径	75㎜
	重量	13・4kg
閉鎖機		螺式
全備重量		49・8kg
弾量		12・7kg（弾頭・信管7・83kg、柄桿・砲口鐶3・47kg、炸薬1・41kg）
初速		70m／s
装薬	無煙山砲薬	38g
射程		約130〜420m
発射速度		3発／分

七糎半長射程迫撃砲

75mm LONG RANGE MORTAR, EXPERIMENTAL

本砲は軽迫撃砲の射程を増大することを目的としたもので、砲架以下は軽迫撃砲と同じである。砲身は施綫《しせん》で螺式《らしき》閉鎖機を有し、野砲弾丸を発射する。薬莢は軽迫撃砲のものを用いる。床板は発条駐退機を有する長さ1・04m、幅0・6m、重量55・8kgの木製平板で、砲架の支台となる。運搬は輜重車に積載するか、陣地内交通壕などでは標桿を砲架の左右にある托鈑に装着して、担架のように運搬する。または3部に分解して各1名または2名で担送することもできる。本砲と九糎長射程迫撃砲は整備には至らなかった。

●七糎半長射程迫撃砲主要諸元

砲身	口径	75㎜
	全長	580㎜
	重量	約18kg
高低射界		−10〜+80度

37　七糎半長射程迫撃砲

放列砲車重量　約100kg
弾量　6・79kg
装薬　50g
最大射程（45度）　1800m

九糎長射程迫撃砲

90mm LONG RANGE MORTAR, EXPERIMENTAL

本砲は軽迫撃砲の射程を増大し、かつ七糎弾丸より威力の大きい弾丸を発射することを目的としたもので、砲架以下は軽迫撃砲と同じである。砲身は施綫で螺式閉鎖機を有する。弾丸は斯加《しか》式九糎速射加農と同じものを用い、薬莢は重迫撃砲のものを改修して用いた。床板は発条駐退機を有する長さ1・04m、幅0・6m、重量55・8kgの木製平板で、砲架の支台となる。運搬は輜重車に積載するか、陣地内交通壕などでは標桿を砲架の左右にある托鈑に装着して、担架のように運搬する。または3部に分解して各1名または2名で担送することもできる。

●九糎長射程迫撃砲主要諸元

砲身　口径　90㎜
全長　600㎜
重量　42・5kg

39　九糎長射程迫撃砲

高低射界　−10～+80度
放列砲車重量　126・5kg
弾量　9kg
装薬　80g
最大射程（45度）　2050m

十一年式曲射歩兵砲

70mm INFANTRY MORTAR 11TH YEAR TYPE

大正八年九月、第2回技術会議において曲射歩兵砲の研究方針が決定した。同年十二月、次の設計要領に基づき、陸軍大臣に曲射歩兵砲の試製審査を上申した。

1、目的

軽易な掩蓋下にある機関銃の破壊および制圧を主目的とし、人馬に対する殺傷並びに残存せる障碍物の破壊を副目的とし、散兵と行動を共にし得るを必須の条件とす。

2、様式および諸元

(1) 砲身　口径60㎜、砲身長800㎜、単肉、腔綫2条

(2) 砲架　床板式、射角40〜70度、方向角左右各7度半

(3) 射程　300〜1500m、10発以上／分

(4) 弾薬　分離弾薬筒式、弾丸は砲口より装填する、弾量約3kg、炸薬500g以上、薬筒　金属製薬莢

（５）総重量　約５０kg
（６）運搬法　行軍間は駄載、戦闘間は人力（1名または2名）

大正九年（一九二〇年）一月、曲射歩兵砲の審査命令を受け、同年九月、甲号砲が竣工した。射撃試験において弾丸が飜転したので、口径を７０㎜に増大して乙号砲を試製した。大正十年四月、竣工試験の結果、弾道性は大体良好となったが、3、4種の変装薬を要し、歩兵の使用火砲として不便であるため、さらに新考案の特種弾丸を使用する丙号砲を試製した。同年十月より諸種の試験を行ない、歩兵学校および師団攻防演習に供試して実用試験を行なった結果、実用に適すると認められたので、仮制式の上申をなし、大正十一年六月、十一年式曲射歩兵砲として制定された。

本砲は曲射専用の火砲で、木製床板の上に砲身を上向きに装置した簡単な迫撃砲である。平射歩兵砲に比べて精度は落ちるが、弾丸の威力半径は大きい。砲身後面に塞螺《そくら》を螺着し、その中央に撃茎筒を螺入する。撃茎托筒は一号ないし四号の4種を随時交換するもので、その前端で弾底を支持し、弾丸の装填《りゆうじよう》位置を制限する。これにより装薬ガス室の容積を変化し、弾丸の初速を増減する。発火は拉縄を牽引すると撃鉄が反転して撃茎後端を打撃する。発射速度は1分間8〜10発が標準、火砲が安定する場所では30〜35発も可能だった。弾丸は先込式で、有翼弾ではなく、砲身には傾角4度の腔綫が8条切ってある。施綫部の全長は694㎜で弾丸経過長は695㎜ないし399㎜の4種となる。

戦闘間の砲の運搬は人力搬送とし、行軍間は1馬駄載する。弾薬箱に弾薬8個を収容し、

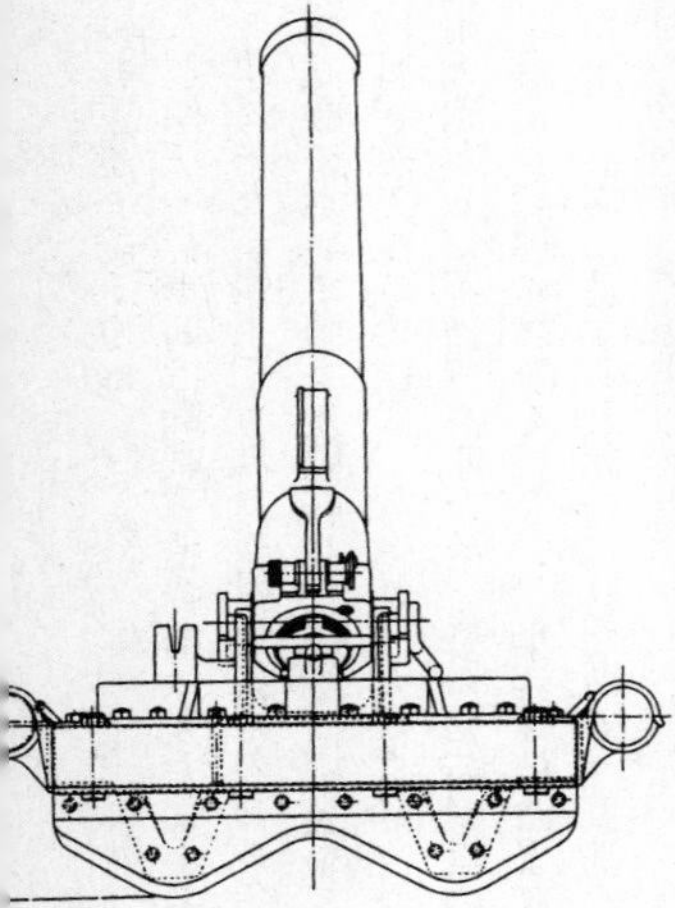

十一年式曲射歩兵砲　側面、平面、後面図

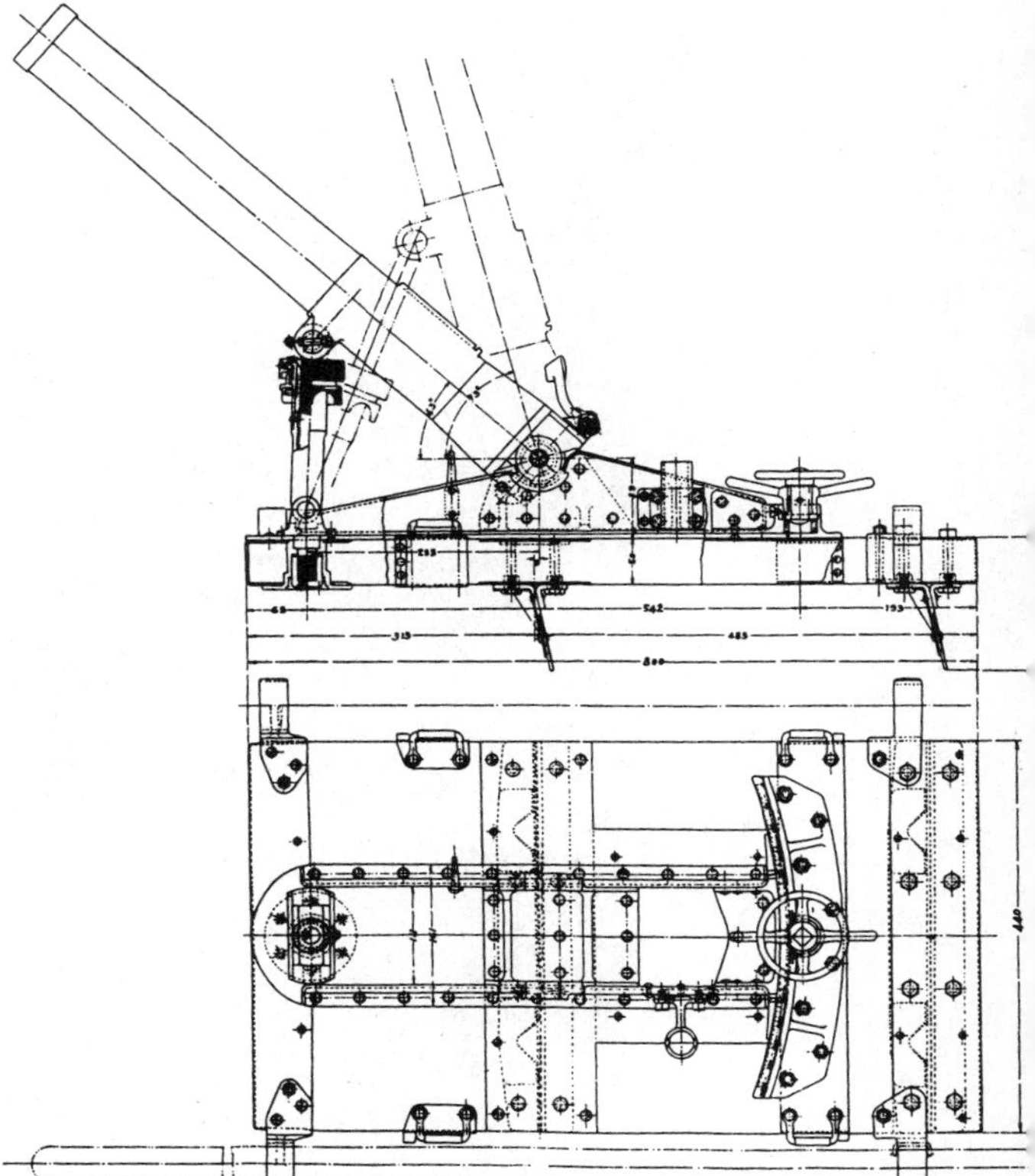

542
193
315
485
800
440

(上、下ともに)試製甲号曲射歩兵砲。駐鋤はなかった。

45　十一年式曲射歩兵砲

（上、下ともに）試製乙号曲射歩兵砲。駐鋤を付けた。

十一年式曲射歩兵砲。制式。駐鋤は前方、後方の2箇所にある。

同、左側視。左の螺桿が高低照準機。

47　十一年式曲射歩兵砲

(上)同、右後視。後方の転把は方向照準機。
(下)同、左右に提棍を付けて運搬する。砲隊鏡。

(上)十一年式曲射歩兵砲と十一年式榴弾、弾薬箱。
(下)同、射撃。使用弾種は空包。拉縄。

49 十一年式曲射歩兵砲

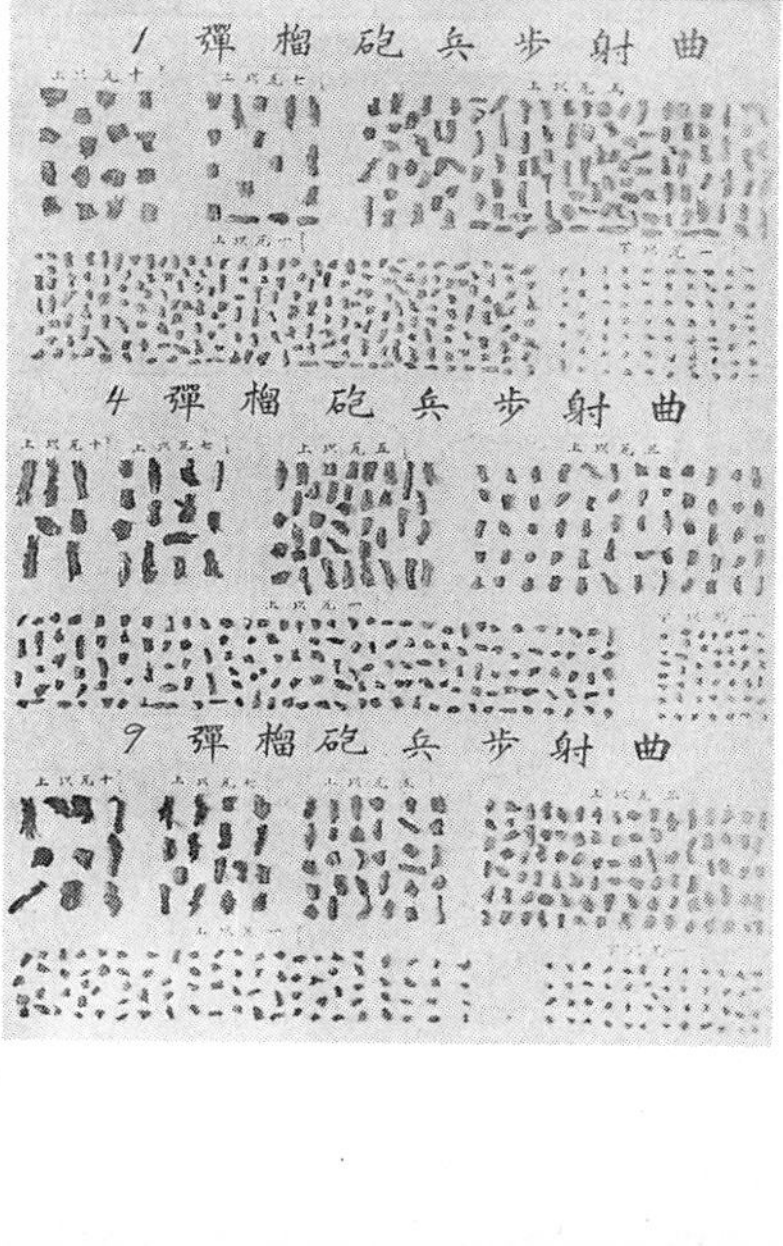

(上)砲尾から脚を伸ばし、独立した駐鋤を増設した試製砲。
(下)十一年式曲射歩兵砲榴弾の破片。

1名で運搬するか、弾薬馬に4箱を積載する。本砲は分隊長のほか、砲手9名で操作する。

大阪造兵廠第一製造所が昭和十七年十月末に調査した火砲製造完成数には、本砲は234門製造とある。本土決戦に備えた昭和二十年度火砲調達計画に本砲Ⅱ型1000門があった。

●十一年式曲射歩兵砲主要諸元

砲身　口径　70mm
　　　全長　750mm（10・7口径）
　　　重量　17kg
高低射界　+43〜73度
方向射界　11度
全備重量　65kg
弾丸経過長　長撃茎　399mm
　　　　　　中撃茎　559mm
　　　　　　短撃茎　695mm
初速　第4托筒84m／s〜第1托筒147m／s
射程　400〜1550m

弾種	信管	弾薬筒重量	威力半径
十一年式榴弾	九三式二働信管「榴臼」	2・61kg	20m
十一年式発煙弾	八八式小瞬発信管	2・76kg	

八九式照明弾
八九式小曳火信管
2・5kg

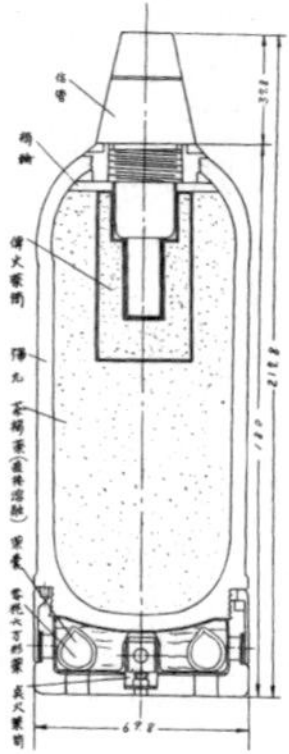

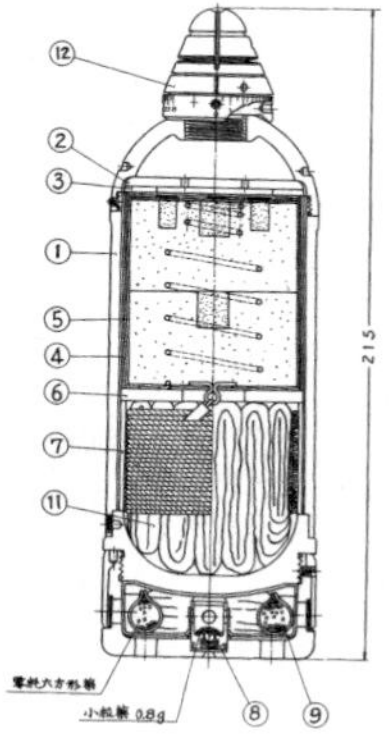

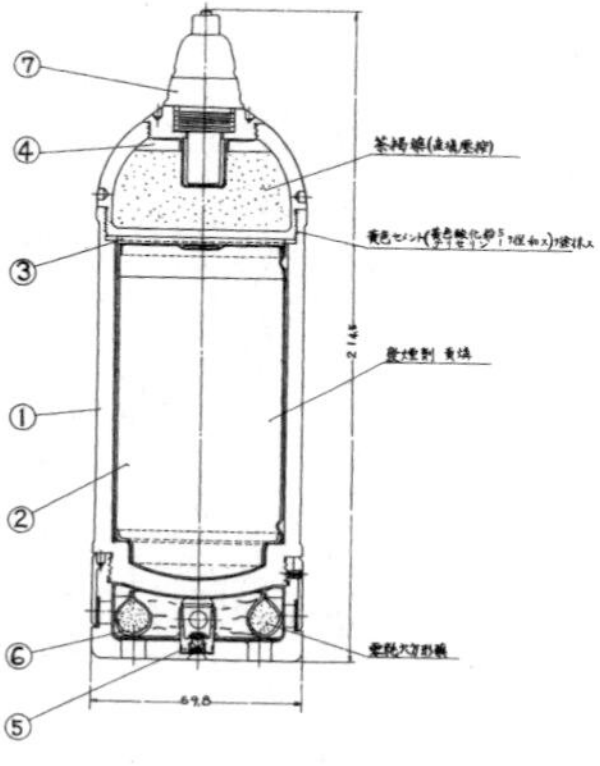

(上) 十一年式曲射歩兵砲弾薬　十一年式榴弾弾薬筒
(右) 十一年式曲射歩兵砲弾薬　十一年式発煙弾弾薬筒
(左) 十一年式曲射歩兵砲弾薬　八九式照明弾弾薬筒

九〇式軽迫撃砲

150mm MORTAR TYPE90

大正八年（一九一九年）頃に研究を開始した砲身後坐式迫撃砲で、大正九年四月五、六日に弾丸型式および砲身長の選定、薬室形状の適否について下志津原で第1回試験を行ない、同月二十五、二十六日に2条導子の効果、頭翼の効果および導子付弾の弾道性について第2回試験を行なった。供試火砲は、有翼弾のため滑腔の乙号砲身、導子付弾のため施綫の甲号砲身の2種を試作し、砲身は砲腔長を40cm、60cm、80cmの長、中、短3種に変えられるよう接続式とした。砲架は旧来の試製迫撃砲砲架を使用した。

弾丸の様式決定にあたっては有翼弾と導子付弾の2種を試製し、有翼弾は研究のため弾翼長に3種を試作した。試験の結果、弾軸が若干不安定だが最大射程、製作、運搬の面から有翼弾は導子付弾に及ばず、軽迫撃砲用弾丸としては導子付弾を採用することになった。また、砲腔長は重量、弾丸装填を顧慮して中を採用した。

大正十二年十二月、火砲が試製竣工したが、試験射撃において弾丸が腔発を起こし、火砲を粉砕したため、大正十四年にあらためて試製砲を製作した。野戦砲兵学校の実用試験など各種試験の後、昭和五年（一九三〇年）十一月に制式制定を上申、昭和六年七月に九〇式軽迫撃砲として制定された。

制定後整備は行なわず、試製砲のみを保管していたが、満州事変に際して海軍上海陸戦隊へ譲渡した。図面は９０通調整したが、それも秘密扱いとし、技術本部に保管したままで、各方面へ配布することはなかった。これは当時の陸軍中央部の考え方が、図面を配付するのは平時各部隊に兵器の現物を支給し、教育を必要とするものに限定し、本砲のようにさしあたり整備せず、戦時になれば必要に応じて製造する兵器については、その準備だけやっておけばよい、という軍縮の悪しき影響の現われであった。

本砲は弾量２０kg（炸薬量５kg）の軽弾と弾量４０kg（同１０kg）の重弾の２種の榴弾を有し、射程は軽弾が３００〜１７００m、重弾は３００〜７００mであった。九〇式榴弾は昭和七年十月に制定された。装薬は薬莢式で、弾丸は前装式、点火法は撃発式である。

遠距離運搬のためには車輪を装して一馬繋駕《けいが》または人力にて輓曳《ばんえい》するか、他の車両に積載して運搬する。近距離運搬のためには砲車を７部に分解し、人力または小車両による。

●九〇式軽迫撃砲主要諸元

砲身（単肉）　口径　１５０㎜
全長　７７１㎜
重量　１０５・７kg（閉鎖機共）

試製輕砲

砲身鋼

甲號砲身

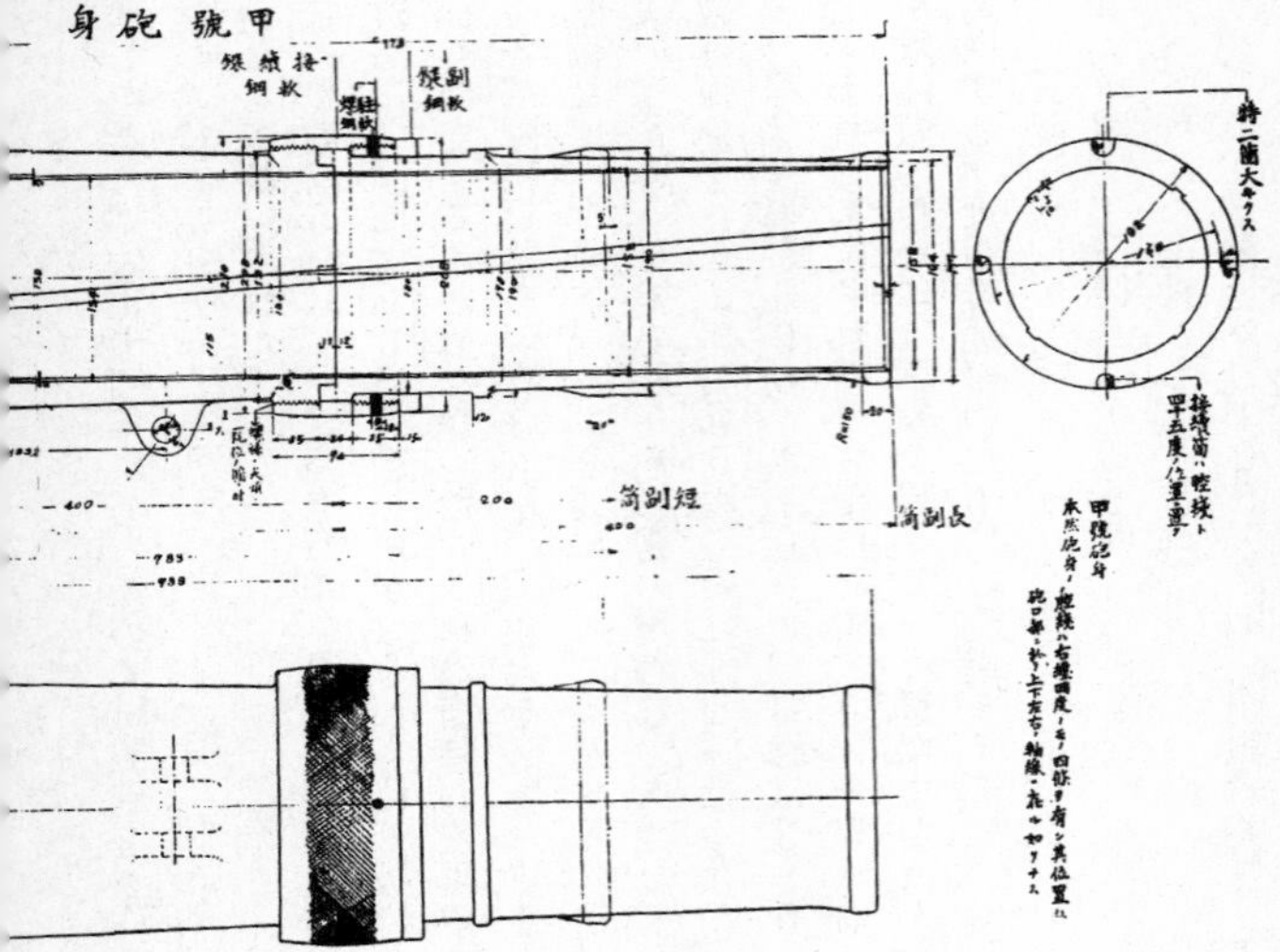

乙號砲身

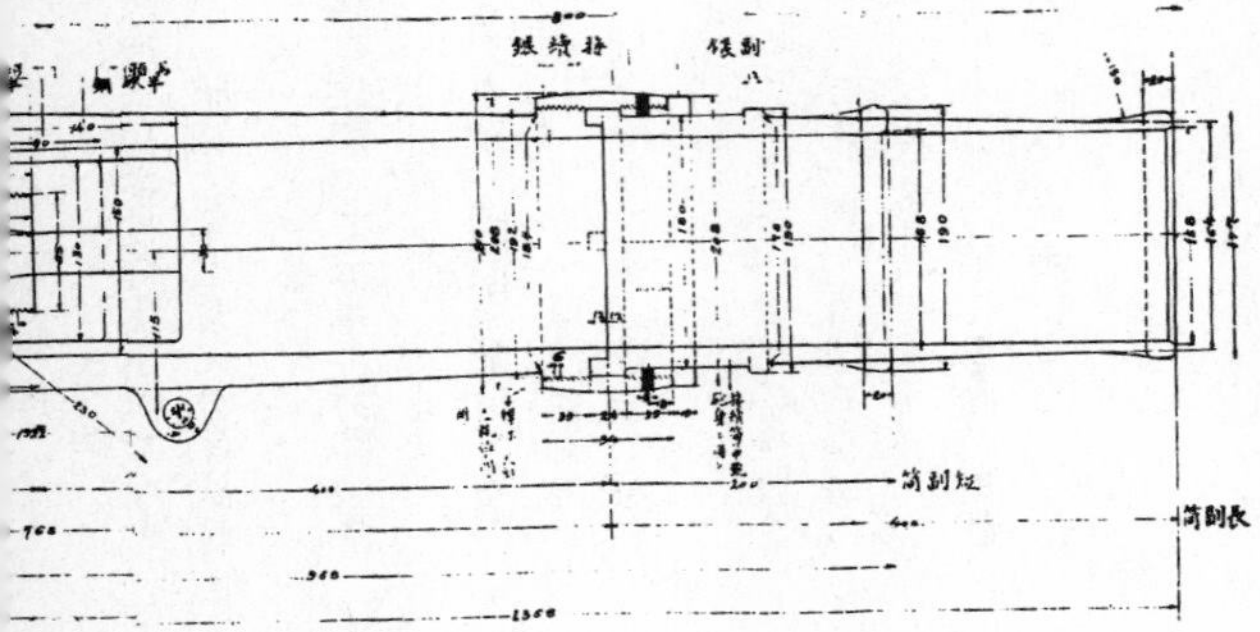

試製軽迫撃砲　甲号砲身、乙号砲身

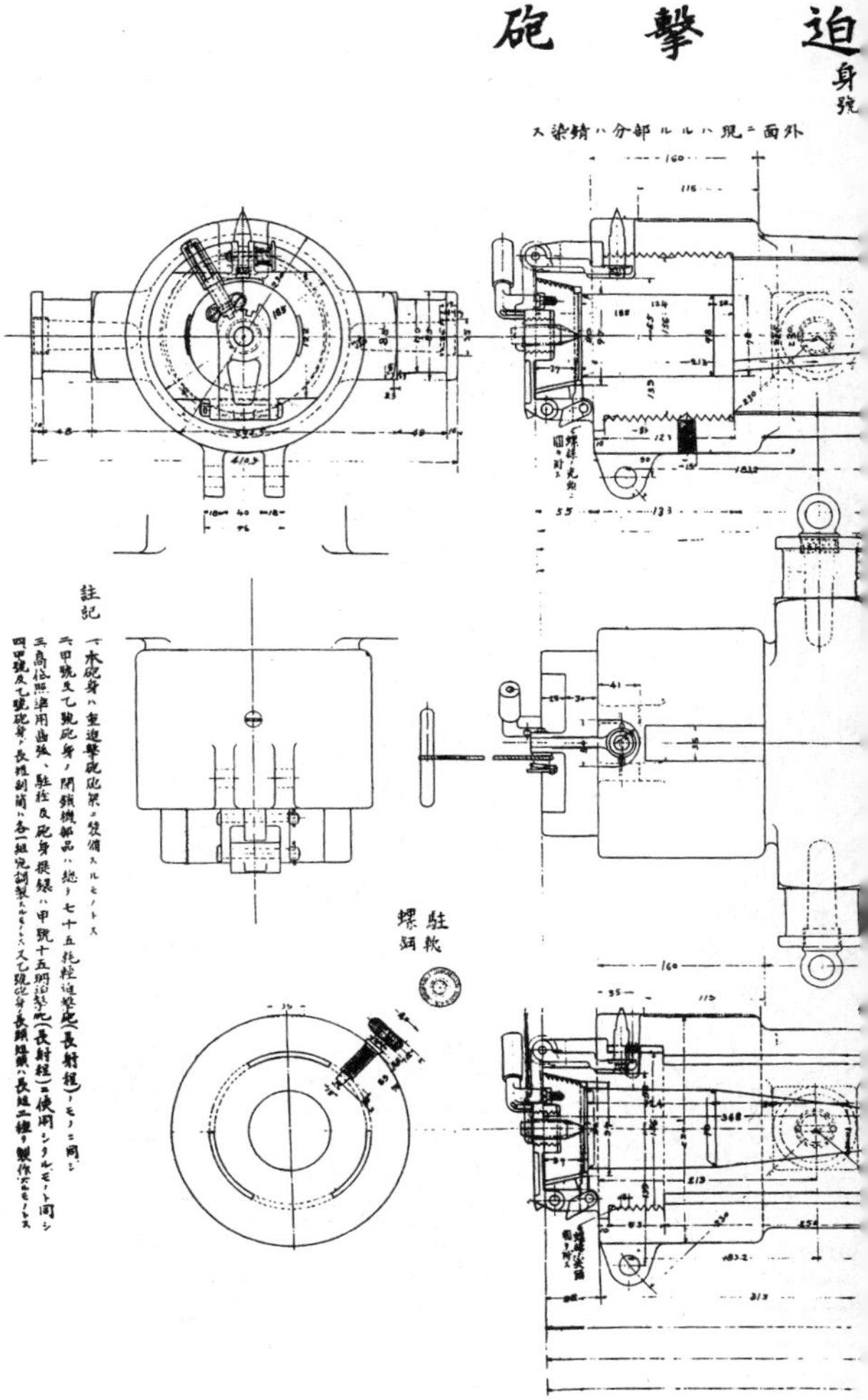

九〇式軽迫撃砲　放列姿勢側面図

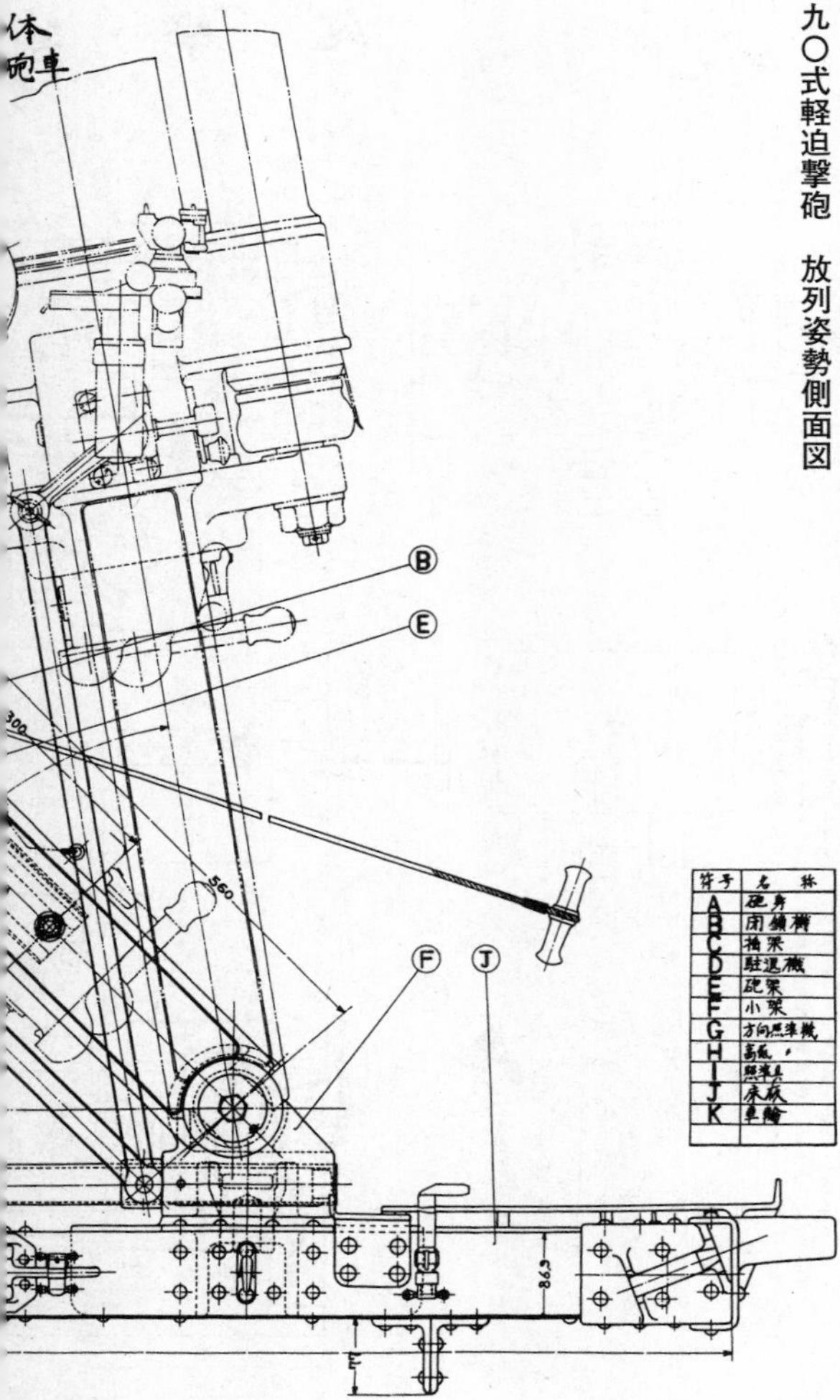

符号	名称
A	砲身
B	閉鎖機
C	揺架
D	駐退機
E	砲架
F	小架
G	方向照準機
H	高低〃
I	照準具
J	床板
K	車輪

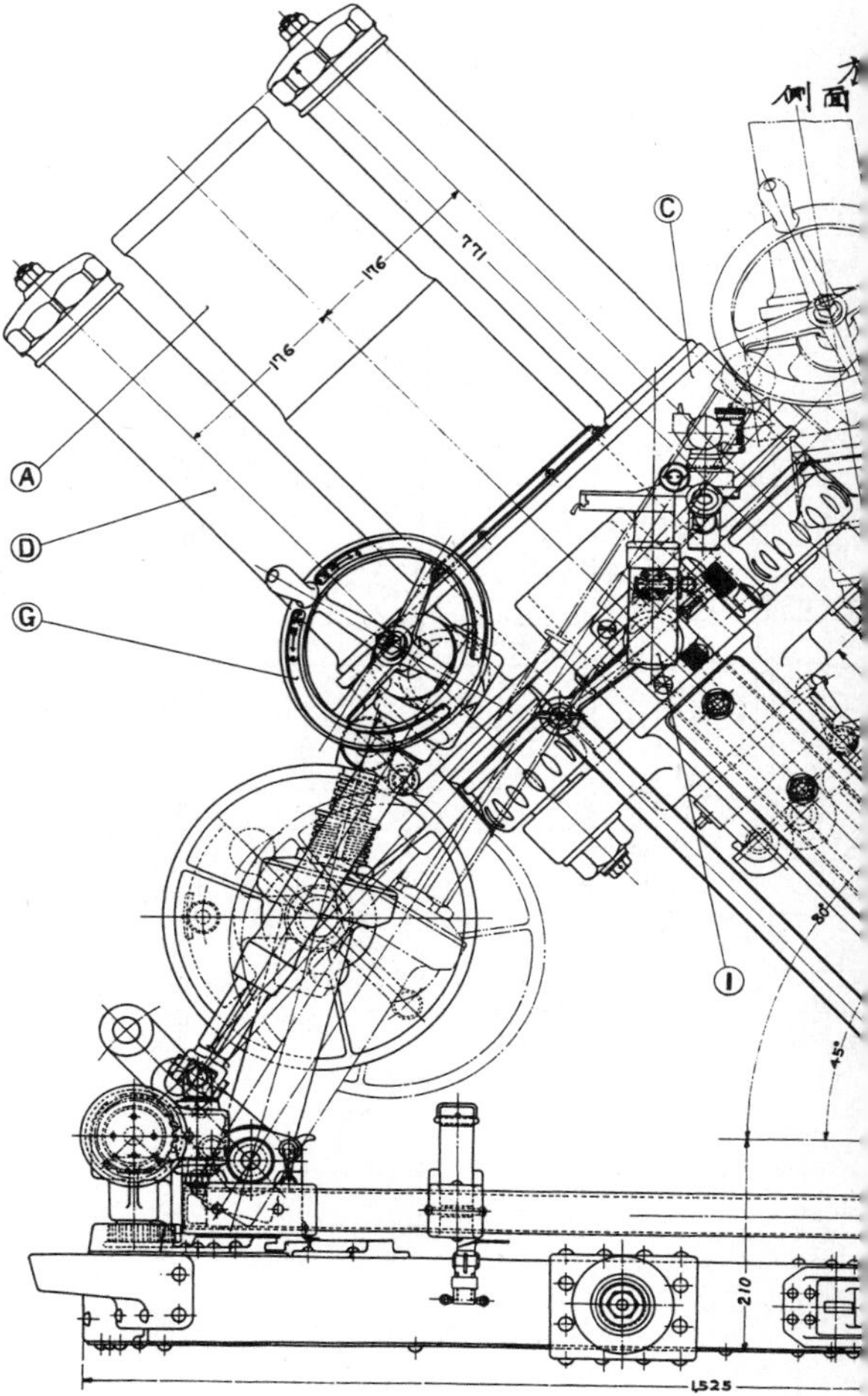

側面
Ⓐ
Ⓒ
Ⓓ
Ⓖ
Ⓘ
176
176
210
1,525

九〇式軽迫撃砲　放列姿勢平面図

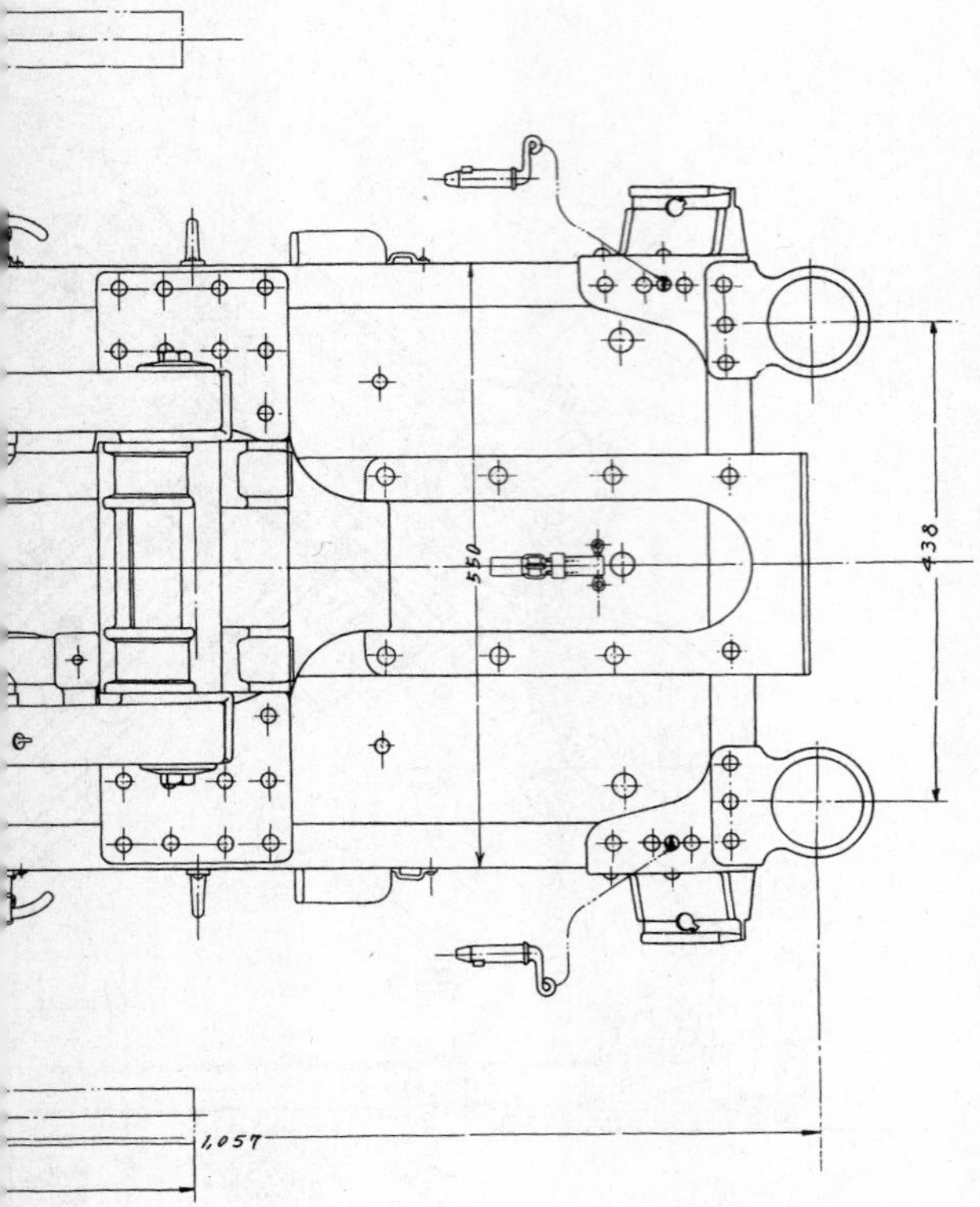

全体
放列砲
平面

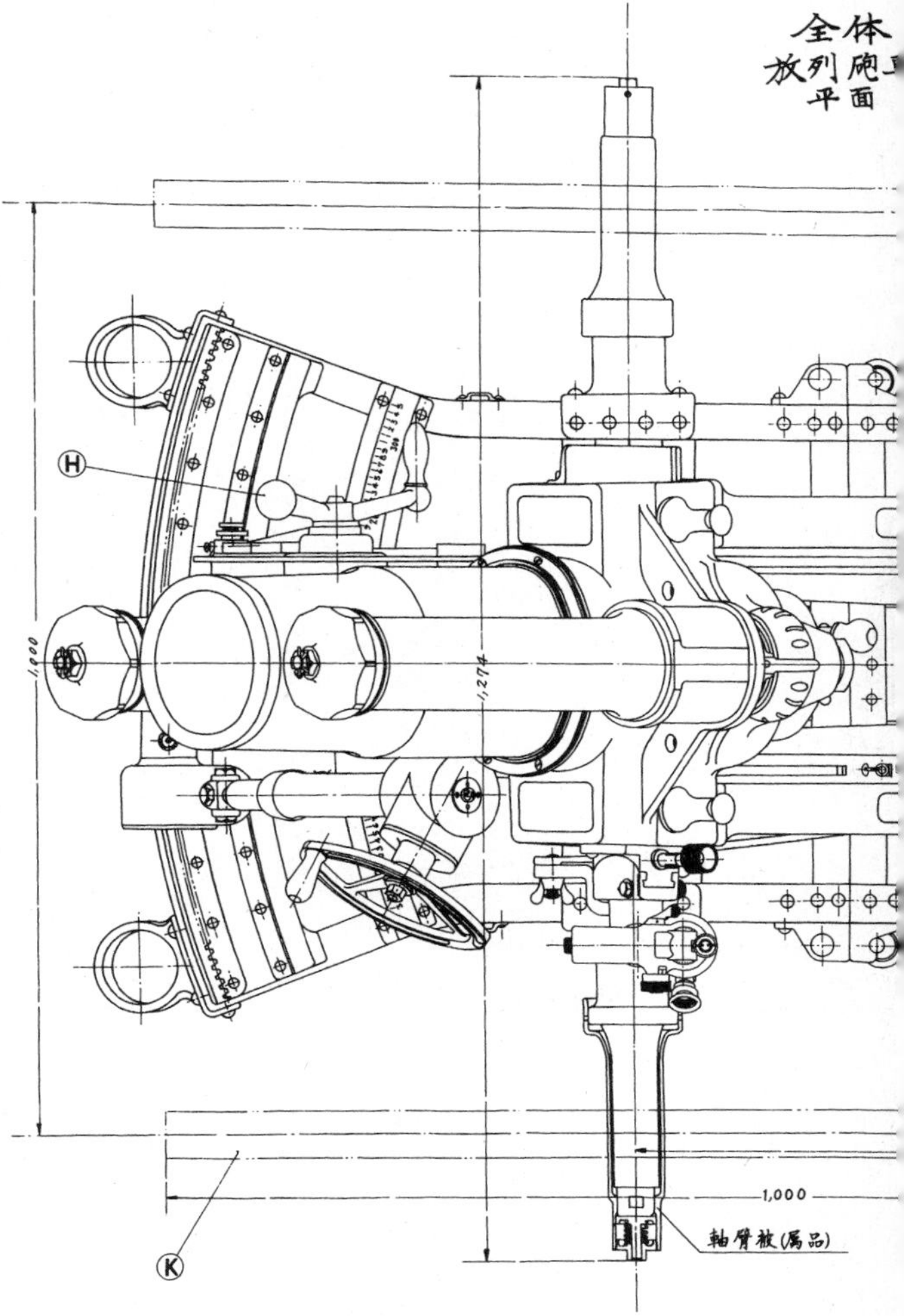

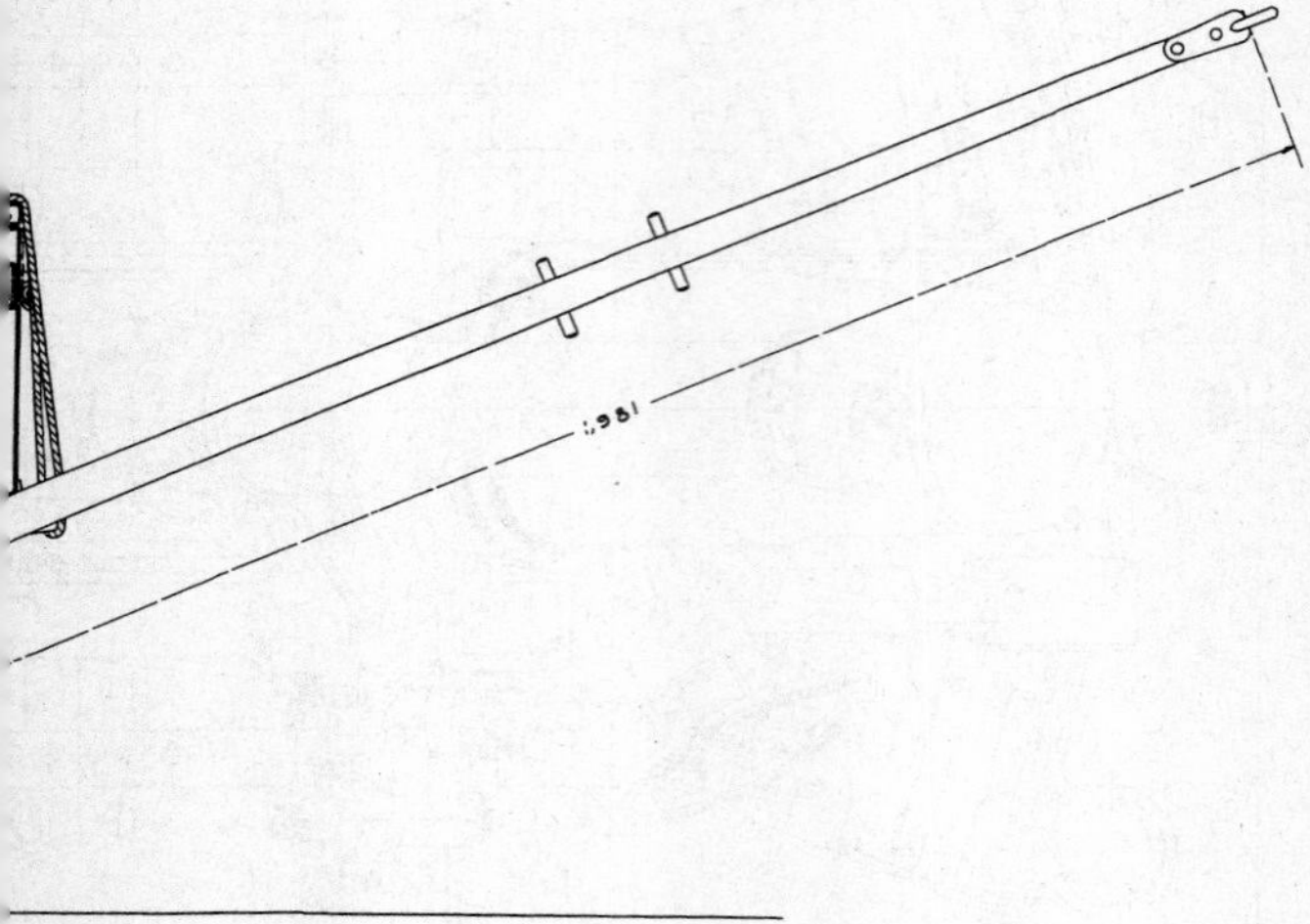

九〇式軽迫撃砲　繋駕姿勢側面図

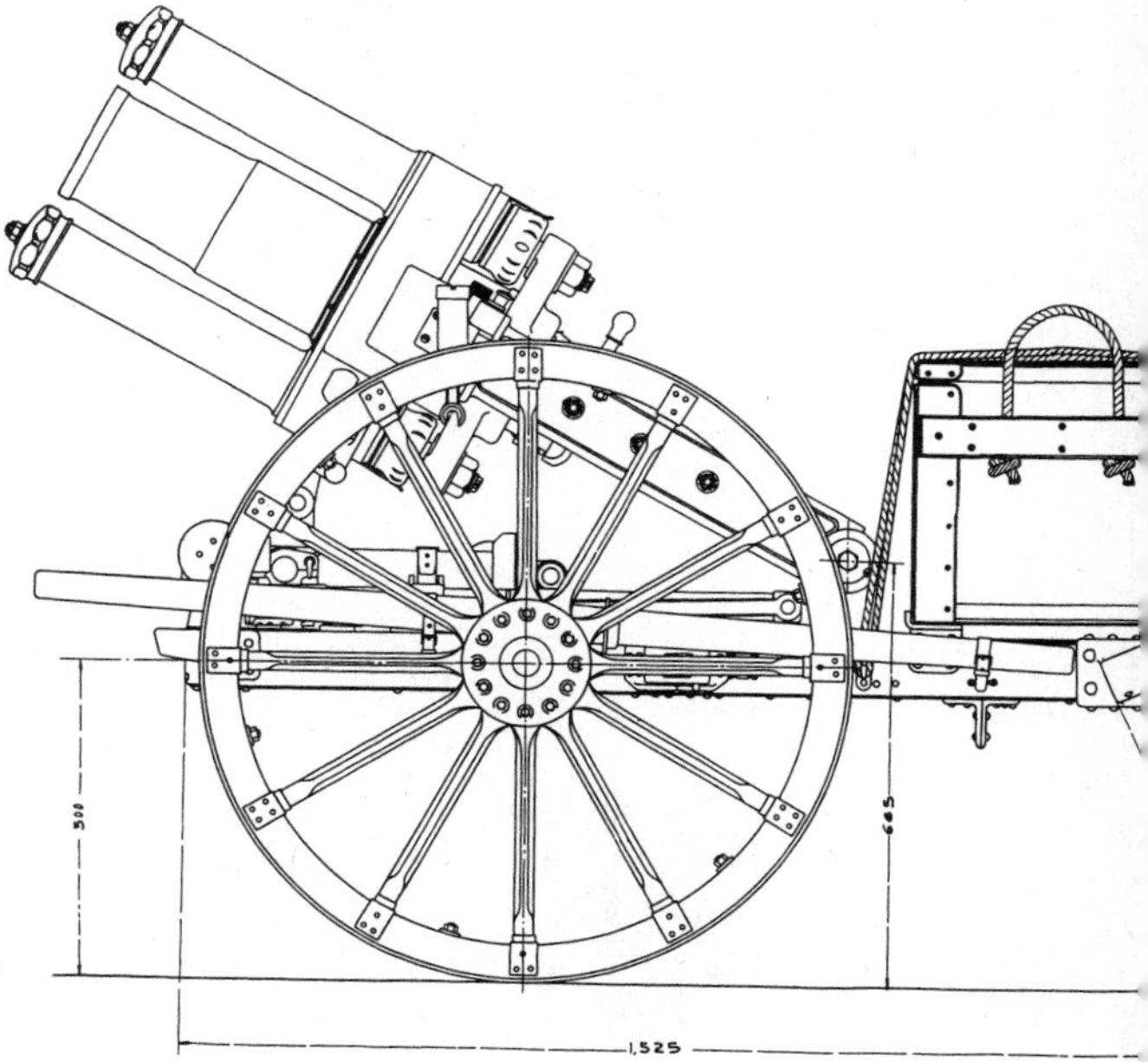

(右)九〇式軽迫撃砲弾薬　九〇式榴弾

(下)九〇式軽迫撃砲弾薬　薬筒

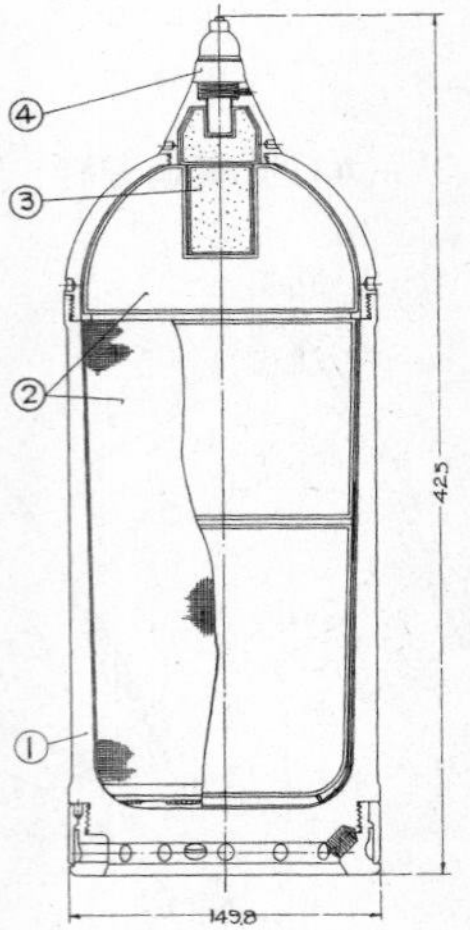

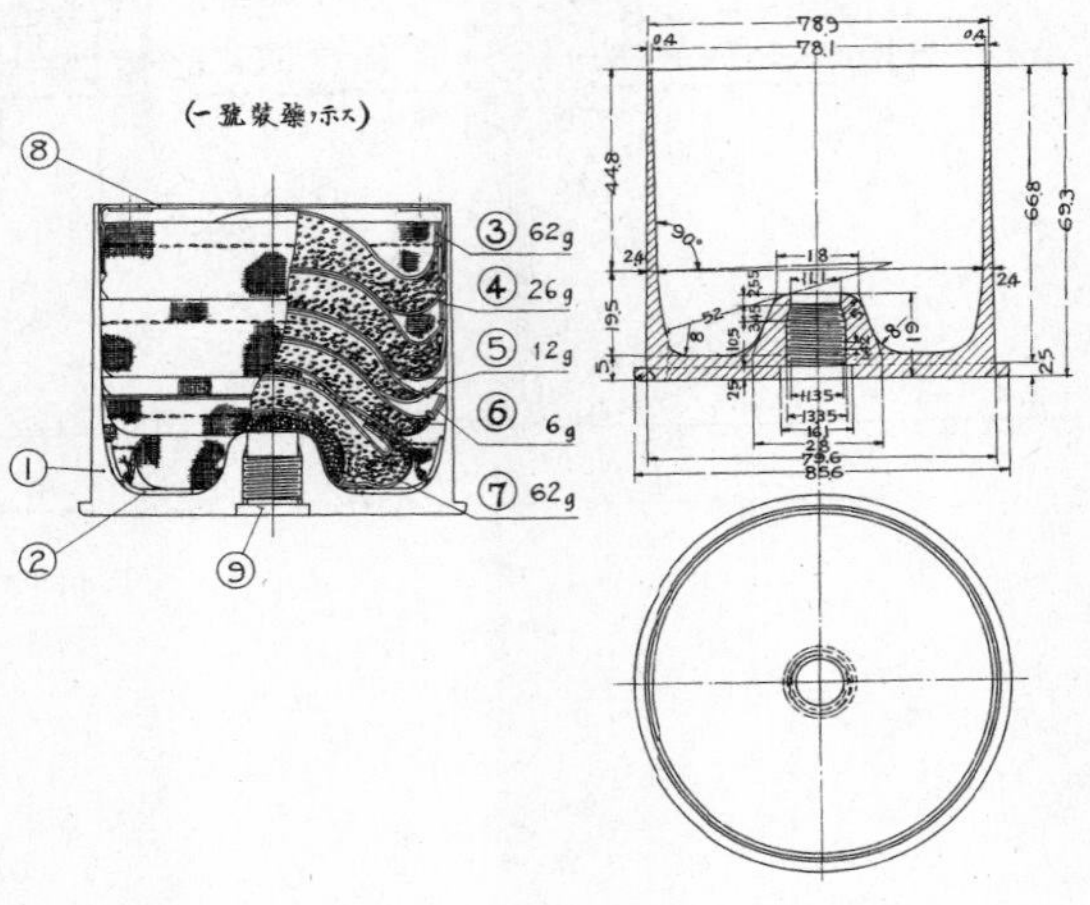

九〇式軽迫撃砲射撃姿勢左側視。転把は方向照準機。

同、射撃姿勢右後視。弾丸。

同、運行姿勢。

駐退復坐機様式　水圧ばね
閉鎖機　螺式
後坐長　３００mm
高低射界　+45～80度
方向射界　左右各２０度
放列砲車　重量　５３０kg
床板　前方・後方各８１・４kg
所要地積　縦１・７m
横１・２８m
車輪径　１m
装薬　一号１６８g～五号６２g
初速　１６３m／s
最大射程　２０００m
弾種　九〇式榴弾（八八式小瞬発信管）２０・０kg

九四式軽迫撃砲
90mm MORTAR TYPE94

昭和七年（一九三二年）、フランスのストークブラン社から迫撃砲の売り込みがあり、陸軍は火砲4門、車輌2輌、弾薬約1050発を購入し、技術本部がその審査に当たることになった。ストークブラン社から技術者が現品を携えて来日し、同年七月、富士裾野において射撃試験を行なった。その結果、機能、精度ともに良好であったが、有翼弾は炸薬量、塡液量が少なく、実用価値が疑問視された。同年九月、陸軍歩兵学校が王城寺原（宮城県大和町）演習場において試験を行ない、歩兵固有の重火器としては適当でないが、榴弾とガス弾投射とを兼ねることができるのは有利であると判定した。

陸軍技術本部は昭和七年十月から九〇式軽迫撃砲に代わる迫撃砲の開発に着手した。フランス・ストークブラン社の81㎜迫撃砲を参考として、より弾丸威力の大きい口径90・5㎜の火砲を設計試作することになり、翌八年五月に有翼弾を発射する近代的滑腔砲が誕生した。しかしこの試製砲は口径を増加するとともに射程の増大も要求されたので、反動が著しく大きくなった。そのために反動を受ける床板面積が相当大きくなり、重量も重くなったので、運搬、操作が困難であった。そこで、砲身と床板の間に簡単な駐退機を付けて、反動を小さくする必要があると考えられ、その様式を新たに設計試作した。

駐退復坐機を付けた試製砲は昭和八年十二月以降翌九年六月および八月の3回にわたり各種試験を実施し、昭和九年八月から十一月までの間陸軍習志野学校に、また同年十一月から翌十年一月までの間陸軍歩兵学校において実用試験を行なった。さらに北満試験にも供試した結果、実用に適するとの判決を得た。８１㎜ストークブラン砲の６７㎏に対して、本砲は口径をわずか９・５㎜増しただけで重量は約１６０㎏となり、構造も複雑になったが、弾丸効力と射程が増加したことから一応満足し、昭和十年（一九三五年）三月二十七日、制式を上申、同年四月の軍需審議会を可決通過し、九月十七日、九四式軽迫撃砲として制定された。

本砲は当初ガス弾の投射任務を主とし、榴弾による迫撃を従として考えられたが、軍需審議会はこれを併用することに定めた。本砲の口径を９㎝としたのは化学戦の要求として一弾のガス液量がほぼ１㎏程度であることとの関係からである。

九四式軽迫撃砲に墜発式発射法を採用したのは、当時十一年式曲射歩兵砲を使用していた満州の部隊から盛んに二重装填による事故が報告されてきたので、こういう弊害をなくすためにとった措置である。また生産が進むにしたがい、弾薬の装填を練習するための演習弾も制定した。本砲は約４５０門製造され、中国に駐屯する迫撃大隊は主にこの迫撃砲を使用した。迫撃大隊は3個中隊編成で、１個中隊に１２門装備した。

本砲の運動は輜重車を利用した定位車載か駄載、近距離の運搬は人力搬送によることもできる。

大阪造兵廠第一製造所が昭和十七年十月末に調査した火砲製造完成数には、本砲は608門製造とある。

各種火砲用ガス弾を本項末に示す。一時性ガス弾と持久性ガス弾の比率は一時性が40パーセント、持久性が60パーセントだった。ただし10cm加農および15cm加農は一時性が20パーセント、持久性が80パーセントだった。ガス弾は昭和十九年の夏から生産を中止した。

昭和十五年頃、ガス弾射撃に適当な12cm級または15cm級「試製一〇〇式中迫撃砲」を考案中であったが、成案には至らなかった。

●九四式軽迫撃砲主要諸元

砲身	口径	90・5mm
	全長	1270mm
	重量	33・7kg
砲架様式		床板、脚
駐退復坐機様式		水圧、ばね
後坐長		110mm
発火様式		墜発式

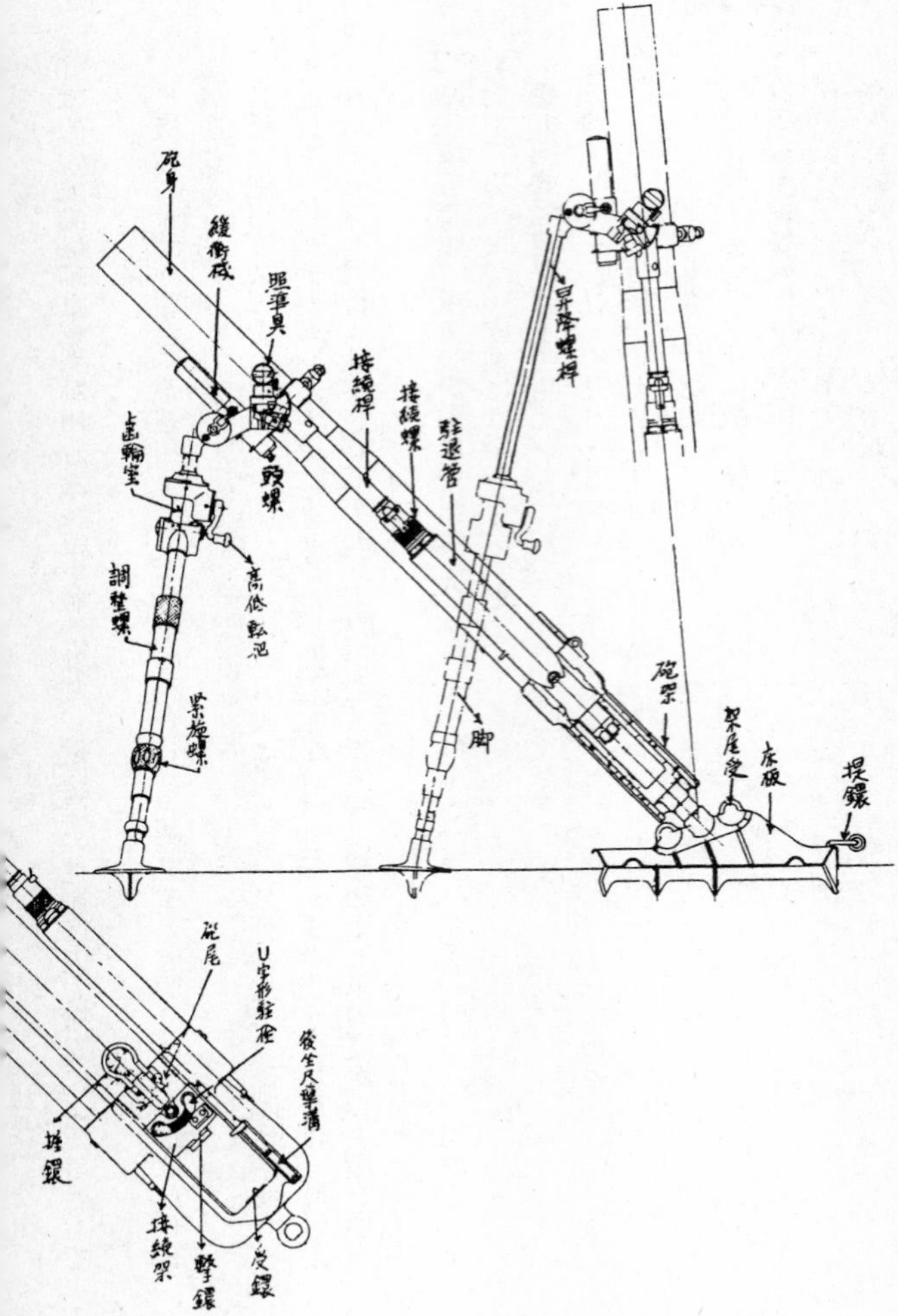

砲身
緩衝機
照準具
接続桿
接続螺
駐退管
昇降螺桿
歯輪室
調整螺
緊旋螺
脚
砲架
架尾受
床板
提鐶
砲尾
U字形駐栓
提鐶
接続架
撃鐶
受鐶

九四式軽迫撃砲　側面、平面、前面図　各部名称

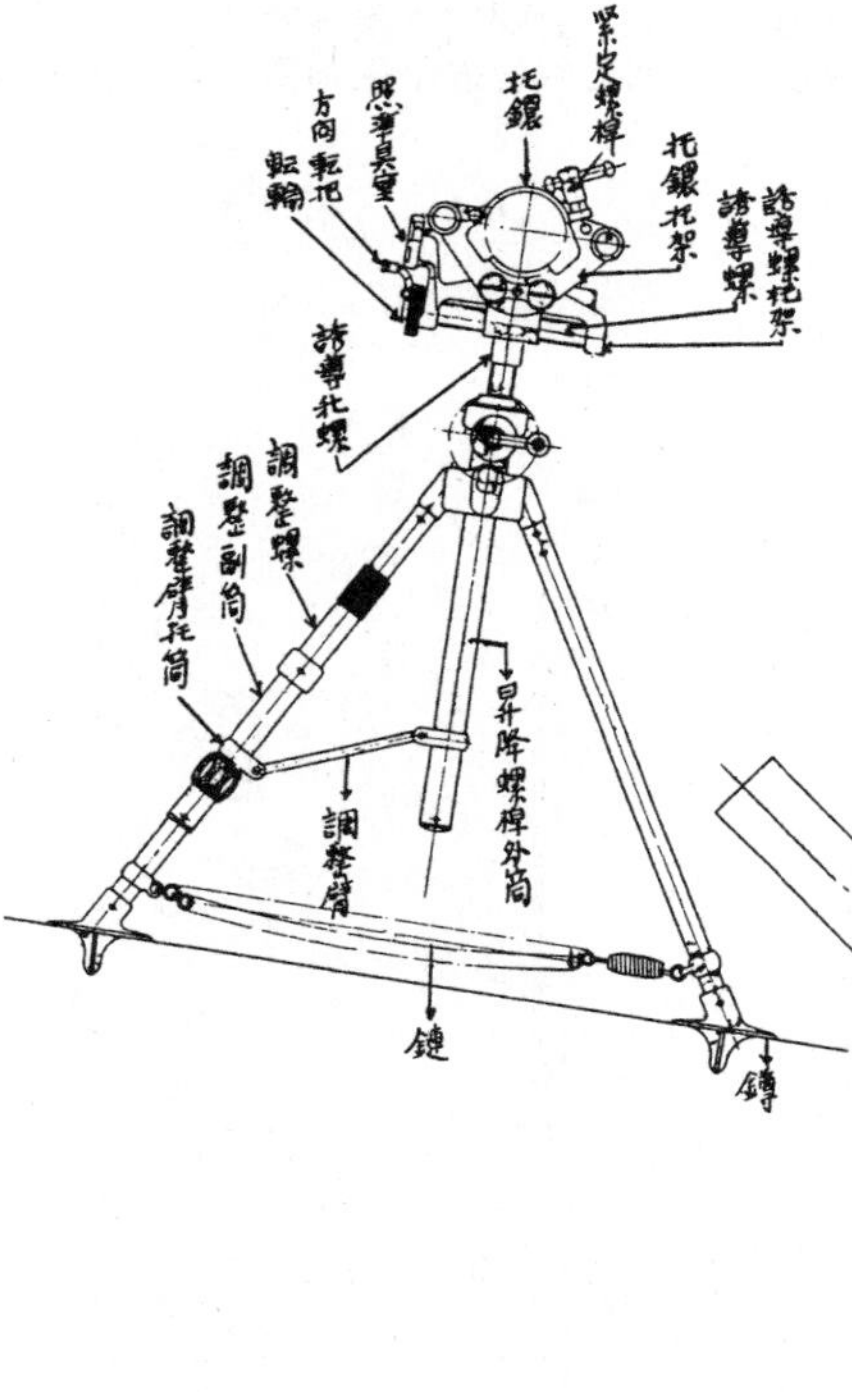

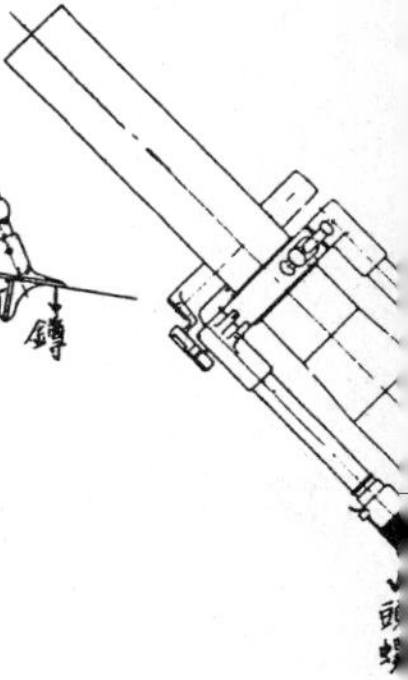

(右)九四式・九七式軽迫撃砲弾薬　九四式榴弾弾薬筒
(左)九四式・九七式軽迫撃砲弾薬　九四式重榴弾弾薬筒

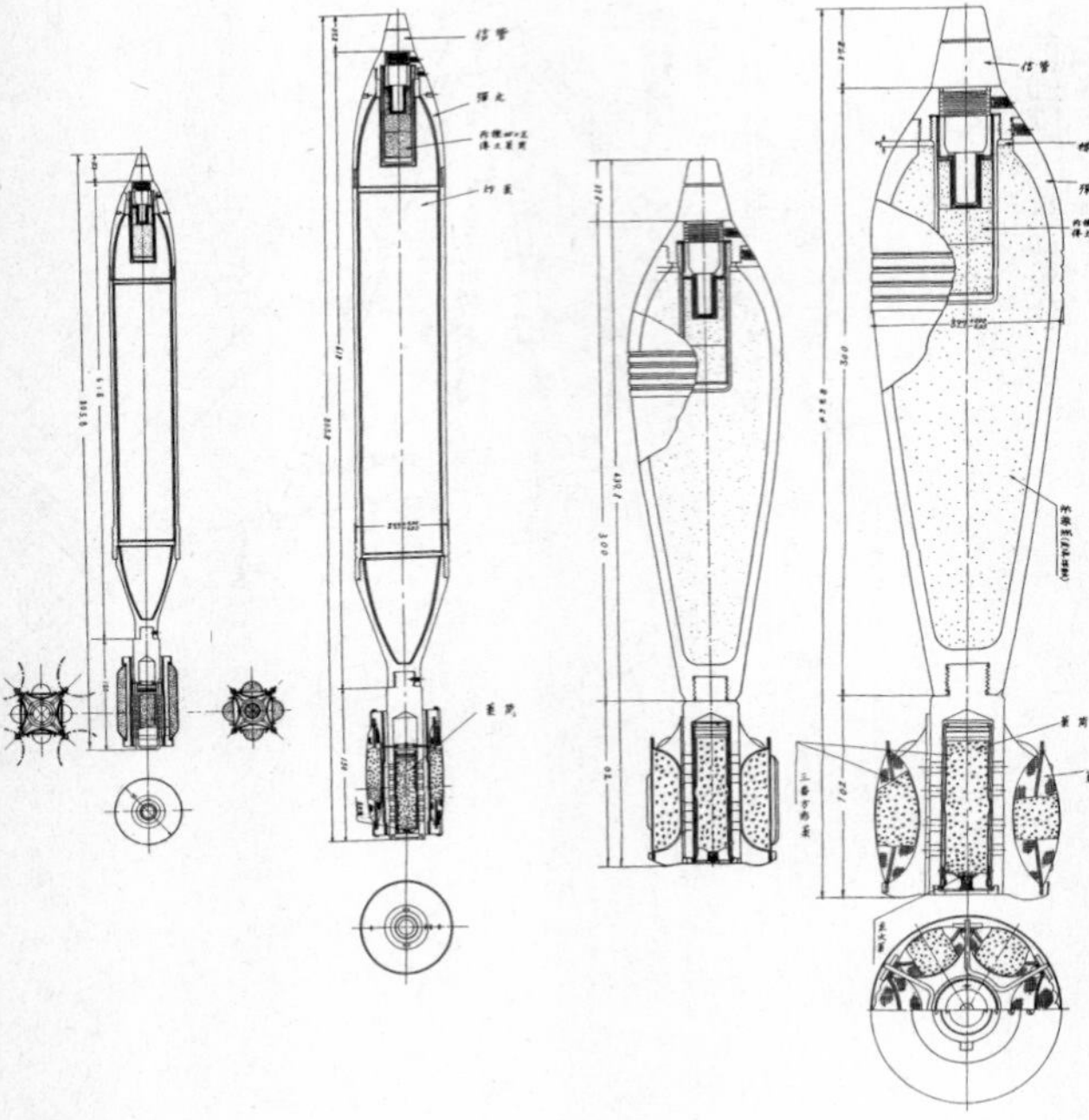

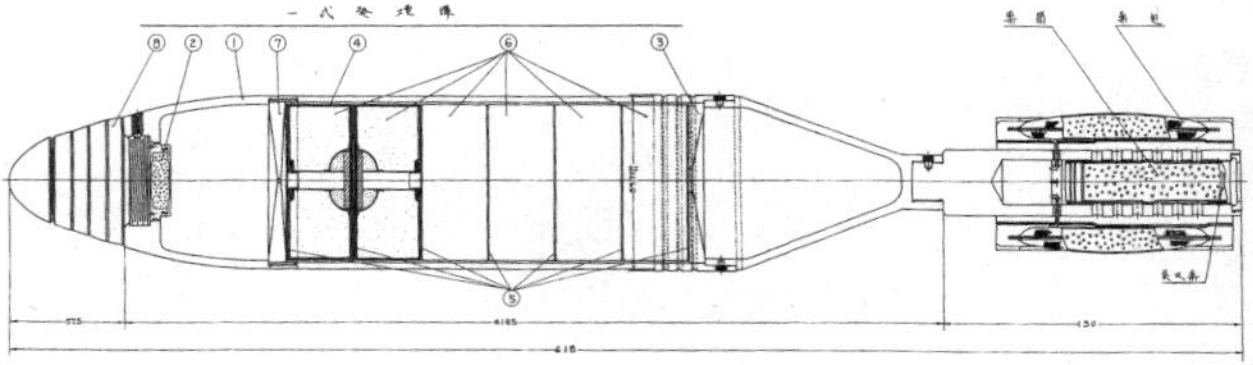

九四式・九七式軽迫撃砲弾薬　一式発煙弾弾薬筒

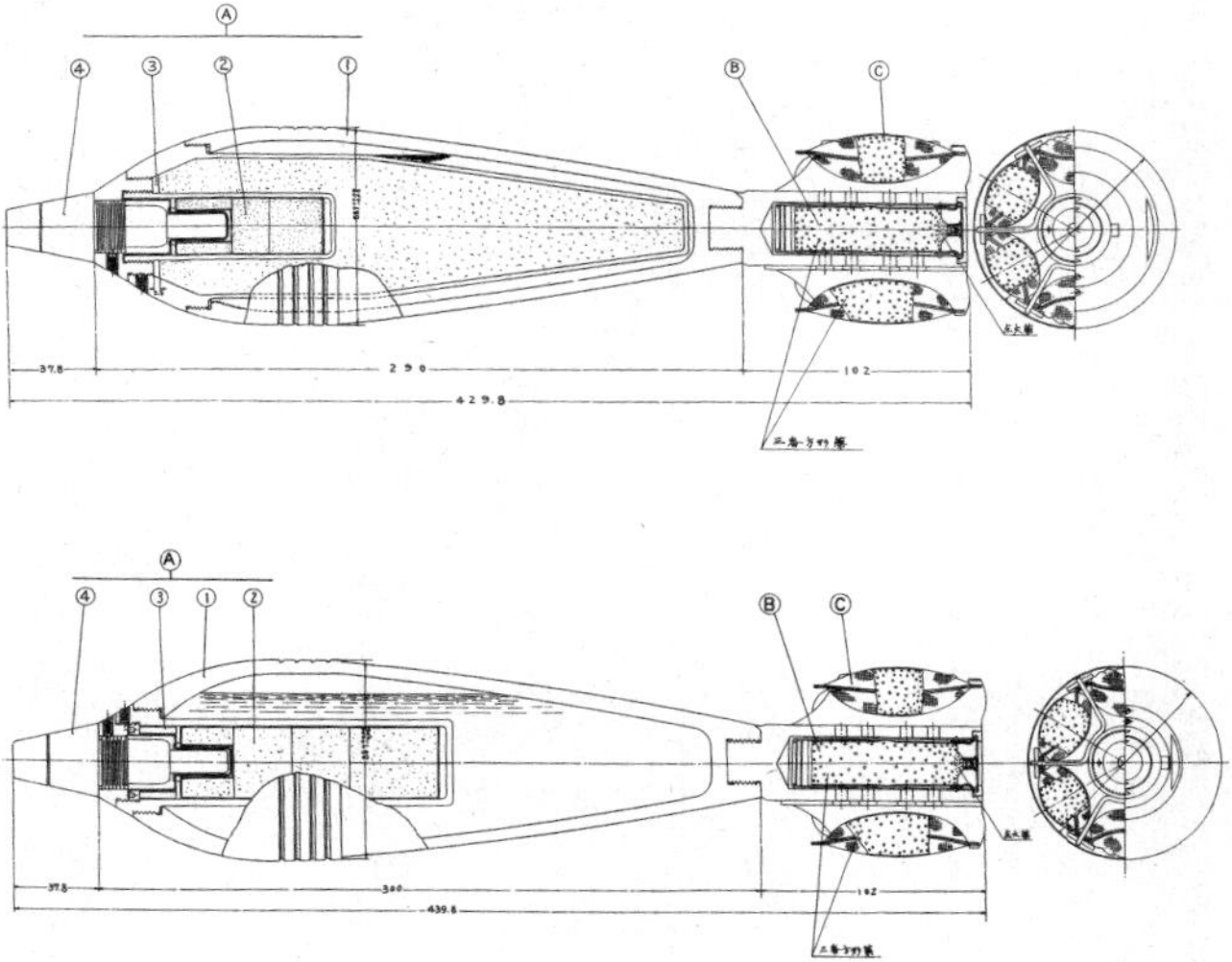

(上) 九四式・九七式軽迫撃砲弾薬　九五式あか弾　5.49kg
(下) 九四式・九七式軽迫撃砲弾薬　九五式きい弾　5.47kg

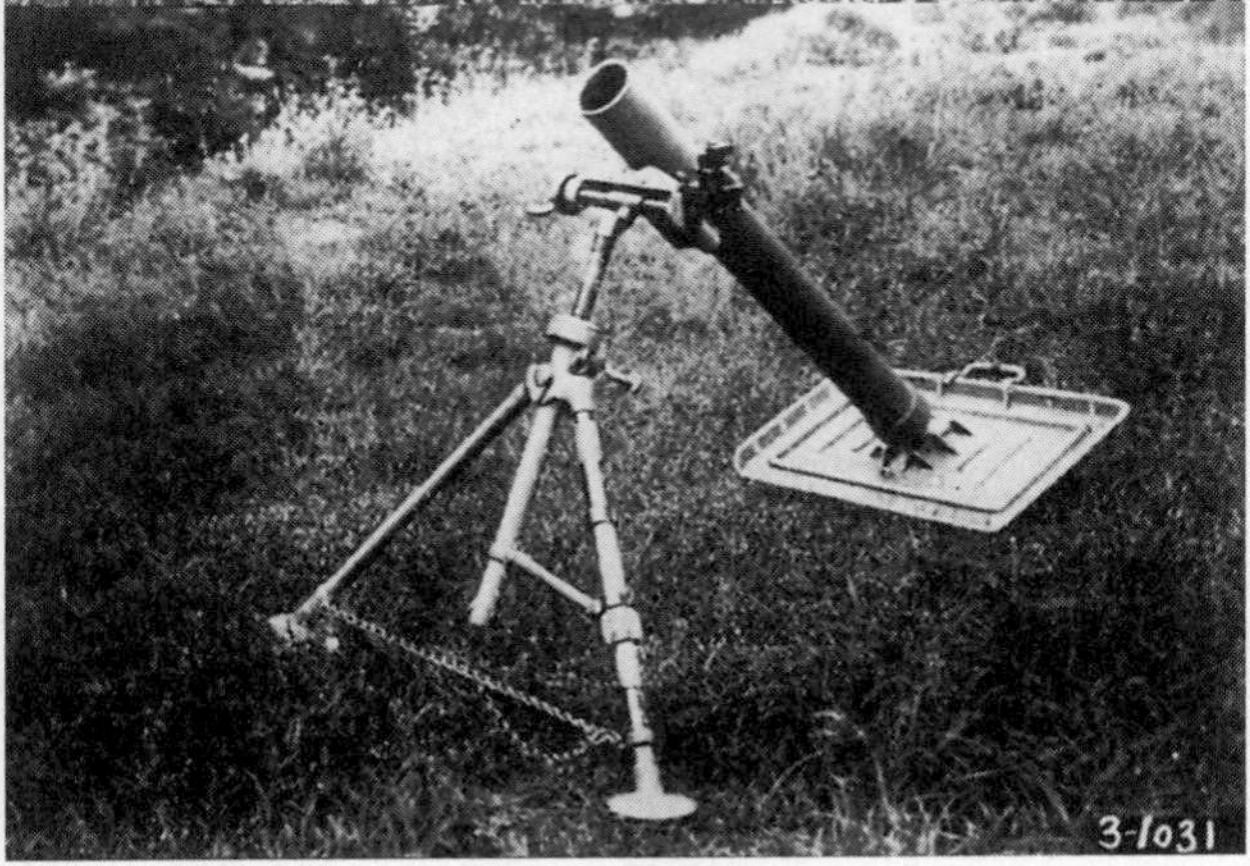

(上)ストークブラン社製81mm迫撃砲。床板孔を掘開した射撃姿勢。
(下)同、床板を地上に置いた射撃姿勢。

73　九四式軽迫撃砲

（上）同、運搬姿勢。
（下）同、弾薬箱。弾薬。

(上)九四式軽迫撃砲右後視。
(下)同、前視。砲手が弾丸を持つ。砲身両側の駐退復坐機。

75　九四式軽迫撃砲

中国における九四式軽迫撃砲の戦闘。

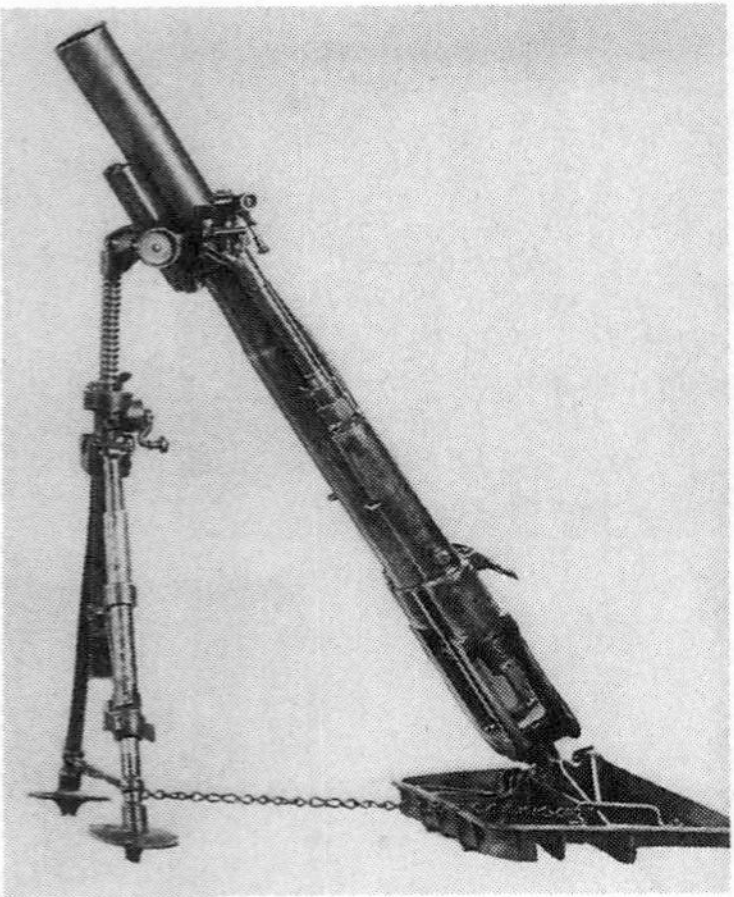

米軍が撮影した九四式軽迫撃砲。射撃姿勢。

同、眼鏡装着。足元に九四式榴弾。

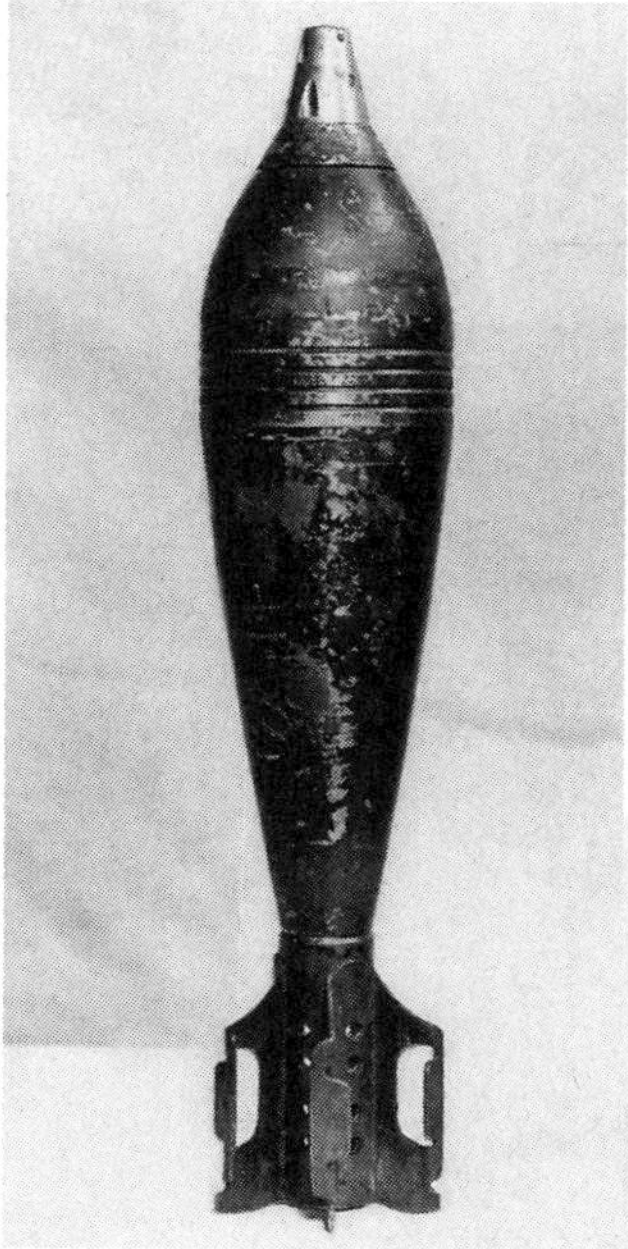

九四式軽迫撃砲九四式榴弾。
信管装着。発射薬なし。

同、発射薬装着。信管なし。

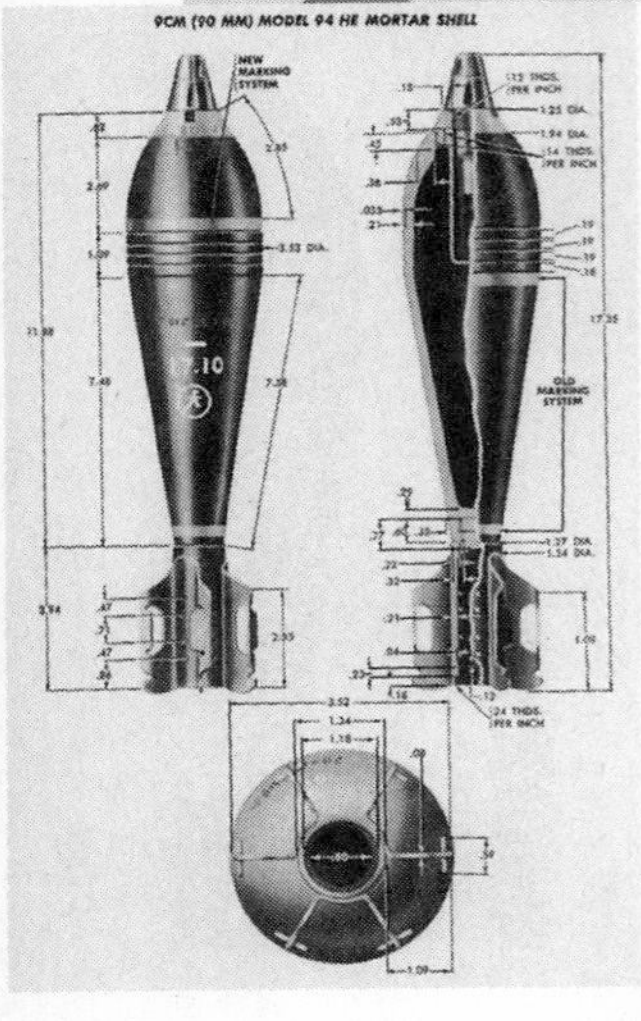

(上)九四式軽迫撃砲九四式榴弾。左の発射薬を装着し、防湿のため右のタール紙で弾尾を包む。
(下)同、全体、断面図。

高低射界　+45～85度
方向射界　5・6度
放列砲車重量　159kg
弾量　九四式榴弾　5・26kg
　　九四式重榴弾　11・23kg
装薬　榴弾　零包15g～六包108g
初速　榴弾　227・4m／s
　　重榴弾　131・6m／s
最大射程　榴弾　3800m
　　重榴弾　1450m

弾種	信管	弾薬筒重量	威力半径
九四式榴弾	九三式二働信管「迫」	5・41kg	30m
九四式重榴弾	九三式二働信管「迫」	11・36kg	30m
一式発煙弾	五年式複働信管	9・03kg	
二式榴弾	一〇〇式二働信管「迫」	4・98kg	
二式重榴弾	一〇〇式二働信管「迫」	7・80kg	
試製四式鋳鉄榴弾（甲）	四式瞬発信管「迫」	4・90kg	
試製四式鋳鉄榴弾（乙）	九三式二働信管「迫」	5・315kg	

各種火砲用ガス弾

火砲	ガス弾	制式制定年月
四年式十五糎榴弾砲	九二式尖鋭きい弾（甲）、あをしろ弾 九三式尖鋭あか榴弾、尖鋭きい榴弾（甲）、尖鋭あを榴弾 試製一式尖鋭ちゃ弾、試製二式きい弾、試製二式あか弾	昭和九年二月 昭和九年十一月
十四年式十糎加農	九二式尖鋭きい弾（甲）、尖鋭あをしろ弾 九三式尖鋭あか榴弾、尖鋭きい榴弾（甲）、尖鋭あを榴弾	昭和九年三月 昭和九年十一月
九一式十糎榴弾砲	九二式尖鋭きい弾（甲）、尖鋭あをしろ弾 九三式尖鋭あか榴弾、尖鋭きい榴弾（甲）、尖鋭あを榴弾 試製二式あか弾、きい弾	昭和九年四月 昭和九年十一月
三八式、改造三八式野砲、四一式騎砲	九二式あか榴弾、きい弾（甲）、あをしろ弾	昭和九年四月
十年式擲弾筒	九二式あか曳火手榴弾、みどり曳火手榴弾	昭和九年十二月
四一式山砲	九二式あか榴弾、きい弾（甲）、あをしろ弾	昭和九年四月
三八式十糎加農	九二式尖鋭きい弾（甲）、尖鋭あをしろ弾、九三式尖鋭あか榴弾、尖鋭きい榴弾（甲）、尖鋭あを榴弾	昭和九年十二月
九〇式野砲	九二式あか榴弾、きい弾（甲）、あをしろ弾	昭和十年三月
九四式・九七式軽迫撃砲	九五式きい弾、あか弾 試製九九式重ちゃ弾、試製二式火焔弾	昭和十一年十二月

81　九四式軽迫撃砲

二式十二糎迫撃砲	試製二式きい弾、あか弾	
九七式中迫撃砲	試製二式きい弾、あか弾	
九四式山砲	九二式あか弾、きい弾、あをしろ弾	昭和十二年一月
九二式十糎加農	九二式尖鋭きい弾、あをしろ弾、九三式尖鋭あか弾 試製二式きい弾、あか弾	昭和十二年一月
野・山砲	試製九七式ちゃ弾	
十榴・十加・十五榴	試製九七式尖鋭ちゃ弾	
野・山砲、軽迫撃砲	一〇〇式火焔弾	昭和十五年

九六式中迫撃砲

150mm MORTAR TYPE96

昭和五年の前後、陸軍科学研究所では口径10cmの軽投射機と、口径15cmの重投射機を研究中だった。陸軍技術本部でも口径15cmの九〇式軽迫撃砲を開発していたが、似たような兵器を両方で研究するのは無駄があるということで、昭和七年(一九三二年)四月、緒方陸軍技術本部長統裁のもと、技術本部と科学研究所の担当者が合同会議を開き、迫撃砲と投射機との兼用に関する協定を結んだ。その結果、従来技術本部で研究してきた迫撃砲類は既に旧式となり、近代兵器としてふさわしくないので、新たに技術本部において、軽・中・重の3種の迫撃砲を研究することになった。このうち軽は昭和十年に九四式軽迫撃砲として制定され、重は九六式重迫撃砲として完成した。中については口径15cmとし、有翼弾を発射する滑腔砲として、九四式軽迫撃砲に類似する構造を採用して昭和九年四月から設計試製に入った。

まず検圧砲身を試製して、これを十五榴の砲架に装載して腔圧の変化を検定しながら逐次本設計に入り、昭和十年（一九三五年）四月、大阪工廠に試製発注した。同年十一月に試製砲が完成し、竣工試験を行なった。昭和十一年二月、機能抗堪および繋駕試験、同年三月、弾道性および抗堪試験を実施した後、昭和十一年四月、陸軍野戦砲兵学校に実用試験を依託した。その結果は実用に適するとの判決を得たものの、実用上の見地からなお若干の改修を要し、これを実施したものを昭和十一年度冬季北満試験に供試した。野戦砲兵学校の実用試験には陸軍習志野学校も立ち会い、ガス弾投射機としての協定の成果を確認した。昭和十三年七月、仮制式制定を上申し、昭和十四年四月、九六式中迫撃砲として制定された。

本砲は前装式の滑腔砲で、構造要領は九四式軽迫撃砲と同一であるが、重量が７００kgを超え、取り扱いが困難となって簡単軽量を旨とする迫撃砲の特性からはかなり遠ざかってしまった。構造上の特徴として砲身後坐式機構がある。水圧式駐退機とバネ式復坐機により後復坐する。後坐長は２７０mmを基準とする定後坐で、３００mmを最大とする。

本砲を有翼弾とした理由は、これを普通弾としたときは弾丸の構造、弾道性が所望の基準に達しないため適当でなく、口径を１２cm級に落として普通弾丸を使用する研究も行なったが、これでは軽迫撃砲の重榴弾に比べて抗力上大差なくなってしまうからであった。

本砲の発射様式を撃発式としたのは、軽迫撃砲と異なり、仮に二重装塡したとしても弾頭が砲腔外に露出するので容易に発見でき、危害を事前に防止できるからである。しかし本砲には墜発式も併用しているので、これを使用した場合は発射速度が増大し、かつ二重装塡の弊害も生じないことは軽迫撃砲と同様である。

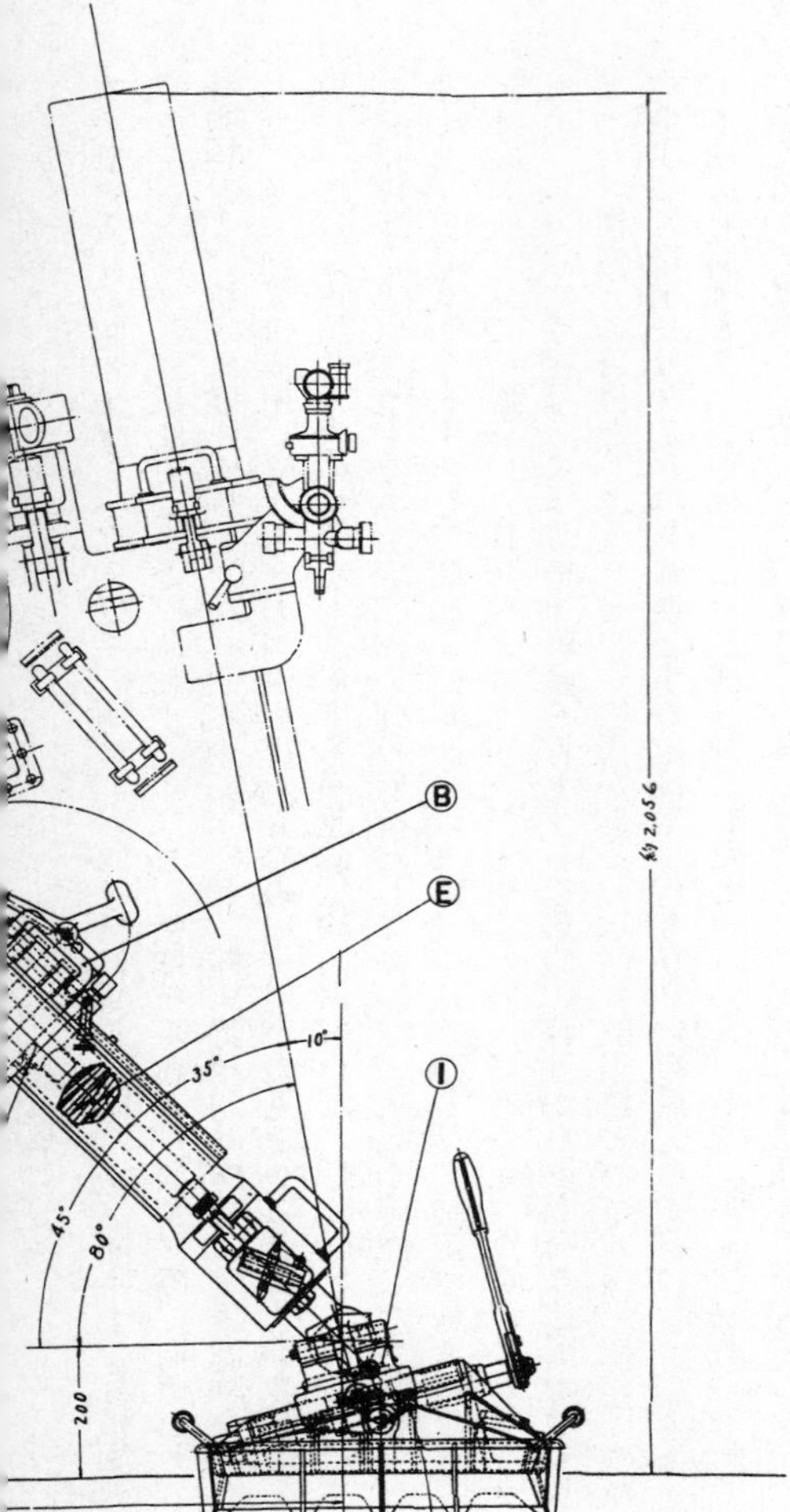

Ⓚ,Ⓛハ次葉参照

符号	名称
A	砲身
B	小架
C	砲架
D	駐退機
E	復坐機
F	高低照準機及脚
G	方向照準機
H	照準具
I	床板
J	車軸
K	車輪
L	縦桿

九六式中迫撃砲　放列姿勢側面図

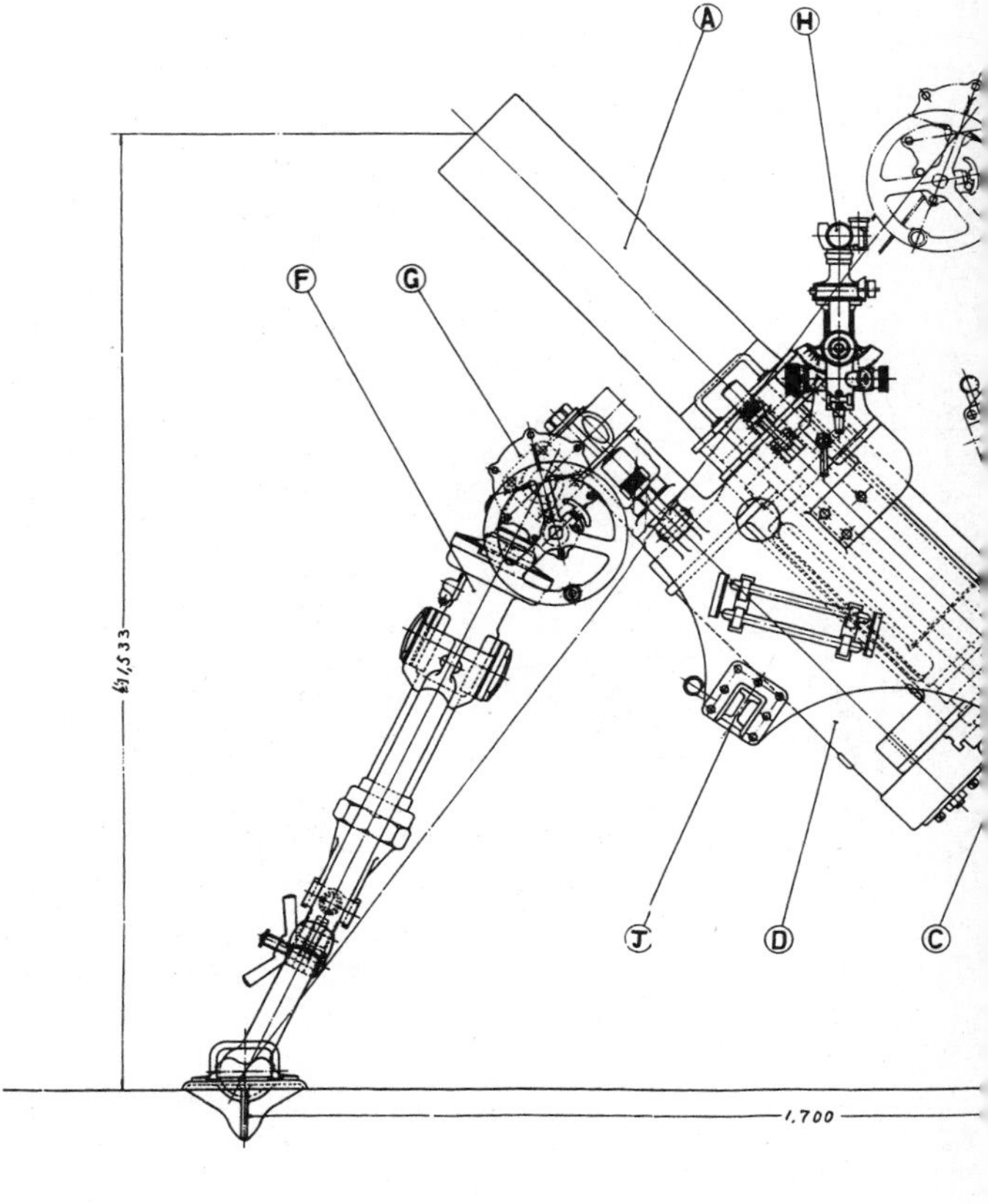

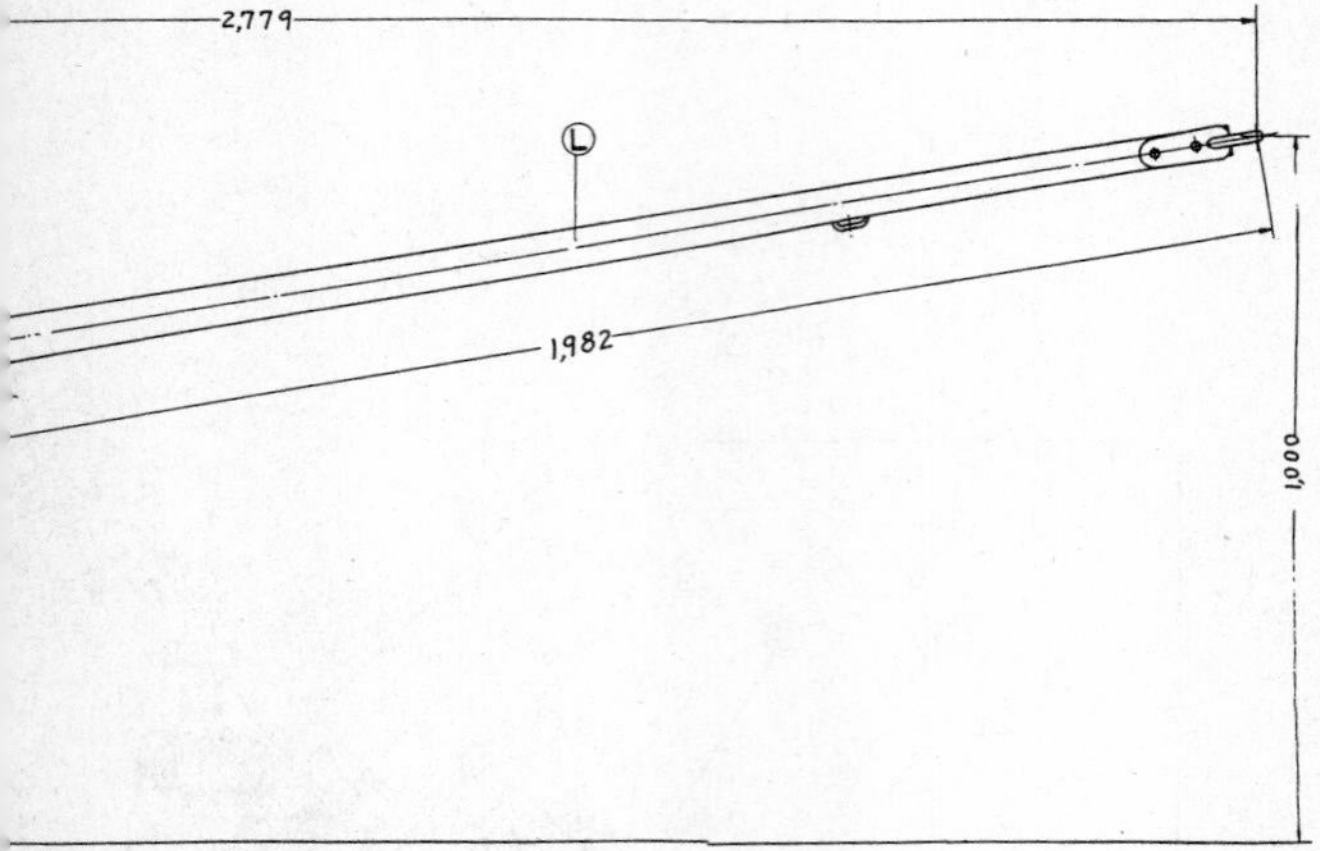
2,779
L
1,982
1,000

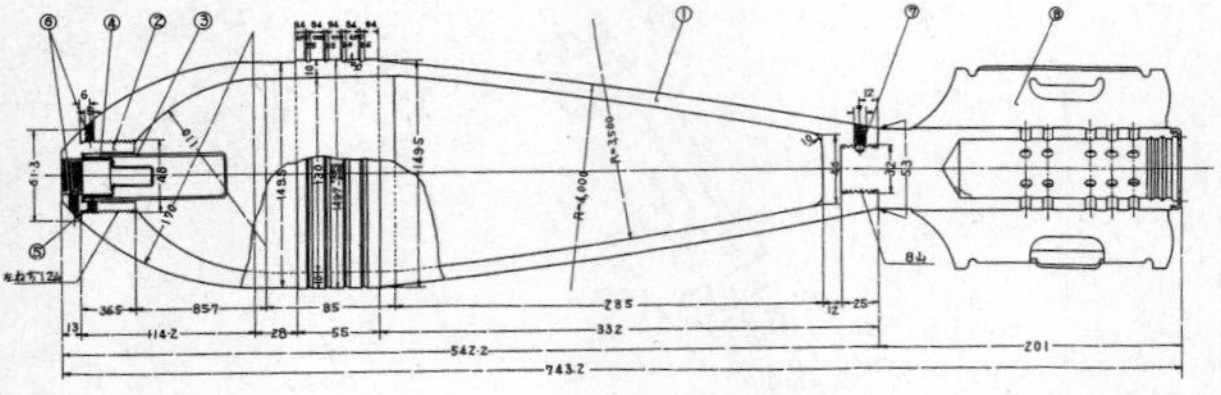
①
②
③
④
⑤
⑥
⑦
⑧
61.3
48
130
149.5
36.5
85.7
85
285
12
25
13
114.2
28
55
332
542.2
201
743.2
R=4,000
84

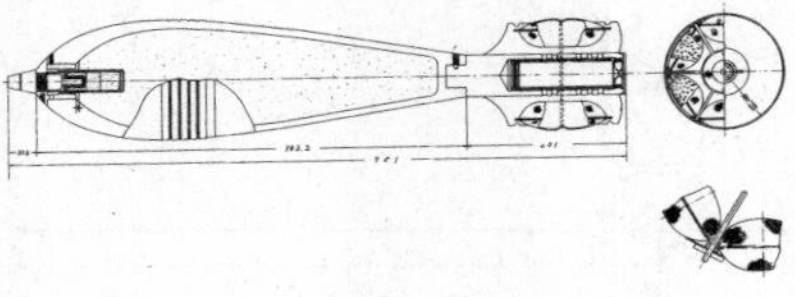

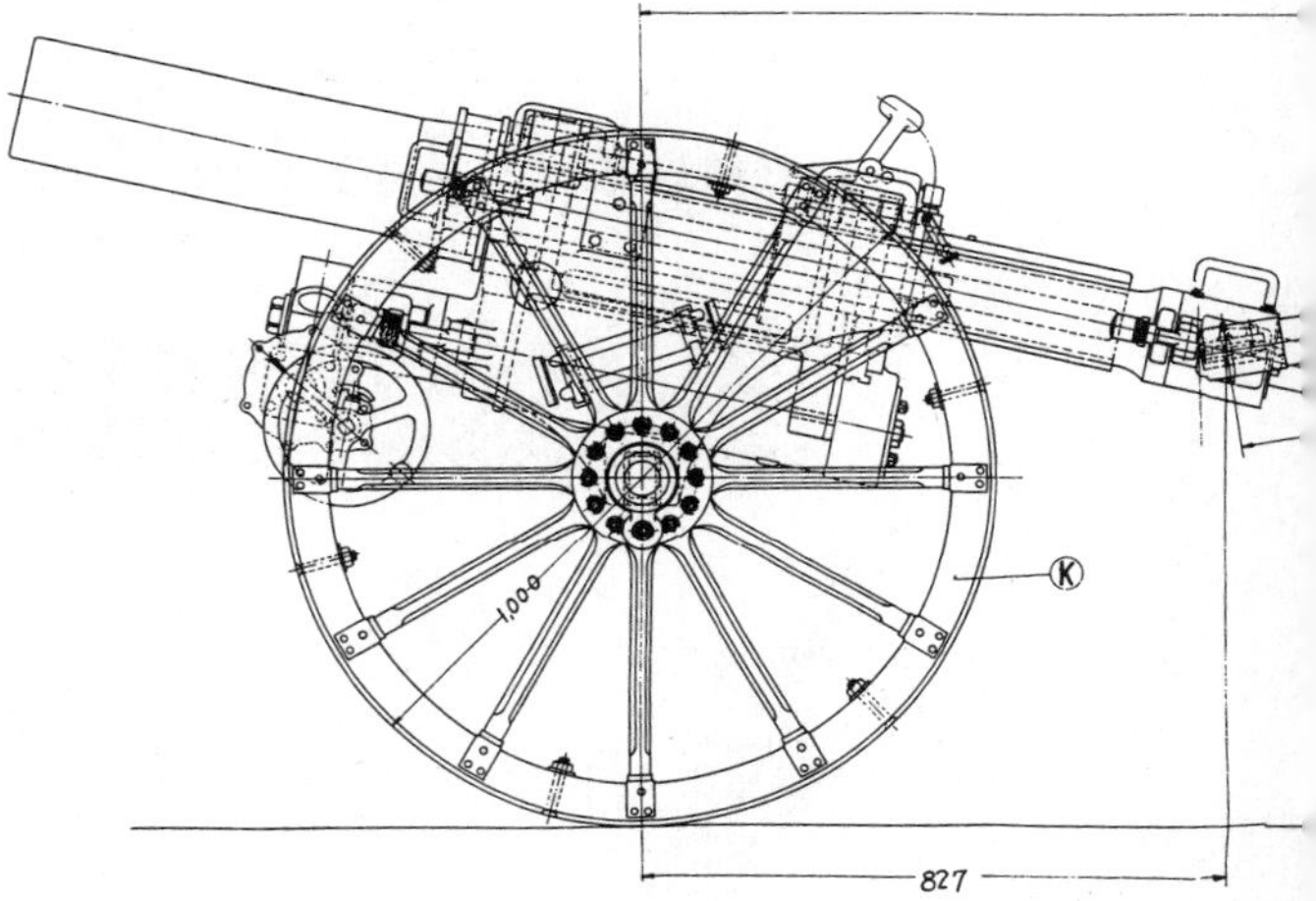

（上）九六式中迫撃砲　繋駕姿勢側面図
（下）九六式中迫撃砲弾薬　九六式榴弾

陸軍科学研究所が試製したガス弾用重投射機。

試製中迫撃砲。左側視。砲架の構造や転把などが異なる。

九六式中迫撃砲。制式。放列姿勢右側視。

89　九六式中迫撃砲

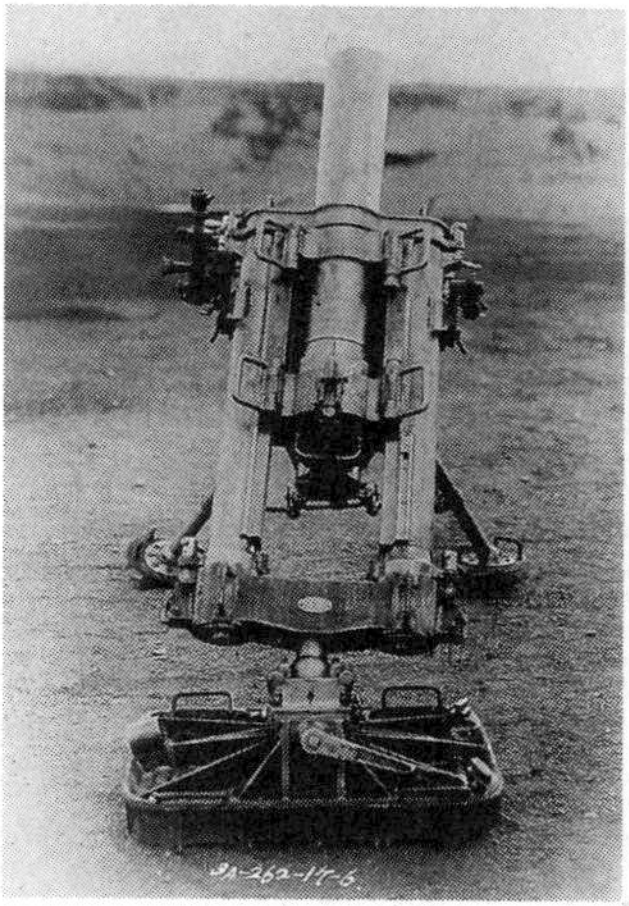

同、後視。

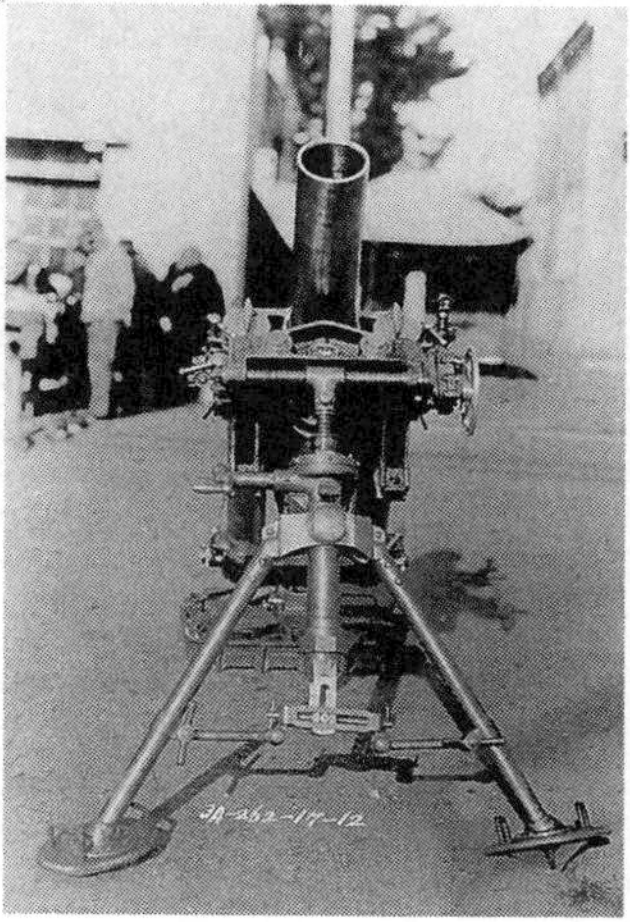

同、前視。

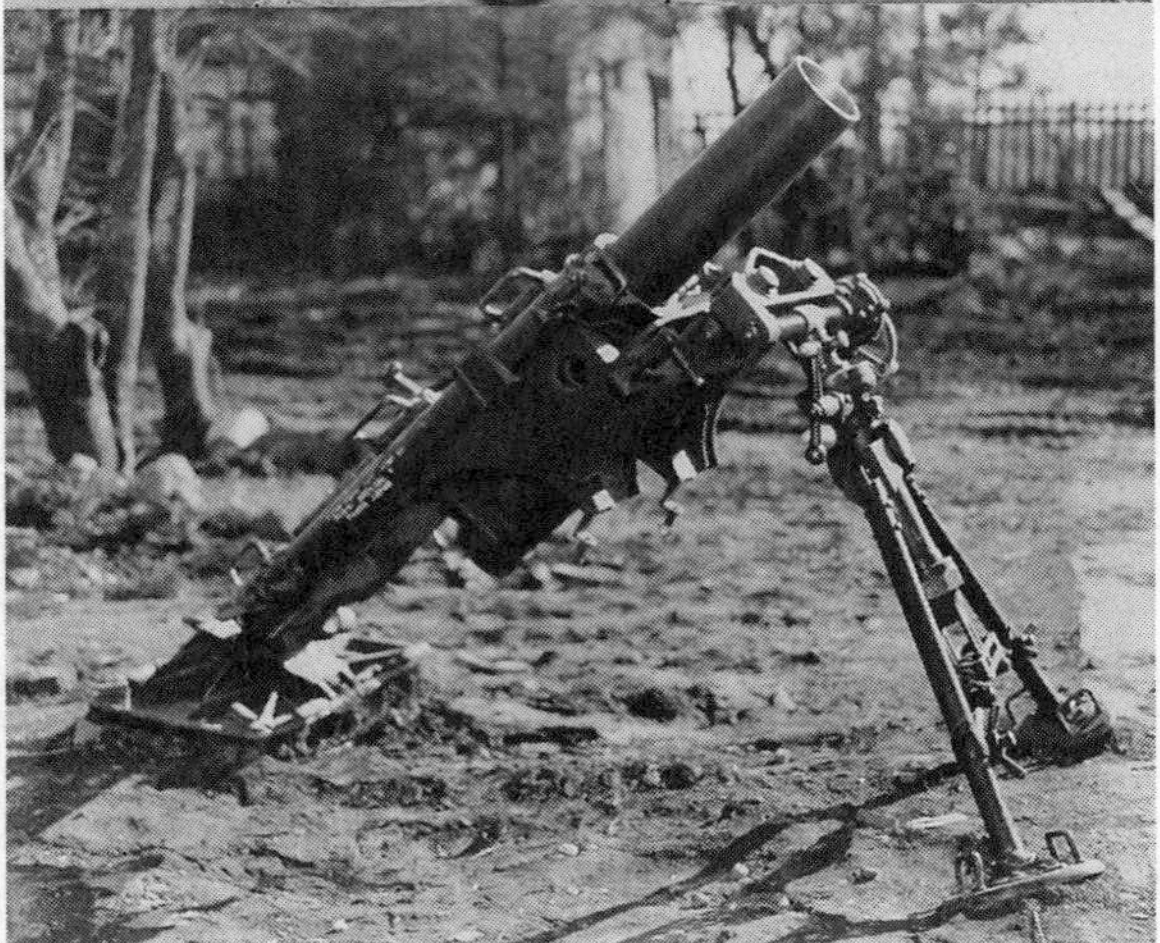

(上)九六式中迫撃砲。低射角放列姿勢左側視。
(下)同、低射角放列姿勢右側視。

91　九六式中迫撃砲

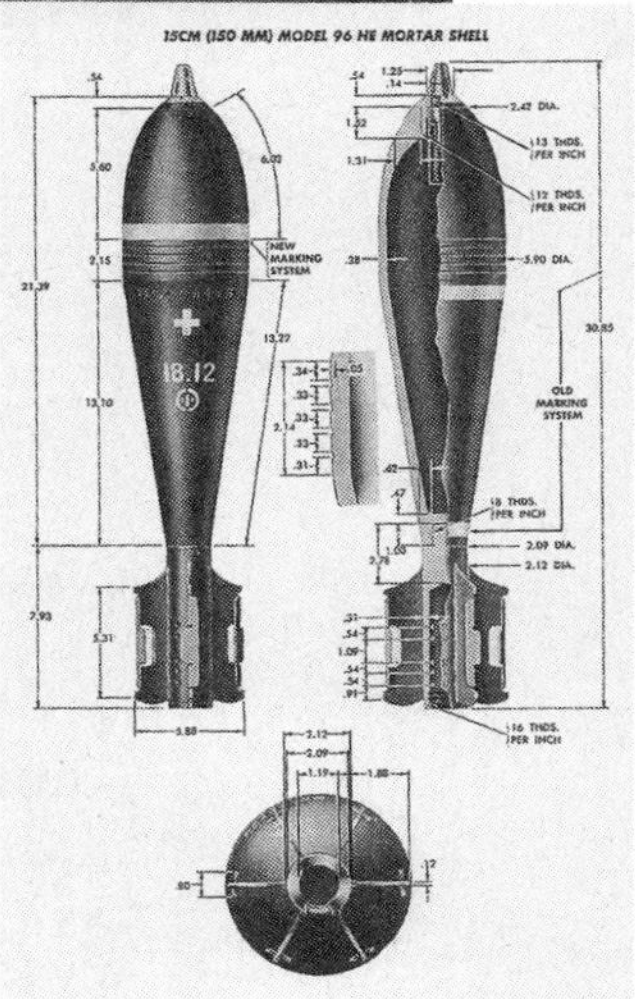

(上)同、車輪を付けたままでの高射角放列姿勢左側視。
(下)九六式中迫撃砲九六式榴弾。全体、断面図。

高低照準具は複螺式と呼ばれる方式で、内側と外側の支柱が同時に昇降する構造である。この方式は後の九七式中迫撃砲などにも採用されている。

本砲は大阪陸軍造兵廠第一製造所第三工場で昭和十二年度に3門製造した後は生産せず、大阪造兵廠第一製造所が昭和十七年十月末に調査した火砲製造完成数には、本砲は17門製造とある。本砲の構造上の特徴である砲身後坐機構が複雑で、重量が重すぎたためで、この時点では次世代の迫撃砲として駐退復坐機を持たない九七式中迫撃砲が完成しており、また、船載迫撃砲などの生産が急がれる状況になっていたからである。本砲はもともとガス弾の投射機としての用法と併用するはずだったが、ガス弾の方は九四式軽迫撃砲に全面的に頼る結果となったので、本砲用のガス弾はない。九六式榴弾弾薬筒は昭和十三年度に12900発、十四年度には11800発製造された。

本砲は砲架車と三九式輜重車4台に積載するほか、駄載、人力搬送の各方式を採用したが、野砲校における実用試験は駄馬の補充関係からみて人力で輓曳する方法により興味が示された。

●九六式中迫撃砲主要諸元

砲身	口径	150・5mm
	全長	1325mm
	重量	99・5kg
砲架様式		床板、脚

駐退復坐機様式　水圧、ばね
後坐長　270mm
発火様式　撃発式、墜発式併用
高低射界　+45〜80度
方向射界　誘導螺　11・5度
　　　　　脚の移動　25度
放列砲車重量　722kg
弾量　25・65kg
装薬　零包65g〜六包617g
初速　214m／s
最大射程　3900m

弾種	信管	弾薬筒重量
九六式榴弾	九三式二働信管「迫」	26・39kg
二式水中弾	三式水中信管二号「迫」	

九七式曲射歩兵砲

81mm INFANTRY MORTAR TYPE97

昭和六年にフランスのストークブラン社が売り込みにきた口径81㎜の滑腔砲が原型である。有翼弾を使用するので各方面の興味を惹き、かつ満州事変で敵がこれを使用し、発射音がほとんど出ないので位置が発見されにくいことと、弱速有翼弾であるため、ブルブルという不気味な音を聞いて暫くすると破裂するという状況が兵士に恐怖心を起こさせる効果があった。そこでわが国でも有翼弾研究が認められ、研究に着手したが、当時九二式歩兵砲が制定されたので、ストークブラン砲採用の気運は熟さなかった。この後、北支事変が勃発し、支那軍がストークブラン砲を使用するに及んで、日本軍もこの使用を望むに至ったので、研究を再開した。

昭和十二年（一九三七年）七月二十一日の陸軍技術本部兵器研究方針に「現制ノモノニ比シ軽易ナル大隊砲ニシテ、ストークブラン砲類似ノモノニツキ研究ス」と定められたことに伴い、昭和十二年五月、ストークブラン社から特許権および現物を購入し、設計に着手した。

同年六月には早くも大阪砲兵工廠に試製を注文し、十一月に試製砲が完成した。竣工試験を経て昭和十三年五月、陸軍歩兵学校に実用試験を委託した結果、「一般大隊砲トシテハ認メガタイ。タダシ駄馬編成師団ノ大隊砲トシテ、アルイハ一般歩兵連隊ノ増加装備歩兵砲トシテハ適当ナルモノト認ム」との判決を得た。また昭和十二年度冬季北満試験に供試し、「本砲ハ酷寒季ニオイテ取扱容易、機能良好ニシテオオムネ実用ニ適ス」との判決を得た。これらの試験の結果、所要の改修を加え、ほぼ研究方針の要求を充足するに至ったので、昭和十三年八月、仮制式制定を上申し、翌十四年一月、仮制式を制定された。

本砲は有翼弾を用い、7種類の変装薬量で曲射を行なう。軽量で取り扱いが容易だった。運搬は人力で搬送する。

本砲の設計、構造は簡単だったが、製造は簡単ではなかった。人力運搬のため軽量が要求され、筒は非常に薄く、地金抗力は87kg／㎟という上等なもので、この製造に苦心した。官民協力して特殊鋼の引抜鋼管を作り、これを削ってようやく筒の製造に成功した。次に起こった困難は滑腔砲身であるために弾丸蛋形部外径と筒内径との差が装塡および精度の関係で一定であることが必要である。また、弾丸は翼に対する空気抵抗でその方向を維持するのであるから、翼の形状、方向、位置は揃って正確でなければならない。弾体は鋳物であるにかかわらず弾軸に対する慣性効率は揃っていることが要求される。これらは製作に高度の技術を要する問題であった。

大阪造兵廠第一製造所が昭和十七年十月末に調査した火砲製造完成数には、本砲は123

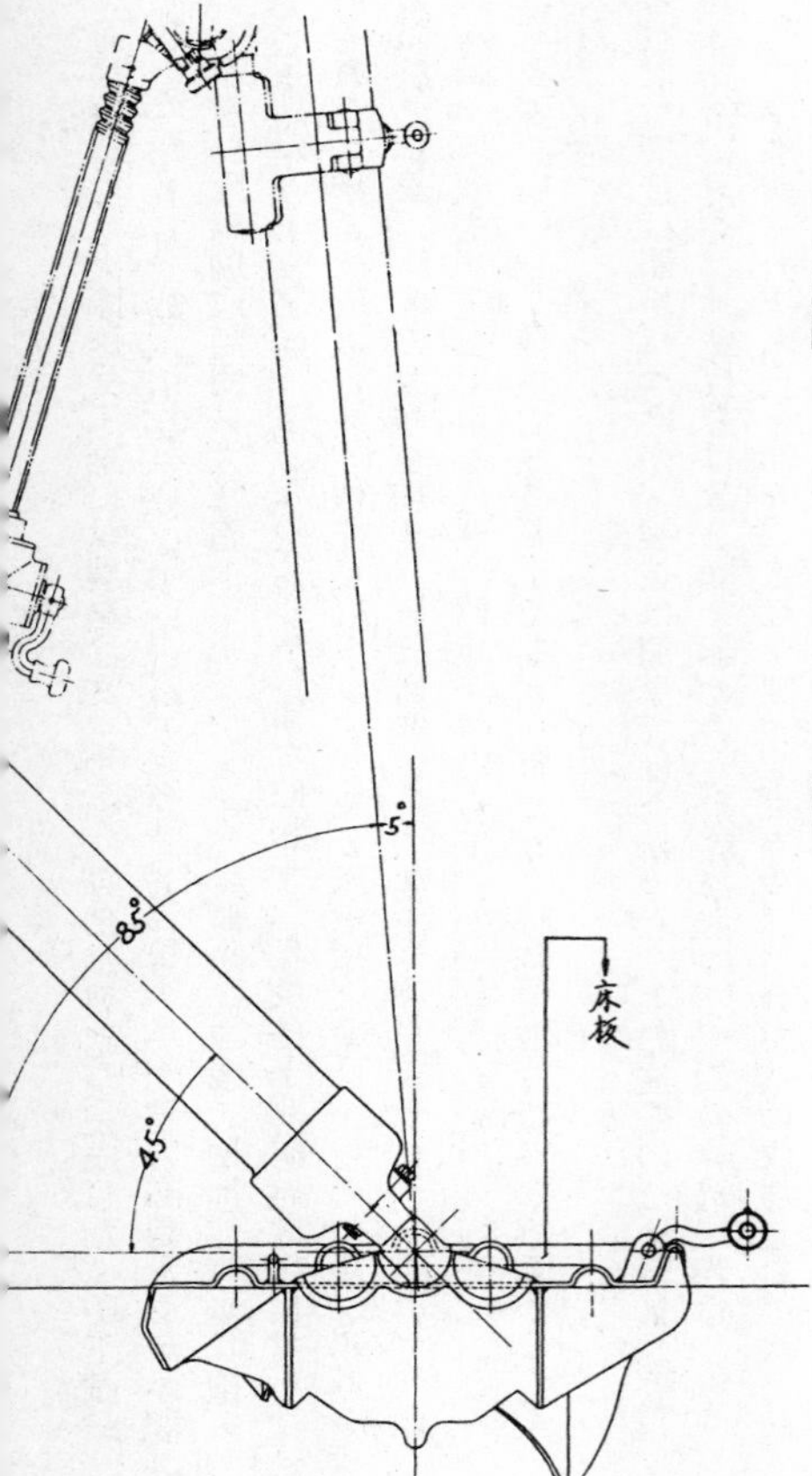

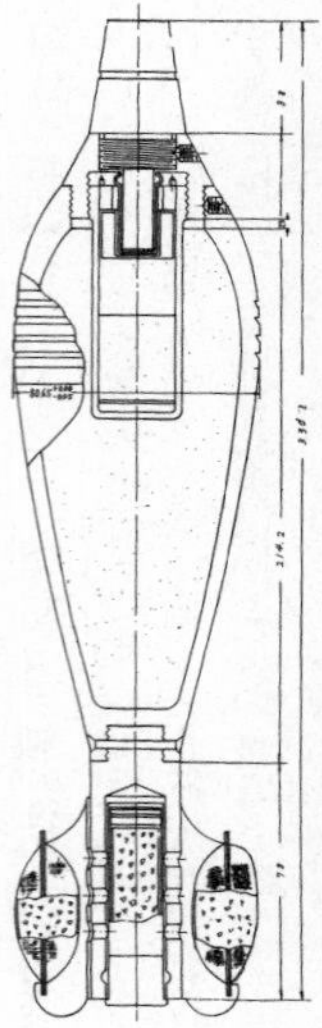

九七式曲射歩兵砲弾薬　一〇〇式榴弾弾薬筒

九七式曲射歩兵砲　放列姿勢側面図　各部名称

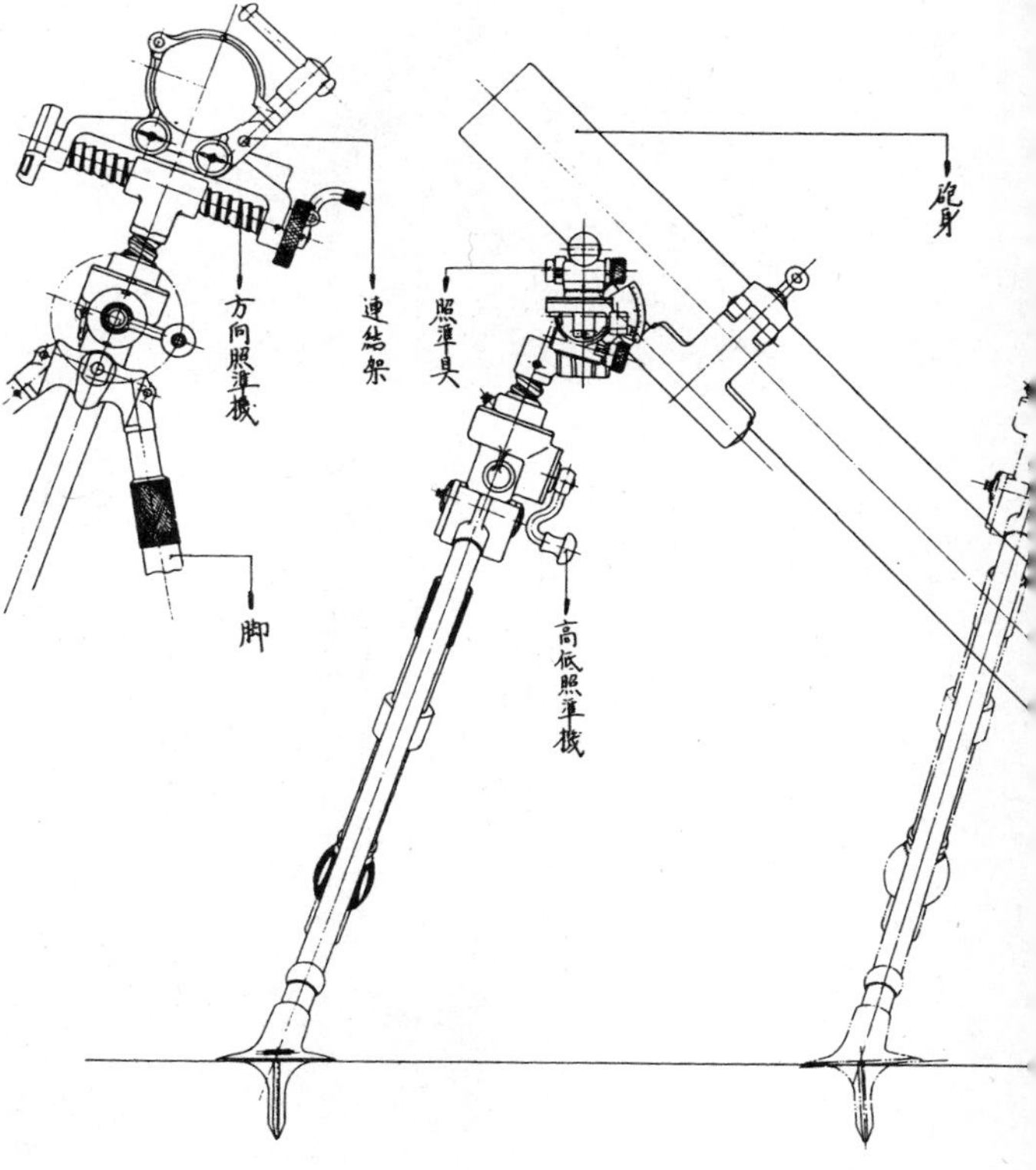

(上)試製曲射歩兵砲左側視。撃発式。
(下)同、床板の砲尾受は1箇所。

(上)同、床板の砲尾受は3箇所になった。
(下)同、下面。

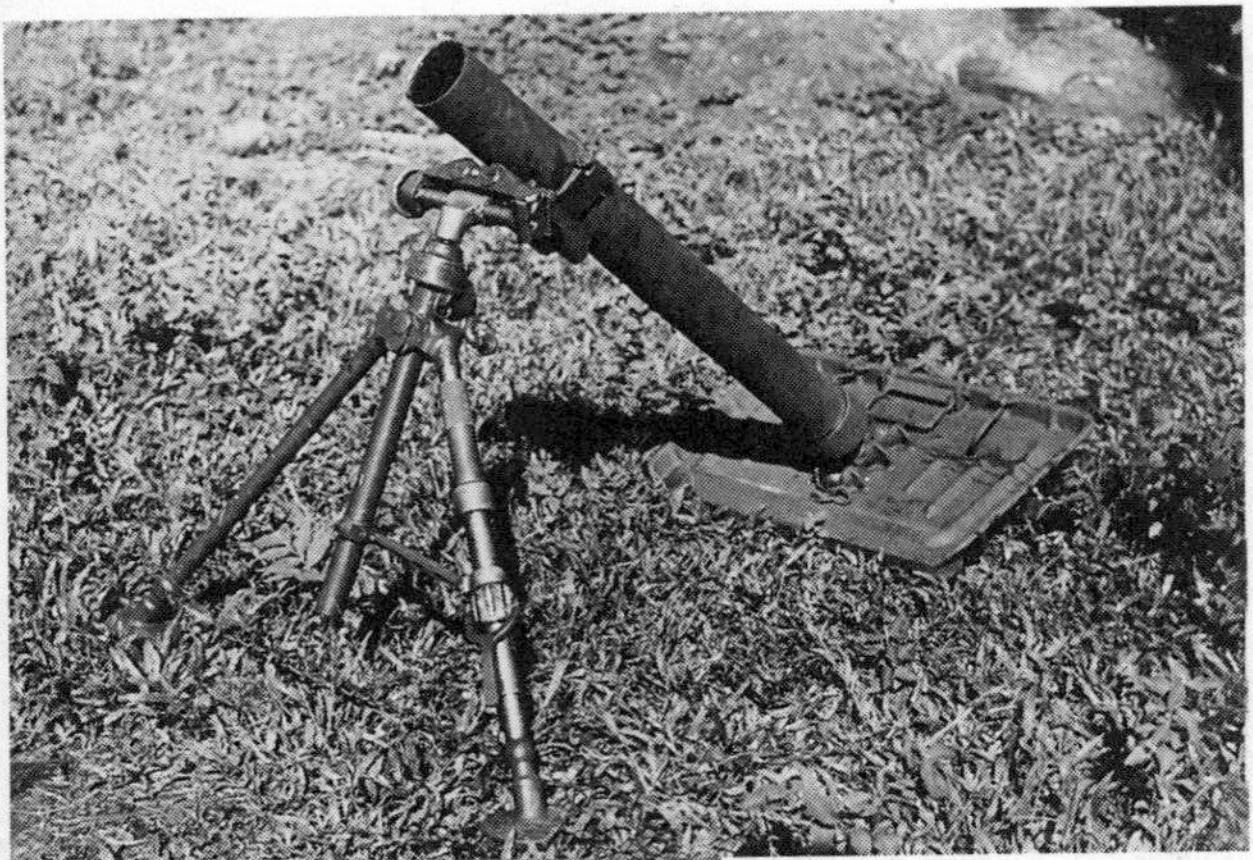

(上)米軍が撮影した九七式曲射歩兵砲。低射角放列姿勢左前視。(下左)同、左側視。(下右)同、高射角放列姿勢右前視。

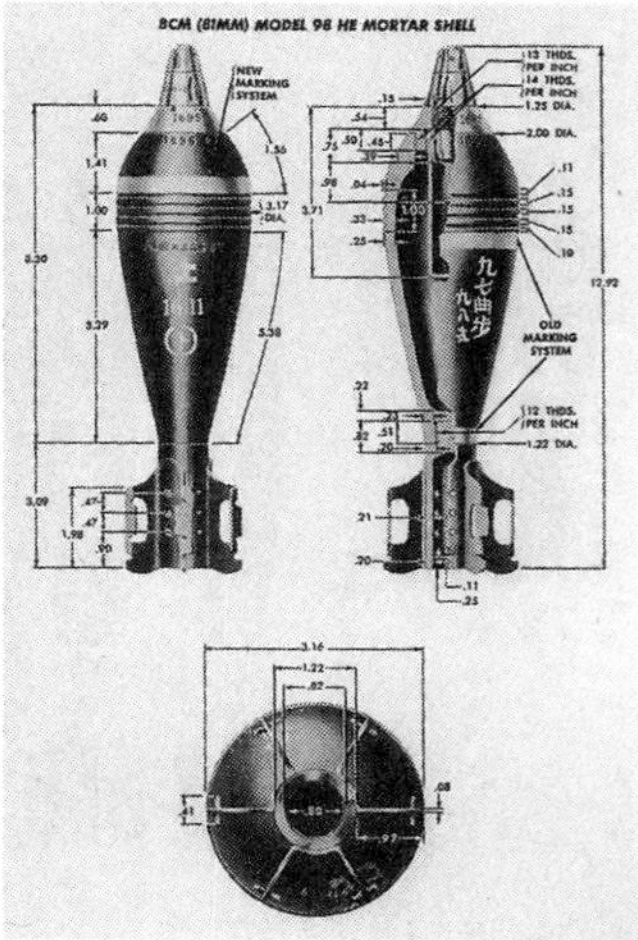

九七式曲射歩兵砲九八式榴弾。全体、断面図。

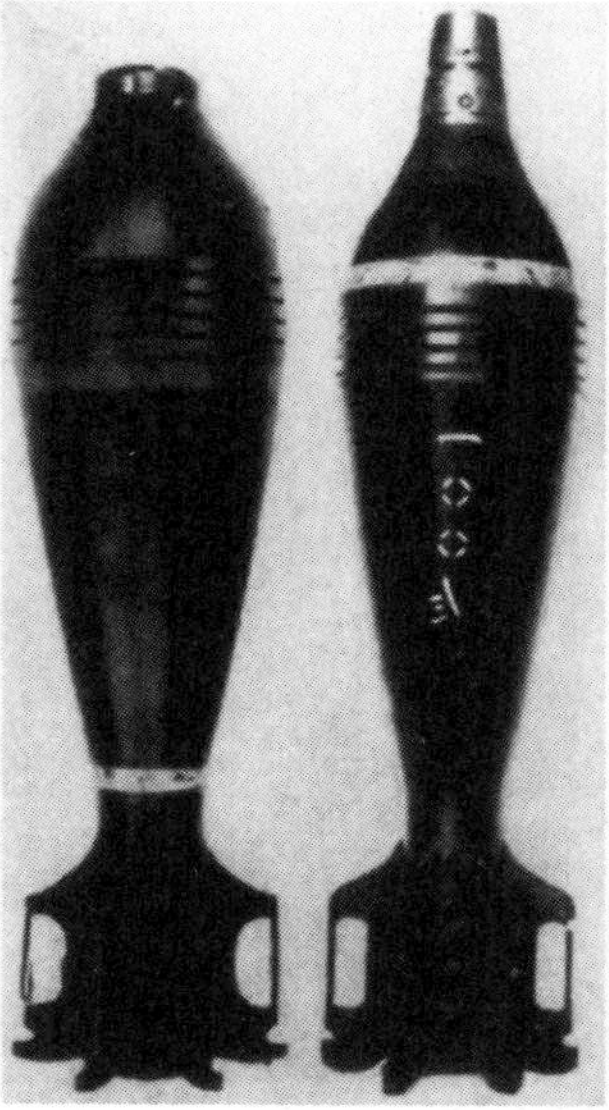

右が九七式曲射歩兵砲弾薬一〇〇式榴弾。左は海軍の三式迫撃砲弾薬。

九七式曲射歩兵砲弾薬
試製一式榴弾　試製二式重榴弾　断面

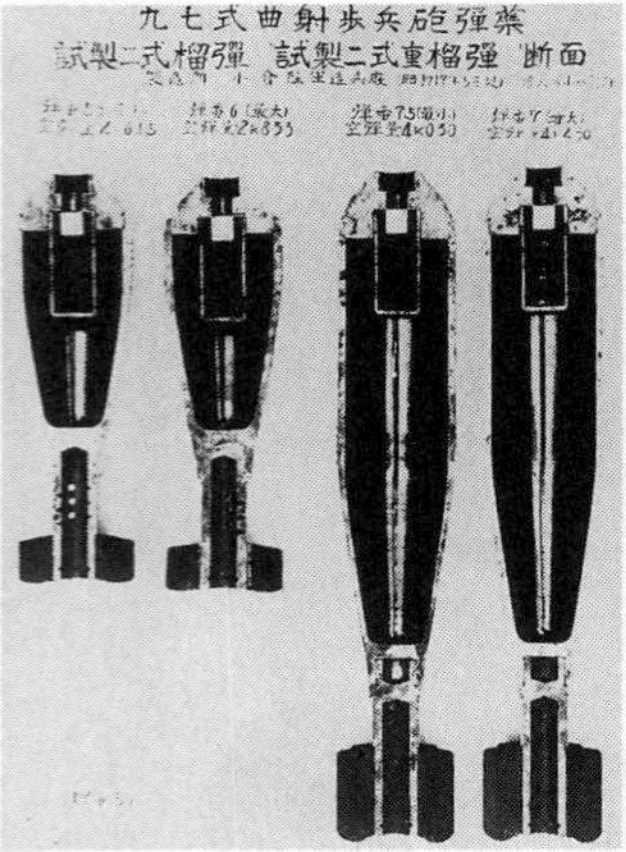

九七式曲射歩兵砲弾薬。試製二式榴弾、試製二式重榴弾断面。

石少井戸内静止破裂破片景況

弾種	九七式曲射歩兵砲試製重榴弾甲
弾薬	231	空弾量	4k.203
炸薬	茶褐薬1k.295	硝字薬0.840
信管	一〇〇式二働信管道

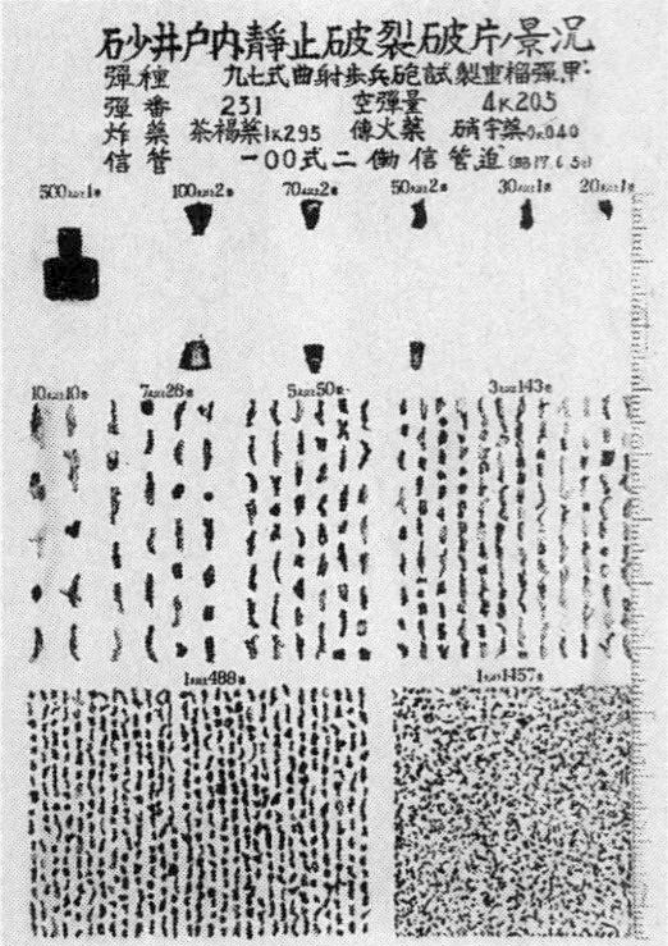

砂井戸内で静止破裂させた九七式曲射歩兵砲試製重榴弾の破片。

8門製造とある。また、昭和十八年三月末における整備状況調査によると十七年度に888門製造している。本土決戦に備えた昭和二十年度火砲調達計画に本砲I型500門、II型1400門があった。II型は別項に記載する15kg爆弾投射法を指すものと推定する。昭和二十年七月までに大阪陸軍造兵廠で78門製作した。終戦時に本砲の半途品150余門が糀谷の光精機にあった。また京都の山科精工所にも約4600kgの半途品があった。

●九七式曲射歩兵砲主要諸元

砲身　口径	81・3mm
全長	1269mm
重量	20・4kg
高低射界	+45～85度
方向射界	5・6度
脚重量	22・2kg
放列砲車重量	67kg
照準具	コリマトール式
弾量（一〇〇式榴弾）	3・35kg
装薬（一〇〇式榴弾）	零包7・5g～六包43・5g
初速	196m／s
射程	75～2850m

発射速度　15～20発／分

弾種	信管	弾薬筒重量	威力半径
一〇〇式榴弾	一〇〇式二働信管「迫」	3.41kg	20m
三式榴弾		3.47kg	
三式重榴弾		5.58kg	
九八式榴弾	九八式二働信管	3.05kg	
試製四式鋳鉄榴弾（甲）	四式簡易瞬発信管「迫」	3.43kg	
試製四式鋳鉄榴弾（乙）	九三式二働信管「迫」	3.50kg	
試製円壔有翼弾（甲）	四式瞬発信管「迫」	3.54kg	
試製円壔有翼弾（乙）		3.29kg	

試製曲射大隊砲

81mm INFANTRY MORTAR, EXPERIMENTAL

陸軍技術本部が部案として設計し、大阪工廠で試作した試製曲射大隊砲は昭和十三年（一九三八年）一月に2門完成した。この当時はまだ九七式曲射歩兵砲が試験中で、両者を比較しながら研究を進めた。試製曲射大隊砲は前装式滑腔砲で、墜発、撃発の併用、放列砲車重量は４３・２kgだった。

この後、昭和十四年七月に施綫砲身により旋動弾丸を発射する大隊砲を試製した。放列砲車重量は５６kgとやや増加し、撃発式となった。

さらに昭和十五年（一九四〇年）三月には旋条の傾角を変えた試製曲射大隊砲を試製した。墜発、撃発併用となった。このように昭和十三年から十五年にかけて、九七式曲射歩兵砲より軽く、威力のある歩兵大隊砲を研究したが、採用には至らなかった。

●試製曲射大隊砲主要諸元

砲身　　口径　　８１・３㎜

試製曲射大隊砲。射角45度放列姿勢。射前。

同、射後。床板が陥没している。

同、臂力運搬姿勢。

同、左前視。脚の構造が変わった。

同、後視。

全長	841mm
重量	12.9kg
高低射界	+45〜60度
緩衝機後退量	49mm
照準具	コリマトール式
床板重量	15.1kg
脚重量	14kg
放列砲車重量	43.4kg

九七式軽迫撃砲

90mm MORTAR TYPE97

本砲は九四式軽迫撃砲から駐退復坐機を除去して運動性の向上を図ったものである。昭和十二年（一九三七年）十月、設計に着手し、同十三年三月、試製完了した。この後床板の研究に時間がかかり、副床板甲、副床板乙、新床板、木製副床板と研究を重ねた結果、同十五年六月に至り鋼製本床板（床板〈甲〉）と木製（樫）副床板（床板〈乙〉）の併用により、発射時の床板の陥没を防止することに決まった。また、照準具に眼鏡式を採用したことを合わせて、化兵監部と陸軍習志野学校から「試製九七式軽迫撃砲」は実用に適するとの判決を得て、昭和十五年八月、仮制式を上申した。制式制定は昭和十八年三月になった。

発火様式は九四式軽迫撃砲と同じ墜発式で、撃針突出量は1・7㎜である。

大阪造兵廠第一製造所が昭和十七年十月末に調査した火砲製造完成数には、本砲は159門製造とあるが、制式制定後に製造が本格化し、約600門製造されたと推定する。太平洋戦争で主に南方方面で使用した。終戦時に本砲の半途品11門が大阪造兵廠第一製造所第三工場に、砲身の完成品８７門分等が同第一工場にあったほか、福島製作所に砲車の半途品１８門があった。

初期の弾薬は九四式榴弾と九四式重榴弾があったが、昭和十七年に威力を増大した二式榴弾と二式重榴弾を試作した。弾丸の威力半径は約２５ｍである。暴露人員に対して制圧効果を求めるための所要弾数は１haあたり６０発を要し、中隊の火制地域は通常正面２００ｍ、縦深２００ｍとした。１門の所要発射弾数は、塹壕等に潜む敵に対しては５０発、暴露した敵に対しては３０発を標準とした。最大射程付近に対しては約３割増加する必要があった。

本砲の運搬は３馬駄載か自動貨車または人力運搬による。駄載区分は次のとおり。

	砲馬	第一属品馬	第二属品馬	弾薬馬
積載品目	砲身、脚、床板（甲）	床板（乙）、第一属品箱	弾薬箱２、第二属品箱	弾薬箱２
積載品重量	１０９・２kg	９５・０kg	９８・２kg	７０・４kg
駄馬具重量	４１・５７kg	４２・８２kg	４４・９８kg	４１・３kg
馬匹全負担量	１５０・７７kg	１３７・８２kg	１４３・１８kg	１１１・７kg

●九七式軽迫撃砲主要諸元

砲身　口径　９０・５㎜

全長　１３００㎜

肉厚　１０㎜

111　九七式軽迫撃砲

重量　35・5kg
高低射界　+45〜85度
方向射界　12・7度
緩衝機後退量　96mm
緩衝機前進量　20mm
放列砲車重量　106・5kg（床板〈甲〉・照準具含）
床板（甲）重量　42kg
床板（乙）重量　67kg
弾量　九四式榴弾　5・26kg
装薬　九四式榴弾　零包15g〜六包108g
初速　227m／s
射程　100〜3800m
発射速度　大型弾　15発／分
普通弾　20発／分

弾種	信管	弾薬筒重量
九四式榴弾	九三式二働信管「迫」	5・26kg
九四式重榴弾		11・23kg

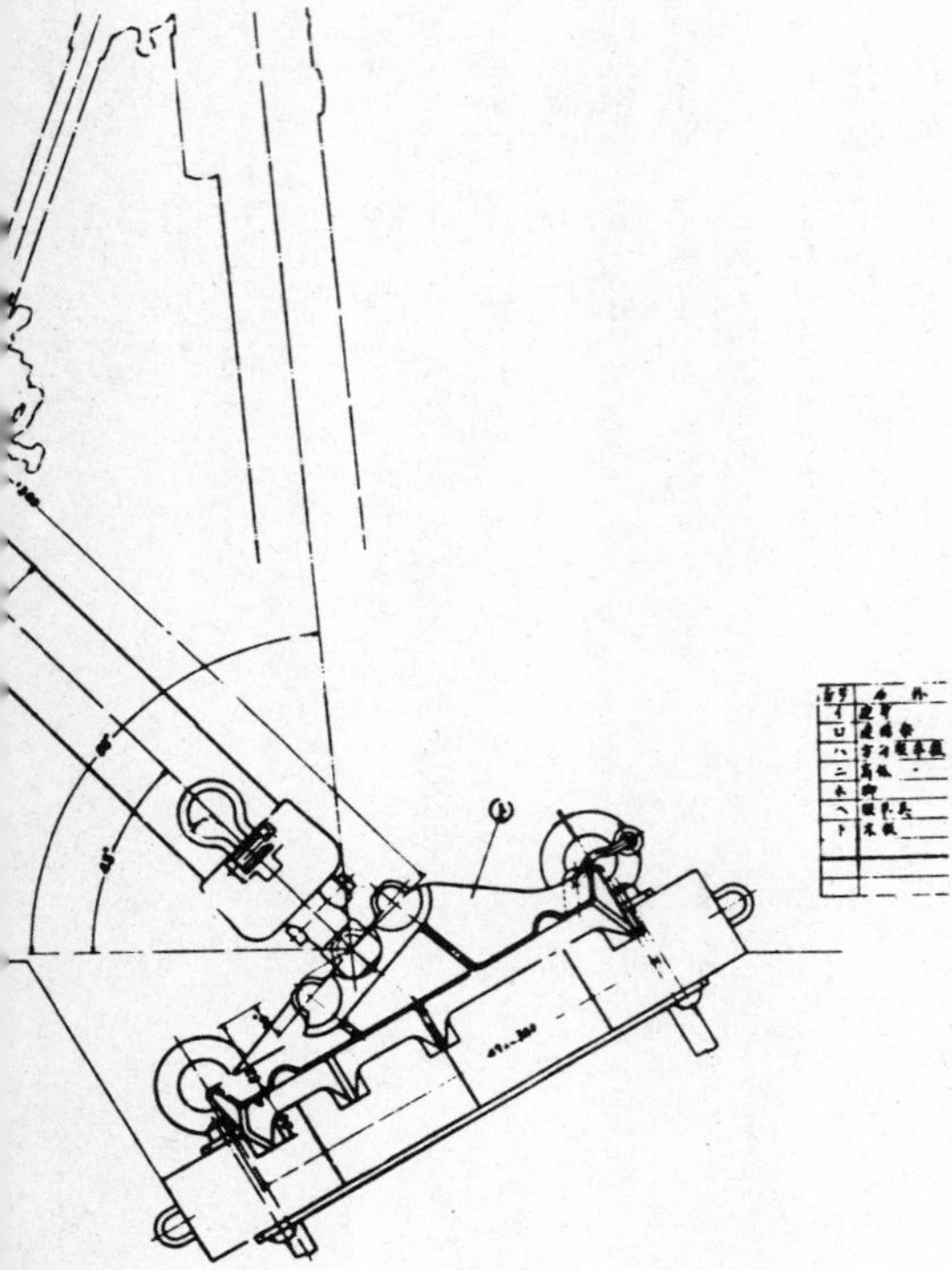
番号
名称
イ
ロ
ハ
ニ
ホ
ヘ
ト

九七式軽迫撃砲　放列姿勢側面図

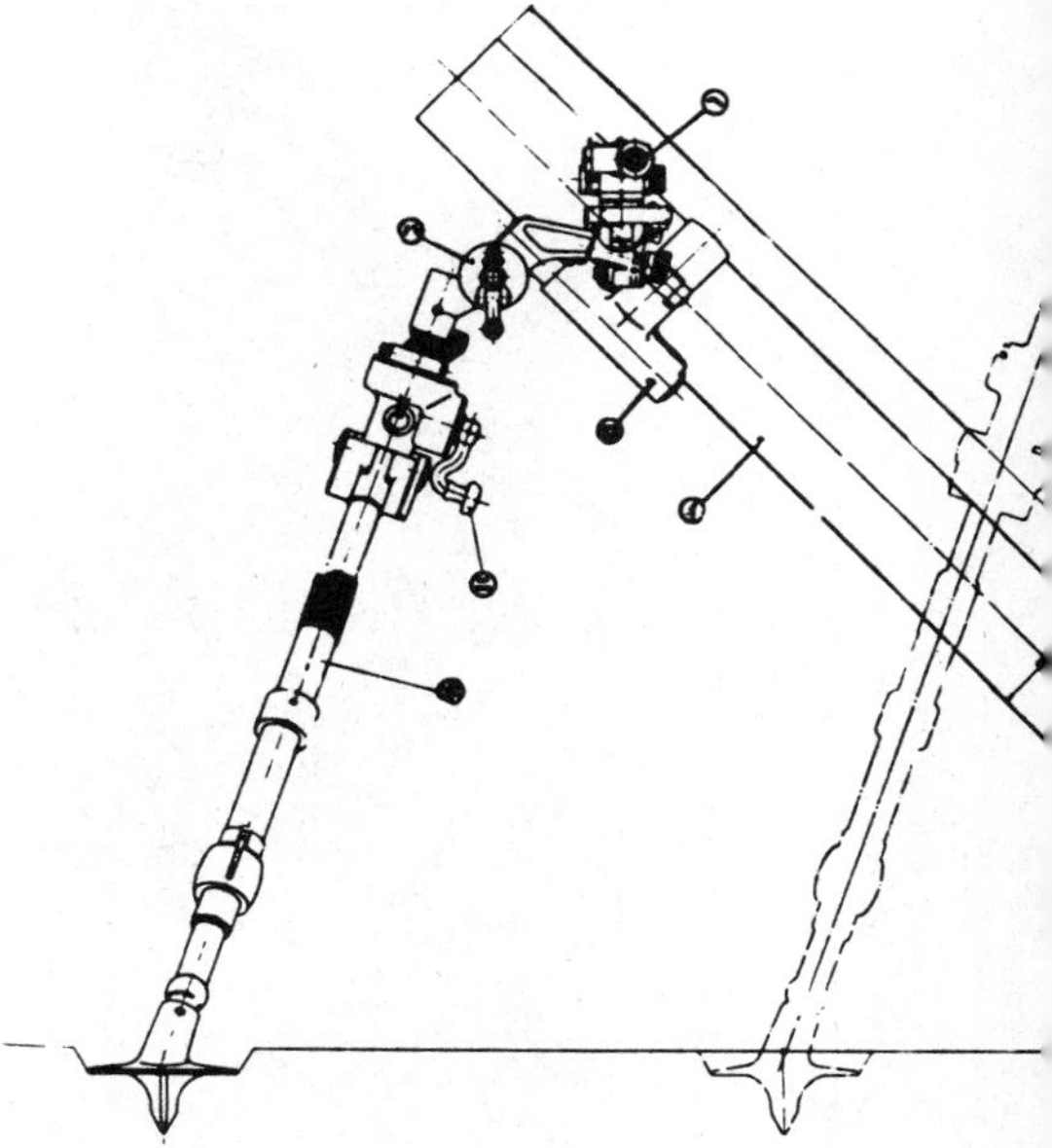

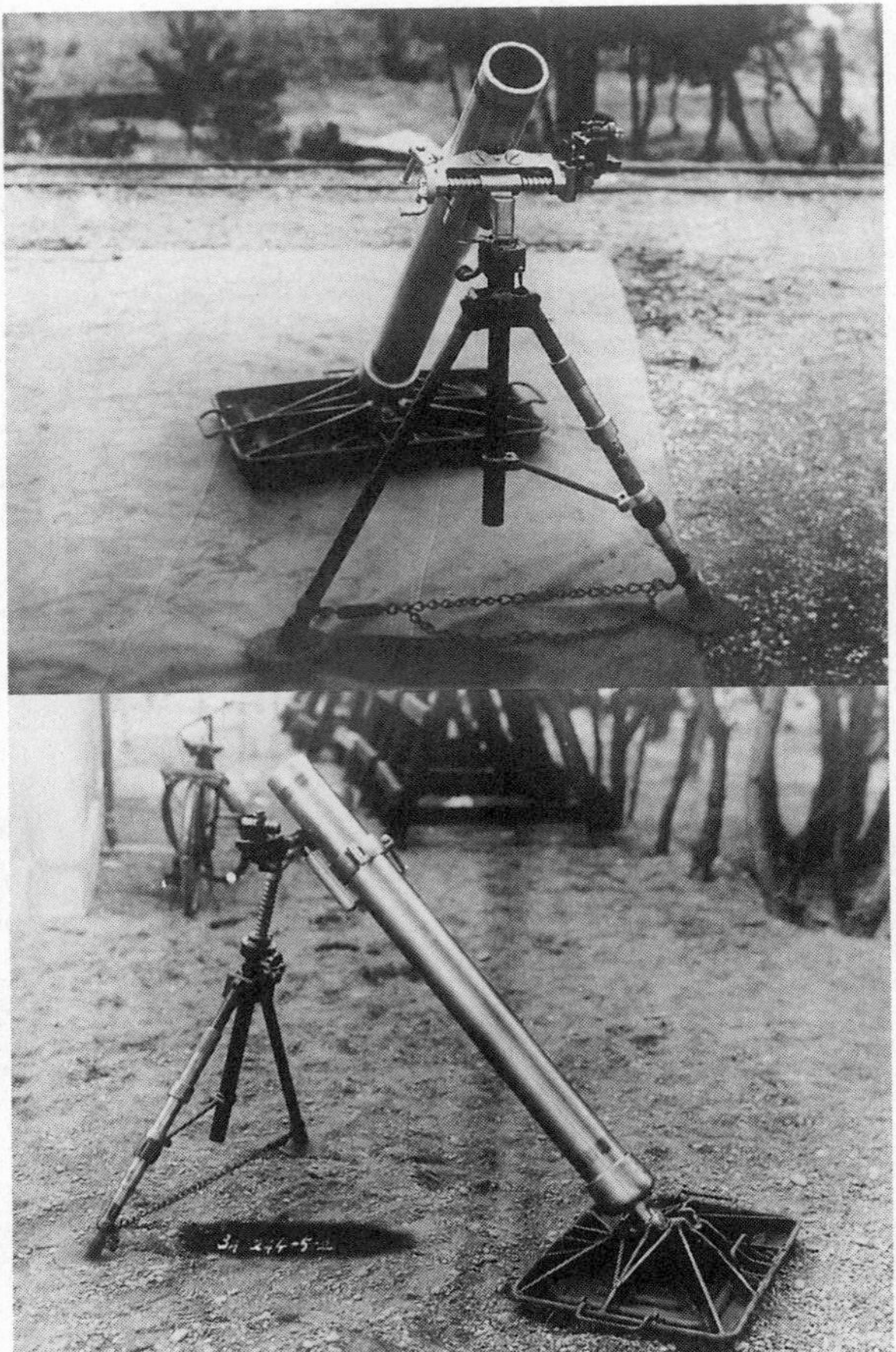

(上)九七式軽迫撃砲放列姿勢前視。
(下)同、放列姿勢左側視。

115　九七式軽迫撃砲

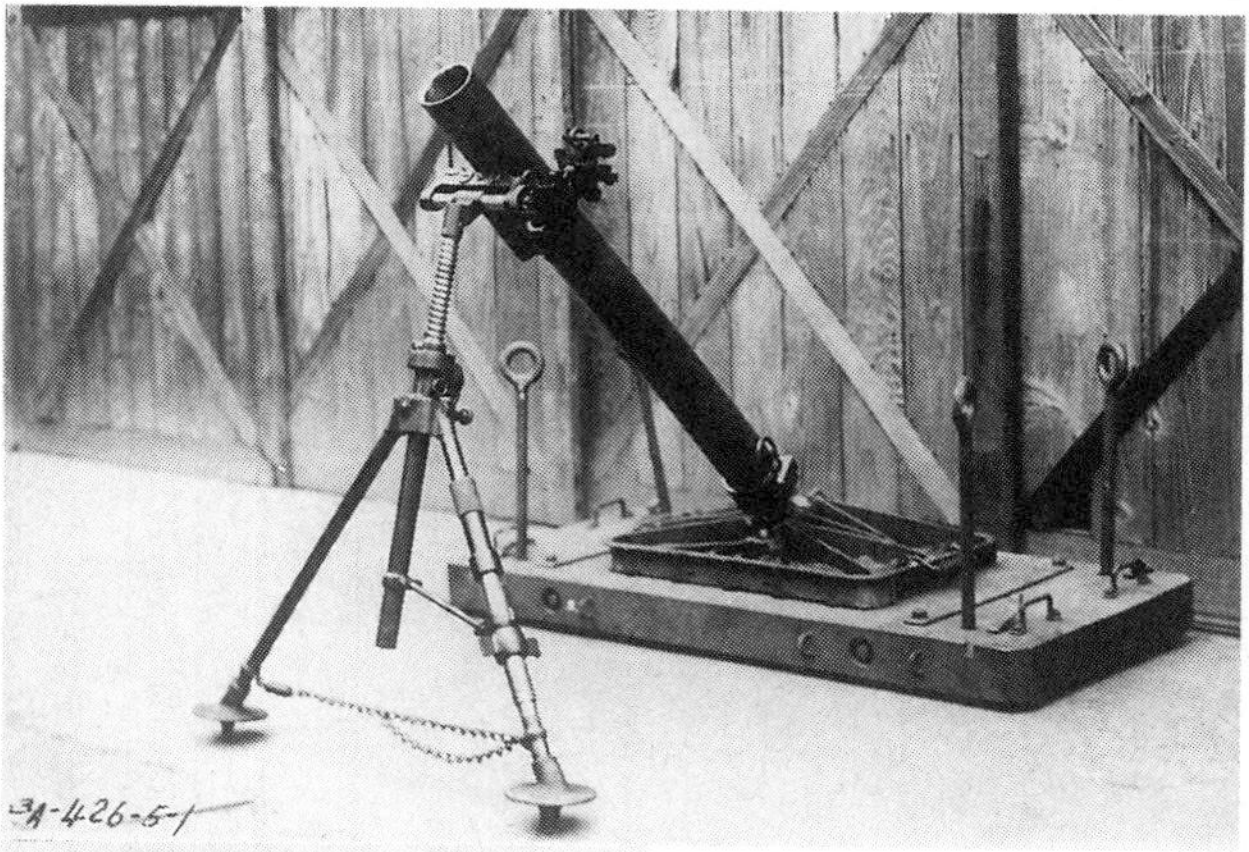

（上）同、鋼製本床板と木製副床板を併用。
（下）右が九七式軽迫撃砲弾薬九四式榴弾。
左は九四式軽迫撃砲弾薬九四式榴弾。

二式榴弾 二式重榴弾	一〇〇式二働信管「迫」	4・98kg 7・80kg
試製四式鋳鉄榴弾（甲）	四式瞬発信管「迫」	4・90kg
試製四式鋳鉄榴弾（乙）	九三式二働信管「迫」	5・315kg

弾種	全備弾量	発煙剤	単一効力		
			有効縦長	有効幅	持続時間
試製一式発煙弾	8・575kg	六塩化エタン	150〜250m	30〜70m	1・5分
試製二式発煙弾	5・575kg	四塩化チタン	70〜100m	25〜35m	1・0分

九七式中迫撃砲（長／短）

150mm MORTAR TYPE97（LONG BARREL/SHORT BARREL）

本砲は九六式中迫撃砲の駐退復坐機を省略して、軽量化、取り扱いの簡易化を図ったもので、昭和十二年（一九三七年）十二月、設計に着手し、翌十三年二月に第1回試験、同八月に第2回試験を実施した。この試験の結果に基づき、「長」と「短」の2種に分けることになり、同年十月、両方の火砲により第3回目の試験を行なった。昭和十四年十月には陸軍野戦砲兵学校に実用試験を依託し、その成績から緩衝機の補強を行なうとともに、翌十五年六月、木製床板を試製し、依託試験を続行した。これらの結果、昭和十六年一月に「短」、四月に「長」がそれぞれ実用に適する旨の決定をみたので、直ちに仮制式を上申し、昭和十七年六月に制定された。

九七式軽迫撃砲と九七式中迫撃砲は同時に研究命令が出され、研究開発もほとんど同時に進めた。九七式中迫（長）は軽迫と同じ理由により、木材副床板を鋼製本床板の下に設置しているなど、共通点が多い。木材副床板の重量は370kgある。軽迫、中迫ともに榴弾、ガ

1. 図中 ㋺ ㋩ ㋥ ㋭ ㋬ ハ九七式中迫撃砲ノモノニ同シ
2. 組立後摩擦部ヲ除キ燐酸塩皮膜ヲ施ス
但シ分解図中特ニ註記セルモノヲ除ク
3. 弾薬箱ハ九七式中迫撃砲ノモノニ同シ

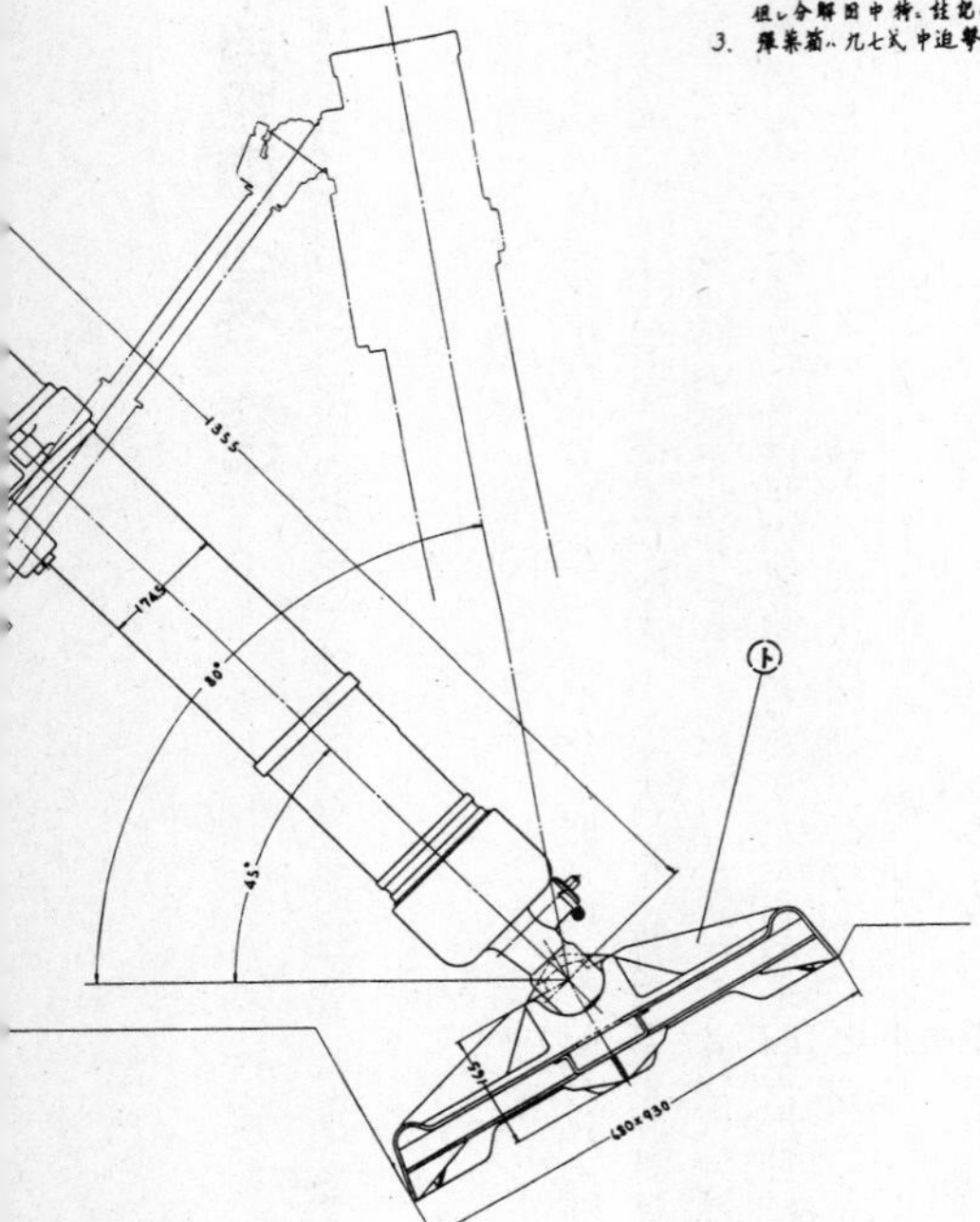

符号	名　称
イ	砲身
ロ	連結架
ハ	方向照準機
ニ	高低　〃
ホ	脚
ヘ	照準具
ト	床板

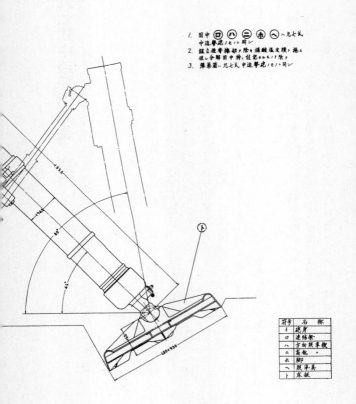

九七式中迫撃砲(短)　放列姿勢側面、前面図

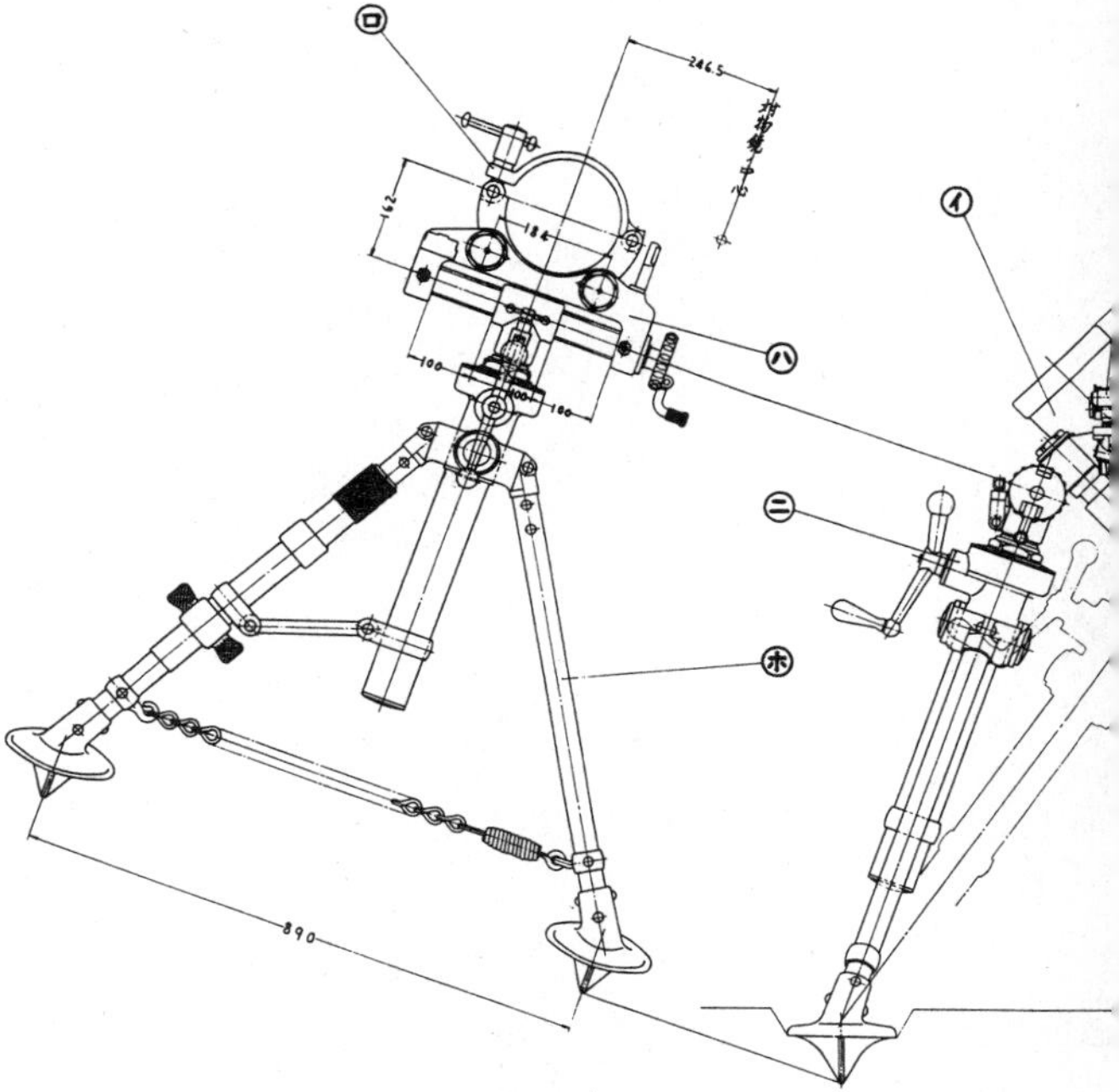

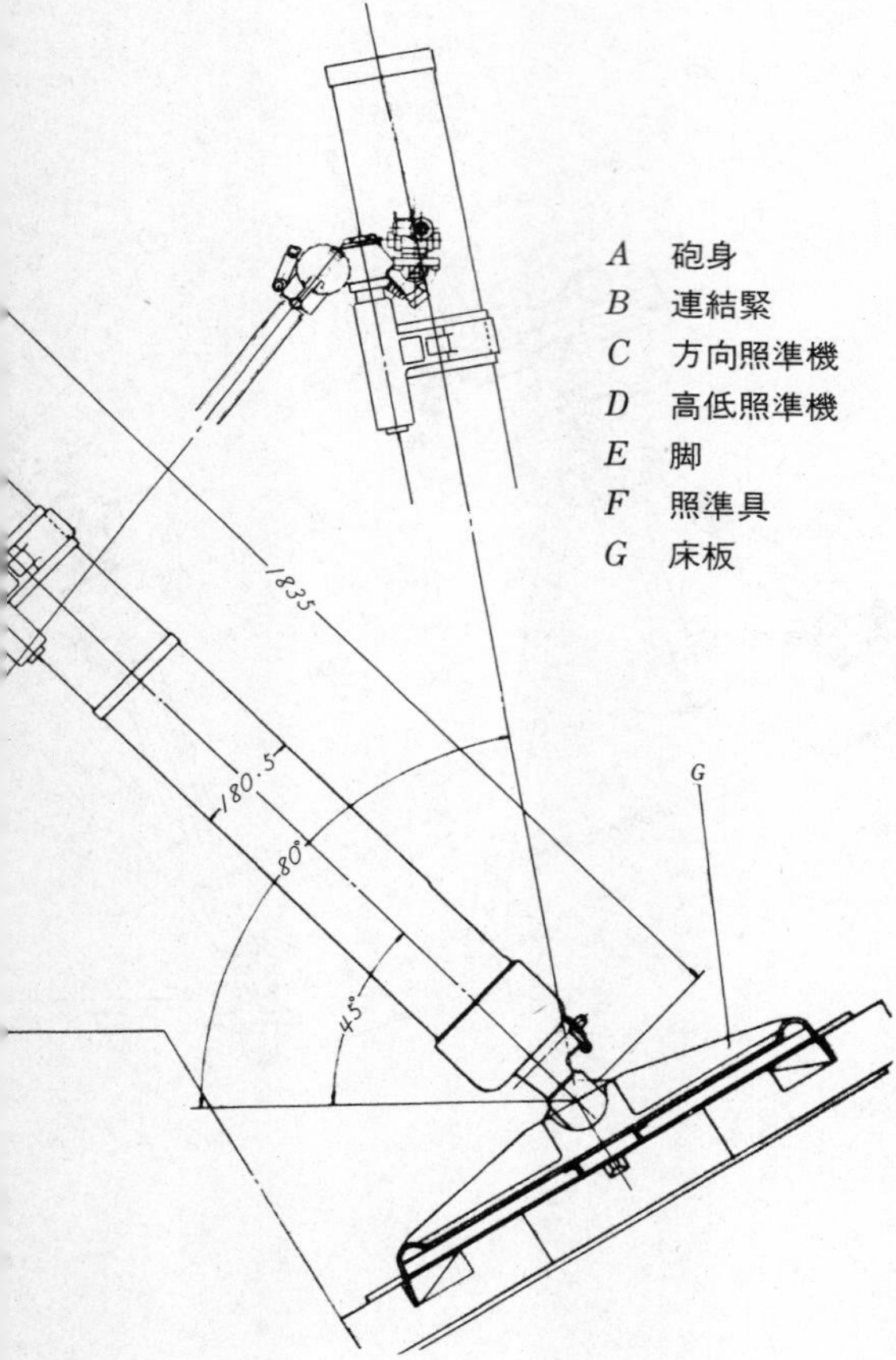

A　砲身
B　連結緊
C　方向照準機
D　高低照準機
E　脚
F　照準具
G　床板

九七式中迫撃砲（長）　放列姿勢側面、前面図

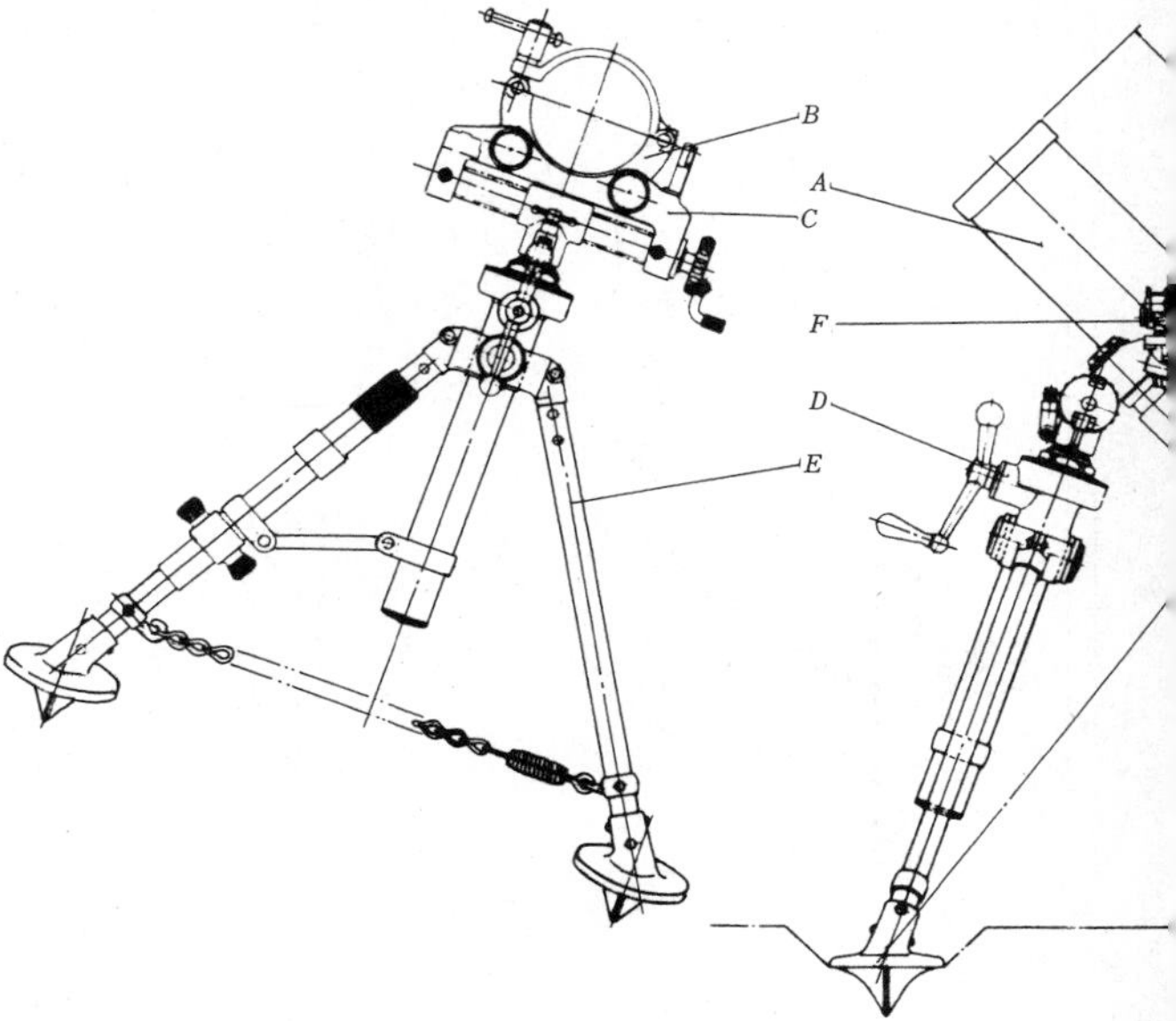

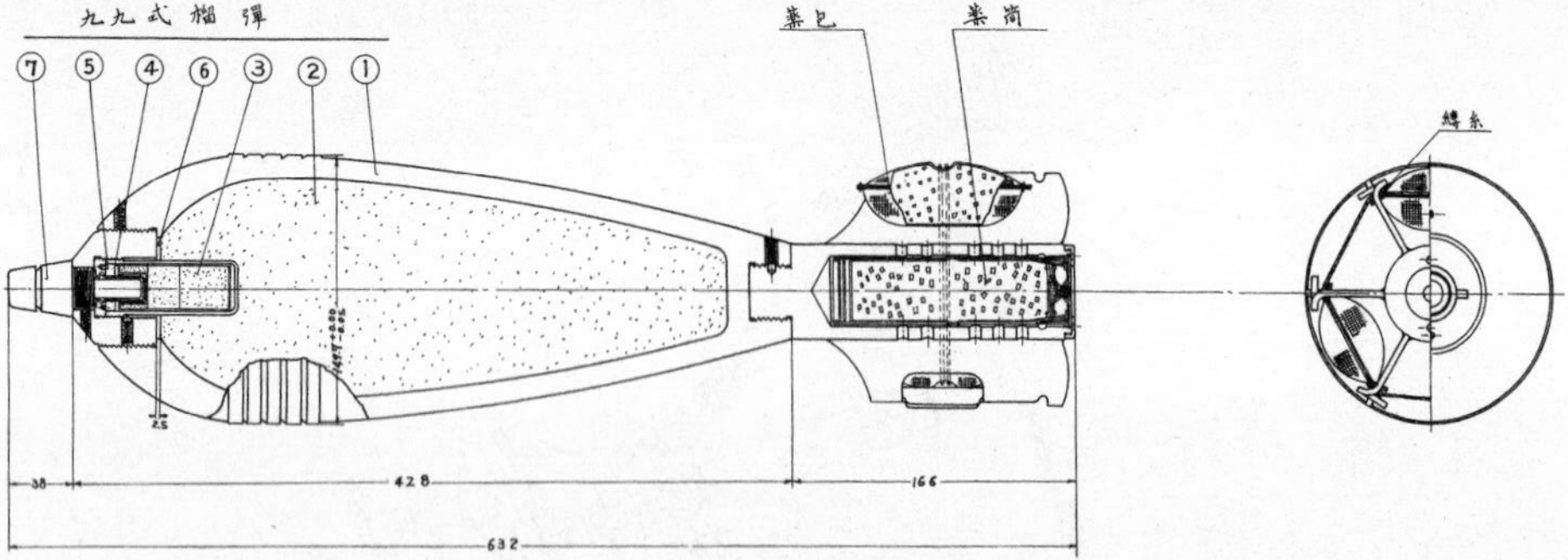
九九式榴彈
⑦ ⑤ ④ ⑥ ③ ② ①
薬包
薬筒
縛糸
2.5
38
428
166
632

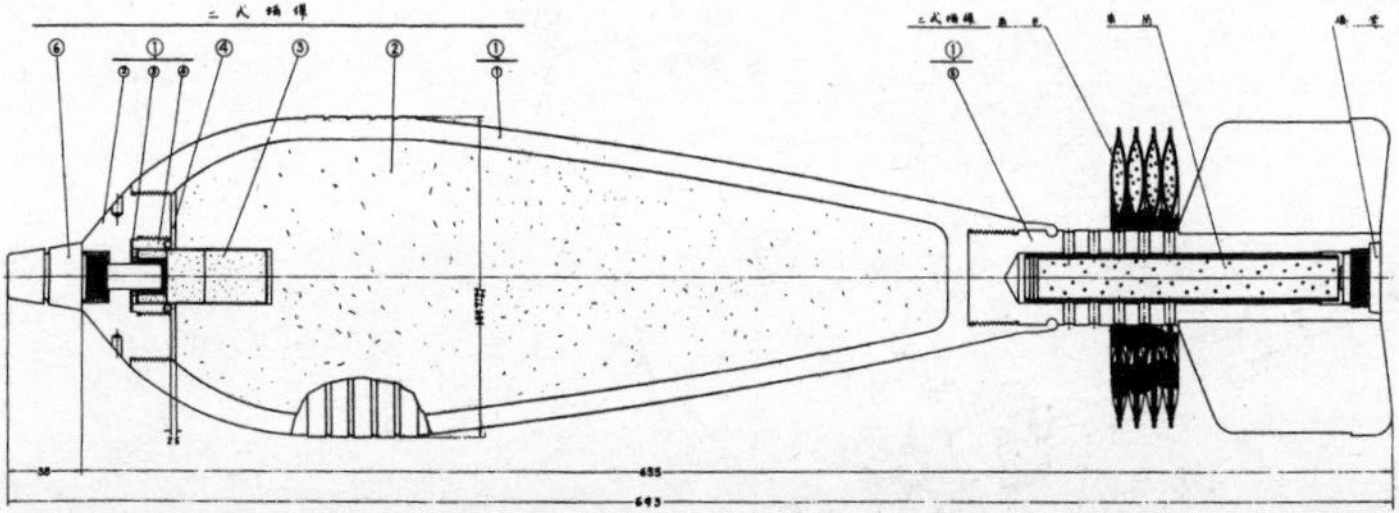

(右) 九七式中迫撃砲(短)弾薬　九九式榴弾弾薬筒
(左) 九七式中迫撃砲(短)弾薬　二式榴弾弾薬筒
(下) 九七式中迫撃砲(長)弾薬　九九式榴弾弾薬筒

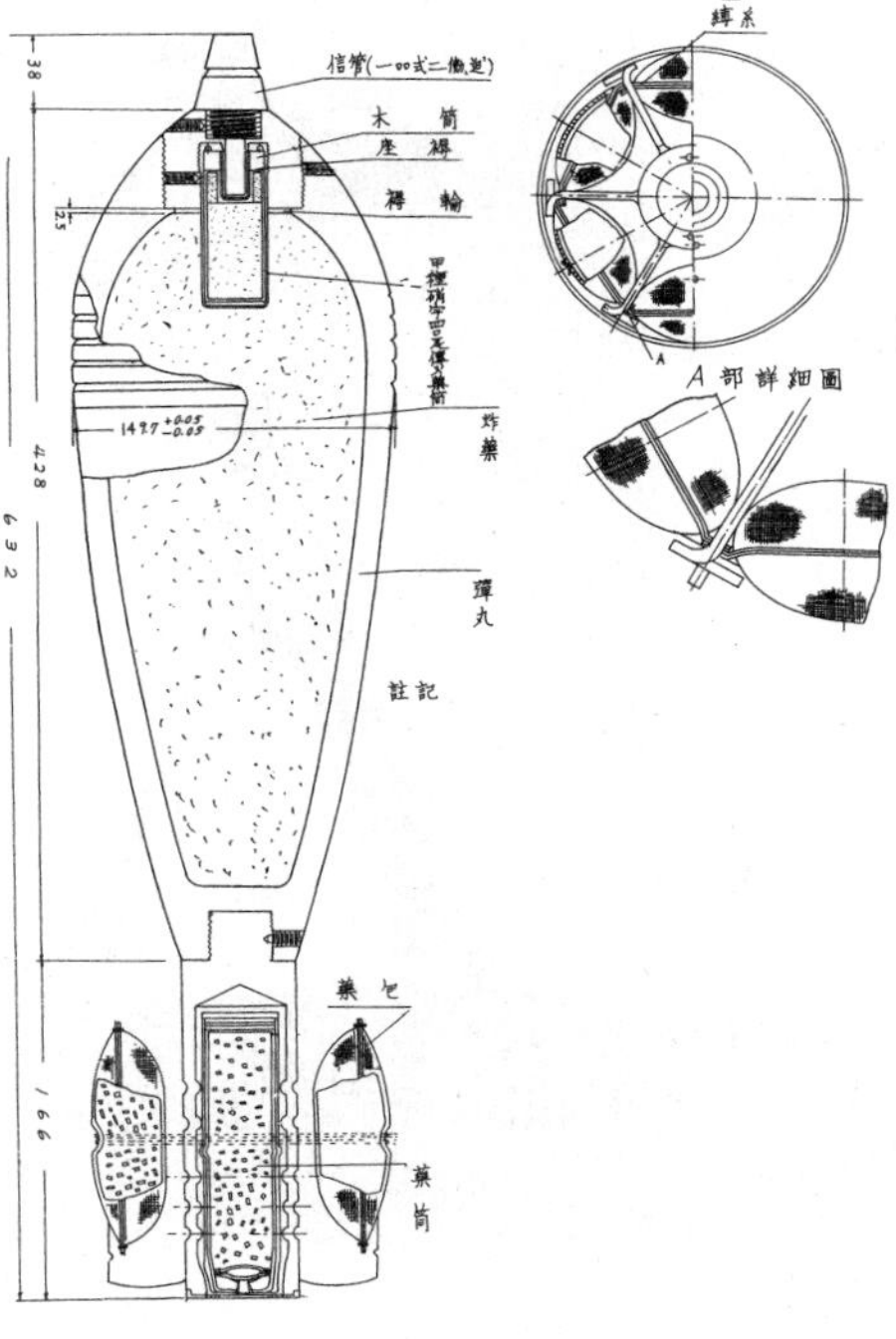

(上)九七式中迫撃砲(短)放列姿勢左側視。
(下)九七式中迫撃砲(長)。鋼製本床板と木製副床板を併用。右前視。

125　九七式中迫撃砲（長／短）

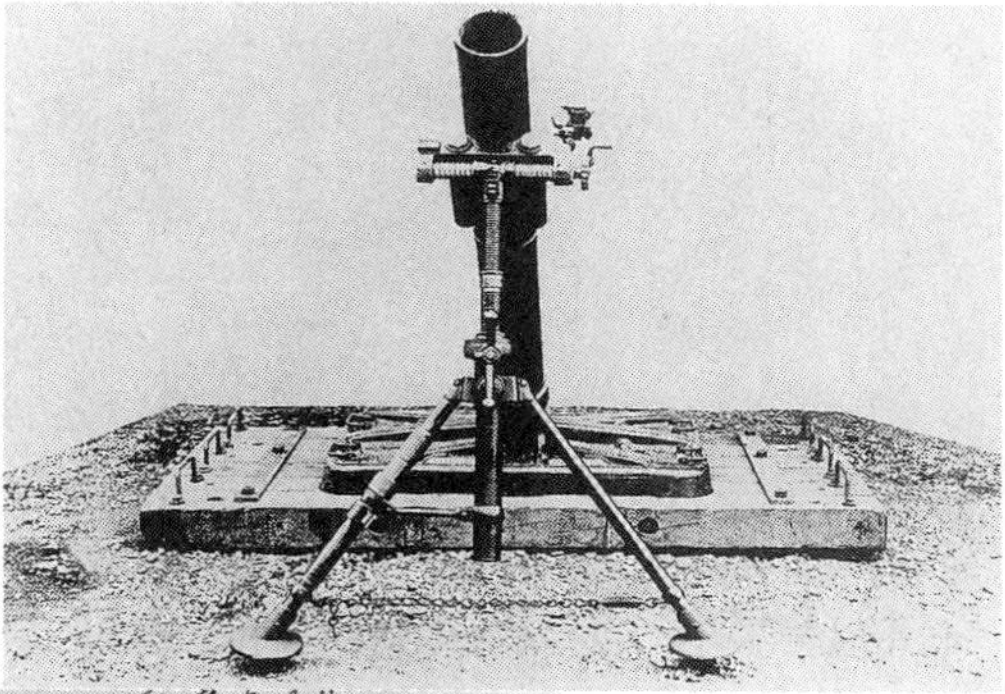

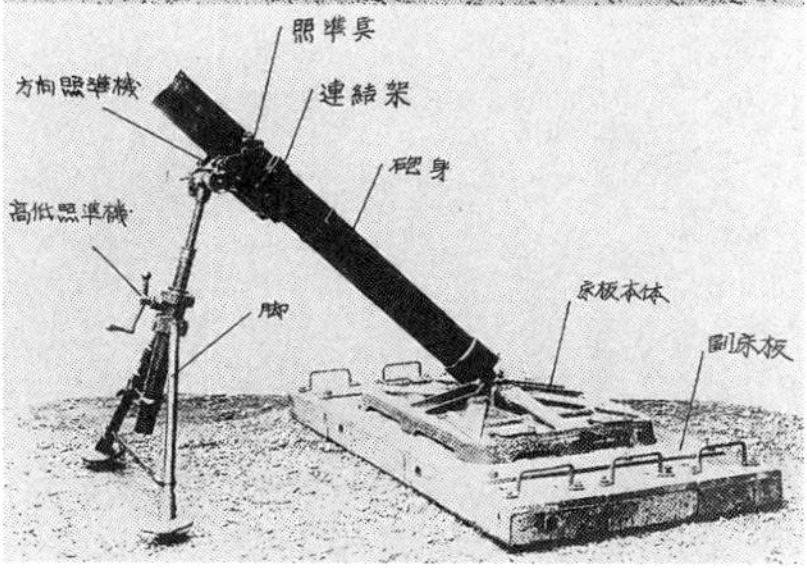

(上)九七式中迫撃砲(長)前視。
(中)同、各部名称。
(下)同、左側視。各部名称。

米軍が木製副床板ごと鹵獲した九七式中迫撃砲(長)。

米軍が密林地帯で鹵獲した九七式中迫撃砲(長)。木製副床板は使っていない。

127　九七式中迫撃砲（長／短）

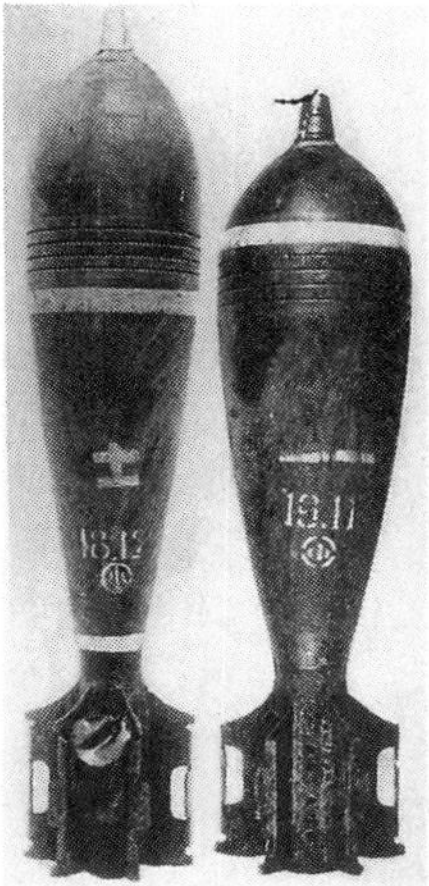

（上）右が九七式中迫撃砲弾薬九七式榴弾。左は九六式中迫撃砲弾薬九六式榴弾。（下右）九七式中迫撃砲弾薬試製二式榴弾の砂井戸内静止破裂破片の状況。（下左）砂井戸内で静止破裂させた九七式中迫撃砲試製二式榴弾の破片。

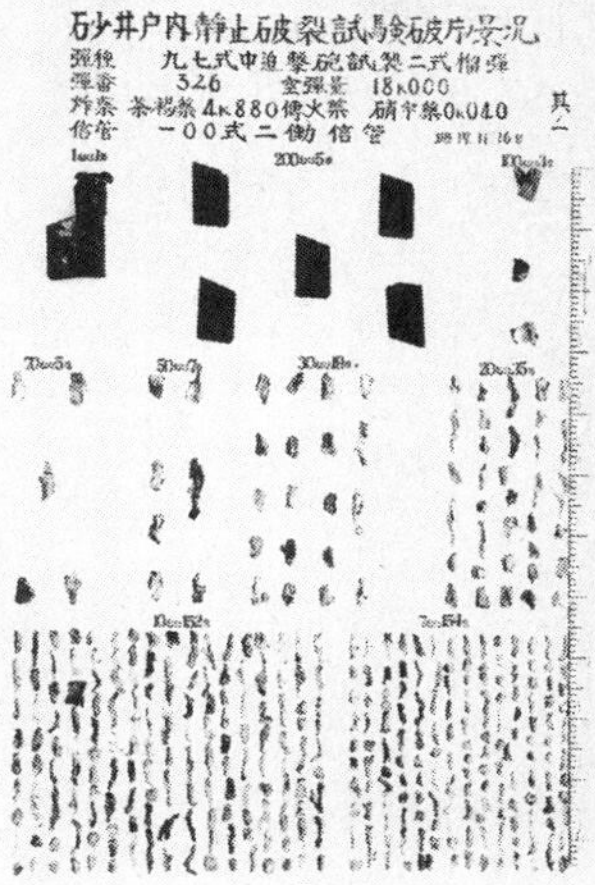

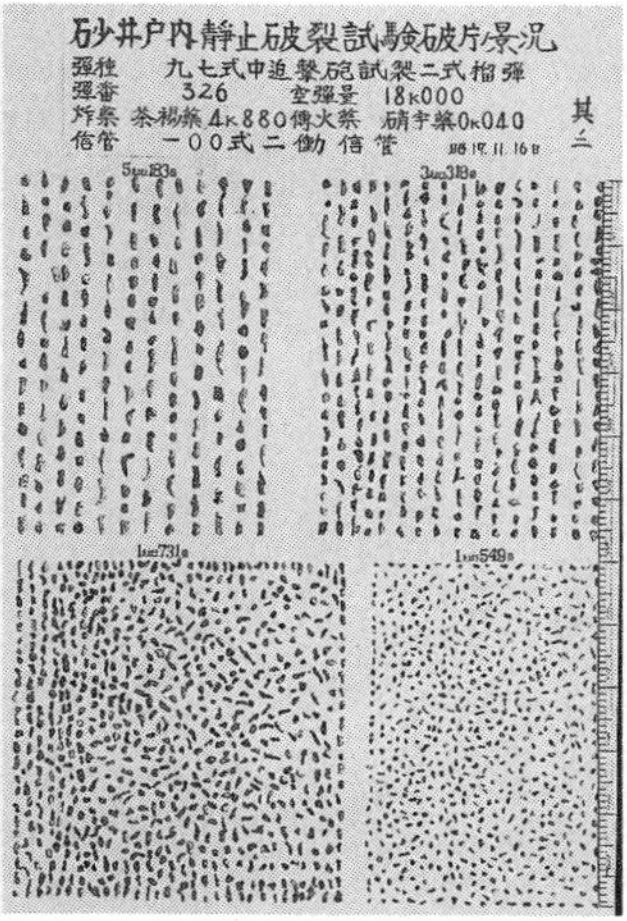

（上）左から十年式擲弾筒、八九式重擲弾筒、九八式投擲器、三式八糎迫撃砲（海軍）、九七式曲射歩兵砲、九七式軽迫撃砲、九七式中迫撃砲（長）。
（下）左から九七式曲射歩兵砲、九七式軽迫撃砲、九七式中迫撃砲（長）。

ス弾、発煙弾を制定した。構造は大差なく、滑腔砲身で、軽迫は墜発式、中迫は墜発、撃発のどちらも可能である。発射時の反動が照準具に及ぼす影響を緩和するため、両種とも緩衝機を付けた。いしづき（脚の接地部）は固定式とした。軽迫、中迫ともに大阪陸軍造兵廠で製造した。大阪造兵廠第一製造所が昭和十七年十月末に調査した火砲製造完成数には、九七式中迫は１７１門製造とある。その後は二式十二糎迫撃砲の生産に移行した。

九七式中迫撃砲（長）の運搬は砲を分解して三九式輜重車（甲）２車に車載し、弾薬箱を１車に車載する。九七式中迫撃砲（短）は砲を分解して４馬に駄載し、別に弾薬馬をつける。

●九七式中迫撃砲（長）主要諸元

砲身	口径	１５０・５㎜
	全長	１９３５㎜（１３９５㎜）
	重量	１１８㎏（７５・５㎏）
	肉厚	１４・５㎜（１２㎜）
高低射界		+45～80度
方向射界		１８０密位《ミリイ》（１４５密位）
脚重量		４８・５㎏
床板重量		１４１・５㎏（８１・５㎏）
放列砲車重量		３４２㎏（２３２・５㎏）
木材砲床		３７０㎏（無し）

照準具　コリマトール式
弾量　九九式榴弾　２３・８kg
装薬　九九式榴弾　零包６５g〜六包４２５g（零包６５g〜三包２４５g）
初速　２１２m／s（１３０m／s）
射程　１００〜３８００m（１６００m）
発射速度　約１５発／分

（注）１、（　）内は「短」を示す。
２、密位は円周を６４００等分した角度で1密位は約０・０５６度。

	弾種	信管	弾薬筒重量	威力半径
長	九九式榴弾	一〇〇式二働信管「迫」	２４・３５kg	３０m
	二式榴弾		２３・４０kg	
短	九九式榴弾	一〇〇式二働信管「迫」	２４・１１kg	
	二式榴弾		２２・５５kg	

試製九九式短中迫撃砲

150mm SHORT BARREL MORTAR TYPE99, EXPERIMENTAL

九六式中迫撃砲が722kgと重いため、これから駐退復坐機を除いた九七式中迫撃砲を制定したが、これも重量が340kgで取り扱いが不便だった。そこで射程を我慢して砲身を短くし、床板を小さくした試製九九式短中迫撃砲を試作した。重量は150kgまで軽くなったが制式制定には至らなかった。発火様式は撃発および墜発式で、撃発の場合は撃針突出量を2・5㎜に、墜発の場合は2㎜とする。

昭和十六年一月末における試製兵器現況調には照準具2個を東京第一造兵廠に注文中とあり、完成予定を同年三月三十日としている。運搬方式は駄載である。

●試製九九式短中迫撃砲主要諸元

砲身	口径	150・5㎜
	全長	1215㎜
	重量	50・45kg

閉鎖機　螺式（固定）
高低射界　+42～80度
方向射界　9・3度
放列砲車重量　152kg
弾量　23・8kg
初速　92・2m／s
最大射程　770m
弾種　試製九八式榴弾（九三式二働信管「迫」）27kg、試製二式榴弾

九九式小迫撃砲

81mm LIGHT MORTAR TYPE99

昭和十三年（一九三八年）、技術本部は「試製小迫撃砲」を試作した。同年六月、伊良湖射場で近接戦闘兵器研究委員会による試験があり、同委員会は本砲に関して「口径８１㎜、弾薬ハ試製九七式歩兵砲ト同一、最大射程約４００ｍ、重量約２０㎏ニシテ目標小、最前線ニ進出シ、偉大ナル曲射威力ヲ発揚シ得ルノミナラズ平射可能ナルヲ以テ最前線火器トシテ有力ナル兵器ナリ」と報告している。

その試験結果を受けて、翌十四年、新たに試製小迫撃砲「新」を2門試作した。試製小迫新は昭和十四年七月、試製小迫旧との比較をしながら、組立機能、射撃試験を行なった。その結果、機能は良好で、抗堪性も十分であると認められたが、照準具についてはさらに根本的に研究し直すことになった。昭和十五年八月から「試製九九式小迫撃砲」の審査を行なった結果、火砲本体の床板、脚、撃発装置などを改修する必要が認められた。この修正を終えて、近接戦闘委員会から出されていた、軽量で操作が易しい迫撃砲という要求をほぼ満足す

前面

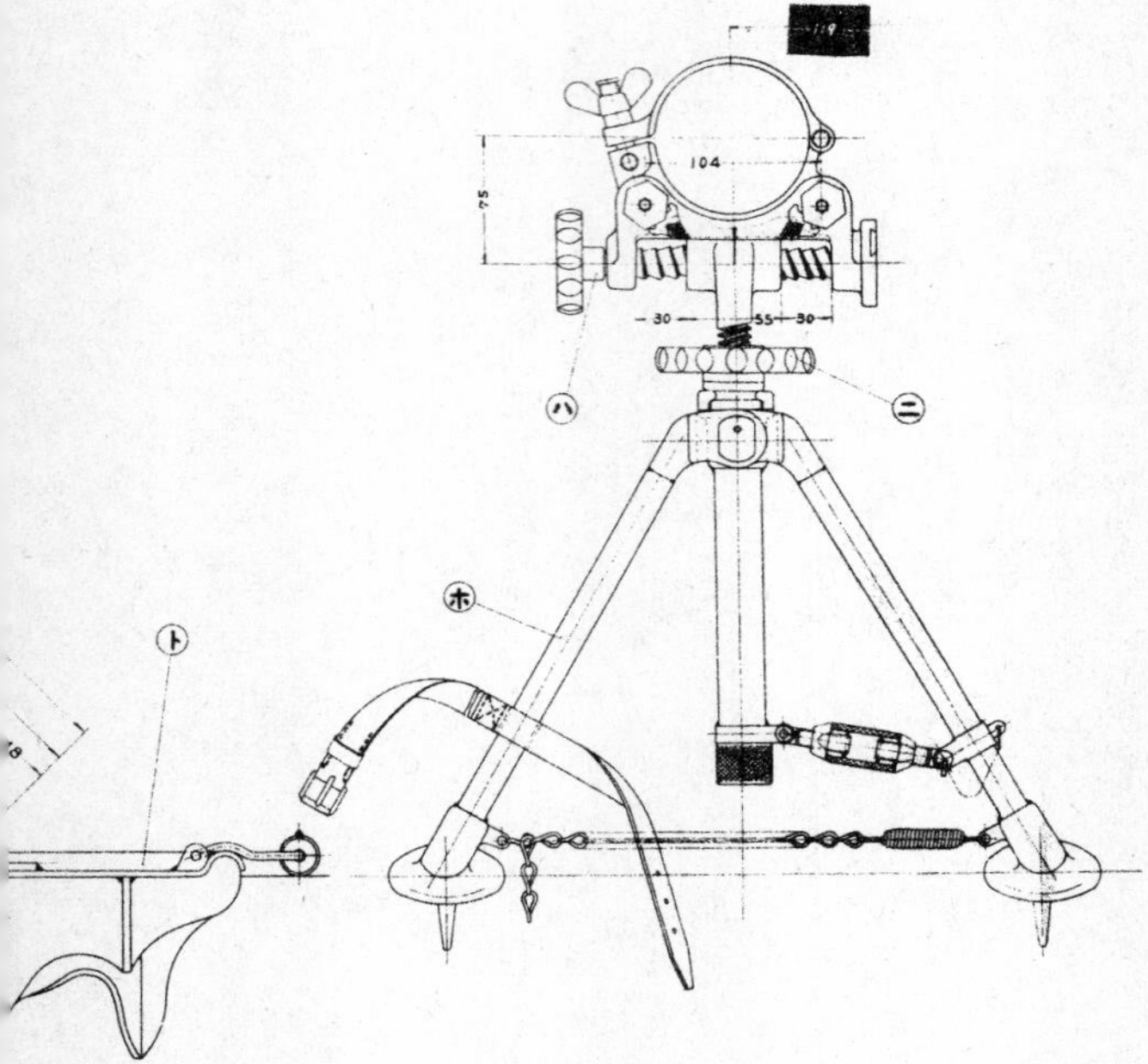

九九式小迫撃砲　放列姿勢側面、前面図

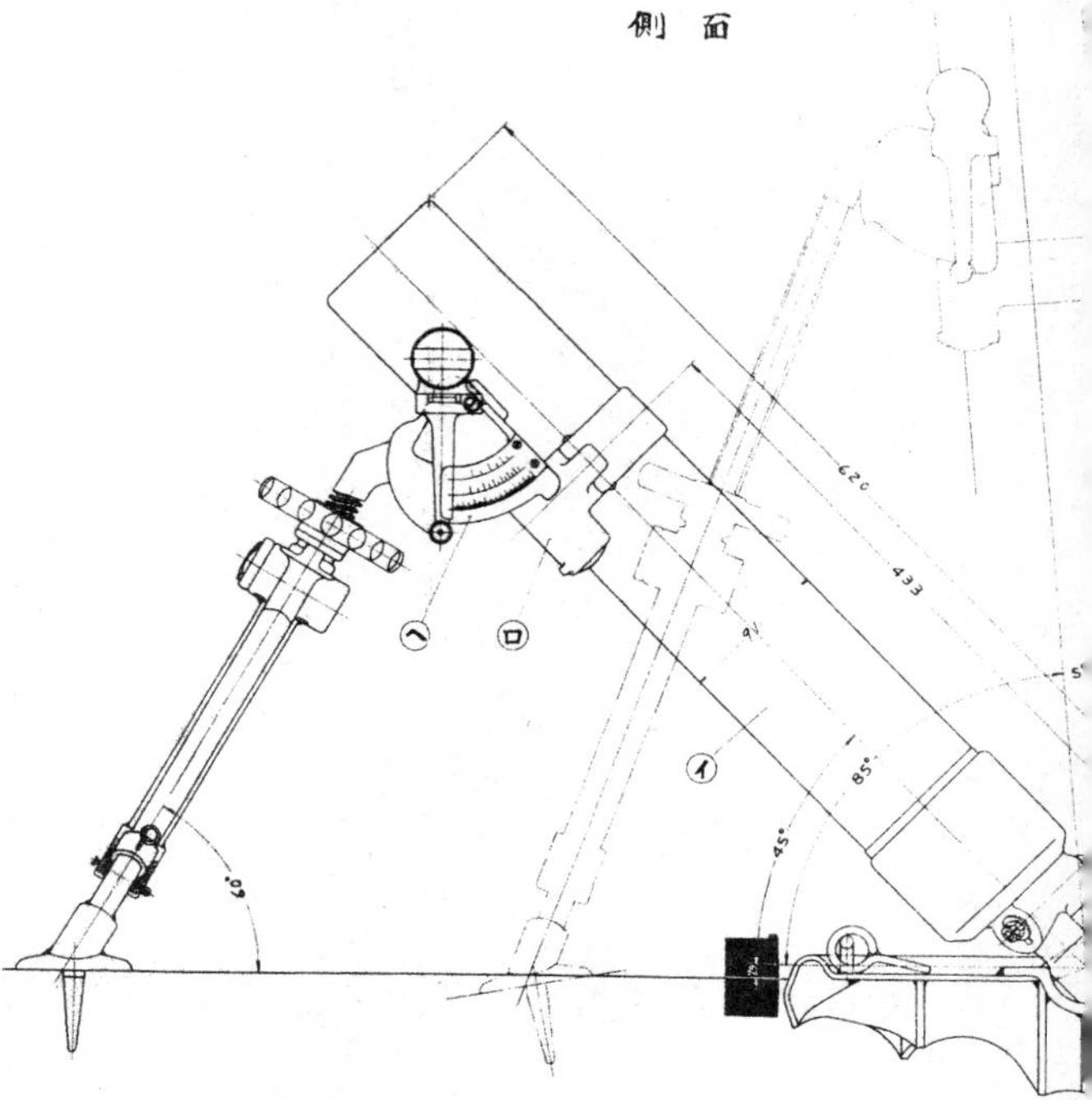

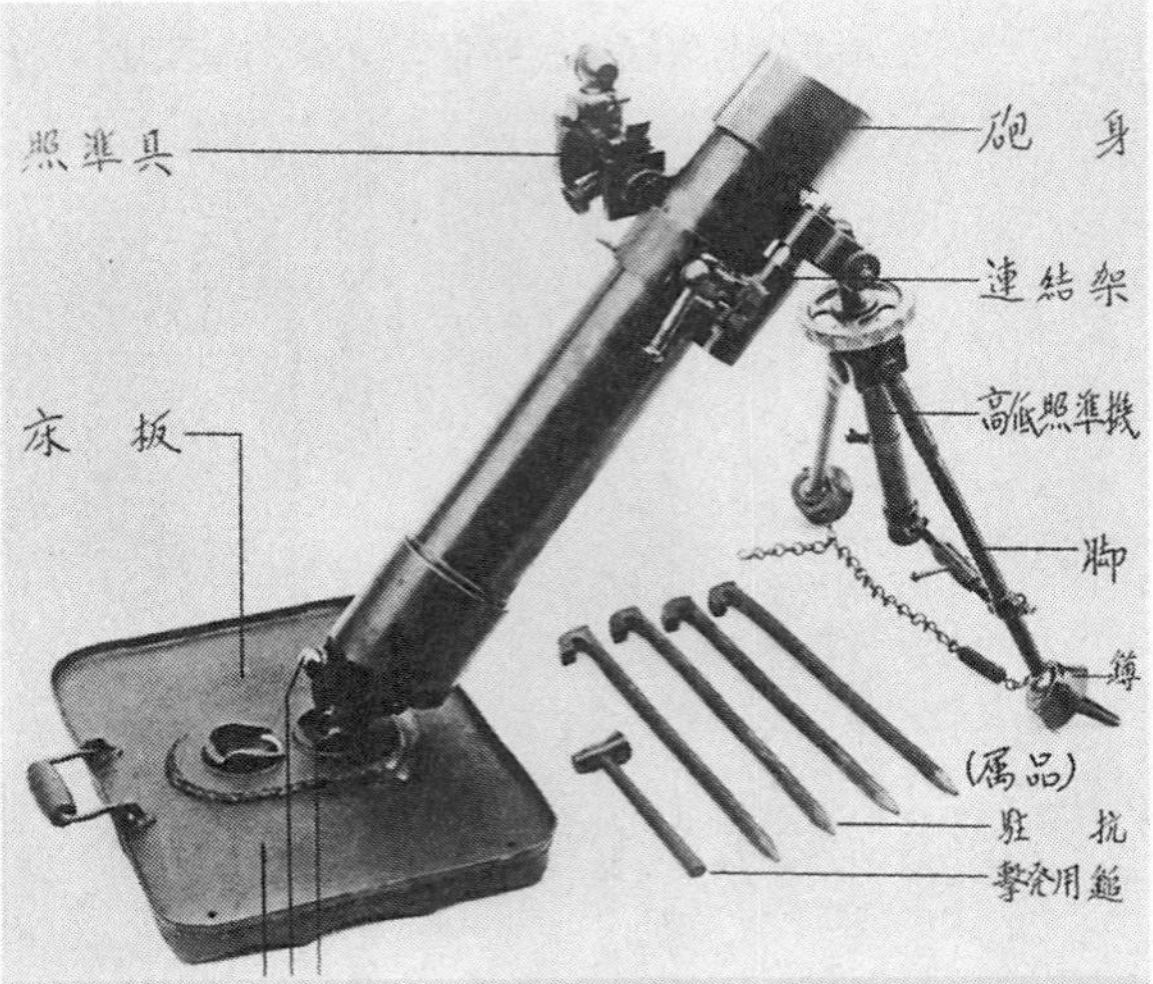

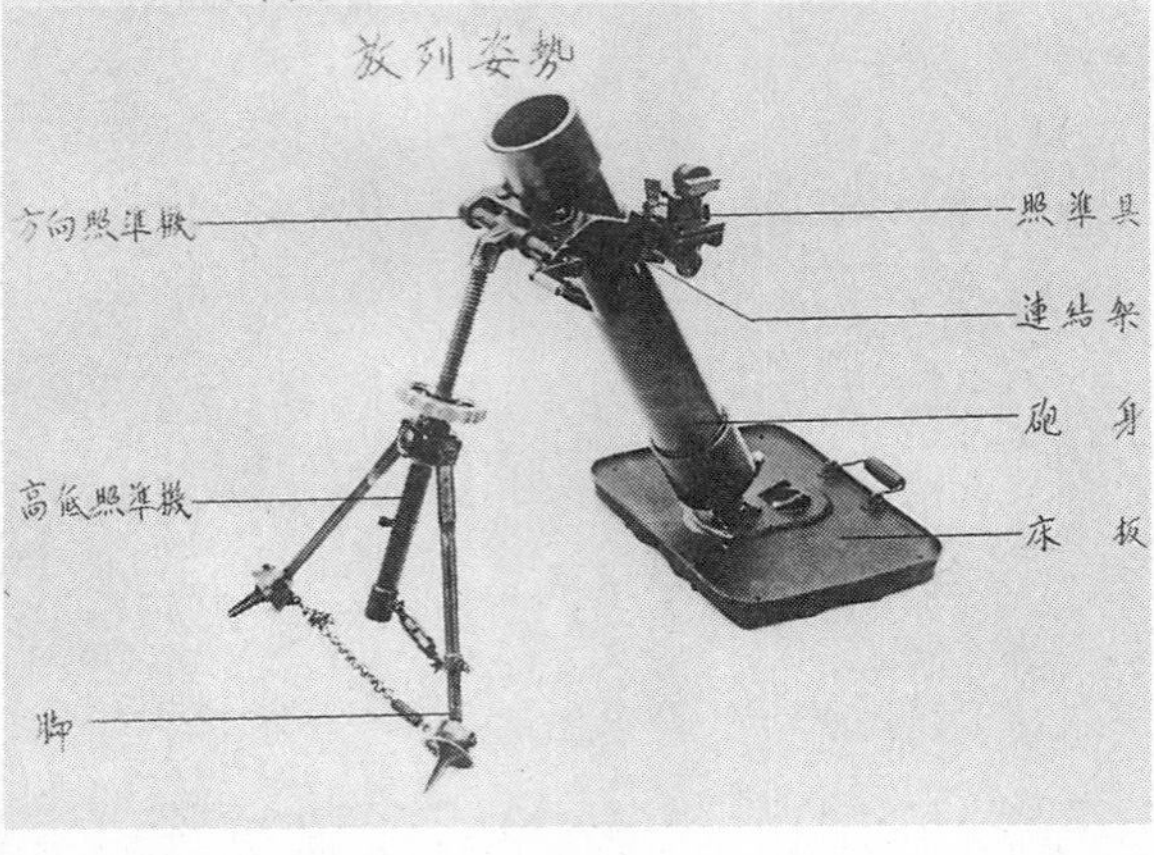

(上)試製小迫撃砲右側視。各部名称。属品。
(下)同、左側視。各部名称。

（上）試製小迫撃砲「新」射撃姿勢右前視。
（下）同、照準。弾丸。

(上)同、背負運搬法。砲身、脚。
(下右)同、床板。
(下左)同、弾薬箱。

139　九九式小迫撃砲

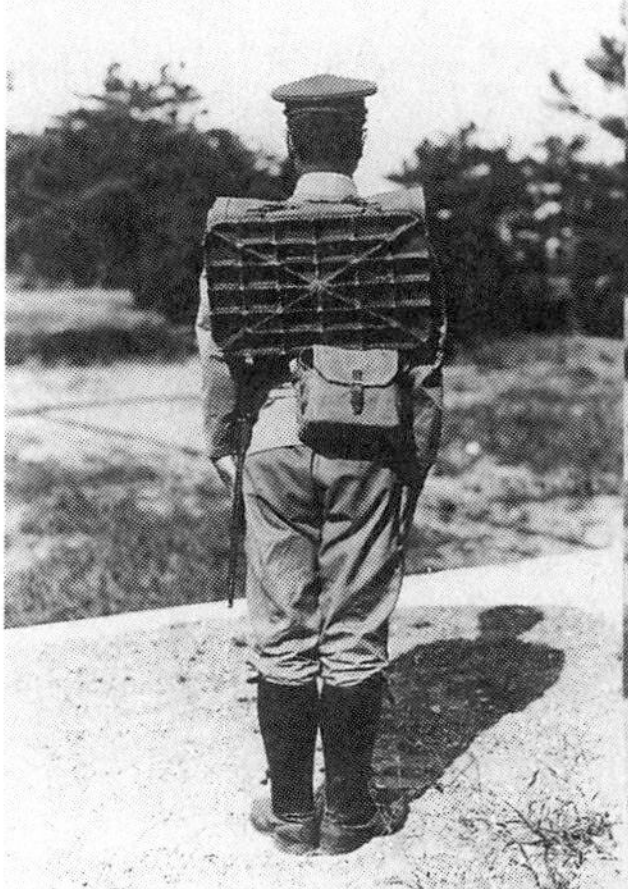

(上右)試製小迫撃砲「新」改修。背負運搬法。砲身、脚。
(上左)同、床板。
(下)同、運搬車に積載。歩行牽引姿勢。

九九式小迫撃砲放列姿勢左側視。

同、放列姿勢右側視。

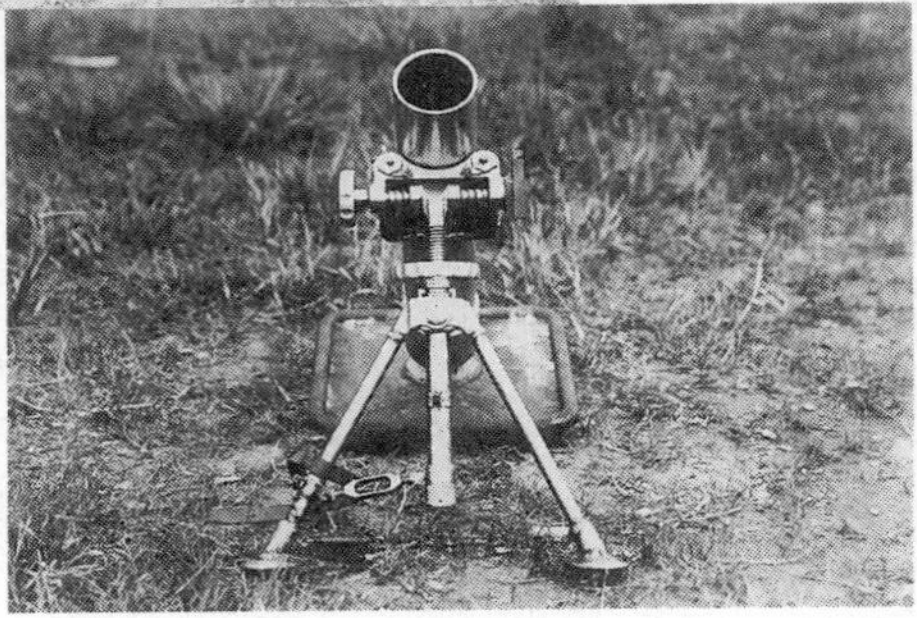

同、放列姿勢前視。

141　九九式小迫撃砲

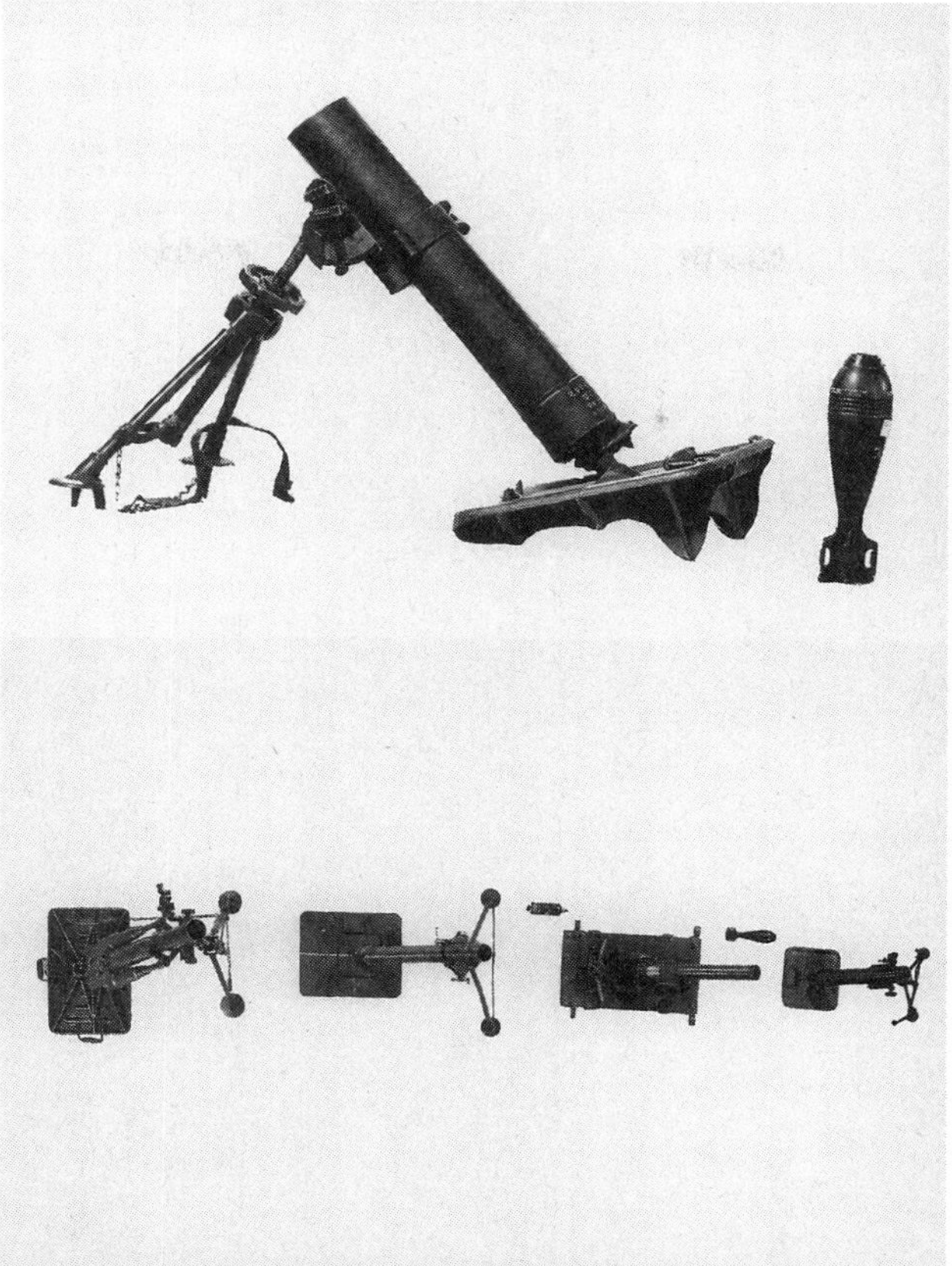

(上)米軍が撮影した九九式小迫撃砲。左側視。一〇〇式榴弾は信管なし。
(下)右から九四式軽迫撃砲、三式八糎迫撃砲(海軍)、十一年式曲射歩兵砲、九九式小迫撃砲。

るものとなったので、九九式小迫撃砲として制定された。

本砲は小型軽量にして直接照準により有翼弾を発射する前装撃発式の迫撃砲である。各部は分解式で、砲身と脚に分解して背負運搬する。歩兵用突撃兵器および空挺部隊の携行迫撃砲として採用した。大阪造兵廠第一製造所が昭和十七年十月末に調査した火砲製造完成数には、本砲は598門製造とある。本土決戦に備えた昭和二十年度火砲調達計画に本砲I型100門、II型500門があった。

●九九式小迫撃砲主要諸元

砲身	口径	81㎜
	全長	642・5㎜
	重量	8・14kg
高低射界		+45〜85度
方向射界		6・2度
放列砲車重量		24・8kg
初速		82m／s
最大射程		650m
弾量		3・35kg
装薬		零包7・5g〜一包13・5g
弾種		一〇〇式榴弾（一〇〇式二働信管「迫」）3・39kg

二式十二糎迫撃砲
120mm MORTAR TYPE2

本砲は迫撃砲隊の主火砲に供するものとして制定された前装式滑腔砲で、間接照準により有翼弾を発射する。本砲制定前の中迫撃砲は九六式が722kgと重く、これの駐退復坐機を除いた九七式長も342kgとまだ重量過大であった。その後九九式短を試作し、重量は150kgまで軽くなったものの、これは制式採用には至らなかった。そこで弾丸抗力は150・5mmより低下しても、取り扱いが容易で製造が簡単な口径を探求した結果、口径を150・5mmから120mmに落とし、ストークブラン式迫撃砲に倣《なら》って製作したものが二式十二糎迫撃砲である。駐退復坐機はない。

昭和十六年一月末の試製兵器現況調には、試製十二糎迫撃砲の砲身素材1門分を二月末に受領予定で、四月三十日を完成予定としていた。昭和十六年六月、試製十二糎迫撃砲が竣工し、伊良湖射場において技術試験を行なった。

このとき供試された砲身は長さ1270mmの砲身体に長さの異なる予備砲身を砲口帯で螺

着する方式で、その長さは130㎜、286㎜、486㎜、686㎜の4種類を試作した。同年十二月に実施した第2回竣工試験は砲身長1535㎜の一体型砲身を供試し、良好な成績を収めた。弾丸落下速度は射角45度において1・8秒、70度において1・2秒で、装填手が弾丸を受領し、装填し、発射するまでの時間は約3秒であったから、1分15発は射撃できることを確認した。

昭和十七年五月、遠江《とおとうみ》射場（昭和十五年、静岡県遠州浜に開設した東京第一陸軍造兵廠の試験射撃場）において弾道性試験を行ない、同年七月、陸軍習志野学校による実用試験を茨城県阿字ヶ浦射爆場で行なった。本砲の開発にはこの後約1年を要し、昭和十八年（一九四三年）八月に二式十二糎迫撃砲として制定された。また、昭和十八年五月末に試製十二迫（長）の起工を取り消した。

本砲は精度向上のため、墜発式の他に手動撃発式を設けた。これは先ず砲尾の撃針を腔内に後退させた後、弾丸を装填、砲尾に落下し、照準完了後、撃針を元に戻し、木槌で撃発装置を叩いて、撃発する方式である。

本砲は南方作戦の要求にしたがって、海上輸送、戦場機動の軽易迅速、ジャングルにおける曲射弾道および10㎝級弾丸威力の要求、弾薬補充、急襲用法などのために、15㎝級迫撃砲に代えて装備した。本砲により、太平洋戦争中に増設した師団の砲兵隊に、ようやく南方の戦場に有効な迫撃砲を支給することができた。

終戦までに約750門製作した。昭和二十年度にも四月から七月までに大阪造兵廠で15

6門、名古屋造兵廠熱田兵器製造所高岡工場で75門製作した。終戦時に本砲砲身の鍛造品100tが神戸製鋼所にあった。砲車、砲身の完成品および半途品は大阪造兵廠第一製造所第一、第三、第六工場、福島製作所、中央工業伊丹工場に合計470門、熱田製造所高岡工場に65門あった。

本砲は輜重車に載せるか、駄載により運搬し、操作に要する編成は分隊長、砲手6名、弾薬手3名である。

弾薬は1基数（1門当たりの弾薬整備、補給基準で、1会戦分の概ね20分の1）60発とし、砲側に60発、段列に40発、大隊段列に125発を備える。制圧効果を求めるための所要弾数は軽迫撃砲の10分の6を標準とする。昭和十六年三月、十二糎迫撃砲用弾薬としてガス弾の開発に着手した。200発を試作し、同十九年三月の完成予定だったが、未完成に終わった。

本砲用の二式榴弾は相模陸軍造兵廠でも昭和十九年度から終戦までに約63000発製造した。同造兵廠は戦車などを8000輛以上製造したが、砲弾や連絡艇（肉迫攻撃艇）なども製造した。

本土決戦に備える機動師団の砲兵に迫撃砲連隊があり、二式十二糎迫撃砲36門を装備する予定だったが、完備する前に終戦を迎えた。本土決戦に備えた昭和二十年度火砲調達計画に本砲Ⅰ型1500門、Ⅱ型4000門があった。Ⅱ型は終戦時に半途品10門が広島の北川鉄工所にあった。

前　面

註記　1. 図中㋩㋥㋭㋬ハ九七式中迫撃砲ノモノニ同シ

2、組立後摩擦部ヲ除キ燐酸塩皮膜ヲ施ス．但シ分解図中特ニ註記セルモノヲ除ク．

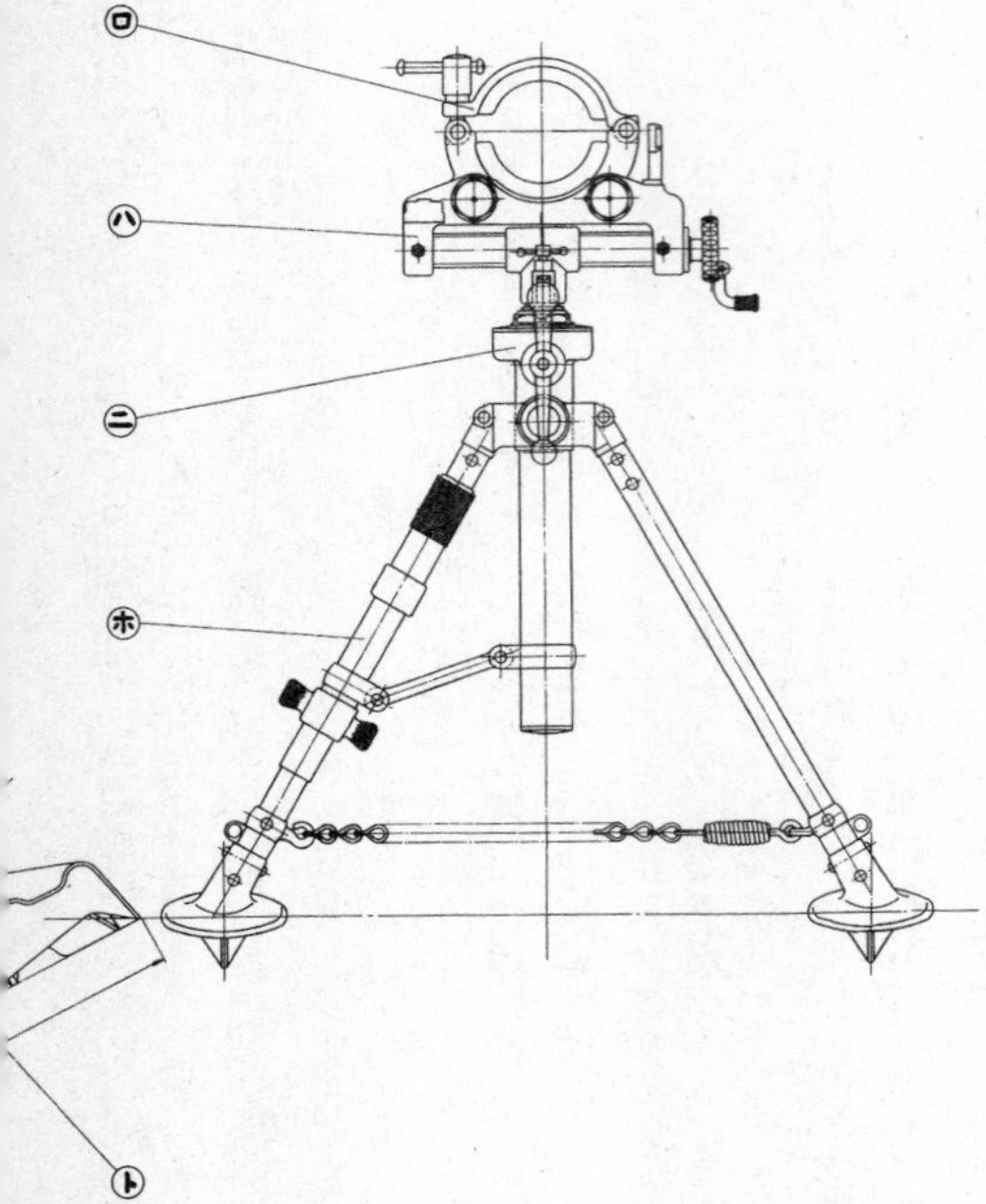

符号	名　称
イ	砲身
ロ	連結架
ハ	方向照準機
ニ	高低〃
ホ	脚
ヘ	照準具
ト	床板

二式十二糎迫撃砲　放列姿勢側面、前面図

側面

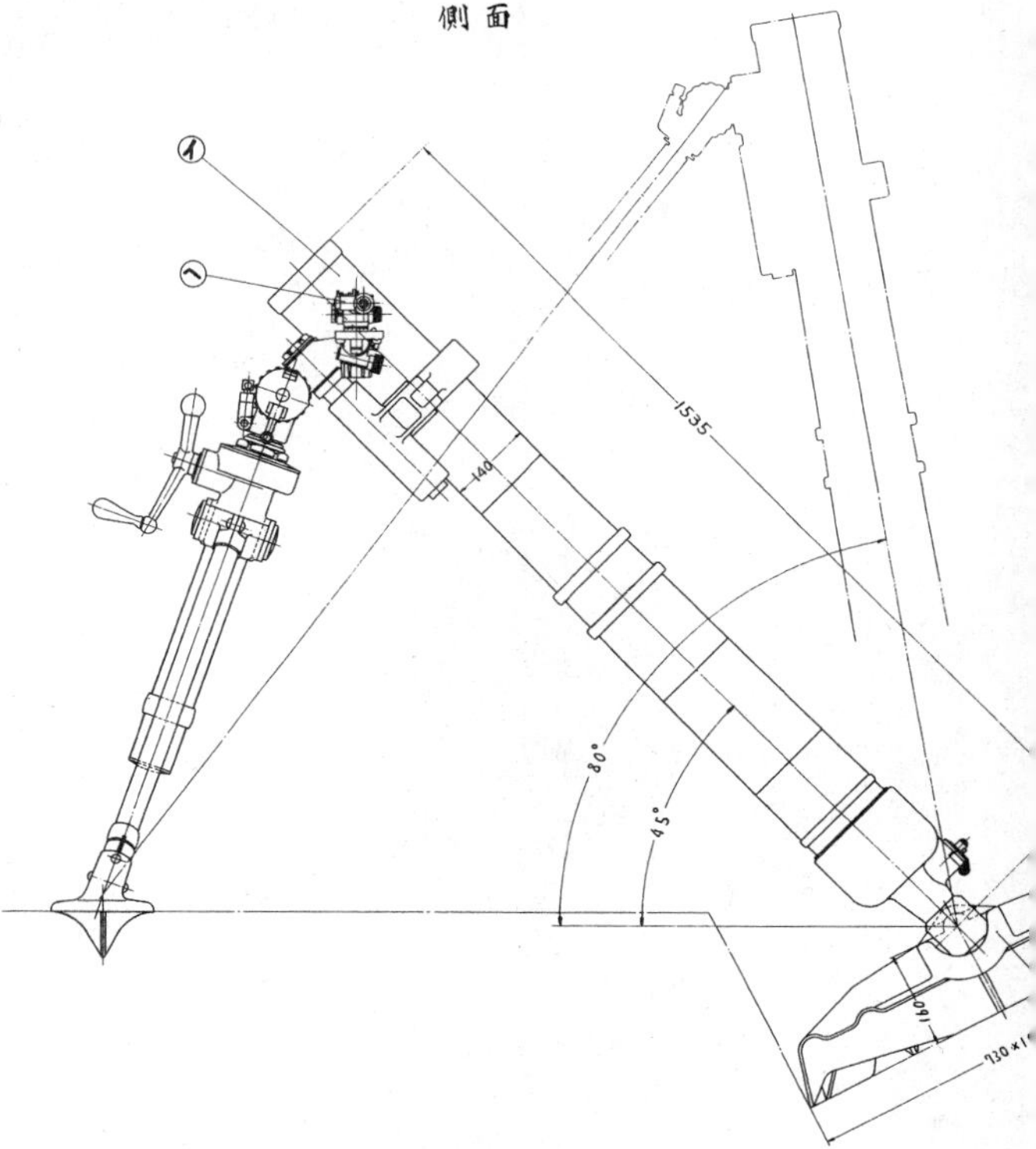

試製十二糎迫撃砲。予備砲身の長さは１３０㎜。

同、予備砲身の長さは２８６㎜。

149　二式十二糎迫撃砲

同、予備砲身の長さは486㎜。

同、予備砲身の長さは686㎜。

二式十二糎迫撃砲。制式。放列姿勢左前視。

同、左前視。連結架上方。

151　二式十二糎迫撃砲

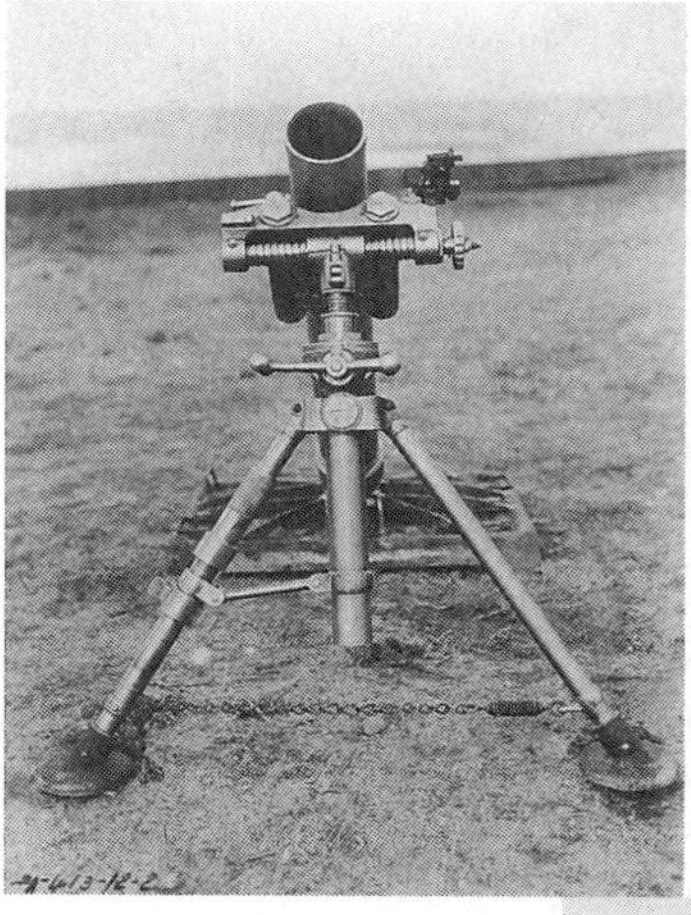

同、前視。

同、後視。

(上)米軍が鹵獲した二式十二糎迫撃砲。右前視。連結架下方。
(下右)同、右前視。二式榴弾。
(下左)二式十二糎迫撃砲と擲弾筒の比較。

●二式十二糎迫撃砲主要諸元

砲身　口径　120mm
　　　全長　1535mm
　　　重量　80kg
砲架様式　床板、脚
駐退復坐機　無
高低射界　+40～80度
方向射界　10度
放列砲車重量　260kg
弾量　二式榴弾　12・76kg
装薬　二式榴弾　一包70g～五包270g
初速　239m／s
射程　60～4200m
発射速度　15発／分

弾種	信管	弾薬筒重量	威力半径
二式榴弾	一〇〇式二働信管「迫」	13・10kg	25m
二式重榴弾		20・05kg	

試製四式鋳鉄榴弾	四式瞬発信管「迫」	12・32kg	
試製円壔有翼弾（甲）		12・10kg	
試製円壔有翼弾（乙）		12・04kg	
穿孔榴弾	一〇〇式二働信管「迫」	12・18kg	貫通厚150mm

弾種	全備弾量	発煙剤	単一効力		
			有効縦長	有効幅	持続時間
試製二式発煙弾	12・55kg	四塩化チタン	100～150m	50～70m	1・0分

試製機動十二糎迫撃砲

120mm MORTAR MOTORIZED, EXPERIMENTAL

昭和十七年（一九四二年）、二式十二糎迫撃砲の研究終了に引き続き設計に着手したもので、最大射程６０００ｍを狙うとともに、重量の増大に対処するため自動車牽引とした。

昭和十七年六月に着手、設計は昭和十八年四月に完了し、大阪陸軍造兵廠に１門の試作を発注したが、昭和十八年度研究計画により不急兵器として研究中止となった。

●試製機動十二糎迫撃砲主要諸元

砲身	口径	１２０㎜
	砲腔長	１８００㎜
重量	砲身	１５５kg
	床板	１２０kg
	脚連結架	９０kg
	走行装置	１８５kg

全備重量　５５０kg
弾量　１２・７kg
最大射程　６０００m

重迫撃砲

95mm TRENCH MORTAR

明治四十二年六月、陸軍技術審査部は迫撃砲の制式調査を行ない、重迫撃砲の設計要領書を作成した。

様式	砲架後坐式
口径	95mm
全備重量	500kg以内
弾量	100kg（圧出桿共）
最大射程	約350m

明治四十四年三月、陸軍技術審査部は研究を開始し、大正三年十月、1門が竣工した。実験の結果、その目的を達成したので、戦地において実用経験をさせるため、青島に送り、重迫撃砲小隊を編成した。

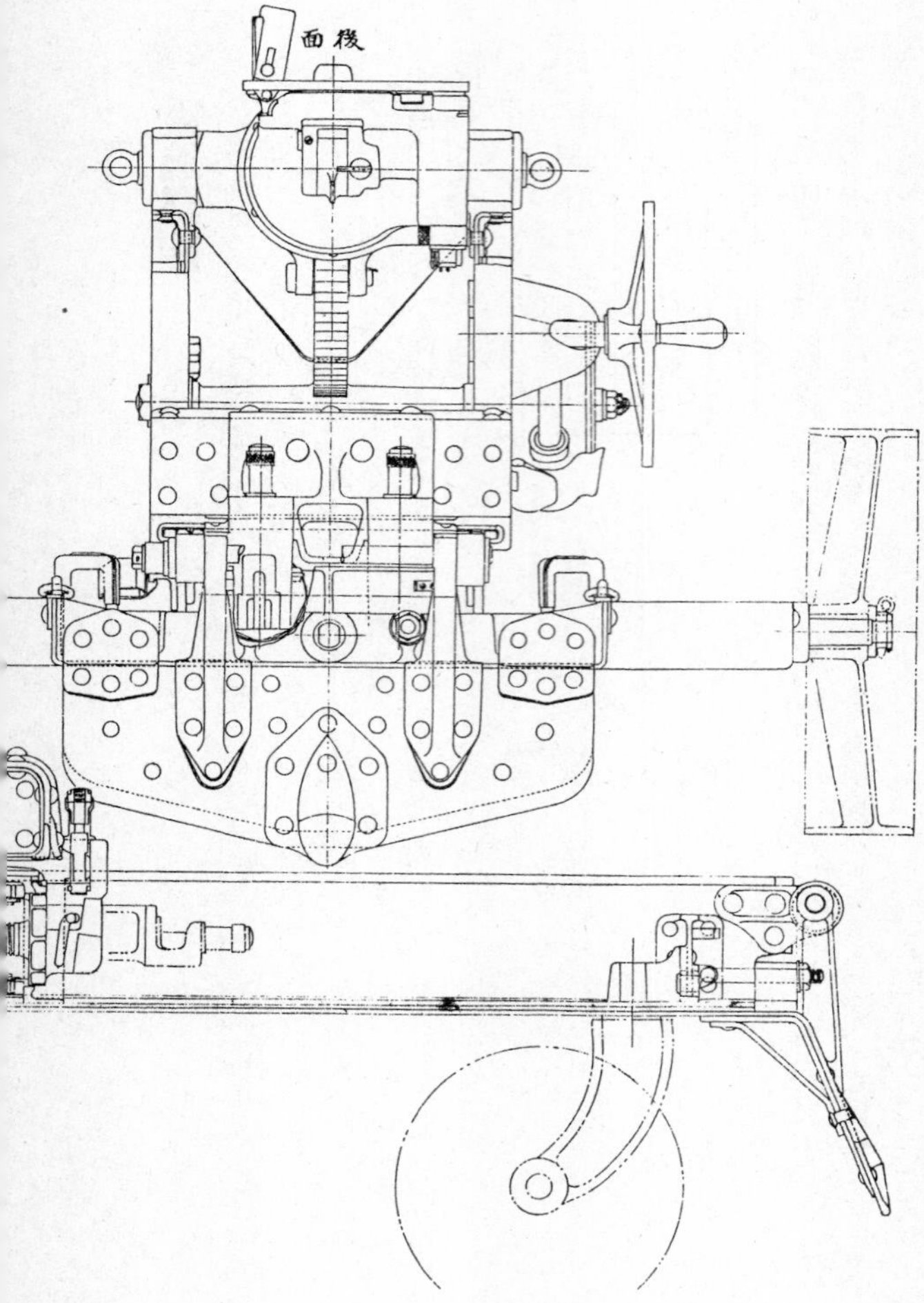
面後

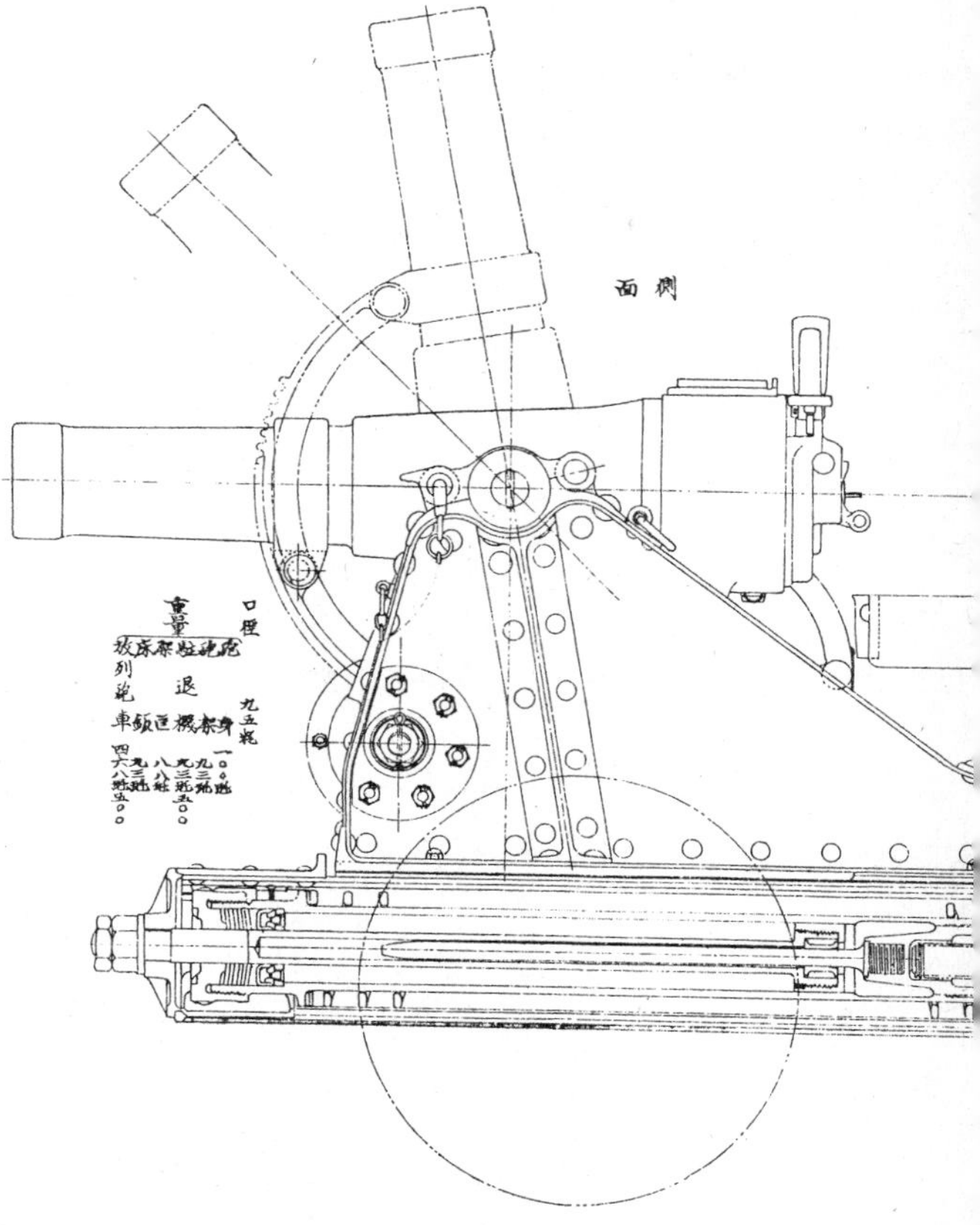

重迫撃砲　放列姿勢側面、後面図

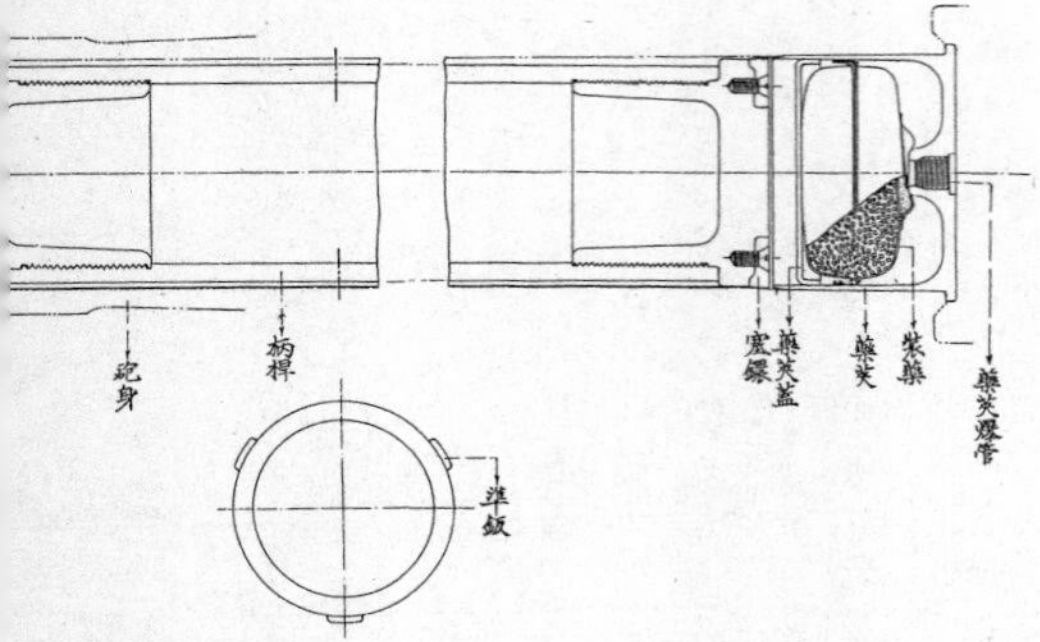
砲身
柄桿
塞螺
藥莢蓋
藥莢
装藥
藥莢爆管
準鈑

重迫撃砲弾薬　柄桿式榴弾弾薬筒

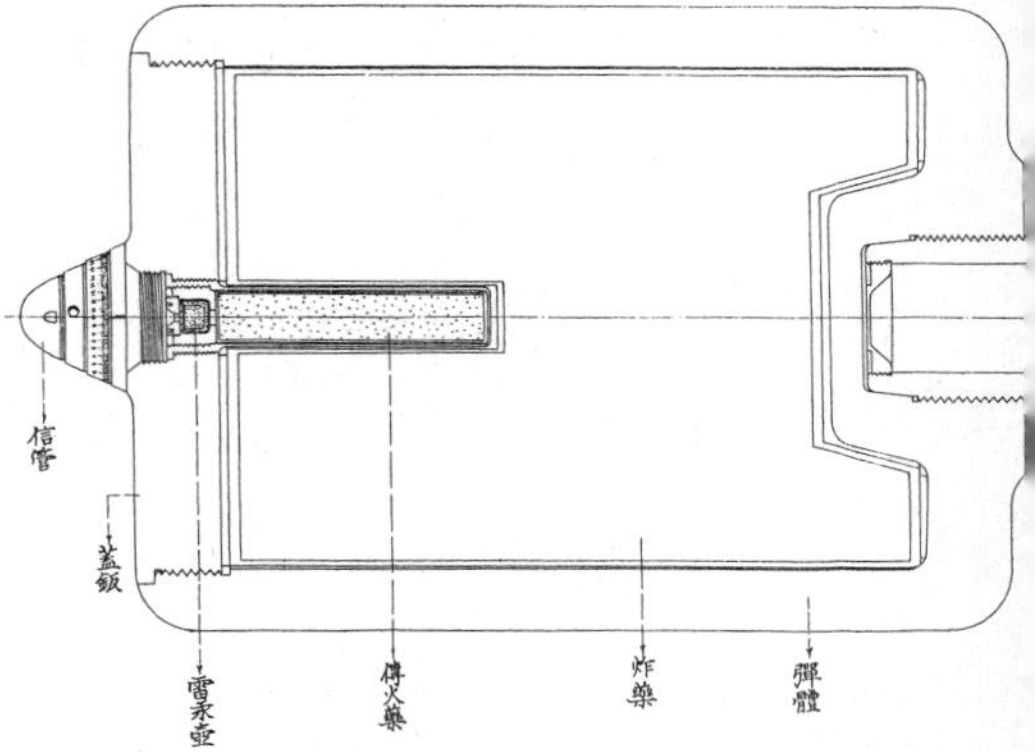

本砲の操作には砲車長のほか、砲手10名を要し、うち6名は弾薬運搬にあたる。弾丸は軽迫撃砲と同じ型式の柄桿式で、信管は18秒複働信管を用いる。運動は近距離の場合には小車輪を付け、遠距離運搬の場合は輜重車に積載する。

本砲と同一の弾丸を発射する別の重迫撃砲が1門、陸軍技術審査部に保管されていた。これを旧式重迫撃砲と称し、本砲は新式重迫撃砲と称した。

●重迫撃砲主要諸元

砲身	口径	95㎜（旧式同じ）
	全長	785㎜（旧式793㎜）
	重量	100kg（旧式150kg）
放列砲車重量		468・5kg
後坐長		500㎜
弾量		100kg
初速		60m／s
射程		130～350m

特種迫撃砲

200mm HEAVY MORTAR, EXPERIMENTAL

欧州戦争の経験から威力が大きく、優越なる効果を有し、分解組立が軽易な大口径特種迫撃砲を実験することになり、陸軍技術審査部は大正五年（一九一六年）八月、特種迫撃砲設計要領を上申し、火砲1門と弾丸、薬莢各10個の試作が認可された。本砲の様式は砲身、砲架、架匡、匡床よりなる砲架後坐式で、全砲車を7部に分解し、遠距離運搬の場合は重砲運材車により、近距離運搬の場合は檣車により運動する。

当時鋼材の入手が困難であったため、戦利二十五口径十五糎加農の砲身1門を陸軍兵器本廠から大阪砲兵工廠へ交付した。

その後の顛末は不明だが、設計諸元から巨大な外装弾を発射する大仕掛けの迫撃砲であったと推定される。

●特種迫撃砲主要設計諸元

砲身　口径　200mm

放列砲車重量　約７ｔ（匡床共）
弾量　約１ｔ
最大射程　約７００ｍ

十四年式重迫撃砲

270mm HEAVY MORTAR 14TH YEAR TYPE

第1次大戦で迫撃砲が活躍したのを見て、大正九年（一九二〇年）七月の陸軍技術本部兵器研究方針によりわが国で初めて開発を試みた重迫撃砲である。研究方針の要件は次のとおりであった。

最大射程　約２０００ｍ
最小射程　約５００ｍ
弾量　約１２０kg
炸薬量　４０kg以上
偉大ナル破壊力ヲ有シ運動性野戦重砲ト略同様

この方針に基づき研究に着手し、成案を得て大正十年三月、重迫撃砲設計要領書を上申した。要領書に基づき砲身、閉鎖機、駐退機等要部を設計し、同年十月、大阪砲兵工廠へ細部の設計および試製を注文した。翌十一年十一月、試製竣工し、長田野《おさだの》演習場（京都府福知山

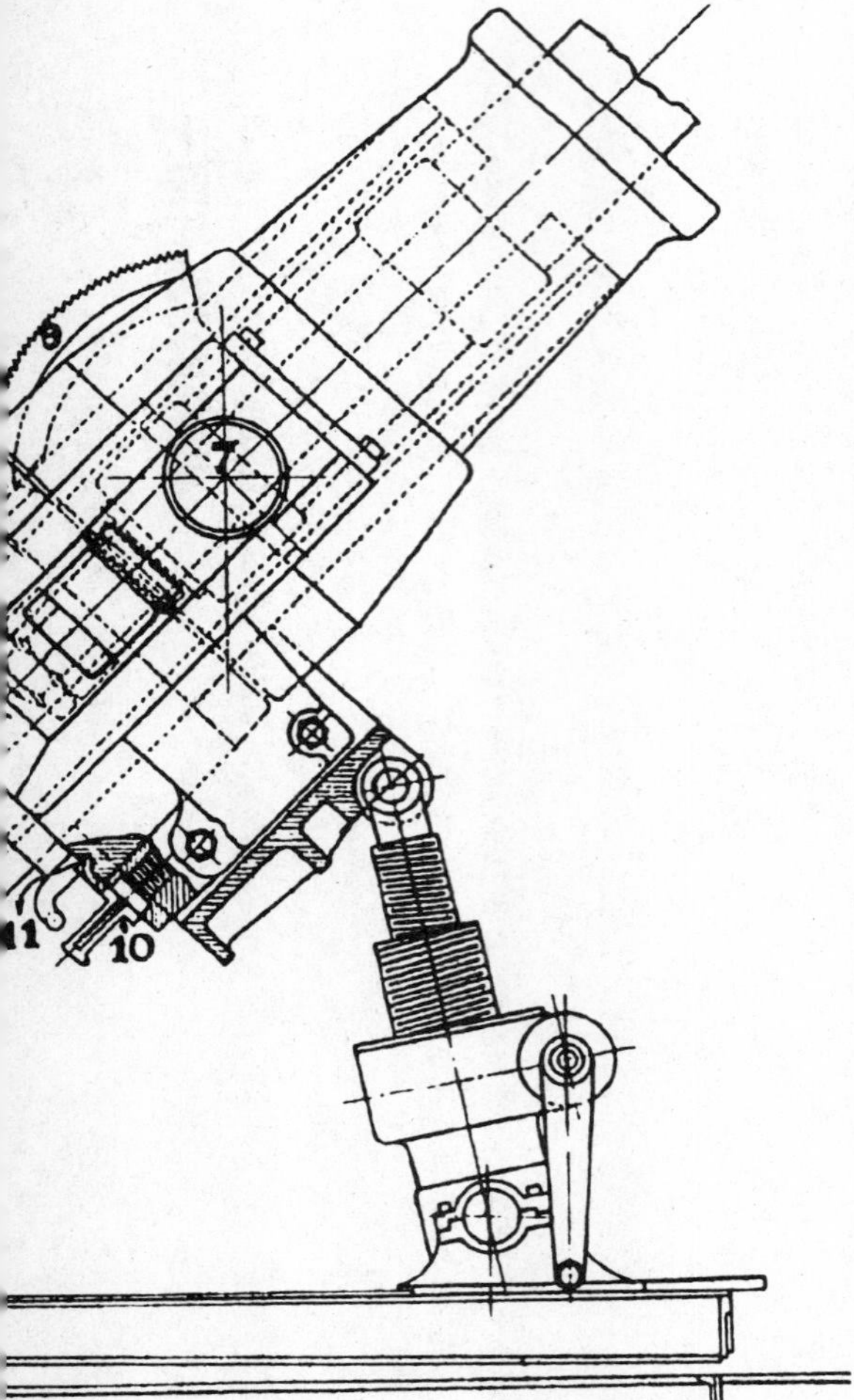
8
7
11
10

秘密特許図「迅速装填装置ヲ有スル砲身後坐式火砲砲架」
大正１２年　発明者　陸軍技術本部長

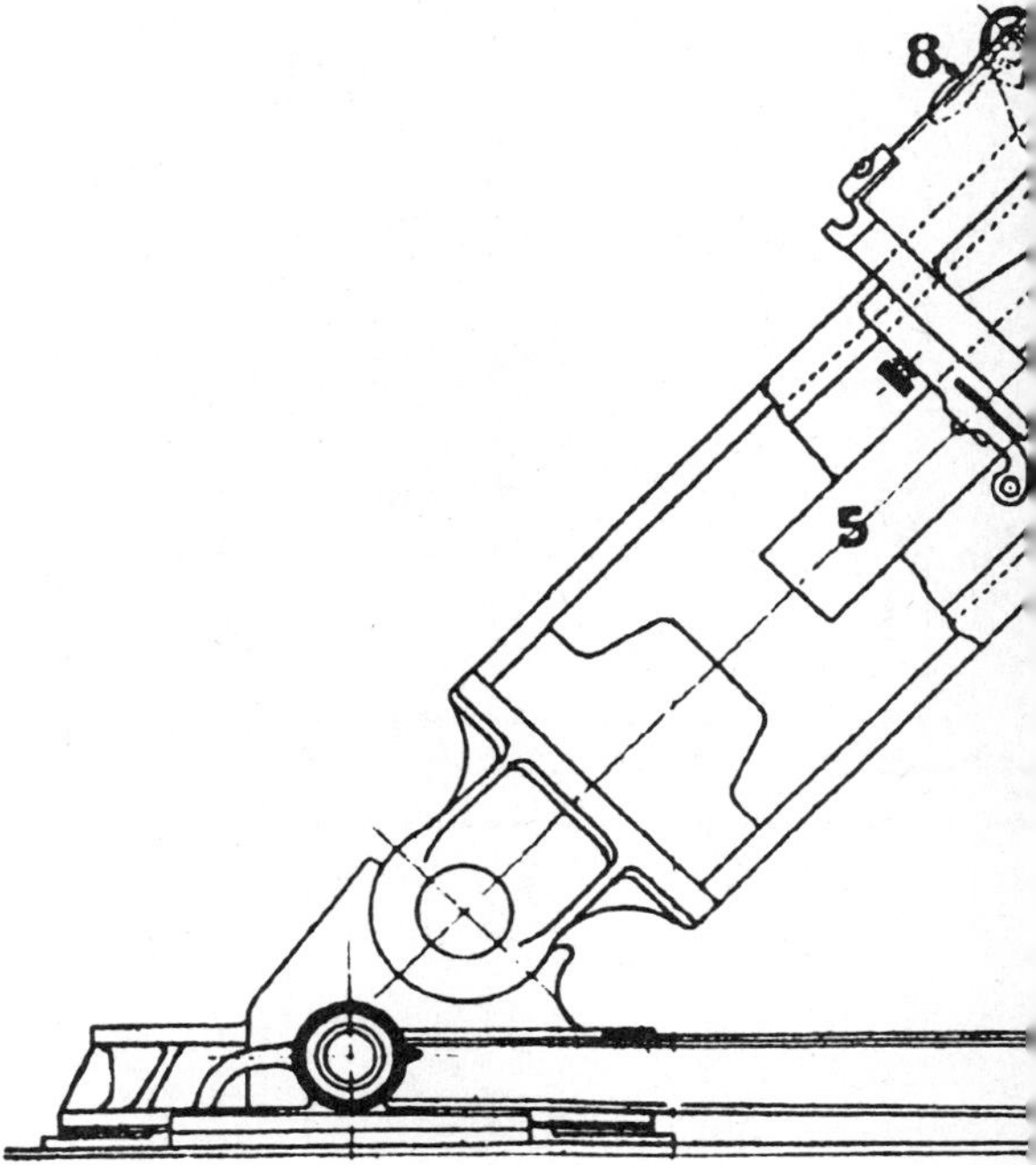

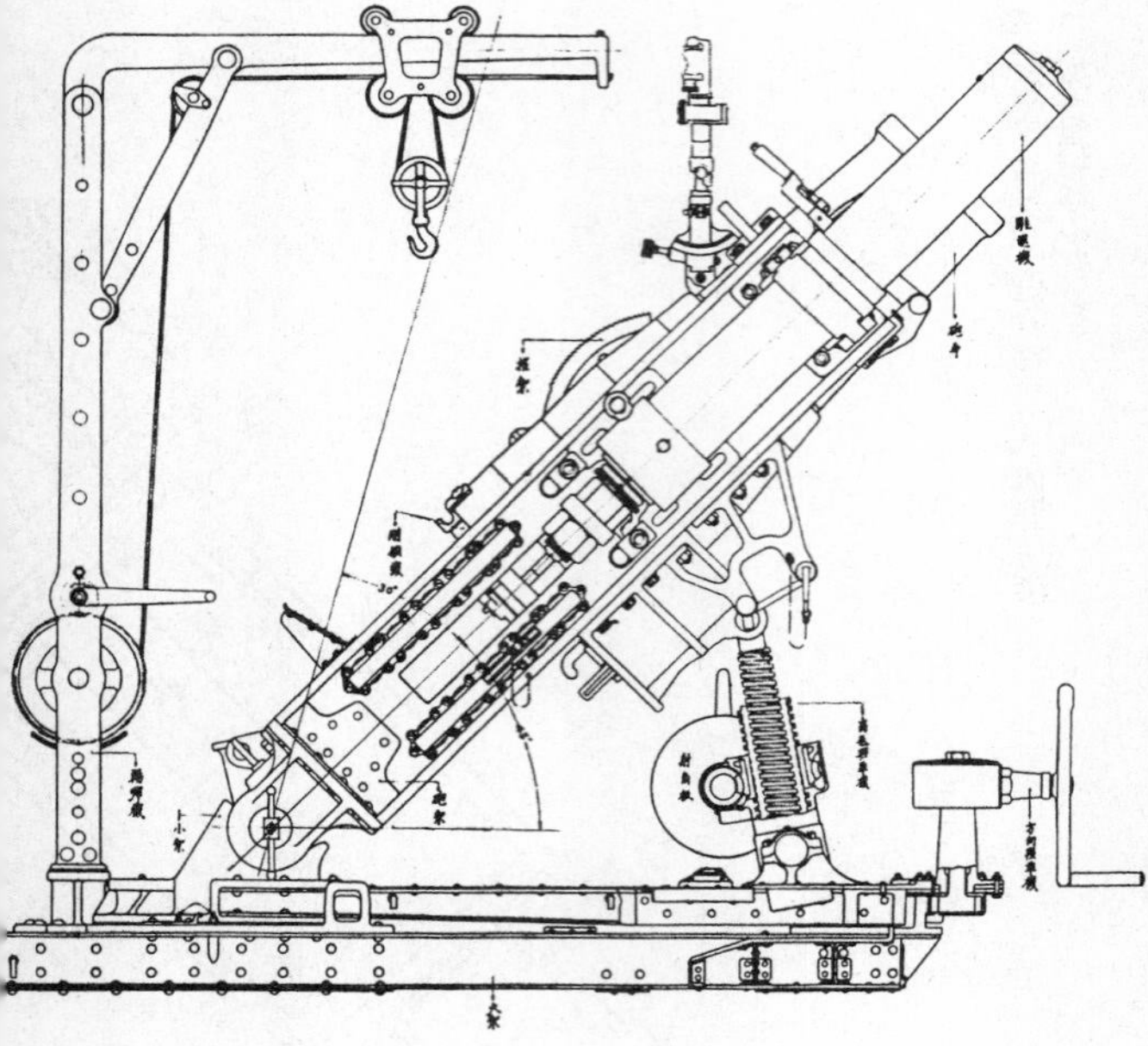
駐退機
砲身
揺架
閉鎖機
30°
高低照準機
射角板
方向照準機
揚弾機
小架
砲架
大架

十四年式重迫撃砲　放列姿勢側面図

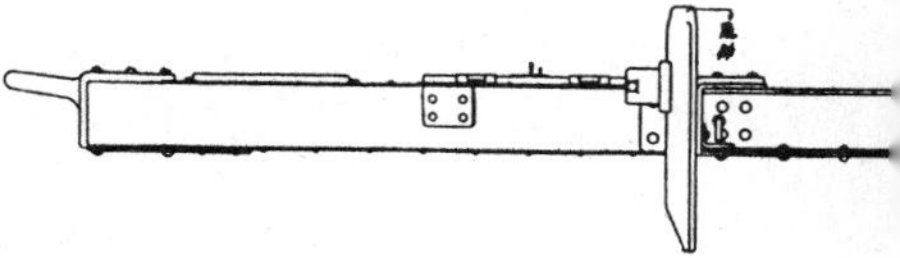

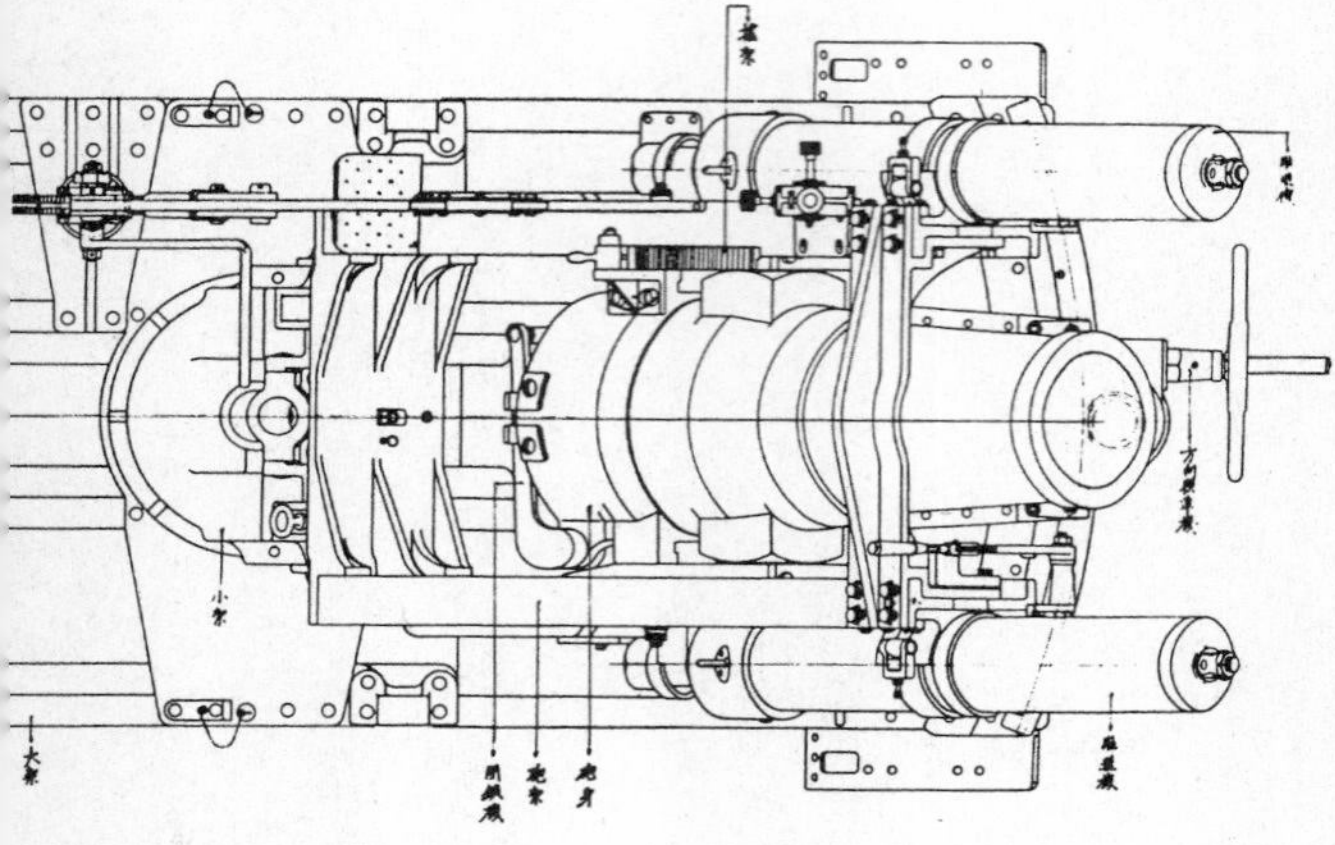

揺架
方向照準機
駐退機
大架
小架
閉鎖機
砲架
砲身

十四年式重迫撃砲　放列姿勢平面図

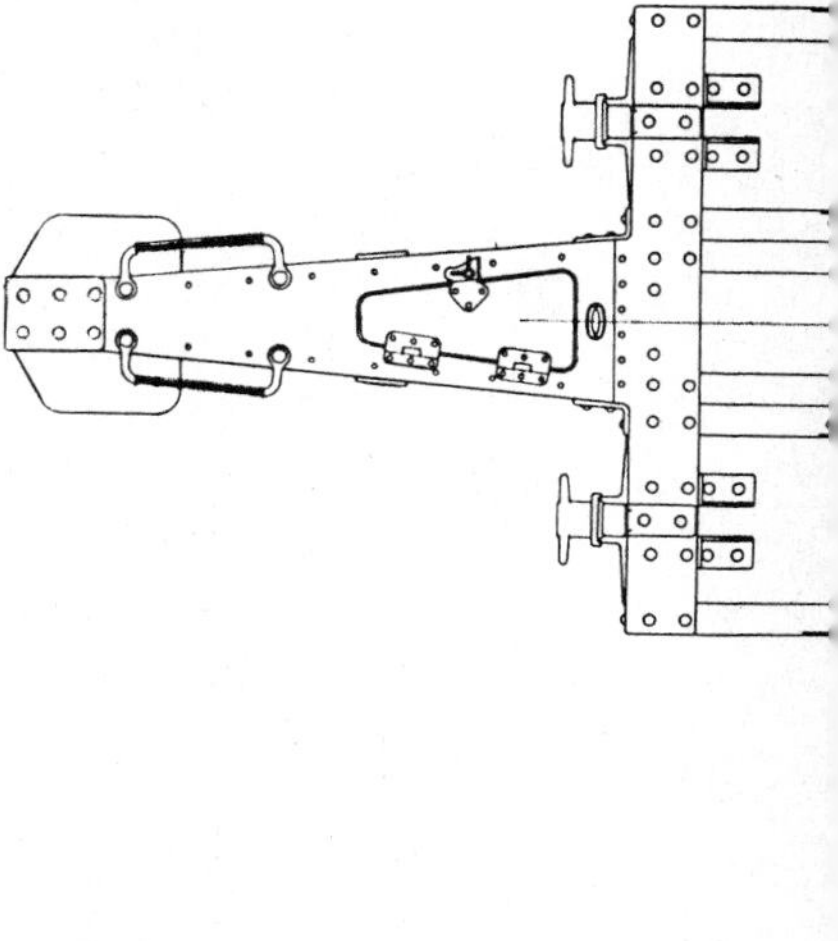

後面

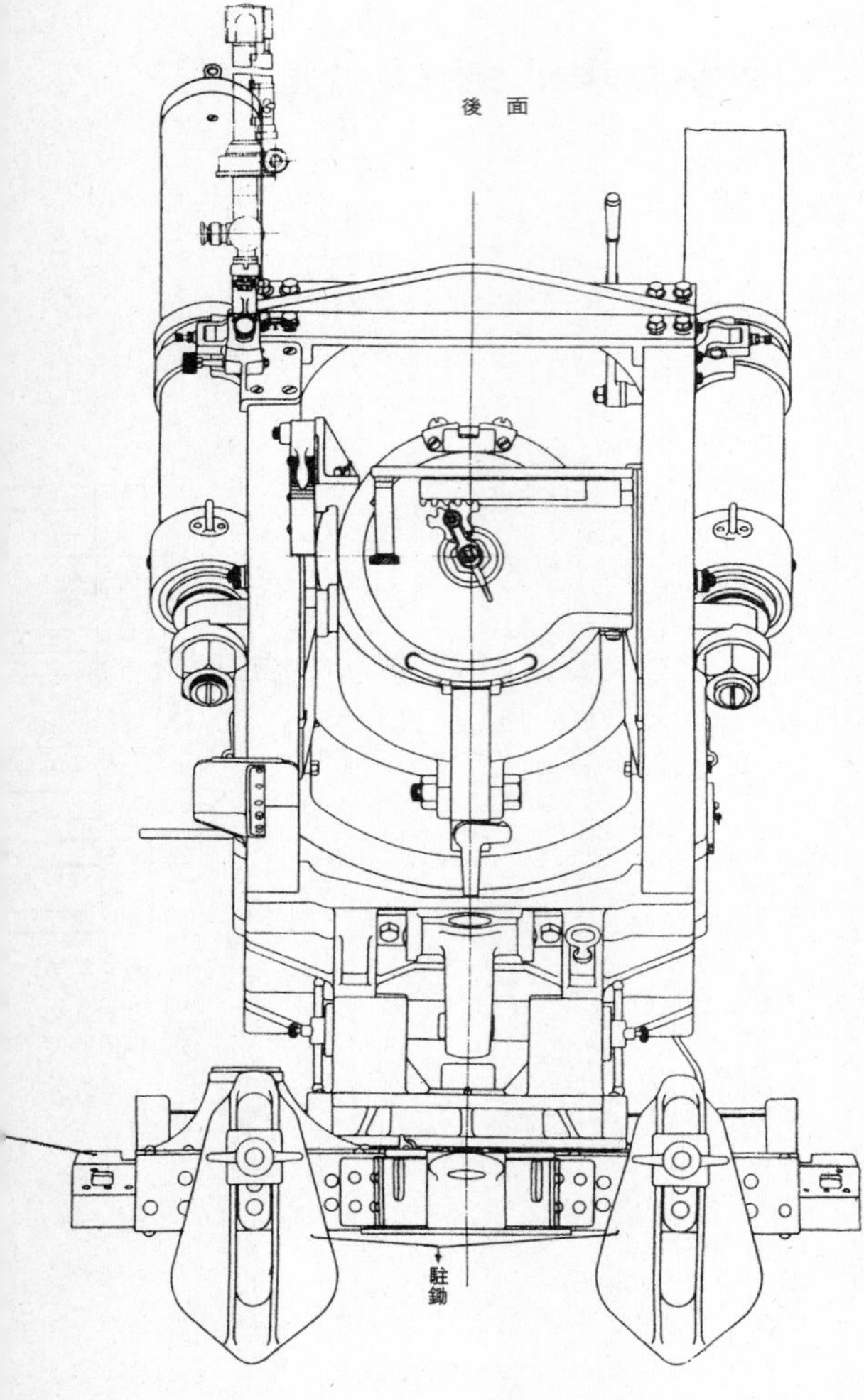

十四年式重迫撃砲　放列姿勢前面、後面図

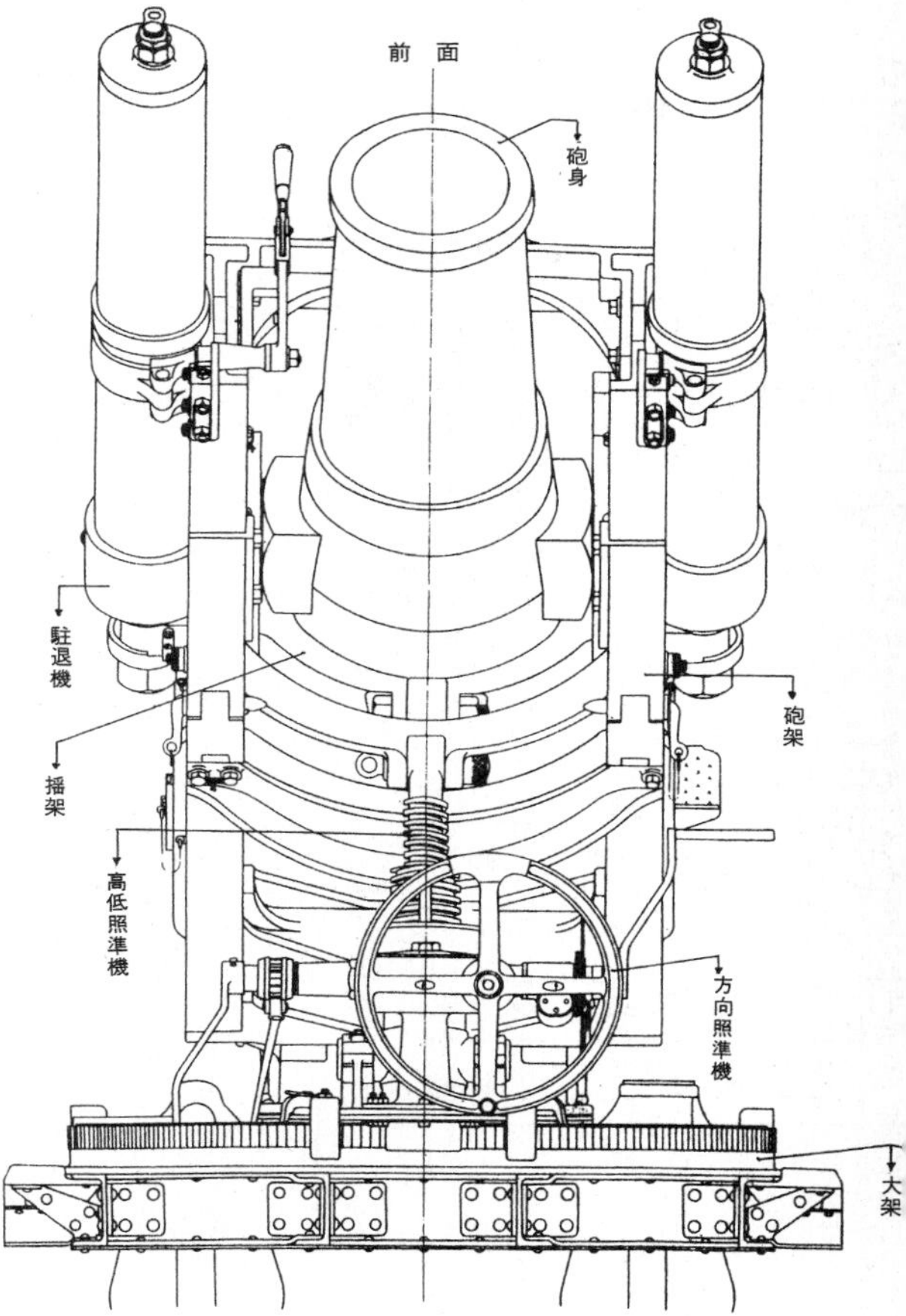

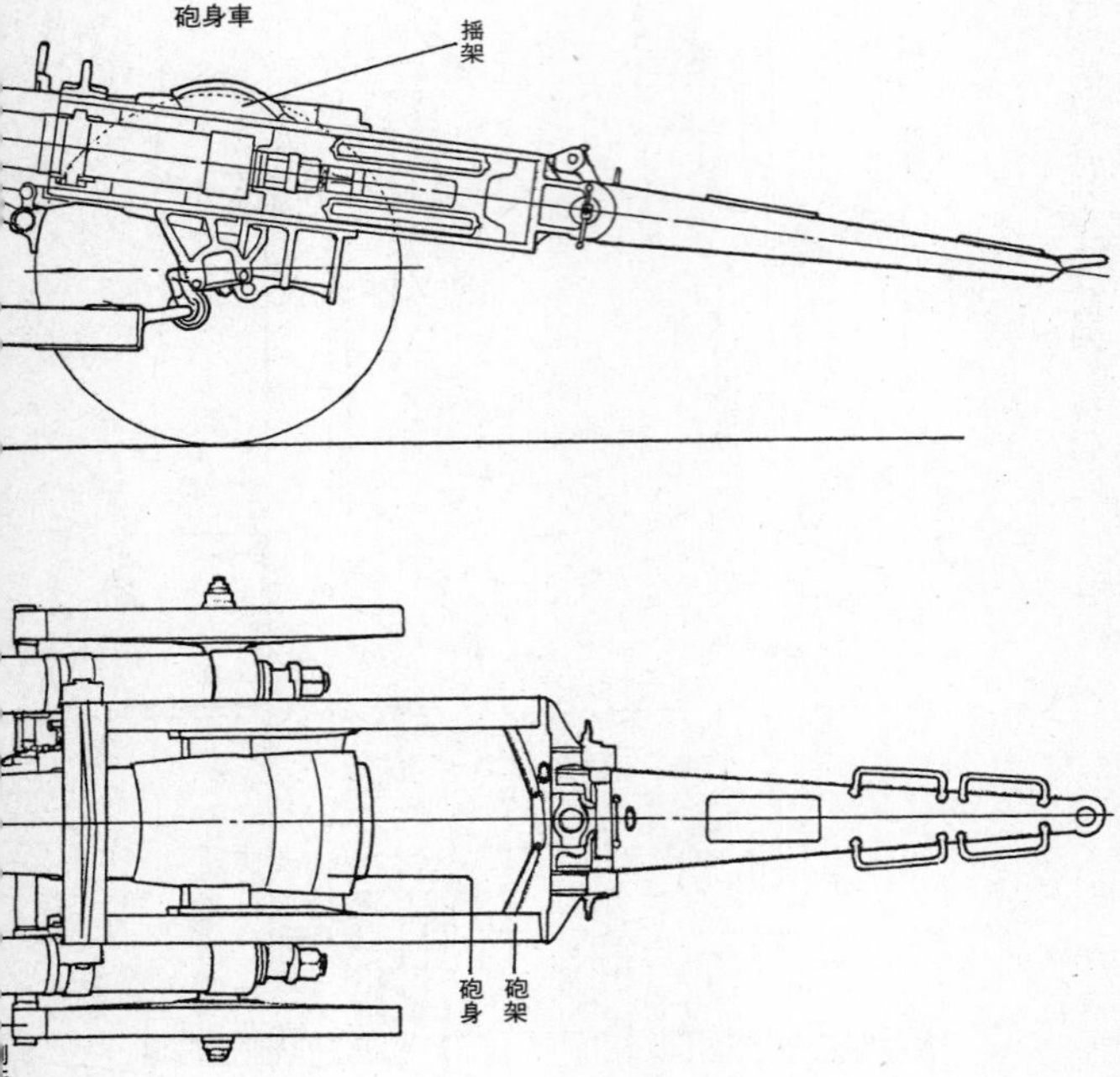
砲身車
揺架
砲身
砲架

十四年式重迫撃砲　運行姿勢側面、平面図

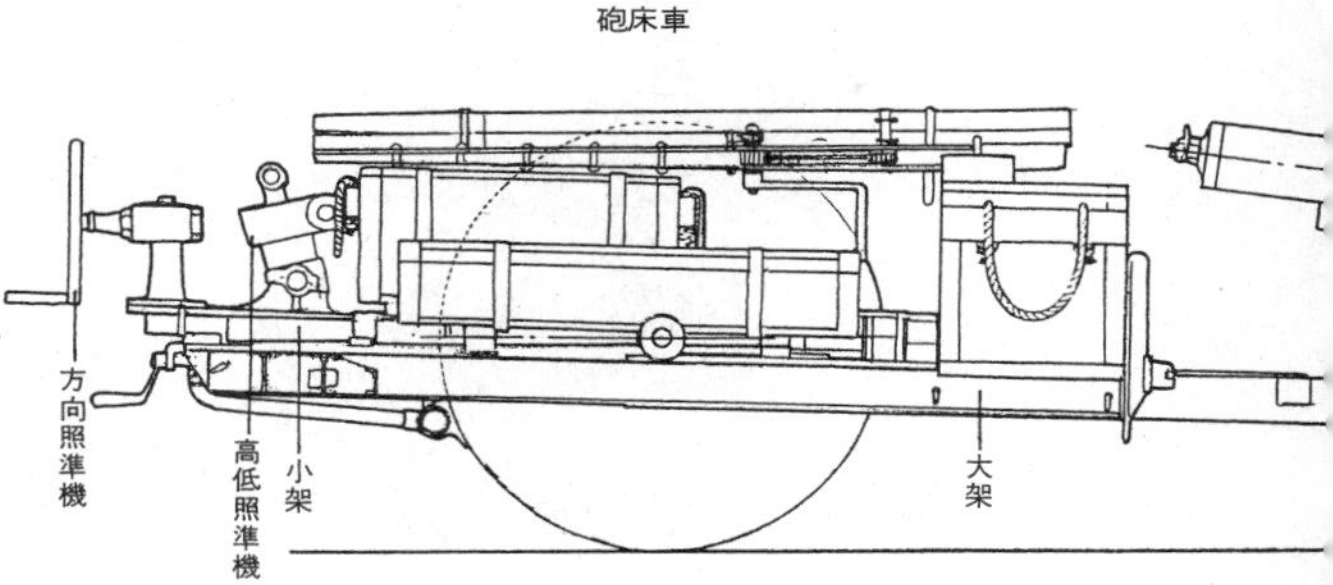

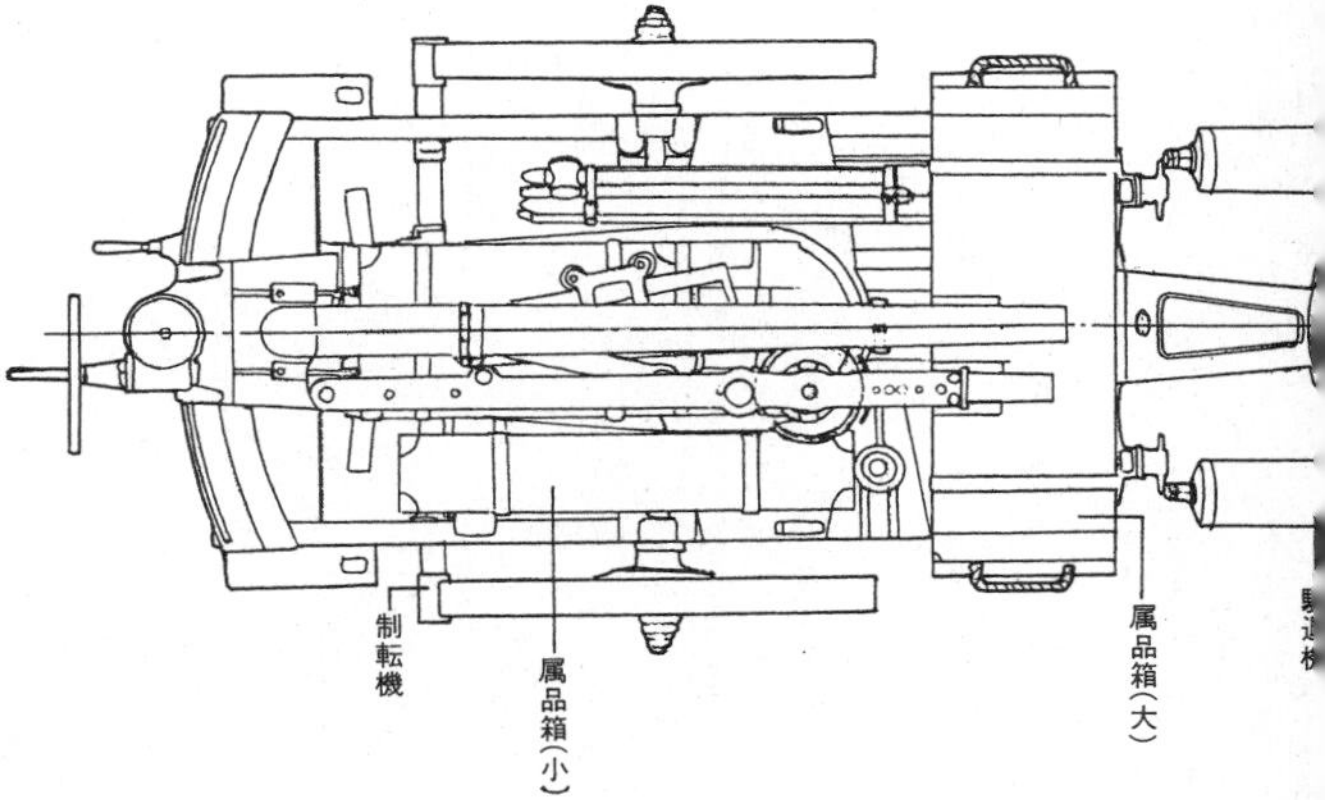

(上)十四年式重迫撃砲。放列姿勢左前視。左の転把は方向照準機。
(下)同、揚弾機による弾丸装塡。

十四年式重迫撃砲の組立。砲身車の揚弾機で砲床車を持ち上げ、車輪を外す。

同、砲床に砲身車を巻き上げる。

同、揚弾機を砲床に移し、小架砲身車の架尾を外し、小架に砲架を結合する。

市）において竣工試験を行なった。その結果所要の修正を加え、大正十二年四月、機能試験を伊良湖射場で行ない、概ね機能良好となった。同年十二月、同射場で弾道試験ならびに弾丸効力試験を行なったところ、精度、弾道性ともに迫撃砲としては良好で、ベトン体に対する効力も相当大きいことが認められた。各試験において発射した弾丸は309発に達した。

次いで実用上の機能を試験するため、大正十三年十二月、重砲兵学校の兵員で試験隊を編成し、自動車牽引により約50㎞の行程を2日間で行軍し、続いて高師原《たかしはら》（豊橋市南部の台地）において昼夜にわたり、野外ことに塹壕内における各種の運用を行なった結果、実用上の機能は概して良好であると認められた。以上各種試験の結果から本砲は制式兵器として実用に適すると判定し、大正十四年（一九二五年）八月、仮制式制定を上申、同年十月、制定された。

本砲は射程の不足と、操用上の難点があり、1門しか生産しなかった。満州事変にあたり、海軍の上海陸戦隊に貸与したが、後に船載迫撃砲として専用の船載砲床を整備した。

本砲は床板式の火砲で、弾丸の装填には砲身を水平にする必要がある。薬莢式で装薬量は490gから1380gの6種を用いる。1弾の効力は砂質地において中径6・2m、深さ1・5mの漏斗孔をあける。

放列布置、撤去時間は約20分である。運搬は砲身車、砲架車の2車両に分載し、これを連結して5tホルト牽引車で牽引する。速度は時速9㎞。要すれば各車に前車を付け、輓馬6頭で輓曳することもできる。本砲の操作には砲車長以下8名を要する。

●十四年式重迫撃砲主要諸元

砲身	口径	274・4mm
	全長	1356mm（4・94口径）
	重量	1083kg（閉鎖機共）
閉鎖機様式		螺式
砲架様式		床板
駐退復坐機様式		水圧、ばね
後坐長		450mm
車輪中径		1230mm
高低射界		+45〜75度
方向射界		左右各20度
放列砲車重量		4044kg
放列所要地積		長4m、幅2m
弾量		134・4kg
初速		85〜166m／s
射程		350〜2400m
弾種		十四年式榴弾（十四年式延期弾底信管）
発射速度		1発／分

九六式重迫撃砲

300mm HEAVY MORTAR TYPE96

陸軍科学研究所では昭和七年（一九三二年）頃までに投射機として口径10cmと15cmの軽重2種の迫撃砲を研究していたが、兵器開発の一本化を図る見地から、昭和七年四月七日、緒方陸軍技術本部長の統裁下に科研において技術本部と科研の当事者が会合し、迫撃砲と投射機との兼用に関する協定会議が開かれた。この会議では従来技本で開発した迫撃砲類はすでに近代兵器として立ち遅れており、新たに技本において軽・中・重の3種を研究することになった。軽迫についてはガス弾投射と榴弾の迫撃兼用とし、重迫は迫撃専用とするというような条件も定めた。

新重迫撃砲は口径を30cmとし、弾量350kg（炸薬約50kg）の榴弾および七年式三十糎榴弾砲用九五式破甲榴弾（甲）の信管を代えて流用し、三十榴短の高射界四号装薬程度の初速を最大として、最大射程4000mに及ぶ自動車牽引式の新様式重迫撃砲として研究を開始した。

昭和八年（一九三三年）十月、設計に着手し、同九年四月、試製注文、竣工は同十一年一月であった。試製費は4万5000円で、他の経費を合算すると予算は総額6万8000円であった。試製完了後直ちに各種試験の実施に入り、安定その他の改修を行ない、昭和十一年（一九三六年）四月、再び修正機能試験を実施、機能、抗堪性ならびに弾道性とも良好、命中精度も大体可であることを確認した。次いで同年五月から六月にかけて伊良湖射場で弾道性試験を実施した結果満足すべき成績を収めた。続いて射場から高師原における運動試験を終了し、同年八月、陸軍重砲兵学校に実用試験を依託した。

重砲校における実用試験は次のように実施した。

1、校内試験　　八月上旬

操法、放列布置撤去、運動、その他

2、校外試験　　八月中旬

各種運用、夜間地隙内における陣地占領、不斉地運動、

行軍　　板妻―山中湖―板妻

板妻―秦野―大津（横須賀）

（総行程123km、毎時平均速度約8km）

射撃　　東京湾南門砲台付近にて、発射弾数40発

研究会　　於重砲校

以上のように竣工後短期間に実施した各種試験の結果、実用に適すとの判決を得たが、な

九六式重迫撃砲　放列姿勢側面図

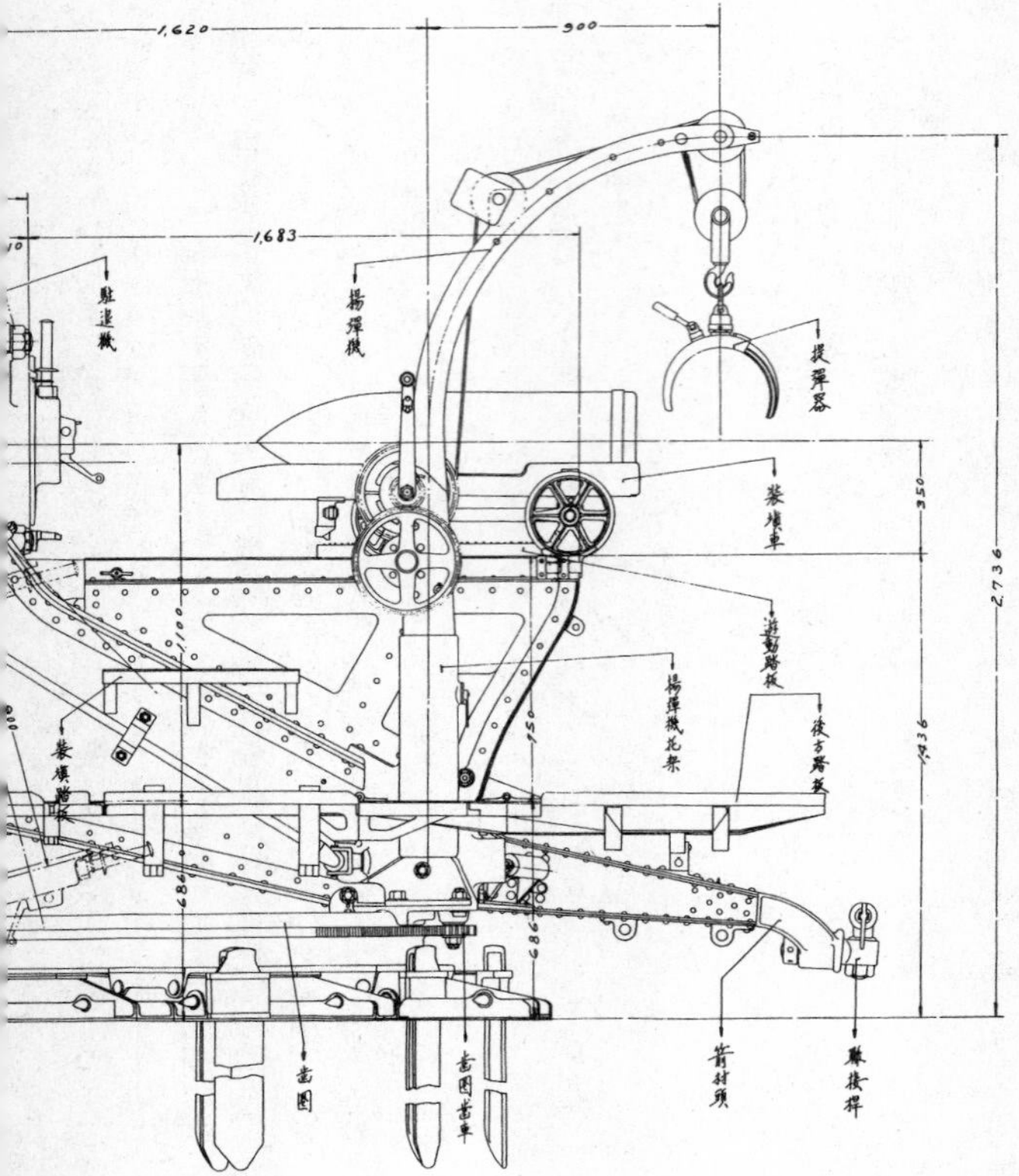

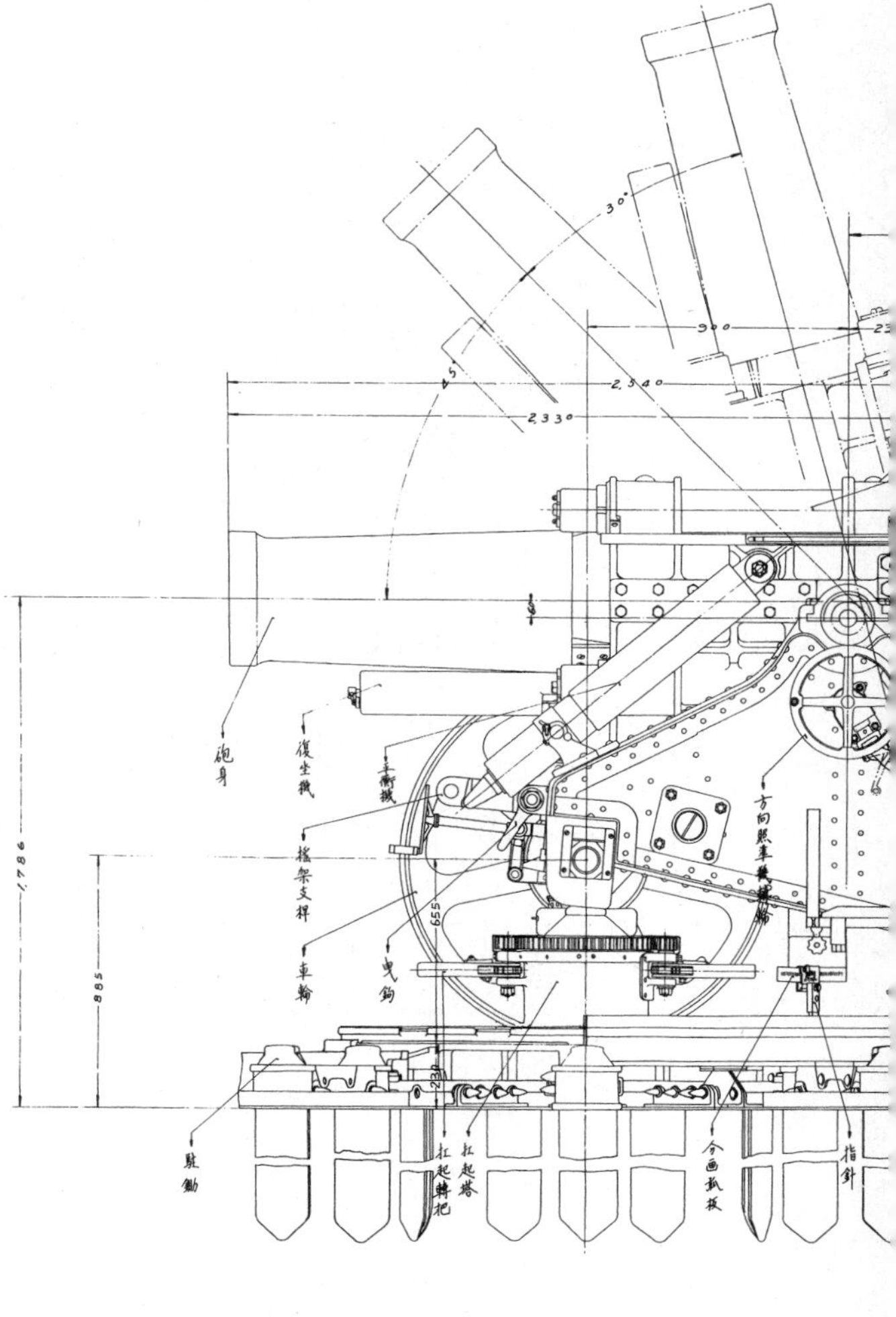
30°
45
900
2,540
2,330
1,786
885
655
230
砲身
復坐機
平衡機
揺架支桿
車輪
曳鉤
方向照準機轉輪
駐鋤
扛起轉把
扛起器
分画瓶板
指針

九六式重迫撃砲　放列姿勢平面図

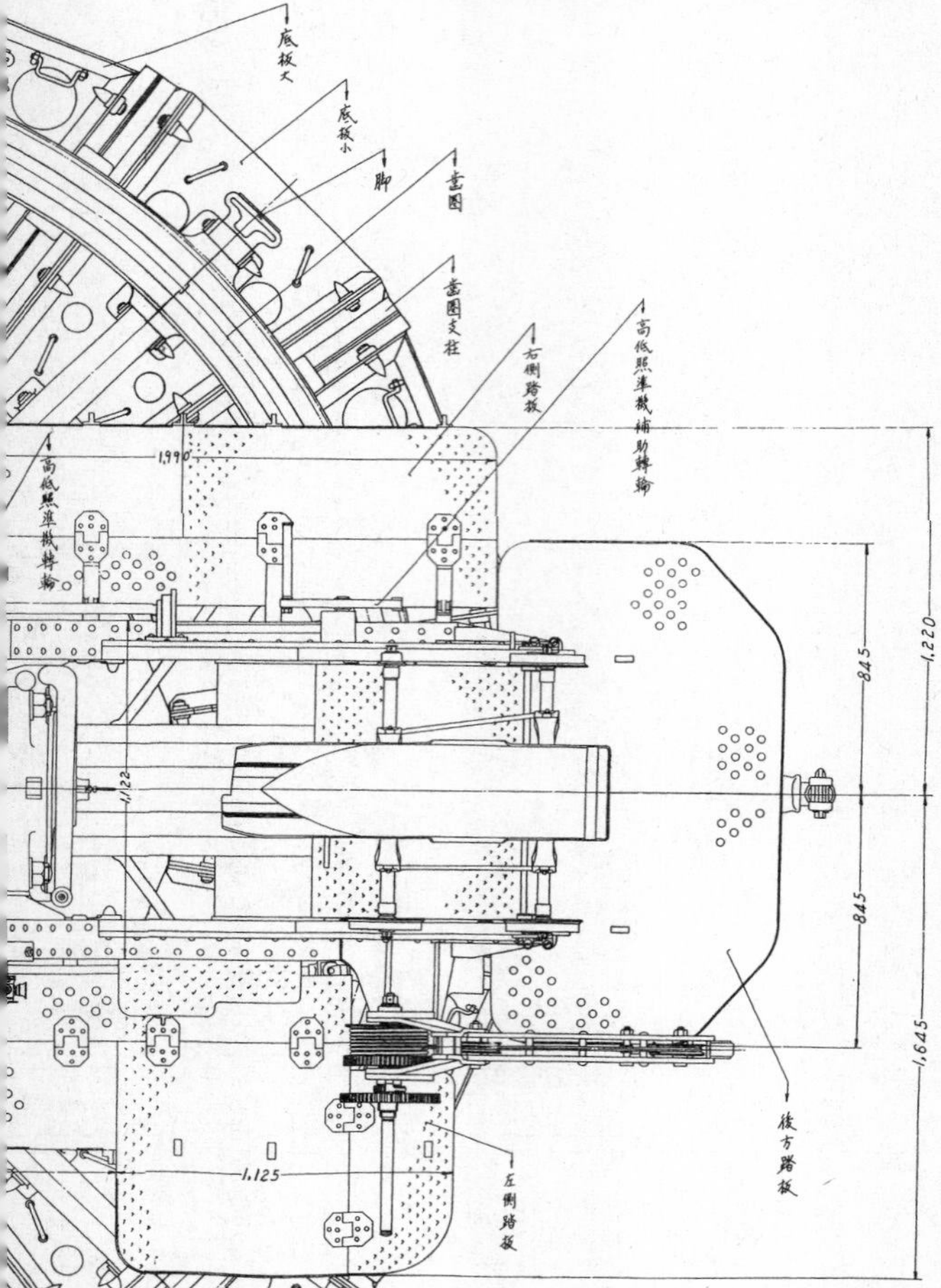

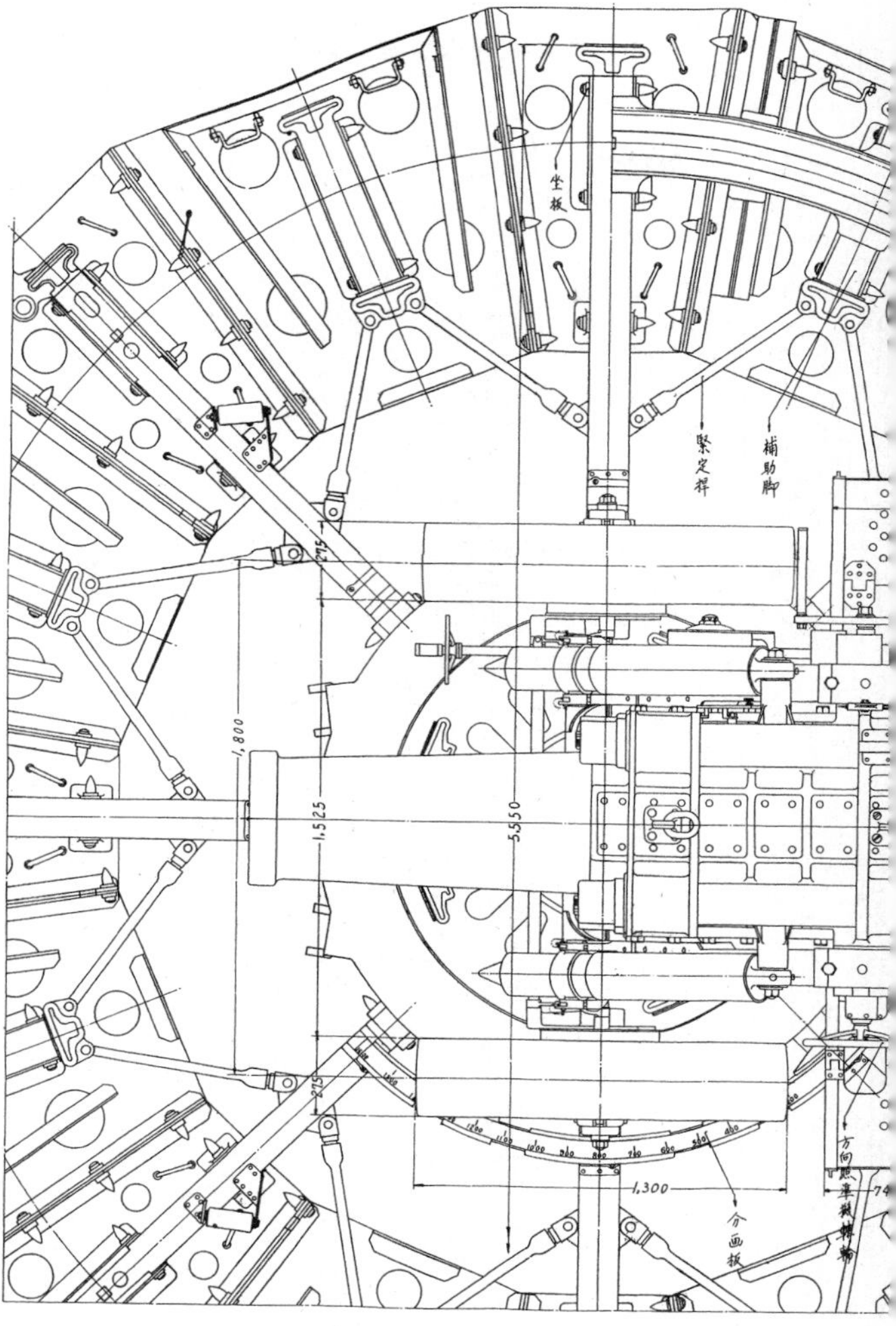

坐板
緊定桿
補助脚
275
1,800
1,525
5,550
275
1,300
分画板
方向照準機轉輪

九六式重迫撃砲　運行姿勢側面、平面図

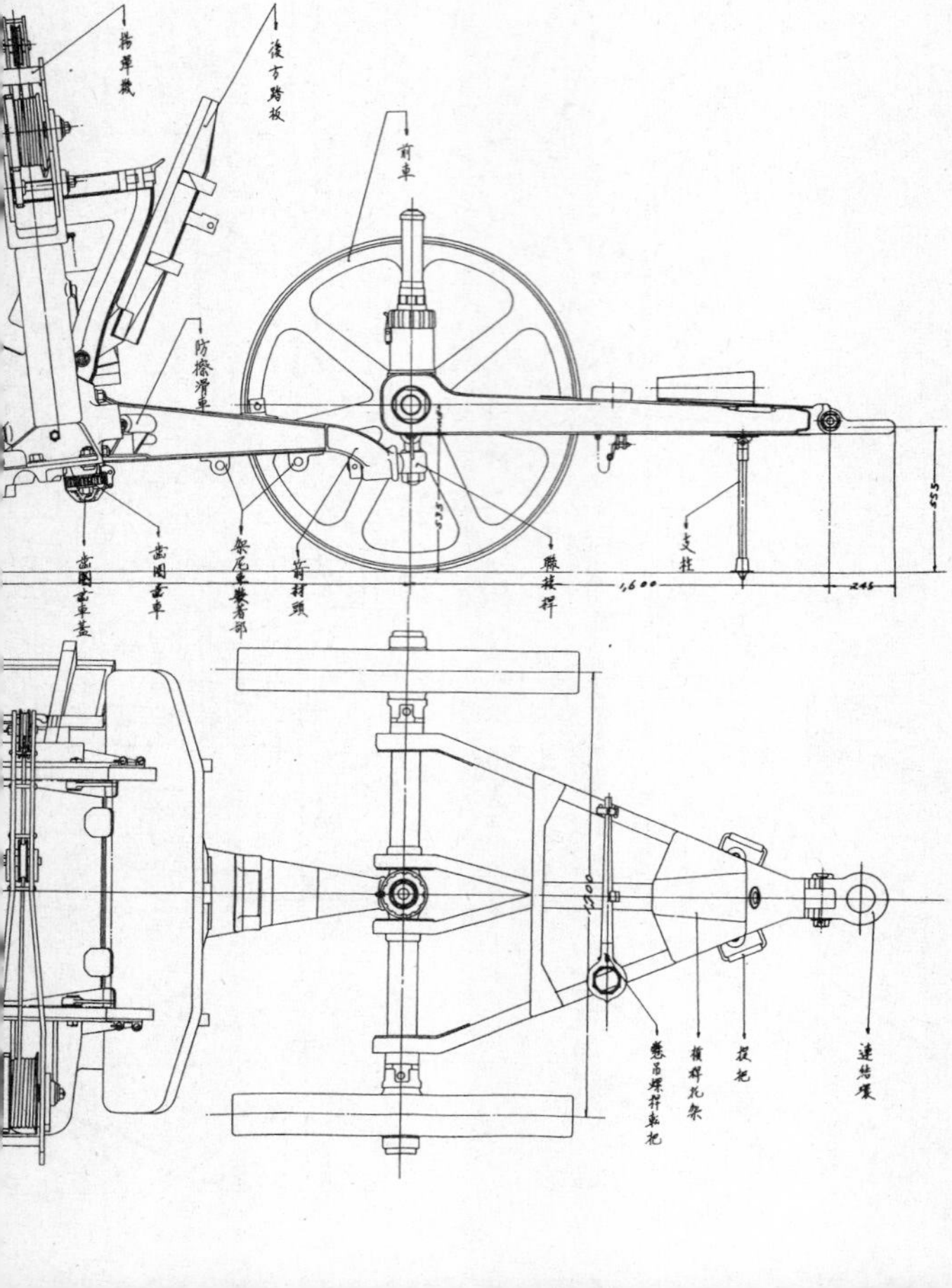

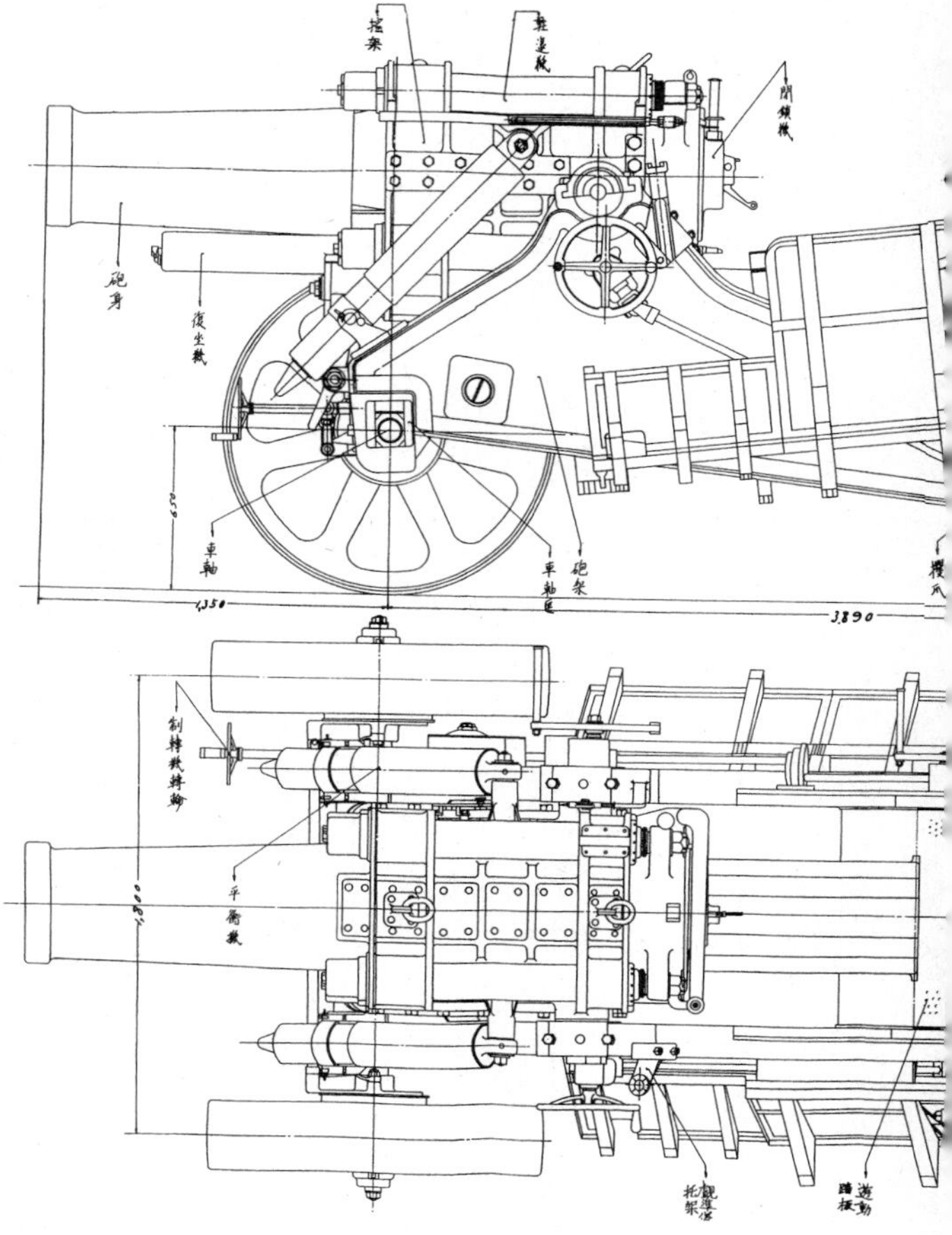
揺架
駐退機
閉鎖機
砲身
復坐機
車軸
砲架
650
1350
3890
制轉機轉輪
平衡機
1800
觀準儀托架
遊動踏板

(右) 九六式重迫撃砲弾薬　九五式破甲榴弾
(左) 九六式重迫撃砲弾薬　九五式破甲榴弾丙　399.5kg

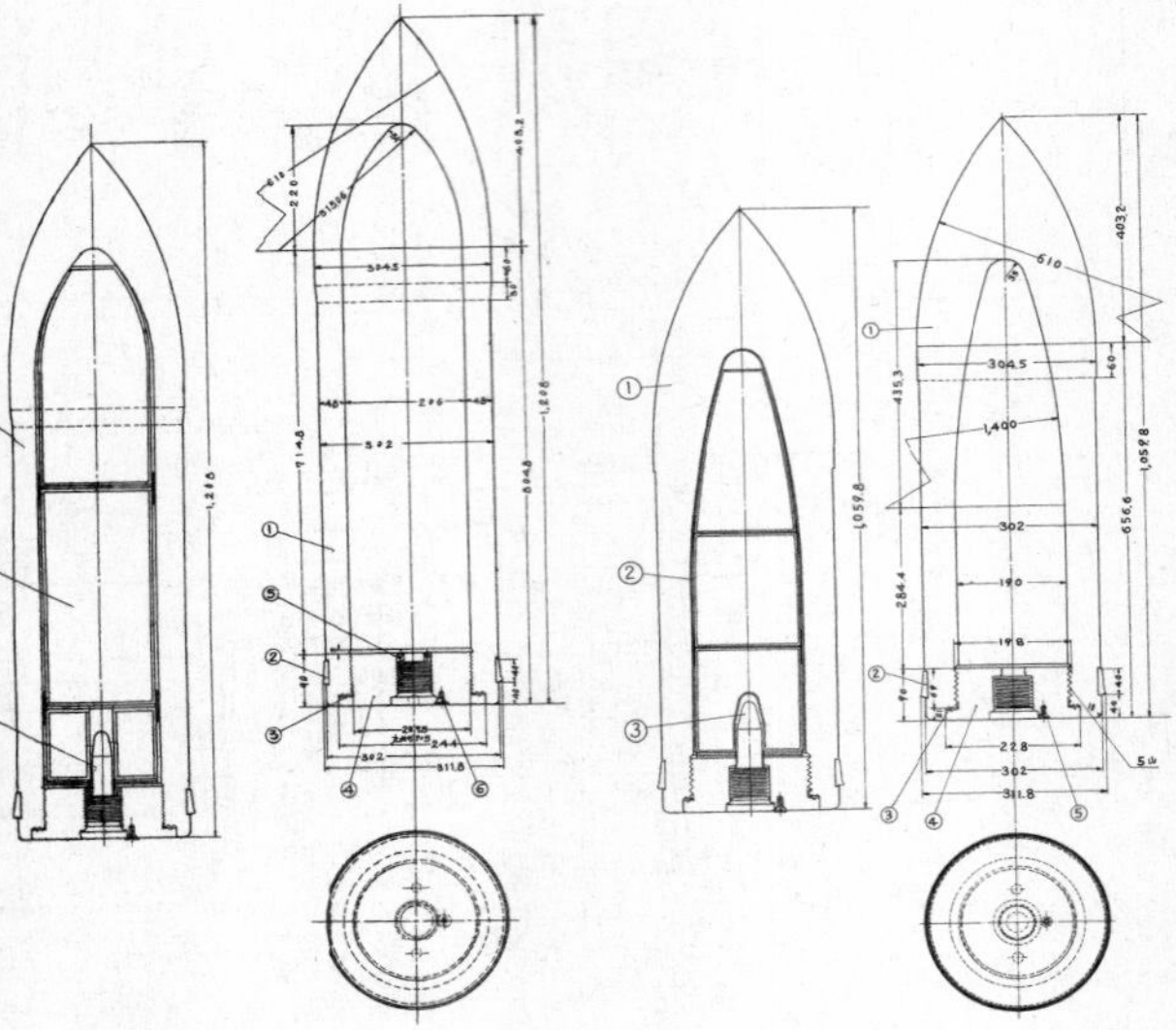

九六式重迫撃砲弾薬　薬筒

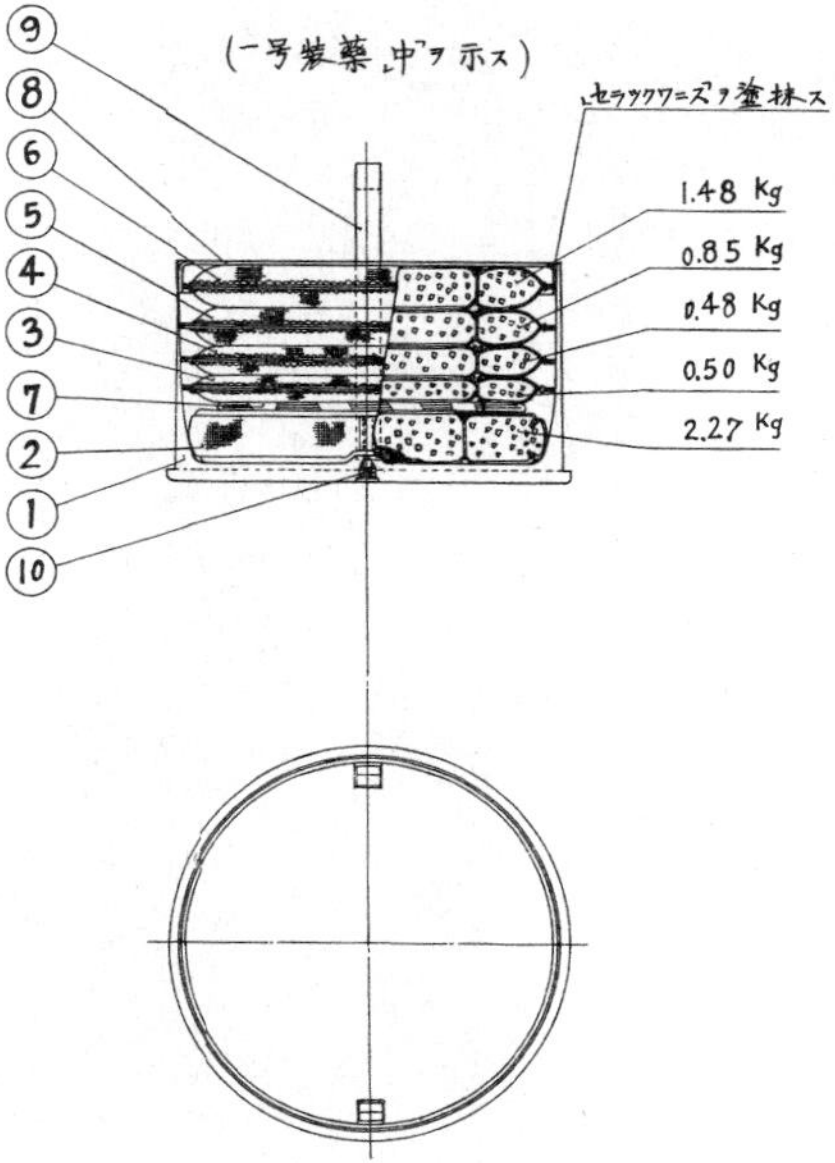

(上)九六式重迫撃砲放列姿勢右側視。
(下)同、右前視。両側に平衡機。高低照準機歯弧。砲身下部に復坐機。

191　九六式重迫撃砲

(上)同、接続砲車。運行姿勢。
(下)同、運行姿勢後視。

(上)同、放列姿勢左側視。揚弾機。
(下)同、装填姿勢。右側視。

193　九六式重迫撃砲

(上)九五式13ｔ牽引車と九五式破甲榴弾。
(下右)陸軍技術本部から随行した担当官と九五式破甲榴弾。
(下左)戦闘に参加した独立攻城重砲兵片島部隊の幹部と九六式重迫撃砲。

お実用上の見地から若干の改修を施し、再び伊良湖射場に戻って弾薬の試験を行なった。これも好結果裡に終了し、この後昭和十一年の冬季北満試験に供試、良好な成績を収めた。

本砲は装輪式火砲であるが、重量が非常に大きい関係上分解搬送を要し、牽引車と被牽引車により火砲車、砲床車、その他の属品に分けて運搬する。火砲車、砲床車は九五式13t牽引車で運搬し、属品類は特殊重砲力作土工器具車で運搬する。弾薬は九四式特殊重砲運搬車弾薬積載設備により運搬する。平坦地においては時速10kmで運行できる。

本砲の放列布置に際しては、まず砲床を構築し、次に砲身車を牽引車から砲床上にワイヤで引き上げ、砲身車の前車を離し、導板を敷いて人力で砲身車を180度旋回する。最後に属品中の15t扛重機《こうじゅうき》（ジャッキ）を使って架尾車と導板を取り除き、架尾を下ろして、砲床前半円部を組み立てれば準備完了である。この砲床設備は九六式十五糎加農と同じ型式のもので、砲床下を掘開して移動砲床を埋設する必要がなく、地上に直接砲床設備を組み立てて駐鋤を打ち込むことにより、速やかに砲座を確保することができる。砲床は8脚を装し、駐鋤式である。備砲に要する時間は6〜7時間、放列撤去に3〜4時間を要した。

装薬は5種を有し、装薬一号では毎発1〜3mm砲床が後退する。薬筒重量は約23・17kg。

本砲はわずか1門製作しただけであるが、支那事変では昭和十二年八月、横須賀重砲兵連隊で独立攻城重砲兵中隊を編成し、上海近郊の呉淞《うーすん》港に上陸、十月下旬の大場鎮《だいじょうちん》、蘇州河の戦闘に参加した。約20発の破甲榴弾を発射して、敵の堅固な野戦築城およびベトン構築物を粉砕した。この作戦には陸軍技術本部から本砲の開発に携わった2名が随行し、船の中や現地で取り扱い説明などにあたった。その後、部隊は南京方面へ行軍中、常州において待機を命じられ、昭和十三年三月、横須賀重砲兵連隊に復員した。同年八月、本砲は陸軍技術本部に依託し、毀損品の修理と不足品の整備を行なった。その後終戦まで使うことはなかった。

●九六式重迫撃砲主要諸元

砲身（単肉自緊）　口径　305㎜
全長　2540㎜（8・3口径）
重量　3667kg
閉鎖機様式　螺式
砲架様式　単一砲床、移動砲床式
駐退復坐機様式　砲身外周四隅に水圧式駐退機、下部に空気式復坐機（55気圧）
後坐長　860㎜
高低射界　−1.5〜+75度（射角45度以下での射撃は禁止）
方向射界　120度（360度も可）
後復坐時間　約4・5秒
歯圏直径　4・86m（中央部）
全長　6・8m（底板前端から架尾後端まで）

全幅　５・８ｍ（底板左端から右端まで）
車輪中径　１・３ｍ
放列砲車重量　１９５９８kg
砲身車重量　１２０８９kg
砲床車重量　９７０１kg
初速　１２４～２０７ｍ／s
装薬　一号（緩５・６３kg、中５・５８kg、急５・５３kg）～五号（緩２・２９kg、中２・２７kg、急２・２５kg）
最大射程　４１００ｍ
最小射程　１２００ｍ
発射速度　１発／２分半

弾種	信管	弾丸重量
試製榴弾	九〇式大延弾底信管	３４６・４kg
九五式破甲榴弾	九五式破甲大２号弾底信管「迫」	３９６・８kg
八八式破甲榴弾	八八式大延弾底信管	３９８・７kg

試製九五式擲弾砲

350mm HEAVY MORTAR TYPE95, EXPERIMENTAL

昭和十年六月、陸軍技術本部第一部は、敵に接近した陣地内から大容量の炸薬を有する約1tの弾丸を放擲し、敵を不意に制圧して友軍に奇襲的突撃の動機を与えることを目的として、柄桿式特殊弾を使用する擲弾砲を部案として研究することを決定した。略符を「テ砲」とし、秘密研究とした。着手ならびに完成の時期は、昭和十年六月設計に着手し、同年十月試製注文、翌十一年三月試製完了、同年六月開発完了を予定した。

設計主要条件は次のとおりである。

口径	350mm
弾量	1000kg
初速	約80m／s
最大射程	約800m
高低射界	+10～65度

方向射界　　　　30度
放列砲車重量　　約8000kg
運搬法　　　分解搬送ならびに車載
砲身は滑腔砲身で、分解搬送のため結合砲身とする。特殊弾は柄桿を以って前装とし、装薬は薬嚢式で後装とする。発火は電気発火式。閉鎖機は螺式。駐退機は水圧定後坐式のもの4個を備える。復坐機は空気無隔板式のもの1個を備える。砲架は側板式で砲床上において方向旋回を行なう。砲床は床板結合式とする。高低照準機と方向照準機は歯弧式とする。運搬は分解搬送を原則とし、部品の重量は500kg以下とする。別に運搬用の車輌を計画する。組み立ては人力によるが簡易な起重機を計画する。
研究費は火砲試作費7万円に弾丸試作費等を含めて11万1000円を計上した。
本砲は対ソ作戦を意図したもので、同様な兵器に「技四甲」、後の九八式臼砲があった。弾丸効力は「テ砲」が優るが、射距離は「技四甲」の方が大きい。「技四甲」と「テ砲」はほぼ同時期に競争試作的に研究を開始したが、「技四甲」は昭和十五年に制式兵器に制定され、「テ砲」は研究途中で開発中止になったものと推定する。

爆弾投射法

BOMB MORTAR

昭和二十年（一九四五年）になり、敗色が目に見えてきた頃、前線では兵器弾薬が枯渇し、補給は困難を極めた。このような戦局の中で、第一陸軍技術研究所はいくつかの自活兵器製造法を考案し、秘かに実験を行なっていた。その一つが爆弾投射法である。

投射法を研究した爆弾は15kg、30kg、50kgの3種があり、それぞれ異なる器材、方法により投射するが、戦地において、航空爆弾の強力な破壊力と迫撃砲などの推進力を組み合わせ、しかも容易に製造できるような兵器として考案したことは共通である。

1、30kg爆弾投射法

二式十二糎迫撃砲を用いて、九九式30kg爆弾を投射する方法である。二式十二糎迫撃砲は砲身と床板を利用し、砲身の前半部を木製軌条とボルト締め固定し、脚を組み立てて投射機を構成する。発射は柄桿で爆弾の尾部を押し、爆弾は軌条上面を滑走して投射される。

二式十二糎迫撃砲は砲尾の一部を改修し、点火装置を取り付けるが、改修後も迫撃砲として使用できる。九九式30kg爆弾は弾底のベークライト製螺塞を外して棒鋼製螺塞《らそく》を付ける。爆弾の弾頭には十二年式投下瞬発信管か一式投下瞬発信管を装着する。発射に用いる装薬は現地部隊での取得を容易にする意味から黒色小粒薬とし、一投射ごとに100～300gの薬包を装入する。点火装置は各種の電気門管と電気発火機、螺門管《らもんかん》あるいは導火索等手近にあるものを使用する。

射撃要領は次のとおりである。

(1)砲口より薬包を装入する。
(2)柄桿を装入し、爆弾を軌条の上に乗せる。
(3)門管孔に点火装置を螺着、または挿入する。
(4)信管の安全栓を除去する。
(5)発火する。
(6)装薬に点火すると爆弾は柄桿とともに投射され、信管の翼が風圧により回転し信管を離れて安全が解除され、弾着と同時に信管が作用して爆弾が炸裂する。

射距離の変換は、ごく近距離の場合射角を増大することにより行なうこともできるが、主として装薬量の調整によって行なう。射角45度で装薬量を150～300gに変化すれば射距離は230～500mに達する。射角が70度の場合は150～280mとなる。

2、15kg爆弾投射法

九七式曲射歩兵砲を用いて、九二式15kg爆弾を投射する方法である。九七式曲射歩兵砲に小改修を加えるほか、柄桿を整備すること、点火装置、装薬等、前者とほぼ同じ取り扱いである。爆弾が柄桿の上に横向きに載っているのが30kg爆弾投射法とは違うが、載せたときは横向きでも投射の瞬間に弾尾の翼の働きにより、弾軸を正定してまっすぐに飛んでいく。装薬量は150~300gと制限されている。その理由は150g以下では信管が作用しないことがあることと、300g以上用いると発射の際、柄桿が破砕したり、爆弾が自爆するおそれがあるからであった。射角45度で薬量を150~300gに変化すると射距離は250~515mに達し、同70度の場合は130~320mとなる。

3、砲弾応用発射機

昭和十九年九月、第一陸軍技術研究所は九一式十糎榴弾砲の弾丸を定心部上で切断した弾体を発射機に応用し、野砲の九四式榴弾を発射する試験を伊良湖射場で行なった。

発射筒の底から砲口までの長さは286㎜で、底部に装薬を入れ、弾丸を装填して緩燃導火索で発火する方式であった。弾頭は発射機の外に77㎜出ている。各種装薬を用い、装薬量を調整しながら57発を発射したが、弾道性は不良だった。

4、50kg爆弾投射法

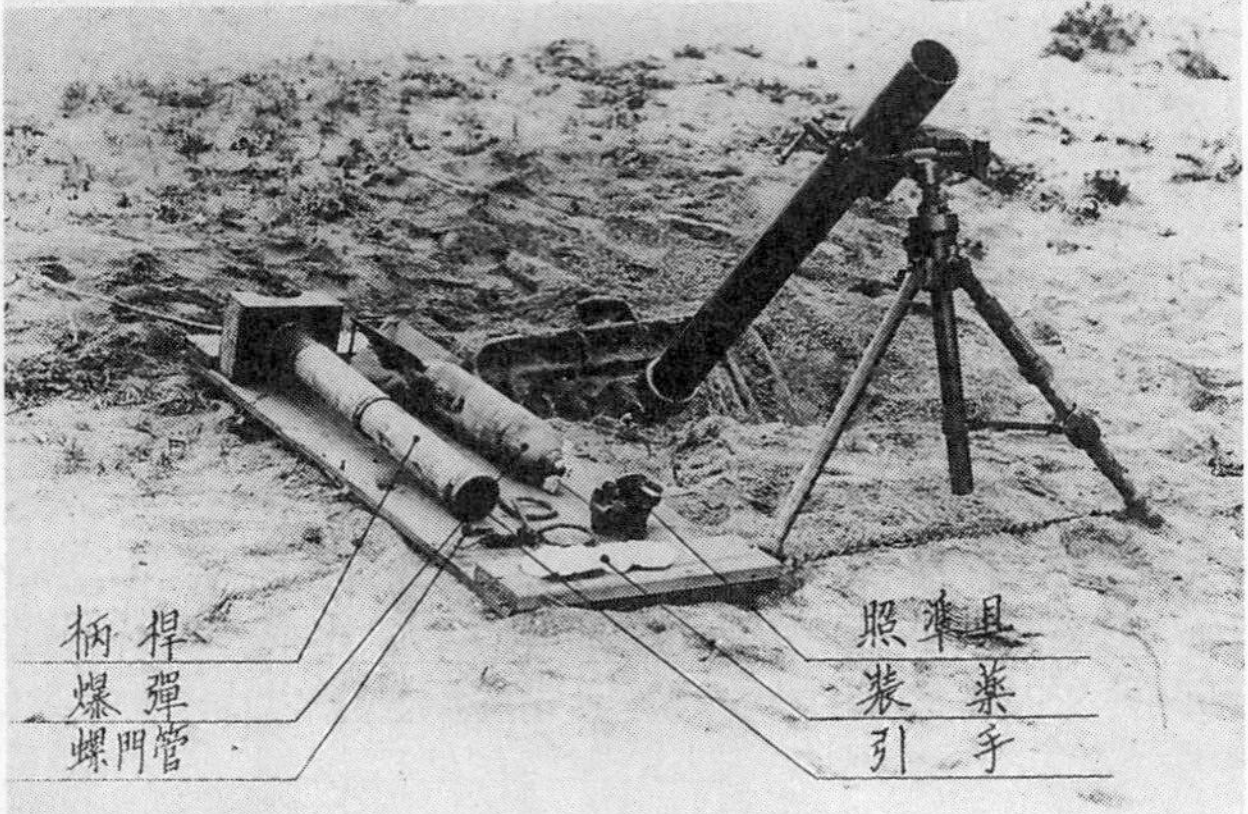

(上)15kg爆弾投射法。投射姿勢右前視。標尺が伸びていないので、柄桿が深く入り。射距離は長くなる。(下)同、九七式曲射歩兵砲、九二式15kg爆弾、柄桿。

（上）30kg爆弾投射法。投射姿勢右側視。
（下）同、二式十二糎迫撃砲、九九式30kg爆弾、柄桿。

昭和二十年（一九四五年）五月に第一陸軍技術研究所が実験した投射法で、迫撃砲によるものではなく、七年式三十糎榴弾砲の弾丸を砲身として利用する。

Ⅰ型とⅡ型があり、Ⅰ型は弾丸をそのまま、Ⅱ型は弾丸の半成品を砲身として加工したものである。九四式５０kg爆弾を最大射程で６００ｍも飛ばすほどの威力があったが、全備重量ではⅠ型が５４６kg、Ⅱ型が３２８kgと相当重いものになった。

九八式投擲器

50mm MORTAR TYPE98

九八式投擲器は昭和十四年（一九三九年）に制定された近接戦闘器材である。陸軍技術本部は第一部が兵器の研究を担当し、器材の研究は第二部が担当していたので、本機の開発は主に第二部が行なったが、様々な試行錯誤を重ねる中で第一部の助力も得て、7年後にようやく完成することができた。

昭和四年六月の陸軍技術本部第二部管掌兵器研究方針に基づき、昭和七年（一九三二年）四月、研究に着手した。同年八月、先ず圧縮空気により物料を投擲するものを試作したが、部内試験の結果、所望の性能を得ることはできなかった。同年十二月、今度は遠心力を応用した手動回転式のものを試作し、試験の結果、重量約1kgの物料を120mないし150m投擲できることは認めたが、この方式では満足できる性能を得ることは至難であるので研究を中止した。昭和九年六月、さらに圧縮空気式のものを試作し、試験の結果これを改修し、同年十二月、再び試験を実施したがその成績は不良だった。昭和十年九月、圧縮空気式投擲機の第2次試製が完了し、富津射場（大正九年、千葉県富津砲台が廃止された跡を大口径長射程砲の弾道試験射場とした）において実用試験を実施した結果、実用上投擲距離および速度を一層増大する必要を認めた。

その後も種々調査研究の結果、簡単な装置により重量数kgの物料を約300mの距離に投擲するためには、放射薬を利用するほかに適当な方法はないとの結論に達し、昭和十三年一月、兵器担当の第一部に依託して放射薬を用いる投擲機を試製し、同年三月、富津射場において試験を行なった結果、弾道性については概ね所期の成績を得たが、機能、抗力については改修の必要があった。同年四月、改修を完了し、富津射場において試験を行なった結果、一部改修を要する部分があるが、筒の抗力は十分で弾道も概ね良好であると認めたので、第一部から引き継ぎを受け、第二部で研究を続行した。同年五月、引き継ぎを受けた投擲機を改修し、千葉県八柱《やばしら》陸軍演習場（陸軍工兵学校の演習場）において実用試験を実施した。その結果一部の改修を施せば工兵近接戦闘用器材として実用価値十分と認めた。同年六月、前3回の試験の結果に基づき新たに試作を行ない、八柱演習場において試験を実施、良好な成績を収めた。

昭和十三年七月から九月にかけて時局用として兵器本廠の依託により700機を製造し、送付した。同年九月、陸軍工兵学校に実用試験を依託した。その結果、実用価値十分で制式器材として適当と認めるとの判決を得た。同年八月から十一月の間、中北支における各部隊に対し、本機の取り扱いについて巡回指導を行なった。この間2、3箇所改修の必要を認めるとともに、工兵学校依託試験の結果に基づく改修を行ない、昭和十四年一月、八柱演習場において実用試験を実施した結果、機能性能とも良好にして概ね所期の成果を得たと認めた。ここにおいて本機は近接戦闘器材として制式制定然るべきものと認め、昭和十四年六月、開発を終了した。

九八式投擲機は器材であるから火砲の範疇には入らないが、その投擲物体は火薬の爆発力を利用した特殊弾と見做すことができる。投擲爆裂缶は突撃直前における敵の制圧に使用するもので、羽付破壊筒は鉄条網や軽掩蔽部《けいえんぺいぶ》等を破壊するために用いる。すなわち火焔発射機のような攻撃的威力を爆裂缶により発揮するとともに、兵士が鉄条鋏で鉄条網を切る代わりに羽付破壊筒を発射して、一気に突撃路を開こうというものである。このほか投擲発煙筒も発射できる。

本機は筒、基板、距離変換具、止杭および属品からなり、全重量は約84・2kgで、第一、第二号箱に収納する。東京都糀谷の光精機が製作した。本機の投擲実施順序は次のとおり。

1、放射薬の装入
2、投擲物体の安全栓を離脱、もしくは点火具の取り付け
3、投擲物体の装填
4、投擲物体を発火姿勢に移す
5、点火マッチの取り付け
6、点火

九八式投擲機　投擲姿勢側面、平面図

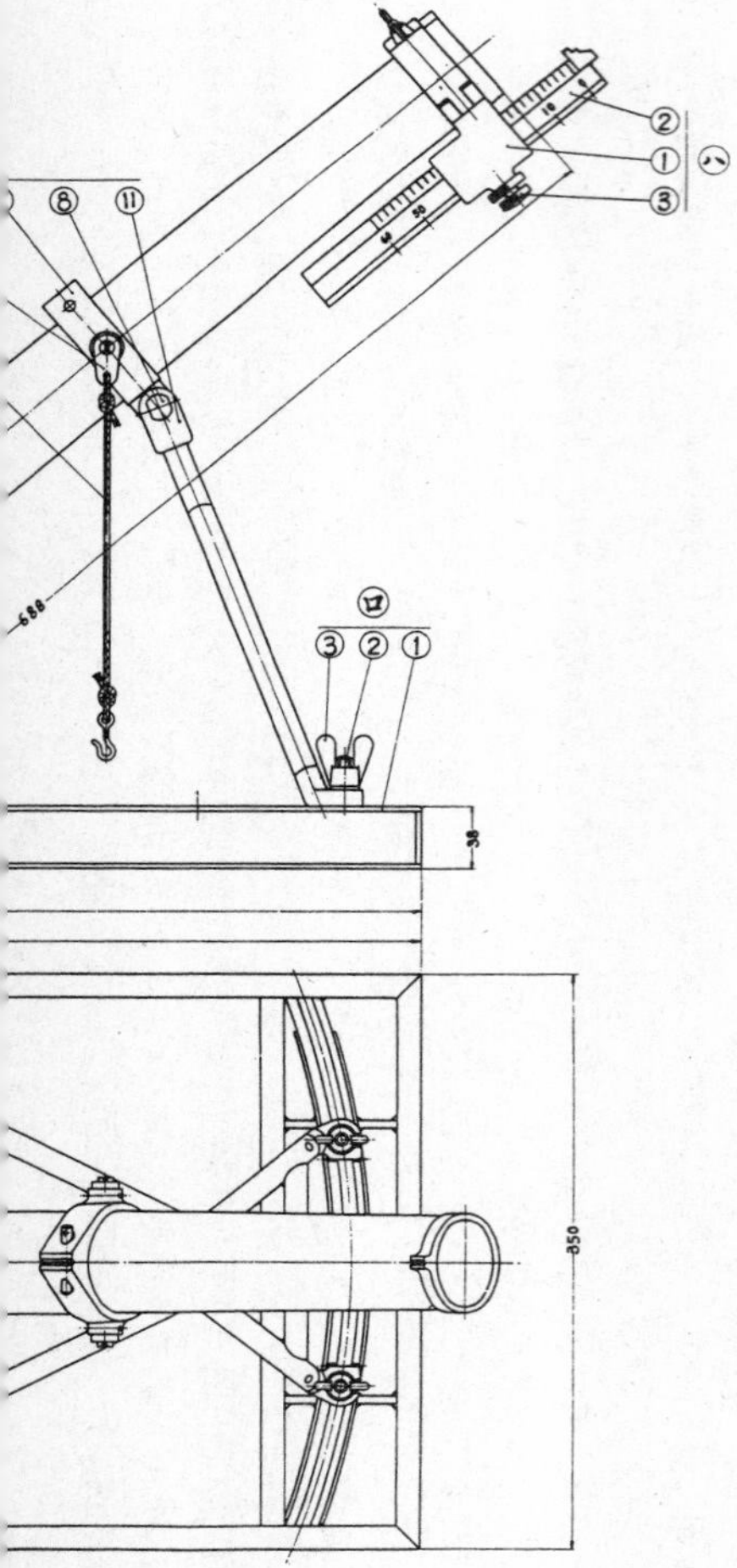

部分名称	番号及名称	
㋑ 筒	1	筒身
	2	筒底
	3	点火孔蓋
	4	小ねぢ
	5	パツキン
	6	脚取付環
	7	止板
	8	軸
	9	点火縄甲
	10	〃 乙
	11	脚
㋺ 基板	1	台板
	2	止ボルト
	3	蝶形ナット
㋩ [illegible]	1	取付環
	2	標尺
	3	止ねぢ
㋥ 止杭		

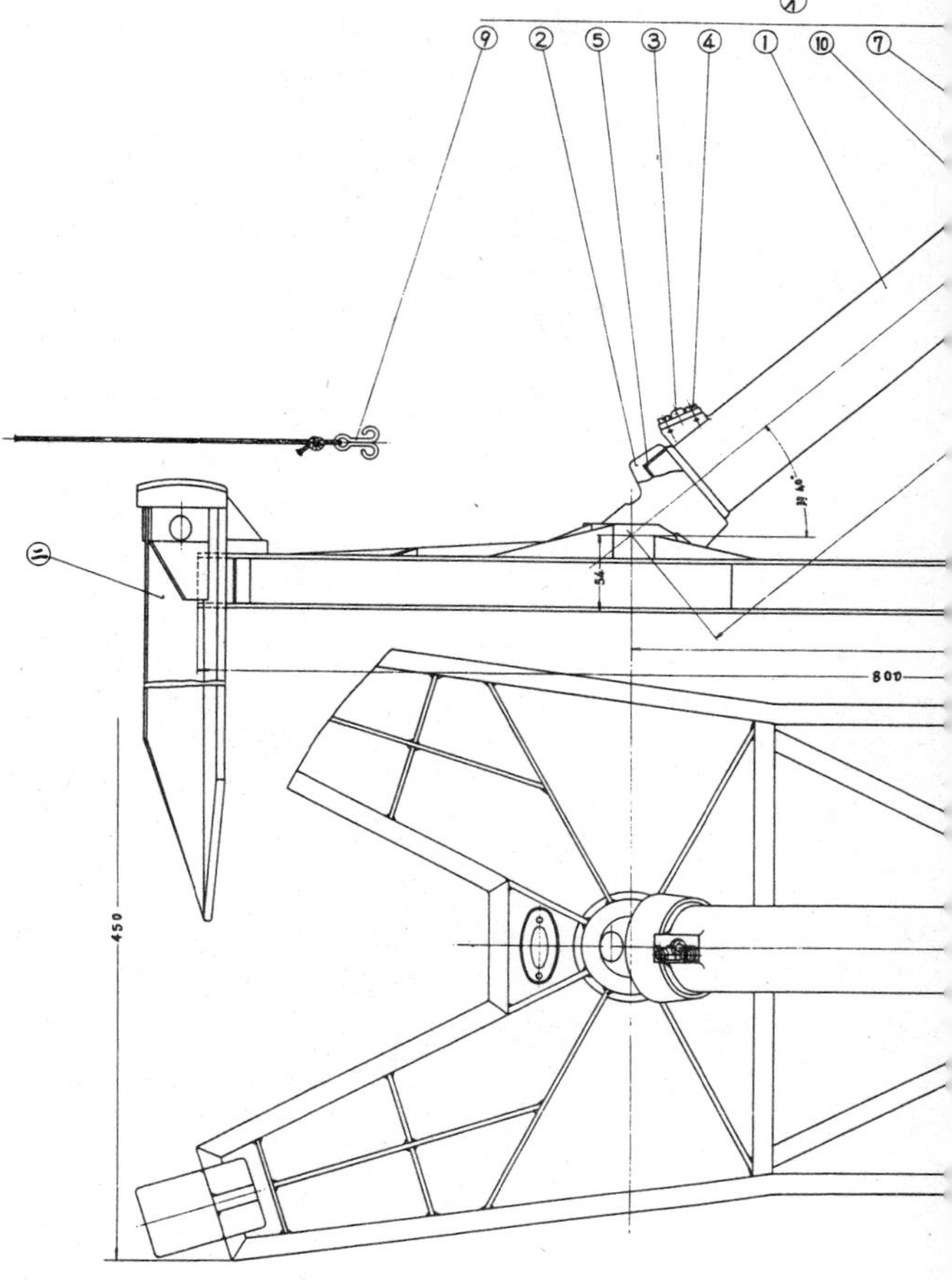

⑨
②
⑤
③
④
①
⑩
⑦
⑪
54
800
450

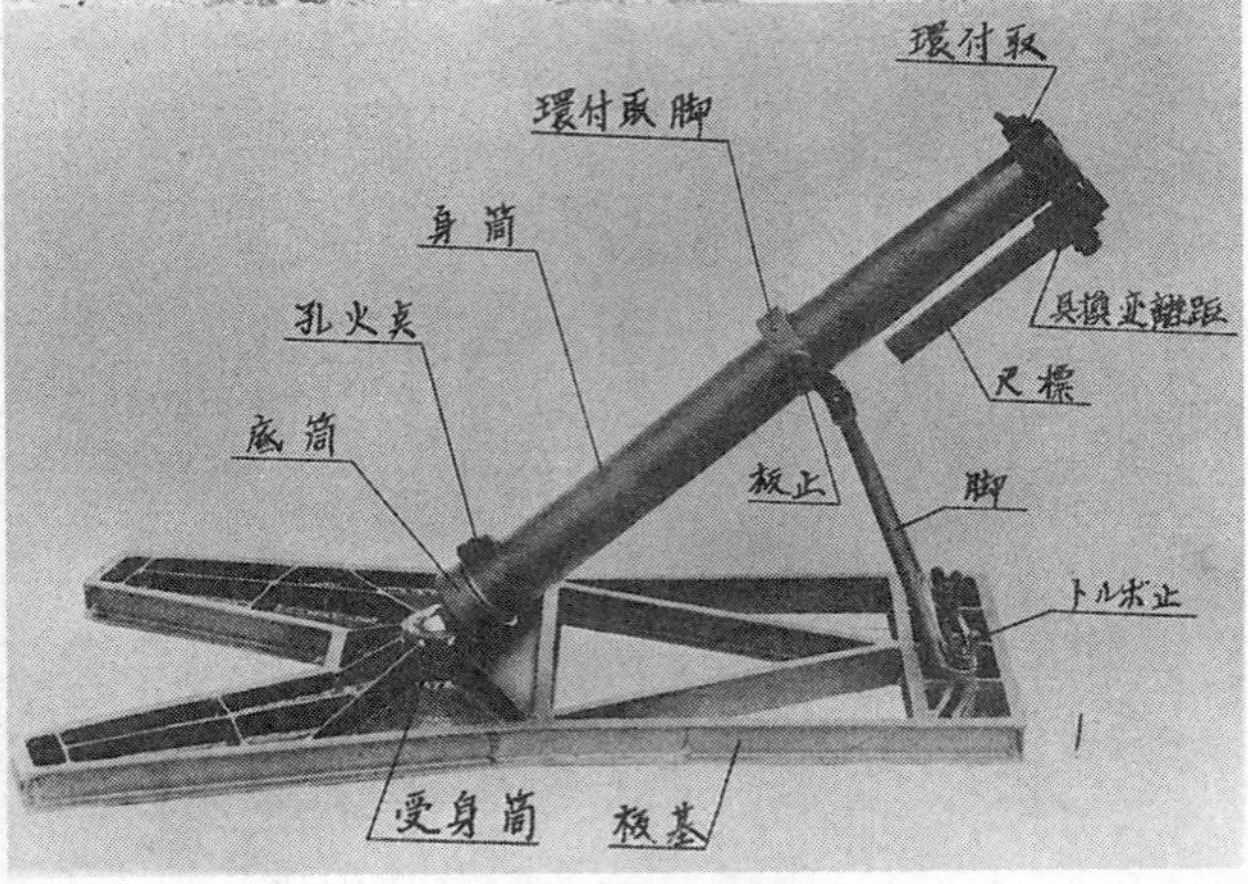

(上)九八式投擲器投擲姿勢左側視。四隅を止杭で固定する。
(下)同、各部名称。

211　九八式投擲器

（上）同、組立。
（下）同、投擲爆裂缶の装填。

(上)羽付破壊筒を装填した九八式投擲器。
(下)九八式投擲器の人力携行姿勢。工兵が使用する。

213　九八式投擲器

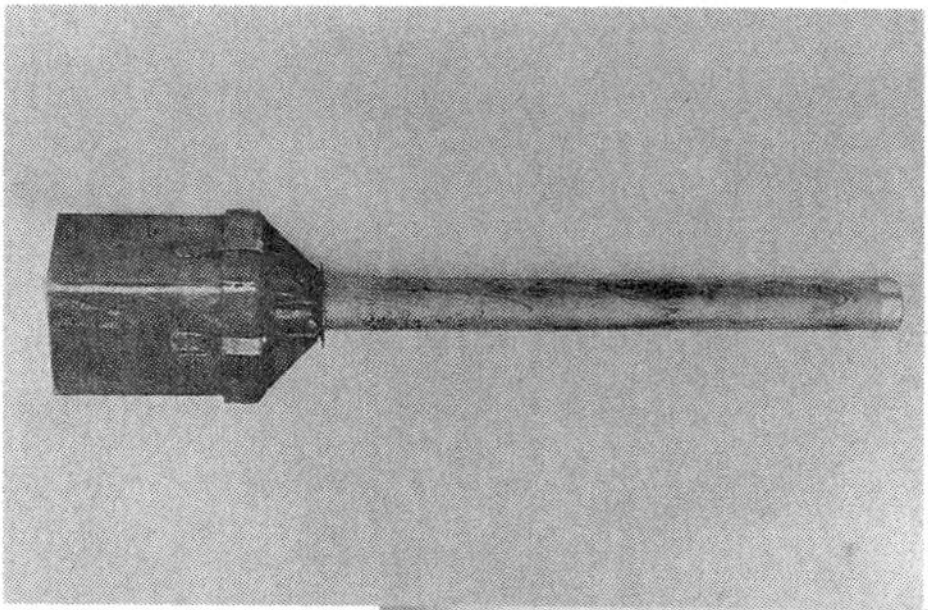

投擲爆裂缶。

投擲爆裂缶を装填した九八式投擲器。標尺の伸び。

投擲爆裂缶の発射姿勢。

7、投擲後の筒身手入れ

放射薬は小粒薬で絹布袋入り25gのものと35gのものがある。羽付破壊筒には管体抗力の関係上50gまで、爆裂缶に対しては木製の柄を破損しないため100gまでの使用に制限されている。発火には特殊な点火マッチを使用し、これを筒身の点火孔に差し込み、点火孔蓋で抑えてから引糸を引っ張って放射薬に点火する。

射距離の変換は標尺の伸縮により投擲物柄桿の筒身内挿入長を制限するとともに、投擲距離に応じて2種の放射薬のうち1種もしくは両種を組み合わせて、投擲距離を規正する。

本器の運搬は駄載または車載によるか、または筒と基板を分離して、人力で運搬することもできる。

投擲爆裂缶は缶体、底蓋、柄からなり、方形黄色薬2400gを填実している。爆裂缶には点火具2個を取り付け、投擲距離に応じて緩燃導火索の長さを調整する。

全長　約700㎜

幅、高さ　各120㎜

缶体の厚さ　3・2㎜

重量　約6・4㎏（炸薬共）

投擲距離　近極限　約90m（放射薬25g）

遠極限　約410m（放射薬100g）

羽付破壊筒は矢に似た形状で甲、乙2体の鋼管からなり、三枚羽がついている。乙は長さ

1・18mで九九式破壊筒の筒体と同じものである。信管は安全栓、安全羽を有する瞬発、延期の二働信管で、鉄条網破壊のためには瞬発、軽掩蔽部破壊には延期に切り換えて使用する。

全長　2m
重量　約8・5kg
管体　径　35mm
　肉厚　2・6mm
炸薬　二号淡黄薬2・25kg
投擲距離　近極限　約90m（放射薬25g）
　遠極限　約290m（放射薬50g）

九八式投擲機は支那事変において工兵部隊が多数実用した。各作戦において期待以上の効果を表わし、歩兵の突撃および渡河を助けて犠牲者を最小限に止めた。爆薬戦闘を精華とする工兵にとって本機の価値は非常に高いものがあった。

●九八式投擲機主要諸元
口径　50mm
筒身長　650mm
重量　筒　7・4kg
　基板　15kg

投擲角　高低　４０度の一定
　　　　方向　左右各１０度

擲弾筒
KNEE MORTAR

第1次世界大戦でフランス軍が使用したブィブァン・ベシェールは小銃の先端に円筒を螺着して特殊弾を込め、小銃実包を発射することによって、この弾を放射する装置であった。特殊弾は中心に孔が空いており、小銃を発射すると弾は特殊弾の中心を通って飛び出し、火薬ガスが弾に点火して、かつ放射する。わが国でも大正七年（一九一八年）のシベリア出兵当時、擲弾銃と銃用榴弾が完成していたが、これはあまり便利とはいえなかった。むしろ普通の手榴弾を発射できるようにしたほうが合理的だと考え、曳火手榴弾の研究と並行して、これを220mまで投擲できる簡便な発射器を研究し、約3年かけて大正十年（一九二一年）五月、「擲弾筒」として仮制式を制定した。

擲弾筒は筒、柄桿および駐鈑よりなり、柄桿および駐鈑は筒内に収容し、その容積を減少して、水筒のように負革で肩から腋の下に掛け、携行することができる。射撃にあたっては筒に柄桿を螺着し、柄桿の下端に駐鈑を装着する。普通の土地においては射角を約45度とし、柄桿引鉄の拉縄を後方に引いて発射する。射距離の修正は回転筒に刻する下方分画によって行ない、方向照準は筒身に刻する赤線により行なう。射撃姿勢は膝射《おりしき》または伏射《ねうち》の2種がある。柔軟な土地において弾丸を曳火低破裂させる場合は、射距離の修正は上方分画で行なう。1人で射撃する場合は1分間約２０発を発射することができる。また、射手のほかに装填手がいるときは1分間４０発を発射することができる。したがって歩兵1個中隊に擲弾筒１０個を装備するときは最大1分間２００発から４００発の曳火手榴弾を敵に放射することができる。翌十一年一月、名称に十年式が追加され、「十年式擲弾筒」となった。

大正十一年六月と翌年五月に、陸軍技術本部が試作して不用になった兵器を兵器本廠に返納した。その中に「三十粍擲弾砲砲身1と踵鈑、照準機１」という詳細不明の擲弾砲がある。柄桿式の可能性が高いが、十年式擲弾筒よりも小型の擲弾筒を研究していたことになる。

十年式擲弾筒はこの後、大正十三年、昭和四年、同八年と小修正を施した。本擲弾筒は軽量で使い易く、歩兵に喜ばれたが、射程は１５０m位だった。

そこで腔綫のある筒で導帯拡張式の小型榴弾を６７０mまで射撃できる擲弾筒を新たに研究することになり、約7年かけて昭和五年（一九三〇年）四月、「八九式重擲弾筒」として制定された。昭和十一年の秘密解除を挟んで、九年、十二年、十四年、十五年と改良を重ねた。八九式は直ちに量産に移し、満州事変では盛んに使用した。擲弾筒の採用により、各種信号弾、照明弾も発射できるようになり、戦闘指揮に有利となった。重擲弾筒の発射は、砲身の方向照準線を合わせ、４５度の発射角を保持して整度器を調整し、射距離を決める。引革を引くとバネが圧縮され、逆鈎が外れて撃針が弾薬の雷管を突き上げ、装薬に点火する仕組みである。

昭和十九年七月、第一陸軍技術研究所は対戦車近距離火器研究計画を策定した。その中に「八九式重擲弾筒（平射）」がある。これは夕弾を平射で発射するもので、最大射程６００ｍ、実用射程１００㎜、夕弾の炸薬量は１５ｇであった。

八九式は１２０ｍから６７０ｍまで火制できたが、より近距離から遠距離まで撃てるものが要求され、昭和十年（一九三五年）から有翼弾式重擲弾筒の研究を始めた。口径は十年式および八九式と同じ５０㎜で、小さな有翼弾を用い約８００ｍの射程を得たが、弾尾部が破損し易いことと、信管の安全装置に難点があったので、支那事変の勃発とともに一時研究は中止した。

昭和十三年四月、研究を再開し、同年六月、伊良湖射場で近接戦闘兵器研究委員会による試験があった。同委員会は本砲に関して「重量４・９㎏、口径５㎝ニシテ弾量約８００ｇノ有翼弾ヲ投擲スルモノニシテ、機構簡単、堅牢、遠近共ニ射撃範囲増大セルヲ以テ、現制重擲ノ不利ヲ補フ優秀ナル兵器ト認ム」と報告している。

昭和十四年八月、陸軍技術本部の兵器研究方針に「新重擲弾筒」を追加した。その内容は「現制八九式重擲弾筒に代わるべき新様式のものにして、筒の構造を簡単とし、弾丸は有翼弾式とす。主要諸元左の如し。１、口径５㎝、２、筒重量約５㎏、３、弾量約８００ｇ、４、最大射程約６００ｍ、５、最小射程約１００ｍ」というものであった。

擲弾銃と銃用榴弾

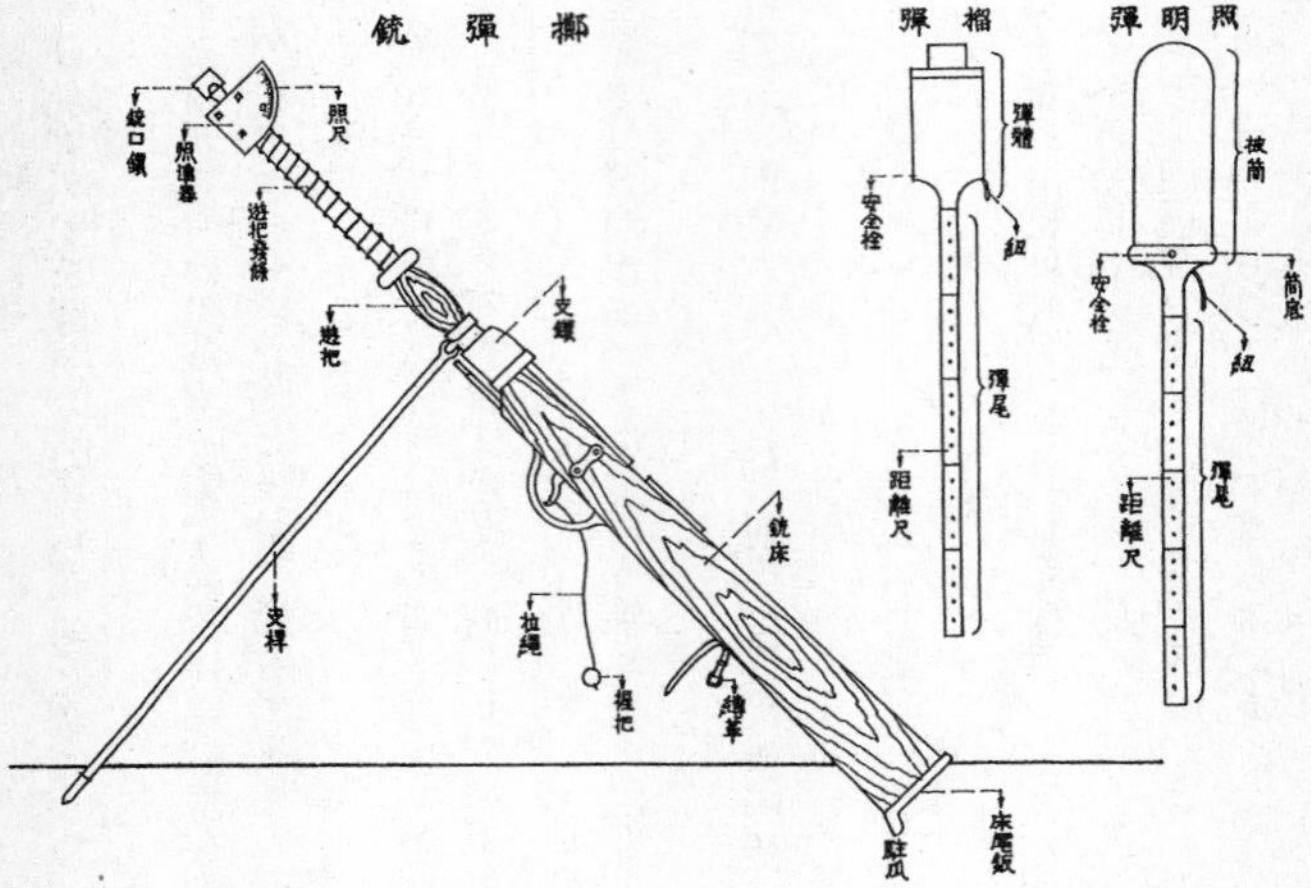
擲彈銃
銃口鐶
照準器
照尺
遊把發條
遊把
支鐶
支桿
銃床
拉繩
握把
繩革
駐爪
床尾鈑
榴彈
彈體
安全栓
紐
彈尾
距離尺
照明彈
被筒
安全栓
筒底
紐
彈尾
距離尺

十年式擲弾筒　側面、平面図　負革

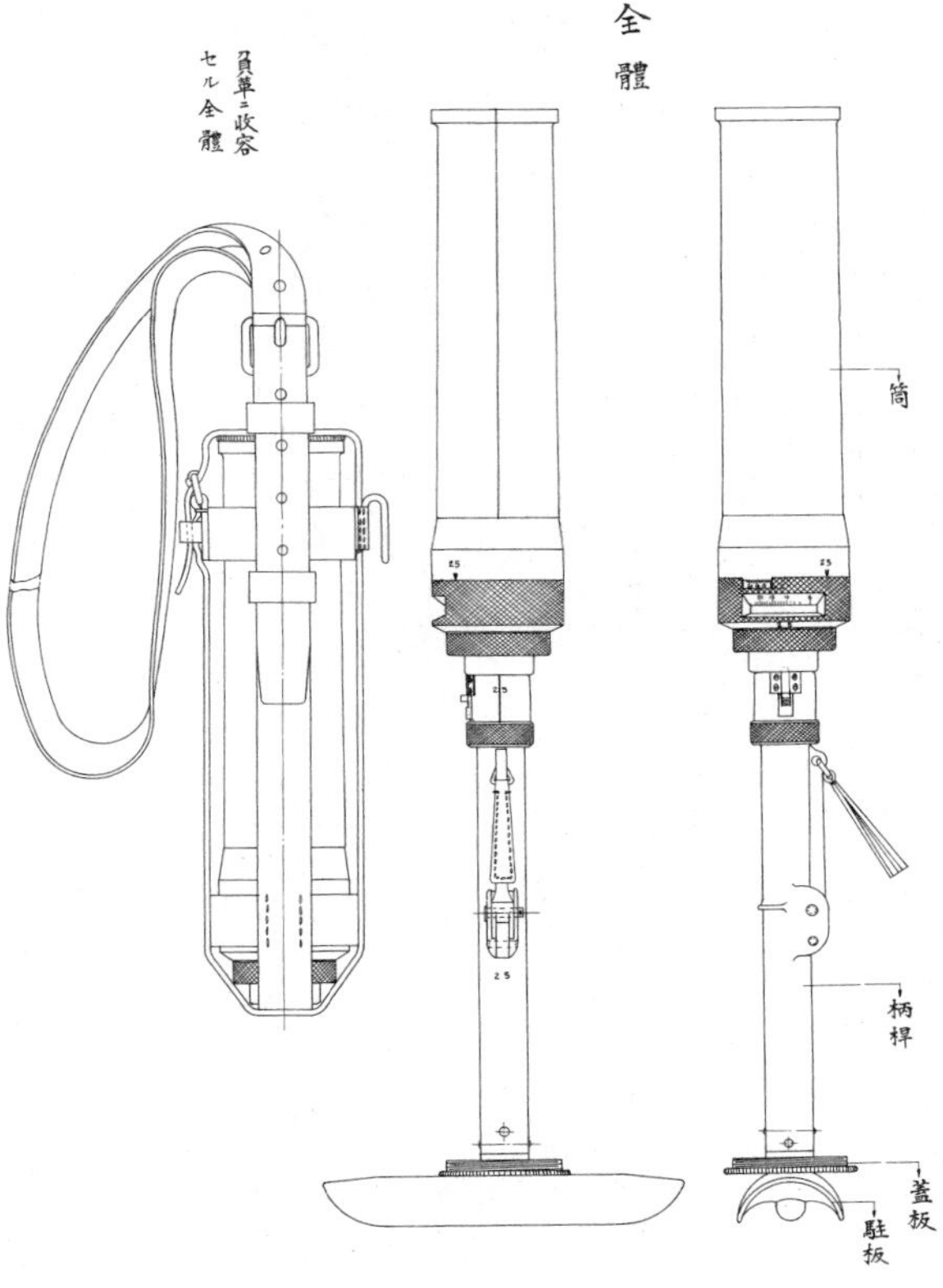

十年式擲弾筒弾薬
十年式曳火手榴弾

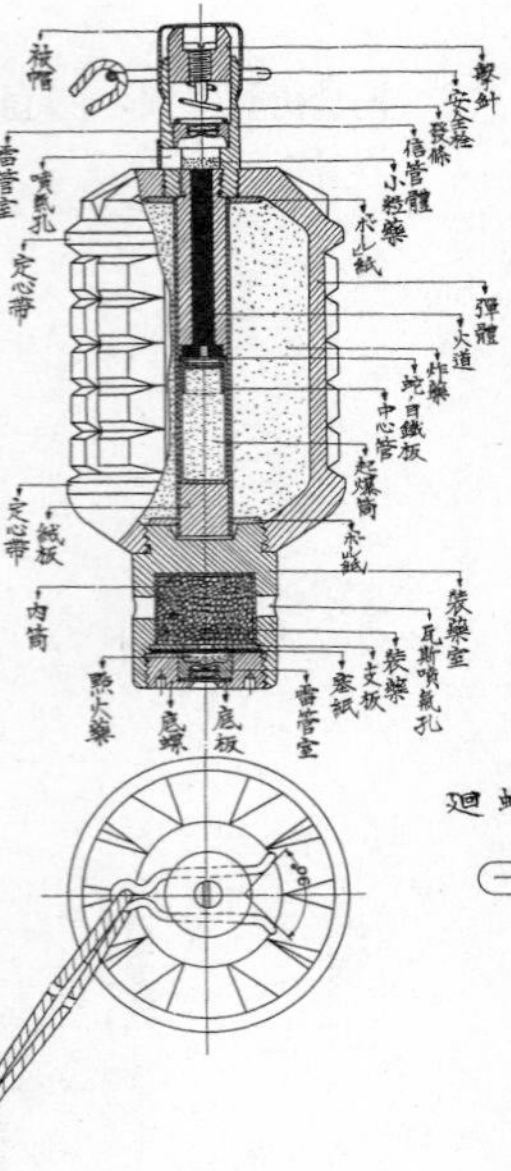

撃針廻螺

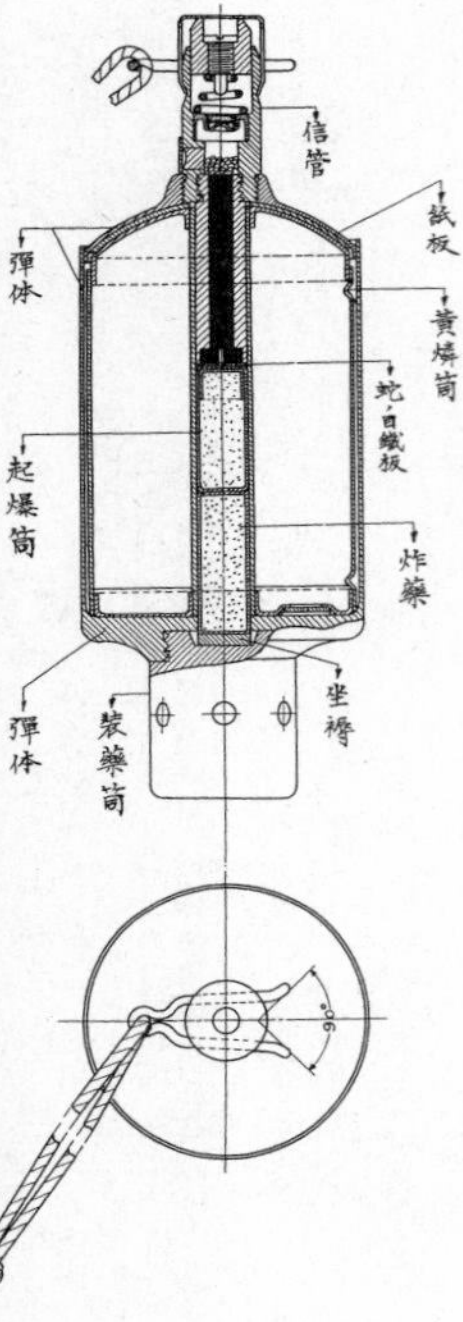

十年式擲弾筒弾薬
十一年式発煙弾

十年式擲弾筒弾薬
十年式信号弾

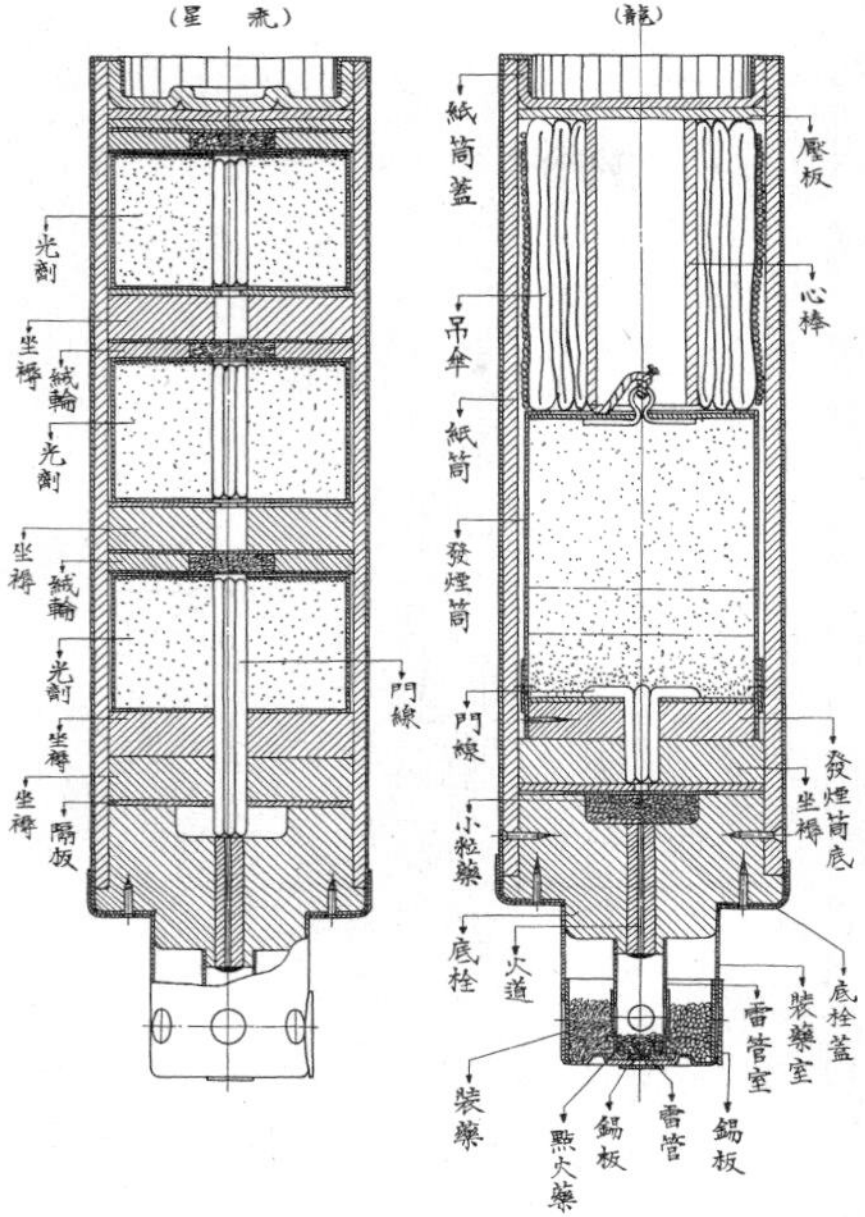

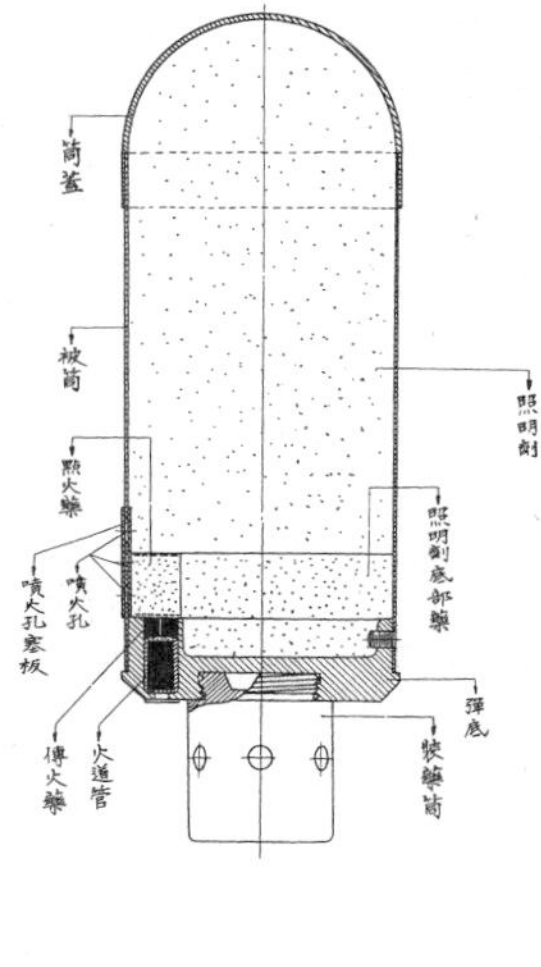

十年式擲弾筒弾薬
十年式照明弾甲

八九式重擲弾筒　側面、平面図

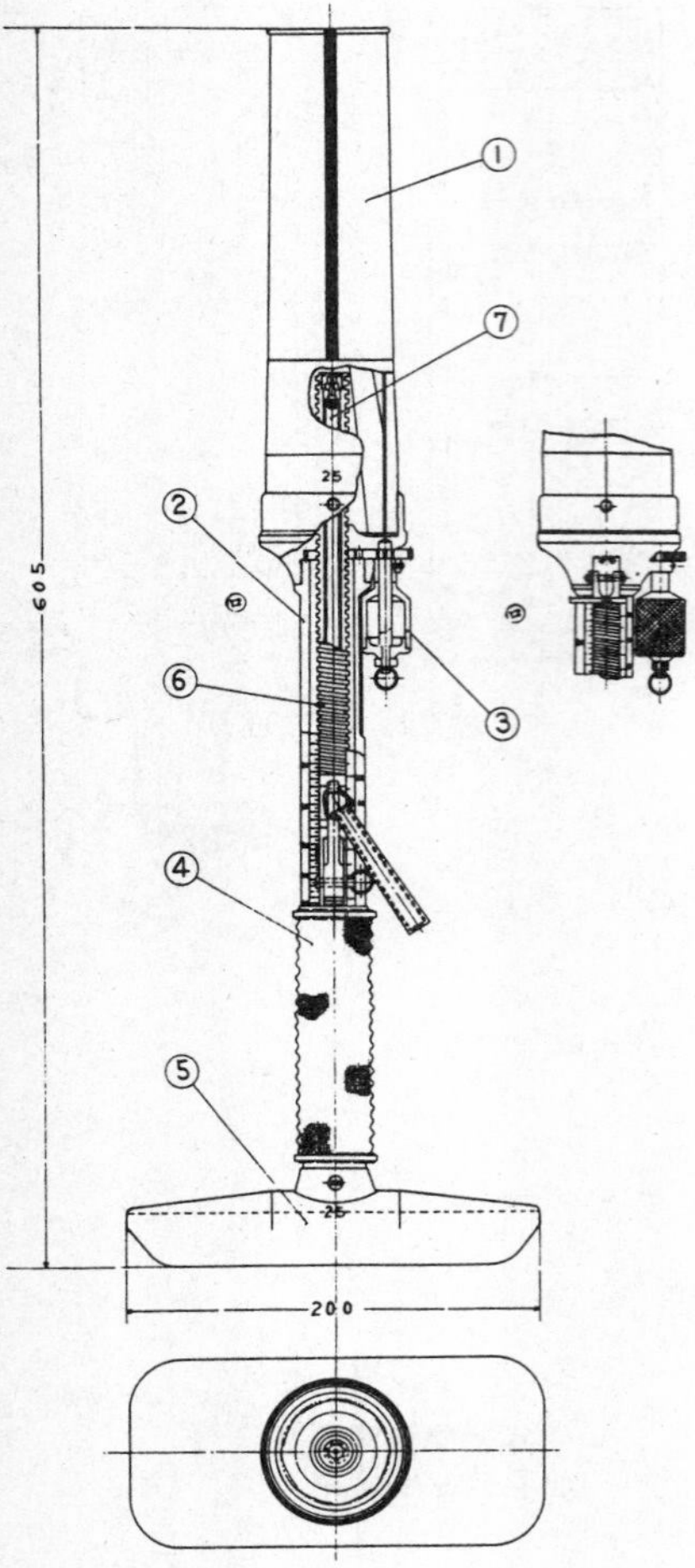

番号	名　称
1	筒
2	柄桿
3	整度器
4	外被
5	止板
6	撃茎室
7	撃茎
8	連結筒
9	ばね筒
10	引鐵ばね
11	ばね座
12	逆鉤筒
13	逆鉤
14	引鐵

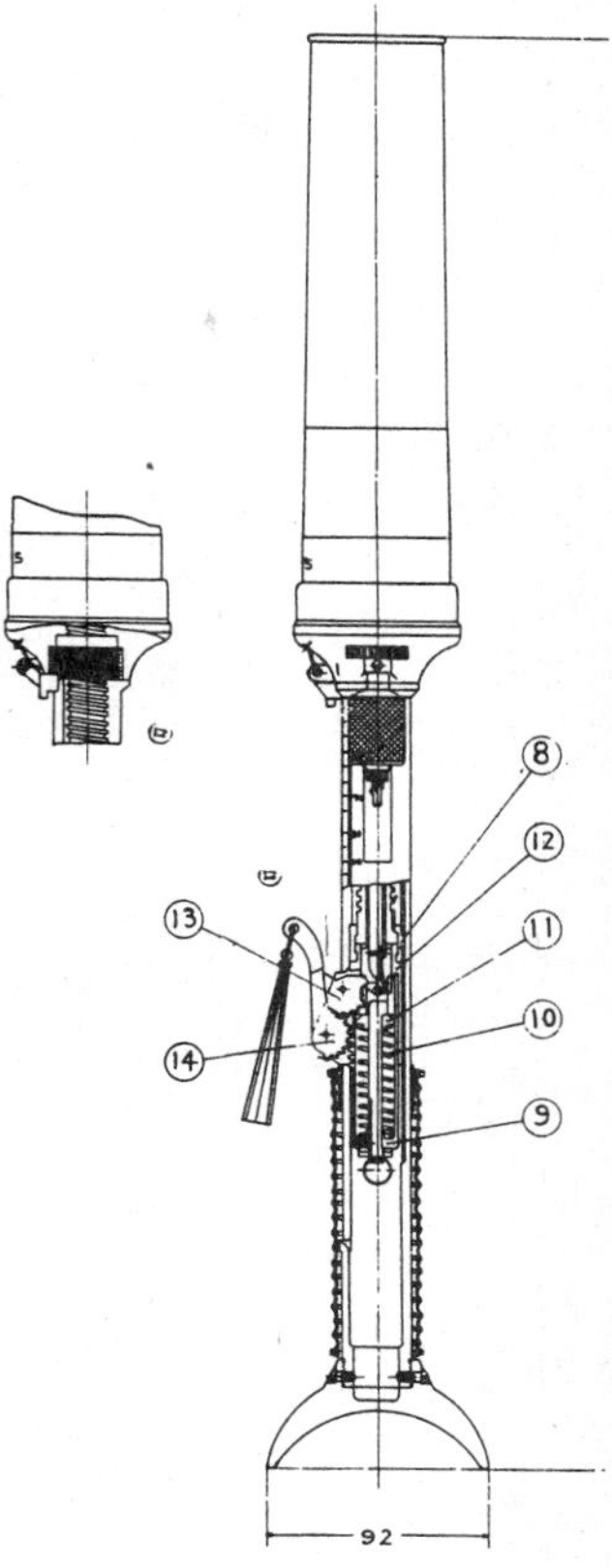

八九式重擲弾筒弾薬
八九式榴弾弾薬筒

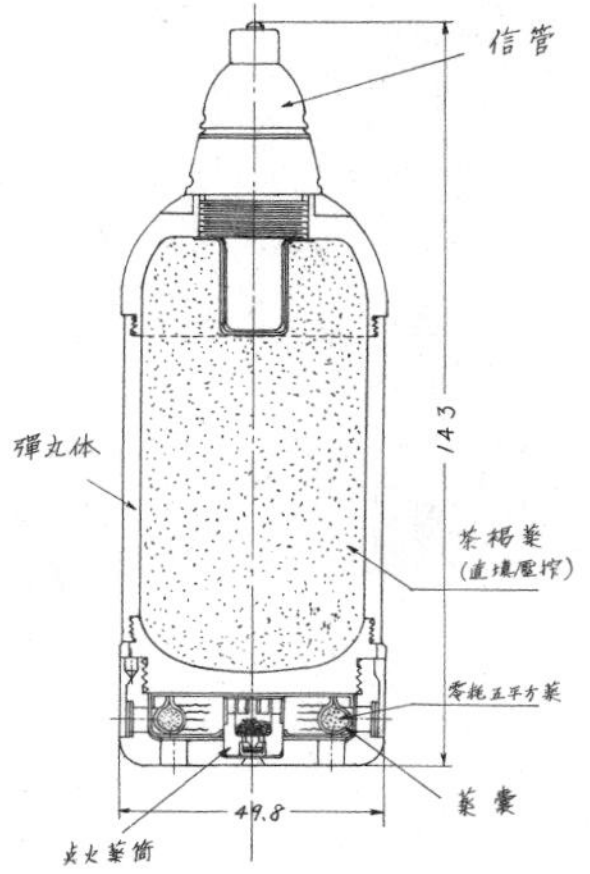

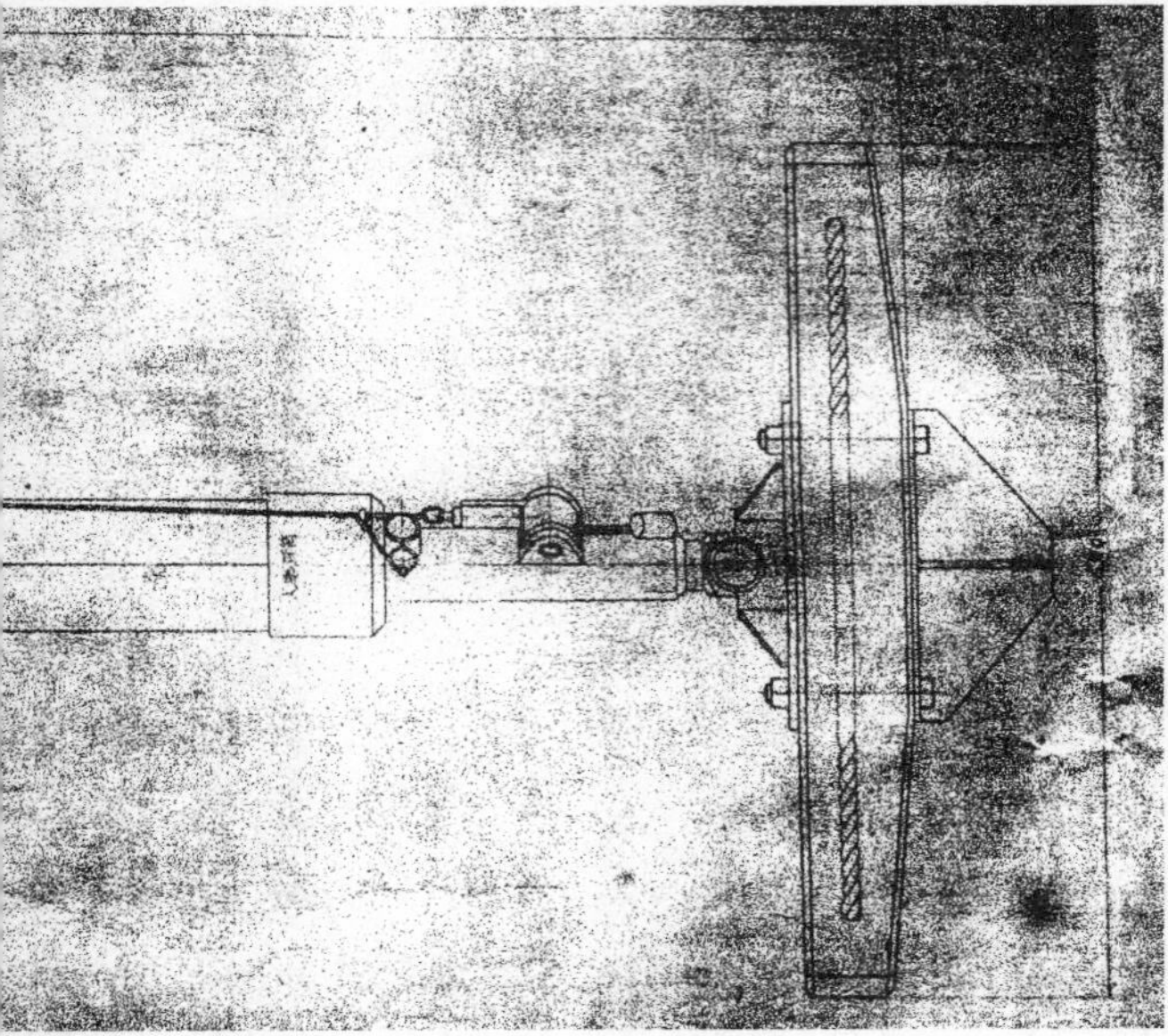

大擲弾筒　平面図

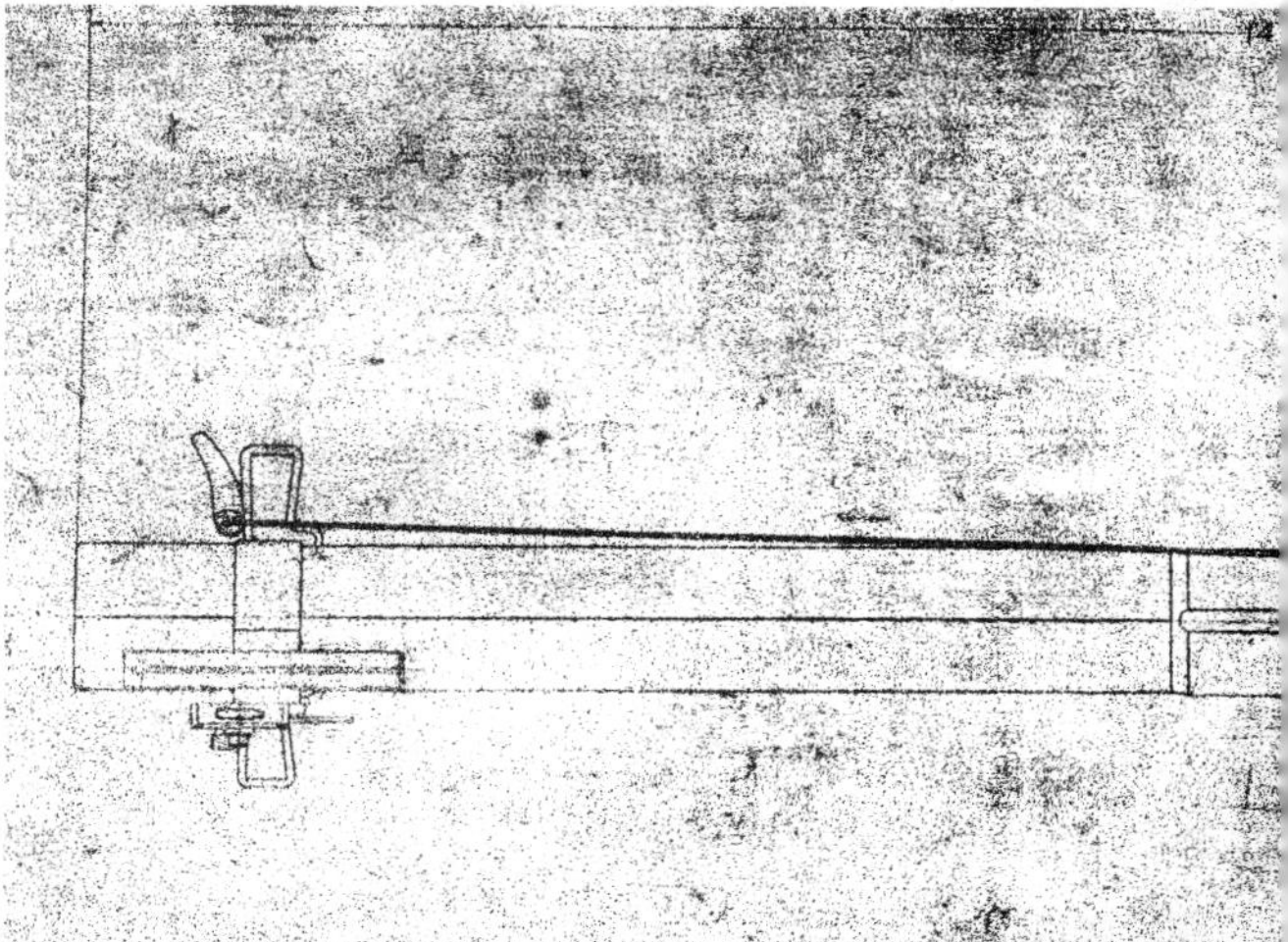

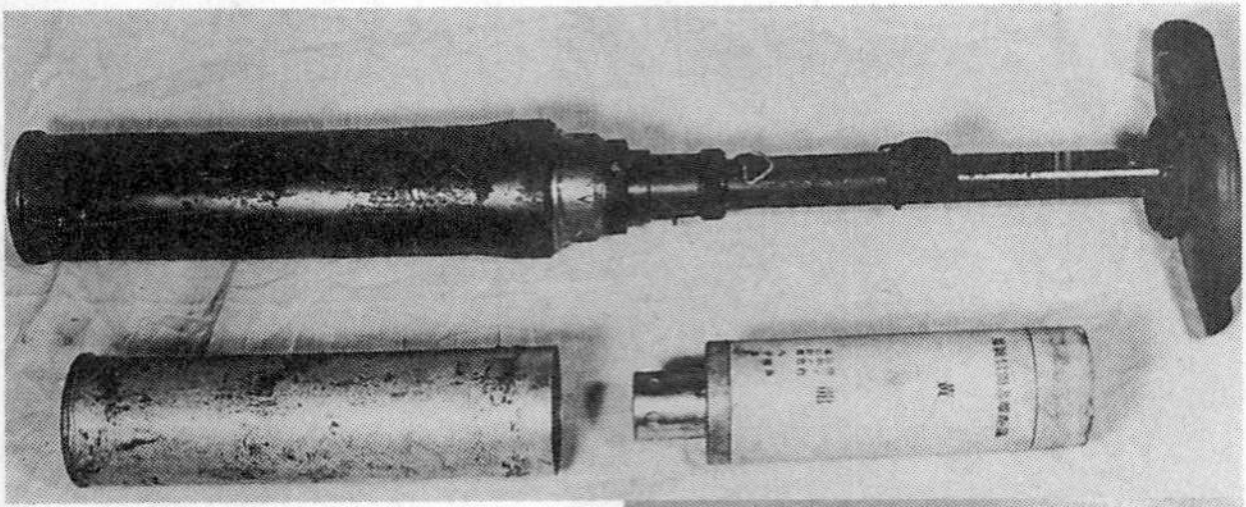

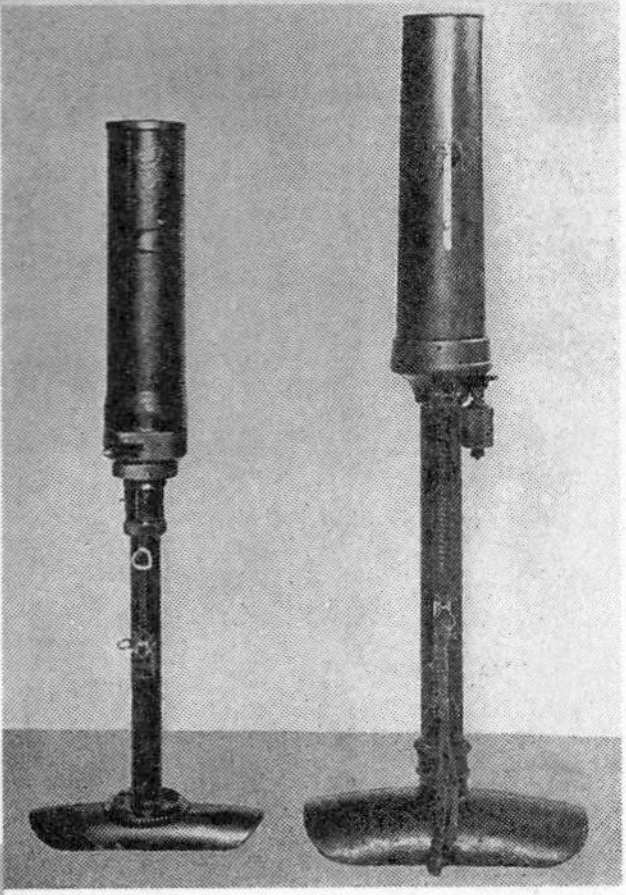

（上）十年式擲弾筒。口径５０㎜、全長５３㎝。筒尾に回転筒。信号弾「黄龍」。打上高度１３０ｍ。（下右）十年式擲弾筒と八九式重擲弾筒。（下左）十年式擲弾筒、携行姿勢。

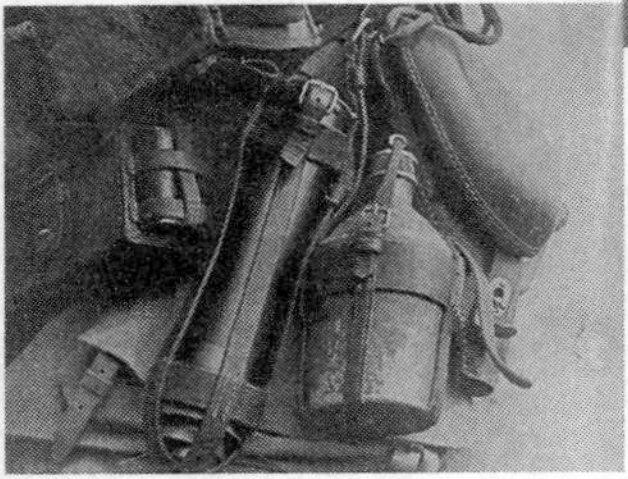

八九式重擲弾筒。口径5０㎝、全長6２㎝。筒の尾部に整度器。

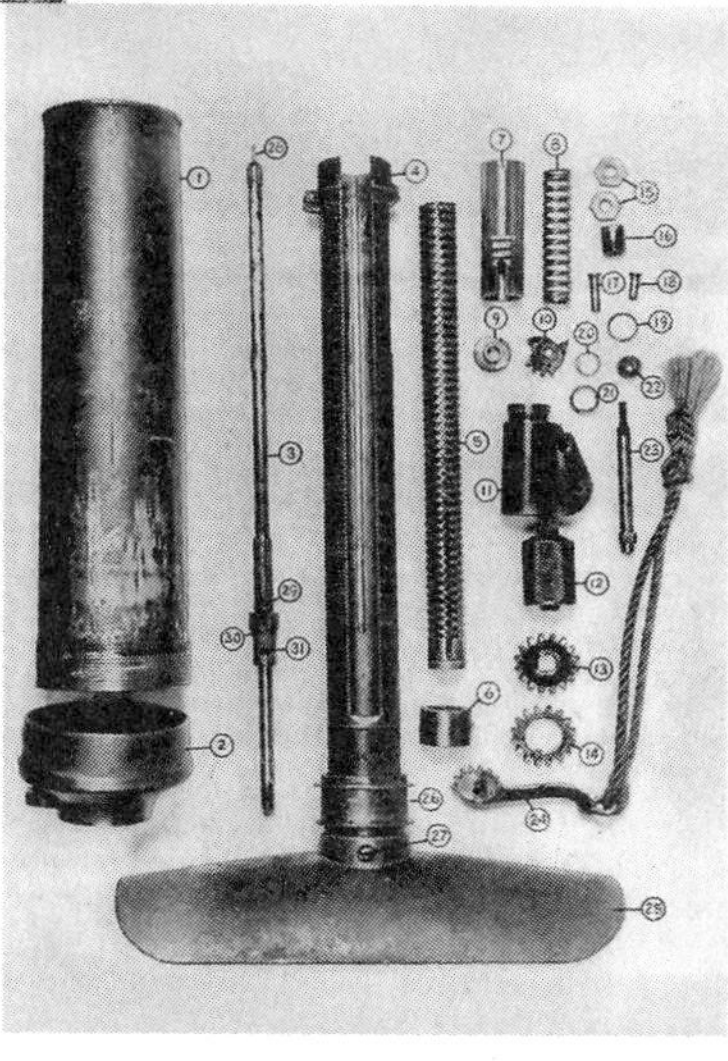

八九式重擲弾筒。分解。③が撃茎。

八九式重擲弾筒弾薬八九式榴弾。八八式小瞬発信管。

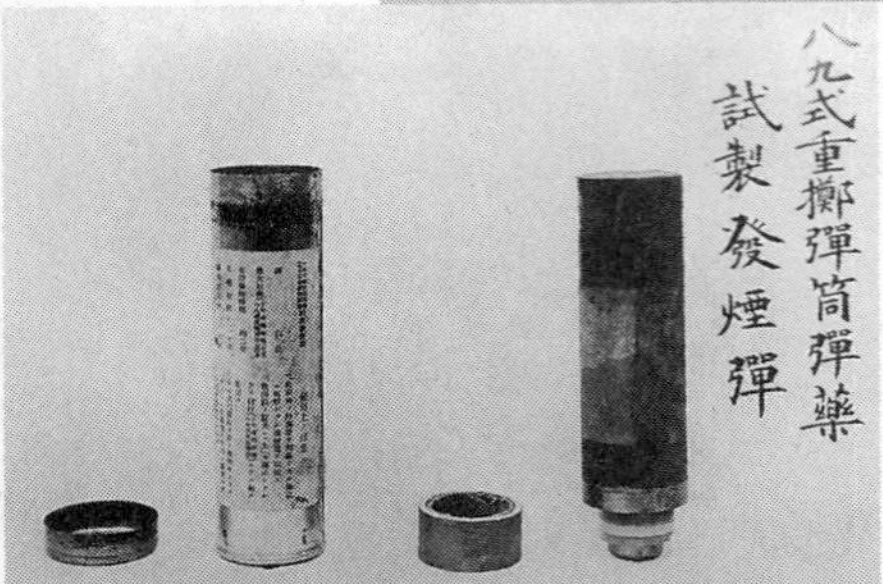

八九式重擲弾筒弾薬試製発煙弾。

八九式重擲弾筒の射撃は45度の一定射角で行なう。ただし信号弾はほぼ垂直。

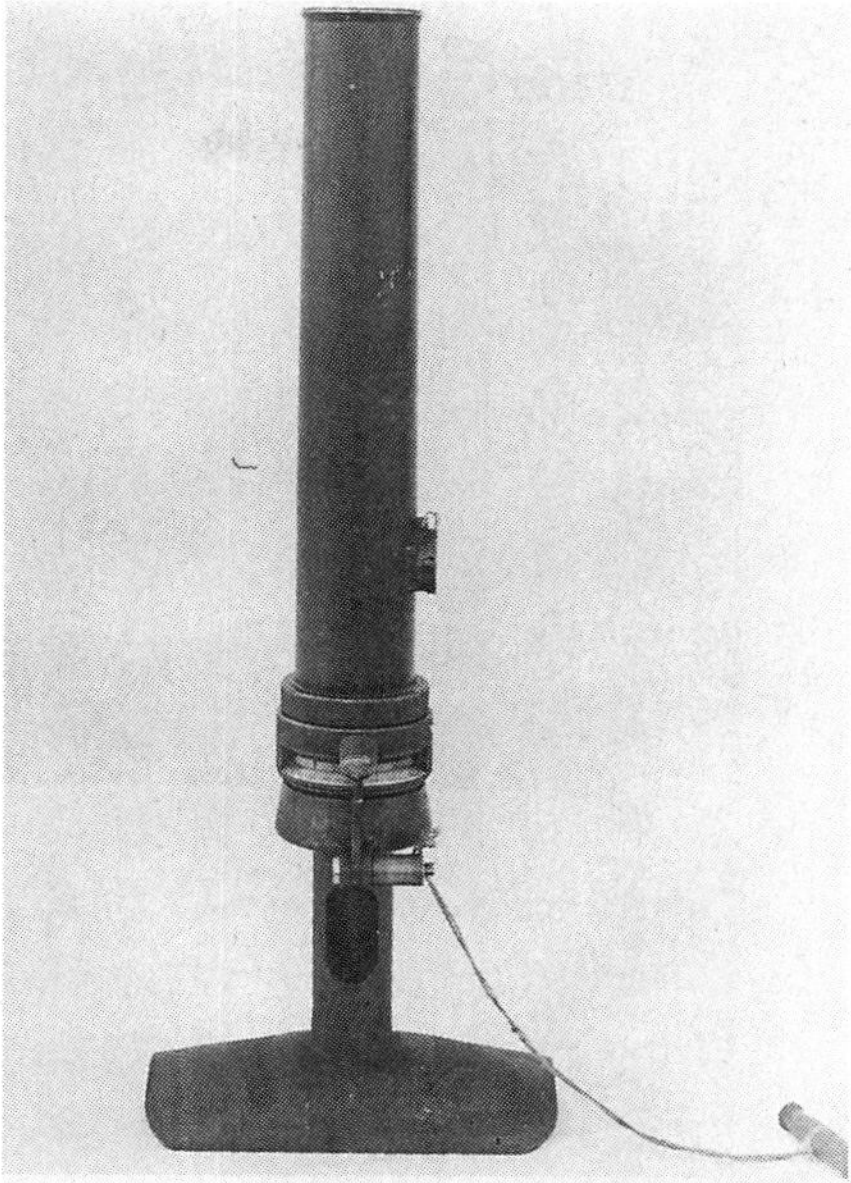

（上）試製一〇〇式重擲弾筒。筒尾に回転筒。
（下）同、撃鉄式。

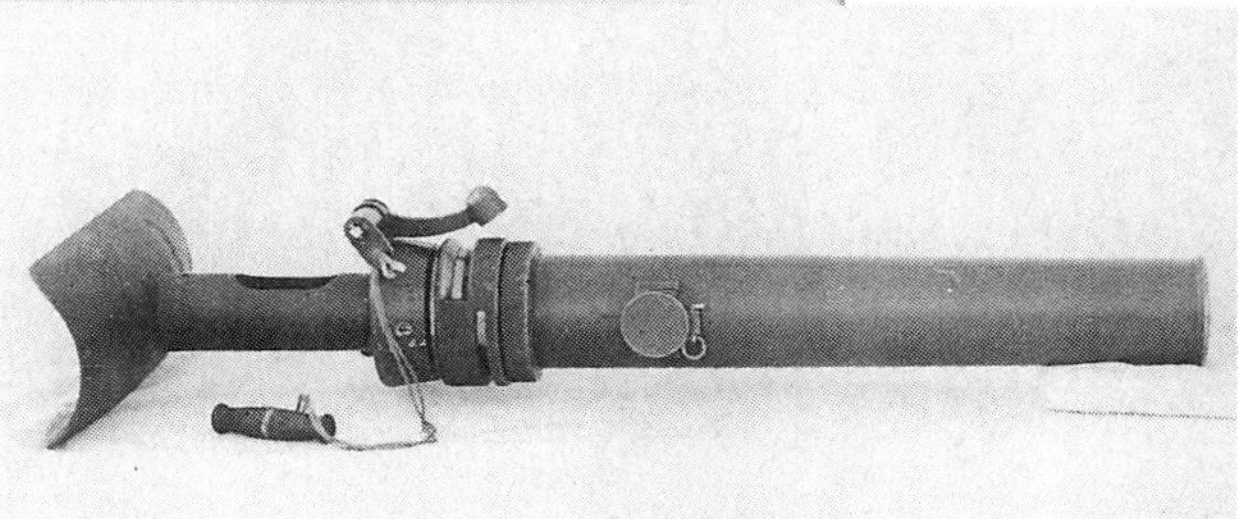

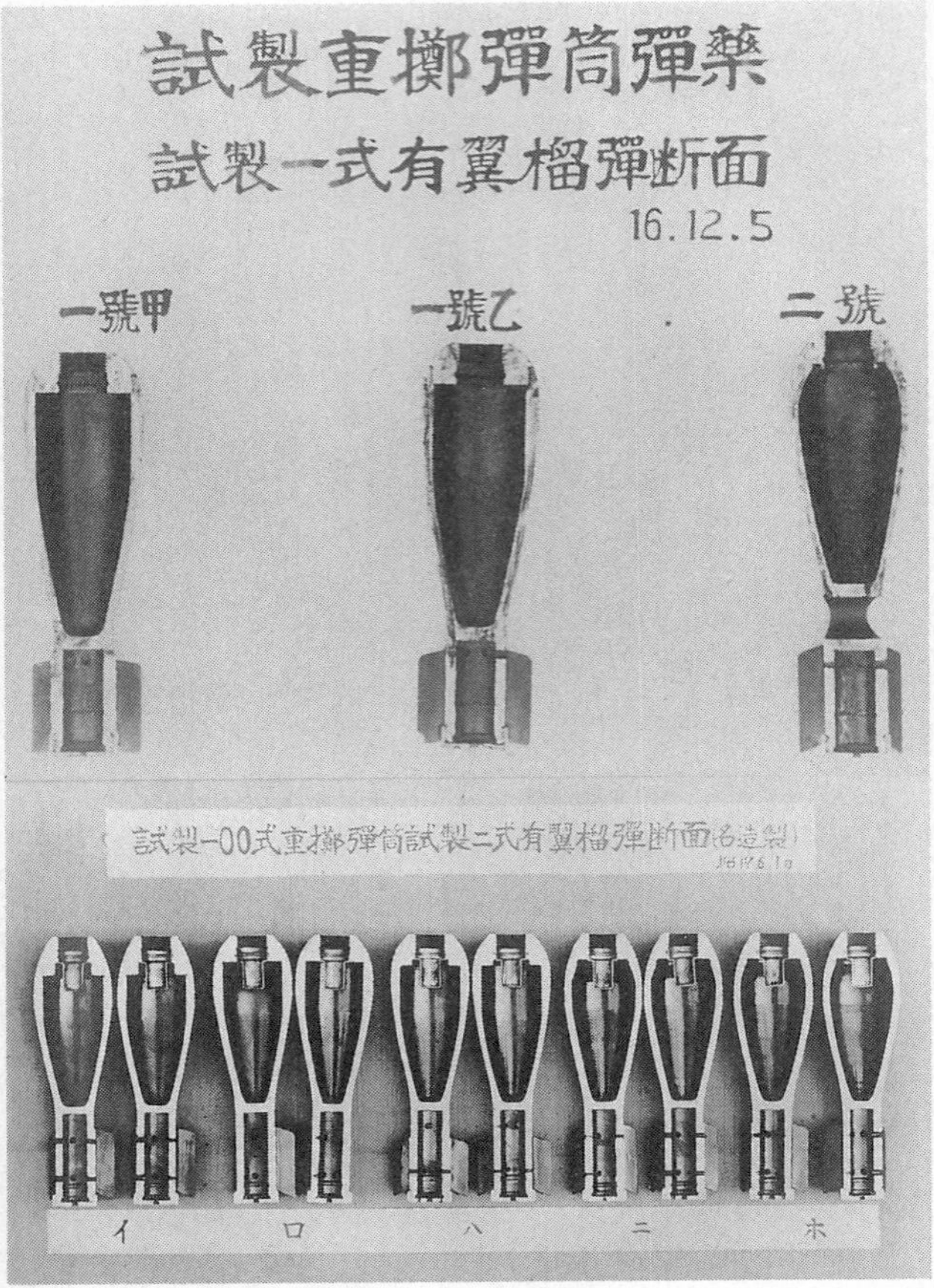

(上)試製重擲弾筒弾薬試製一式有翼榴弾断面。
(下)試製一〇〇式重擲弾筒弾薬試製二式有翼榴弾断面。

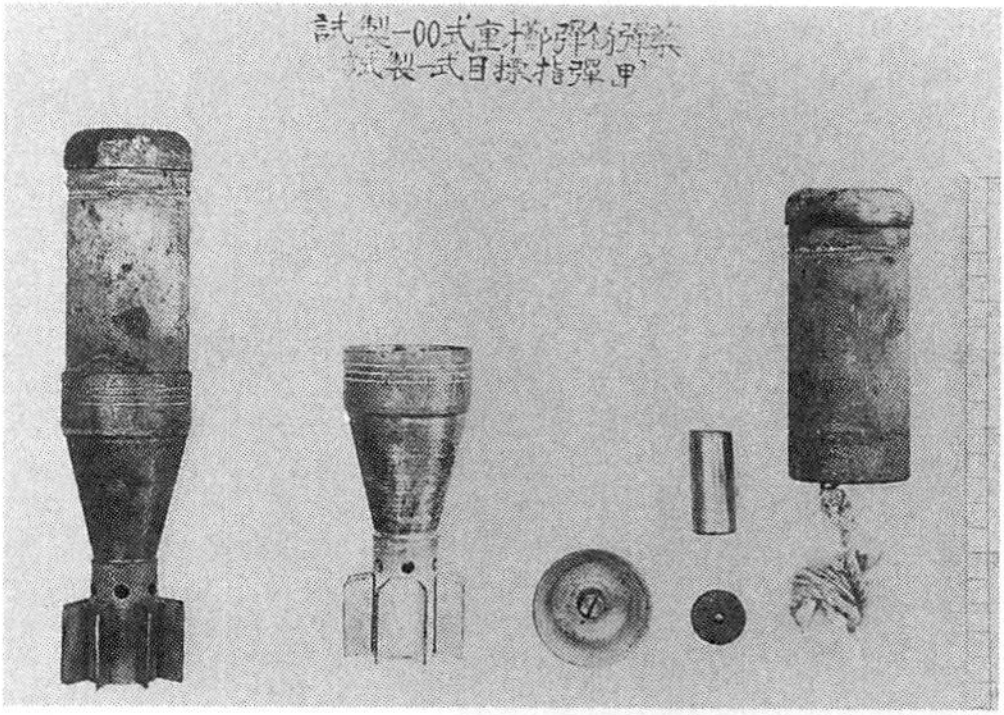

試製一〇〇式重擲弾筒弾薬
試製一式目標指示弾「甲」。

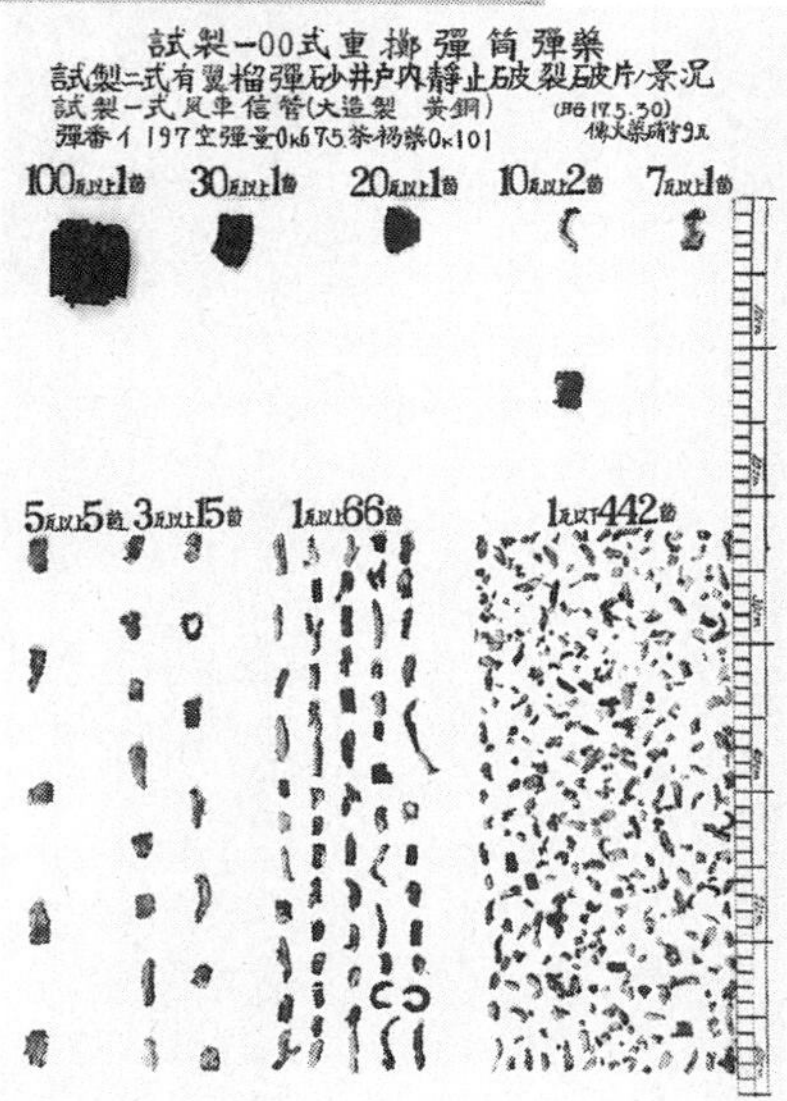

砂井戸内で静止破裂させた試製一〇〇式重擲弾筒試製二式有翼榴弾の破片。

昭和十四年度中に試製重擲弾筒の研究は完了した。弾丸も概ね完成したが、引き続き試製風車信管と照準器の研究を行なった。昭和十三年度冬季北満試験にも供試され、関東軍技術部の検査に合格した。この後試製重擲弾筒は「試製一〇〇式重擲弾筒」と呼称され、「試製二式有翼榴弾」「試製二式風車瞬発信管」とともに一応の完成をみたが、時局の形勢は八九式の大量整備に向けられ、この試製一〇〇式重擲弾筒は採用されなかった。

本砲は撃鉄が筒身の下部から撃針を撃ち上げる方式で、射距離は筒尾の目盛で合わせる。また、九七式曲射歩兵砲の弾丸を使用する口径81・4㎜の「大擲弾筒」を試作した。有翼式タ弾を初速66m／sで発射する。他の擲弾筒は携行式だが試製大擲弾筒は分解して搬送する。昭和二十年三月に八九式重擲弾筒に採用するタ弾と併せて研究を完了する予定だった。これらは小口径の短迫撃砲とみなすことができる。

終戦時に名古屋造兵廠熱田製造所港工場、同古知野工場、豊田自動織機製作所で「国民総武装用迫撃砲」の大量生産が進められていた。諸元等は不明だが、2000門以上が完成間近であった。

●擲弾筒主要諸元

区分	十年式擲弾筒	八九式重擲弾筒	試製一〇〇式重擲弾筒	試製大擲弾筒
重量	約2・5kg	約4・7kg	約4・7kg	30kg
発射速度	40発／分	30発（タ弾2発）／分		2発／分

射角	最大射程	弾種	貫通鋼板厚	威力半径
45度	220m	十年式曳火手榴弾 九一式曳火手榴弾 十年式信号弾 十年式照明弾 十一年式発煙弾		九一式手榴弾7m
45度	670m	八九式榴弾 一式発煙弾 一式目標指示弾 五式穿孔榴弾甲、乙 (甲：重量835g)	50mm	八九式榴弾10m
45度	800m	試製二式有翼榴弾 試製一式目標指示弾		
	100m	五式穿孔榴弾甲、乙 (甲：弾量3・16kg、炸薬0・45kg)	90mm	

七糎打上筒
70mm BARRAGE MORTAR

打上阻塞弾は低空に浮遊弾幕を構成し、飛行機の超低空襲撃に対する防御用に開発した弾薬で、打上筒により発射する。昭和十五年（一九四〇年）から陸軍技術本部が部案として研究を開始し、4cm、7cm、8cmの3種類を試作したが、主に使用されたのは7cmで、8cmは少数の整備に止まった。

この兵器の長所は製造が容易で、重量が軽いこと、照準機を用いないで練度不十分な一般年少者や婦女子でも使用可能なこと、輸送船やジャングル地帯でも取り扱い簡単で、夜間でも照明なしで使用できることなどがあるが、短所としては相当多数の準備が必要であること、有効高度が低いこと、数箇所の連続した布陣から総合的浮遊弾幕を構成しなければ効果が少ないことであった。

初めて打上筒と阻塞弾が姿を現わしたのは昭和十五年十一月に富士演習場で行なわれた機甲演習の際で、これを見た参加者からは実用価値がありそうだとの意見があった。昭和十六年一月には子弾につける触発信管が完成し、良好な機能を示した。同年六月、東京第一造兵廠で試作した本兵器の試験の結果も概ね良好だったので、同十月、陸軍航空技術研究所、野戦砲兵学校、防空学校、歩兵学校、輜重兵学校に実用試験を依託した結果、若干の改修を加えれば部隊携行用または超低空防御用弾薬として実用価値を有するとの判決を得た。しかし要求された改修事項は20項目以上にわたり、打上高度を800m程度まで上げることのほか、本兵器の利点である軽便性に相反する実現困難なものばかりで、さらに子弾を使用する触発信管の保存性は2～3年に過ぎない状態であった。このためこれらを短時日に解決する余裕はなく、「試製七糎打上阻塞弾および同打上筒」のまま整備が進められた。

昭和十七年八月、広島の船舶司令部に「試製七糎打上筒」50門と「試製七糎打上弾」1000発が補給された。同月、東部軍に100門と2000発、同年九月、ラバウルの沖部隊に50門と500発、同年十一月、ラングーンの野戦兵器廠に60門と1800発、シンガポールの野戦兵器廠に40門と1200発など次々に支給した。打上筒は昭和十七年六月の改修を経て、昭和十九年八月の改修の結果、ようやく仮制式を制定された。

七糎打上筒の筒身は一般用の管用継目無《つぎめなし》鋼管で作り、筒身を筒底が受けて床板にボルトで固定する。筒底の中央に撃針をねじ着けするが、撃針は折損が多いため、牛革製筒口蓋の内部に予備撃針9個を収めた撃針予備品嚢が縫着してある。

●七糎打上筒主要諸元

口径　70・2㎜

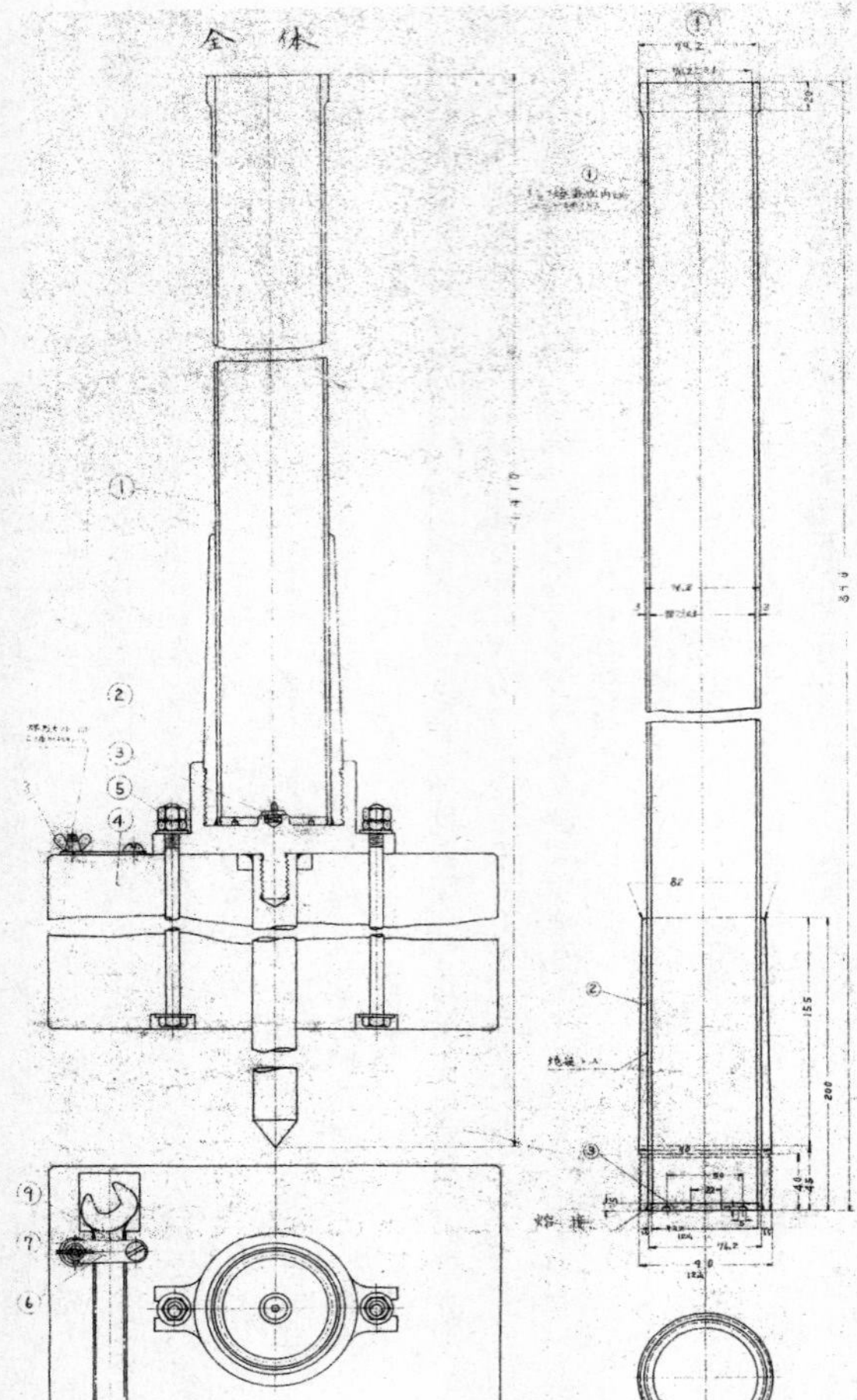

七糎打上筒　断面、平面、砲身断面図

八糎打上筒　断面、平面、砲身断面図

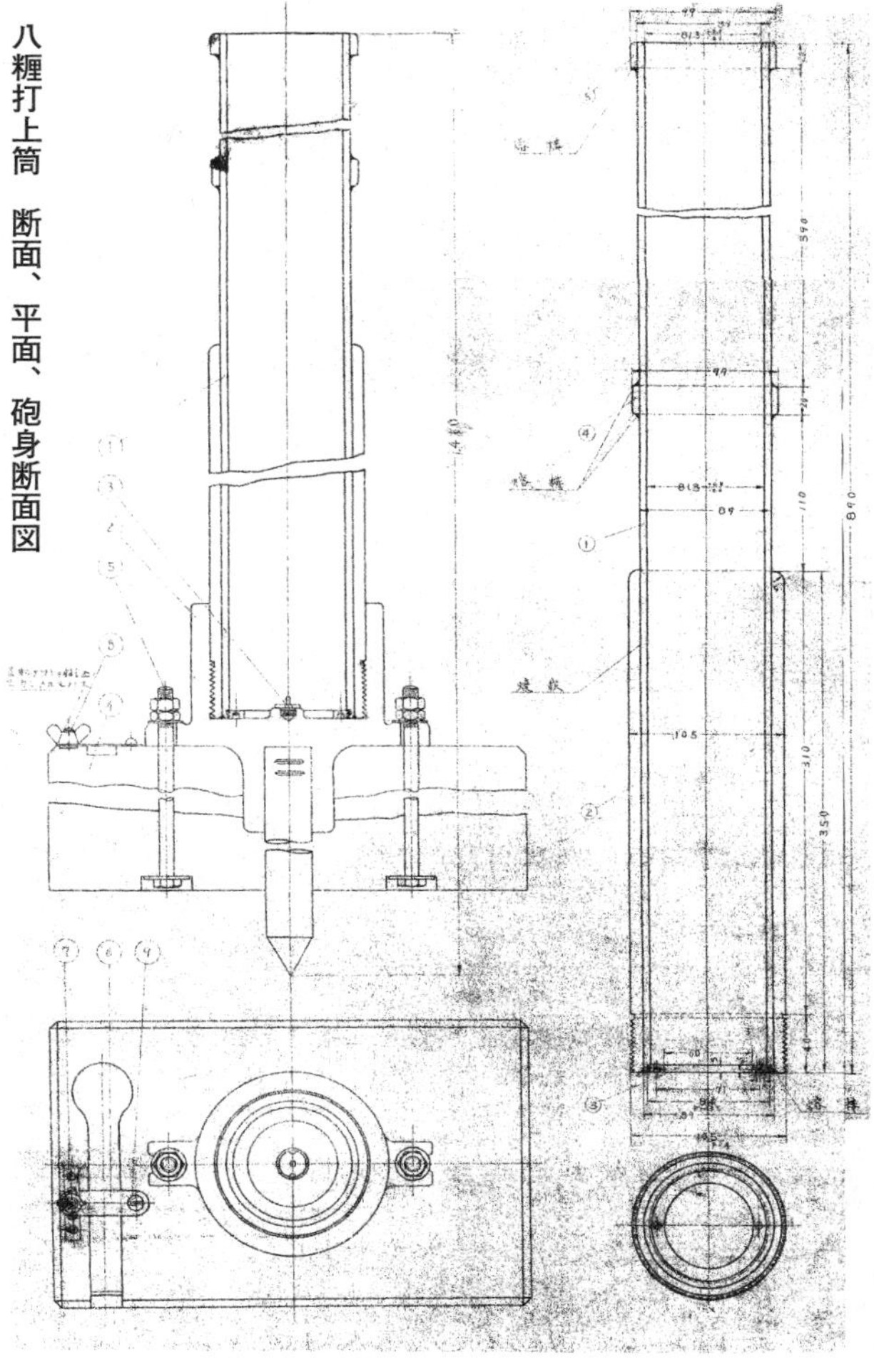

試製七糎打上筒説明圖

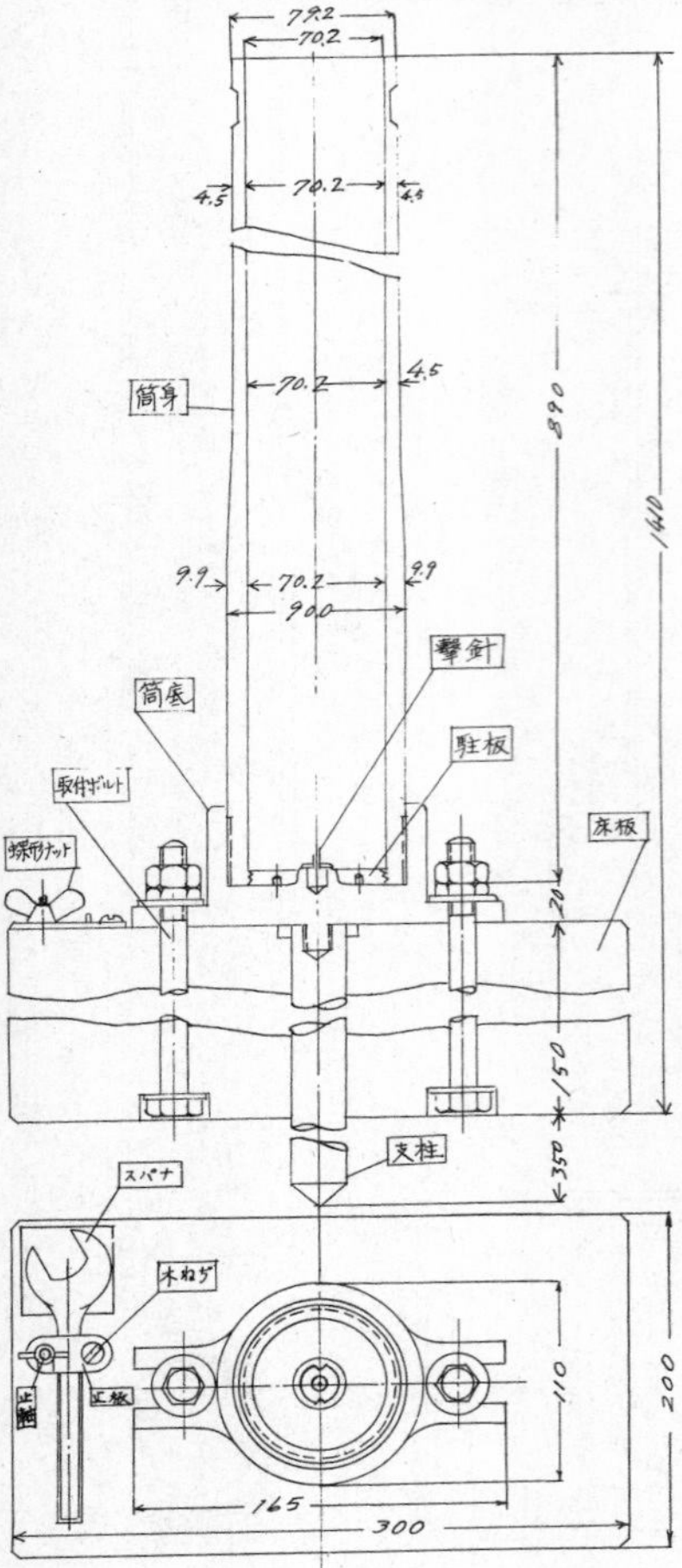

記事

1. 褐色多脂牛革製筒口蓋ヲ有シ内部ニ豫備撃針9個ヲ收ムル撃針予備品嚢ヲ縫着シアリ.

2. 鋼製品ニ在リテハ筒身内部及ねぢ部ヲ除キ燐酸塩皮膜ヲ施シアリ

3. 床板ノ外部ハ茶褐色塗トス.

4. 完成品ハ擬製彈(中径70粍公差±0.06 彈量2.350瓩)ヲ無煙火薬29瓦ヲ以テ5発々射スルモ異状ナキヲ要ス.

名稱	品質	重量(瓩)
筒身	管用継目無鋼管(JES)	10.469
駐板	棒鋼第三種又ハ第四種	
筒底	〃	5.524
支柱	〃	
撃針	銃用鋼若ハ弾丸鋼	8.587
取付ボルト	棒鋼第四種	
蝶形ナット	鋼	
止軸	棒鋼第三種又ハ第四種	
木ねぢ	鋼	
止板	鋼板第三種又ハ第四種	
スパナ	鍛鋼品第三種	
床板	堅木	
全重量		瓩 24.580

七糎打上筒　断面、平面図　呉海軍工廠の実験報告書（昭和18年）所載

試製阻塞弾説明圖

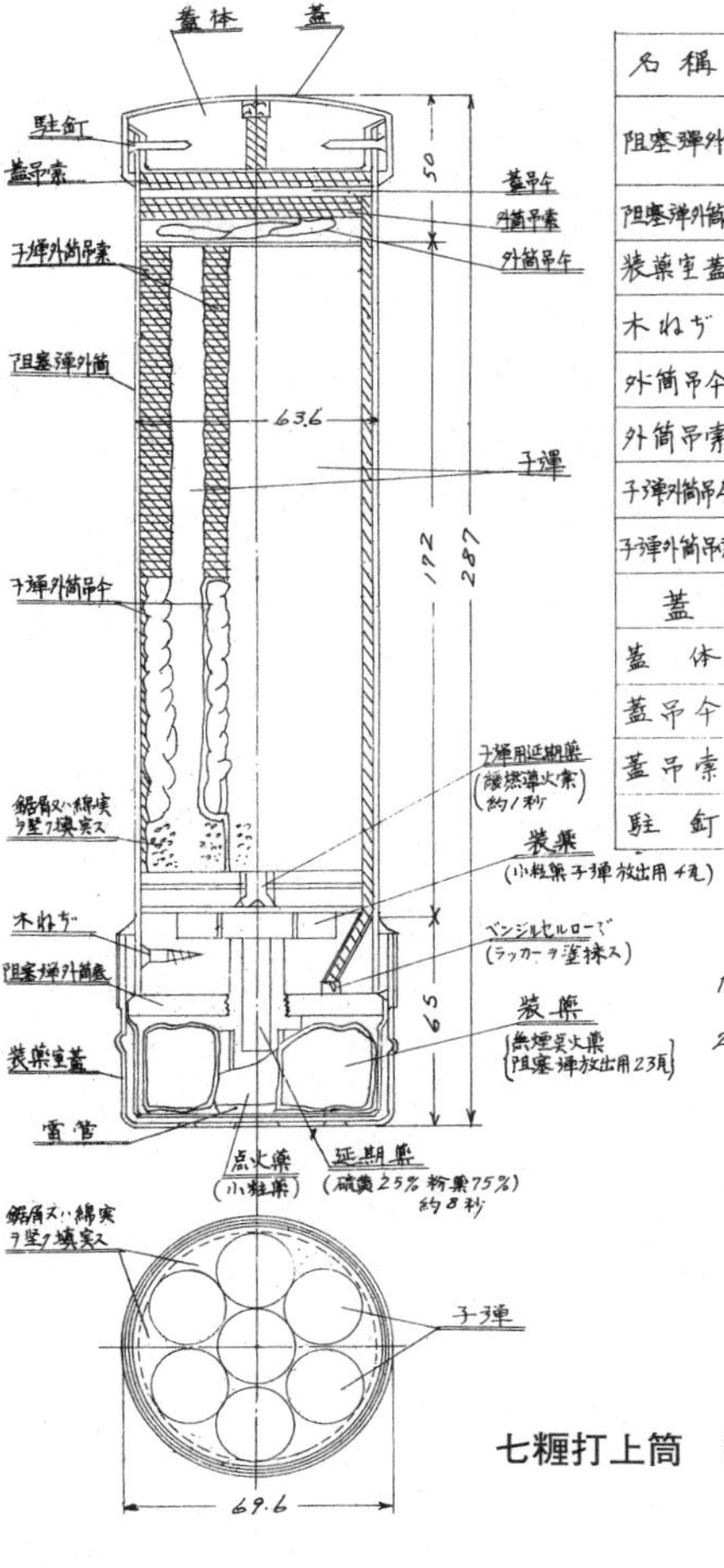

名稱	品質
阻塞弾外筒	一般継目無鋼管又ハ鋼板第三種若ハ第四種川崎特製鋼板橋印第一號ヲ熔接シ使用スルモノトス．
阻塞弾外筒底	棒鋼第三種若ハ第四種
装薬室蓋	鋼板第一種
木ねぢ	四本ねぢ(2.6×16)ヲ捩ヂ込ミノ際ベンヂルセルローズラッカーヲ塗抹シ捩込
外筒吊仐	羽二重
外筒吊索	九號革ミシン糸四本撚
子弾外筒吊仐	十目付羽二重
子弾外筒吊索	九号革ミシン糸二本撚
蓋	鋼板第一種乃至第四種．
蓋体	さくら
蓋吊仐	羽二重
蓋吊索	九號革ミシン糸二本撚
駐釘	鋼

記事

1. 使用前装薬室蓋ヲ除去ノコト
2. 重量

全備弾量 2.350 瓩
子弾々量 0.150瓩×7

七糎打上筒　試製阻塞弾弾薬筒

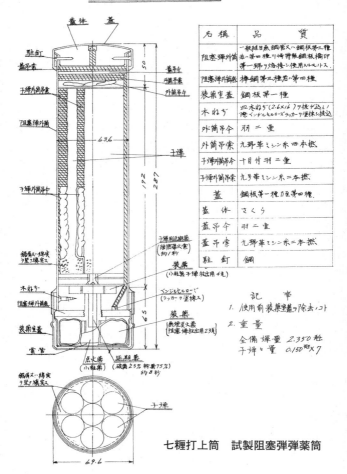

子彈説明圖

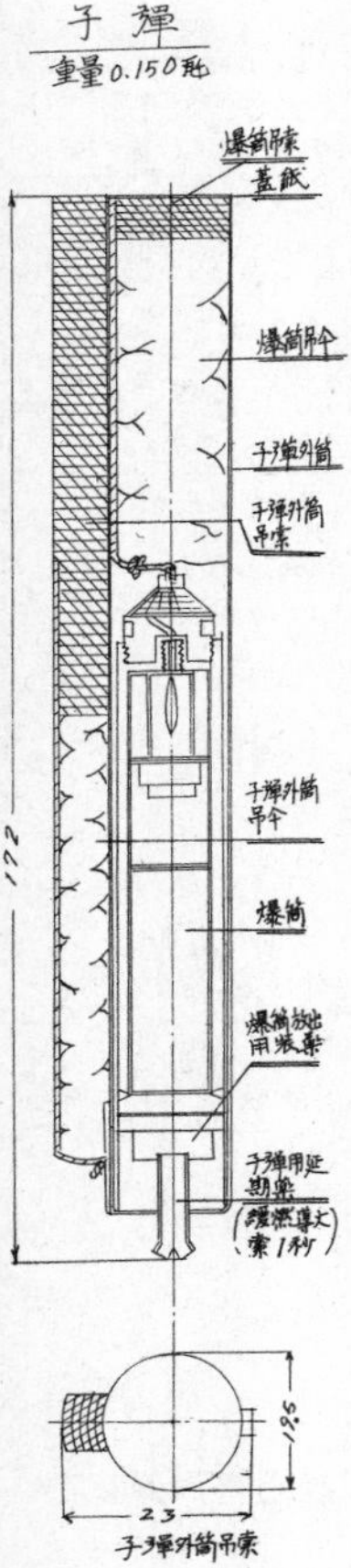

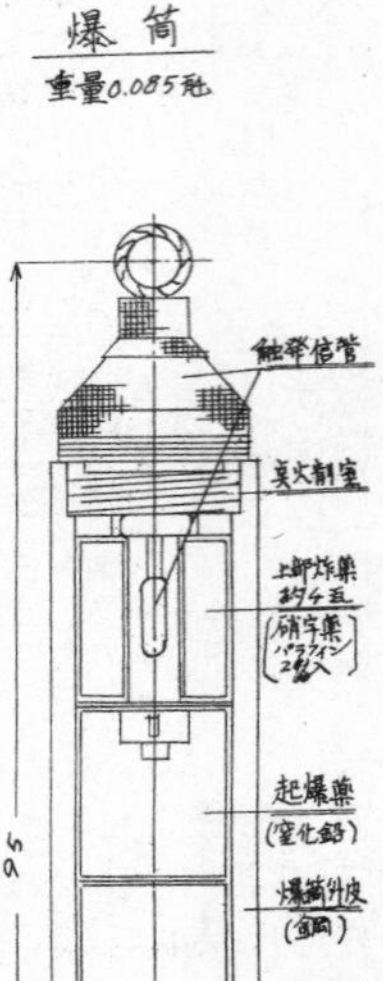

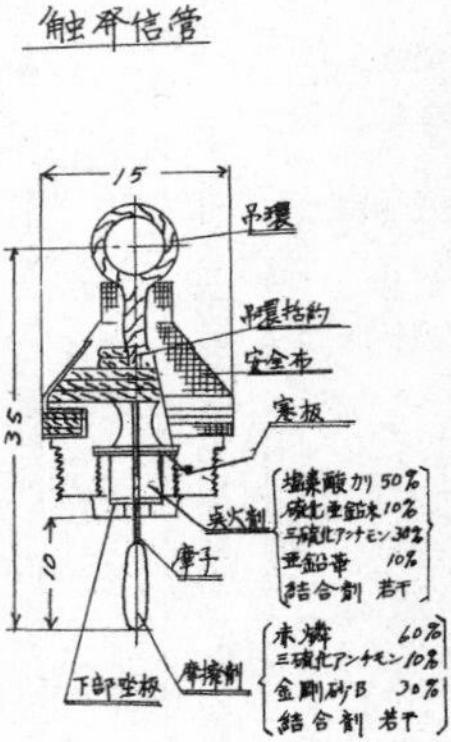

名称	品質
子彈外筒	銅
爆筒吊个	雁皮紙
爆筒吊索	九号華ミシン糸二本撚
吊環	九号華ミシン糸二本撚
安全布	六目付羽二重 破断抗力約12瓩ヲ標準トス
点火剤室	黄銅
下部坐板	錫
摩子	銅若ハ麻
塞板	ファイバー
蓋紙	細川紙

七糎打上筒　子弾　爆筒

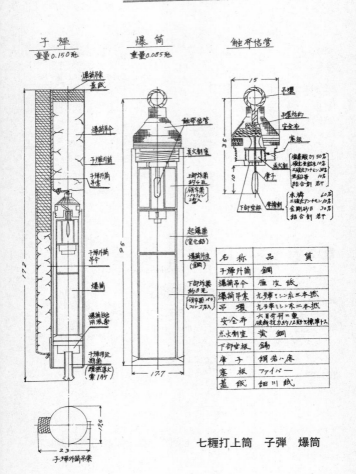

試製八糎打上筒　試製四式打上自爆阻塞榴弾弾薬筒

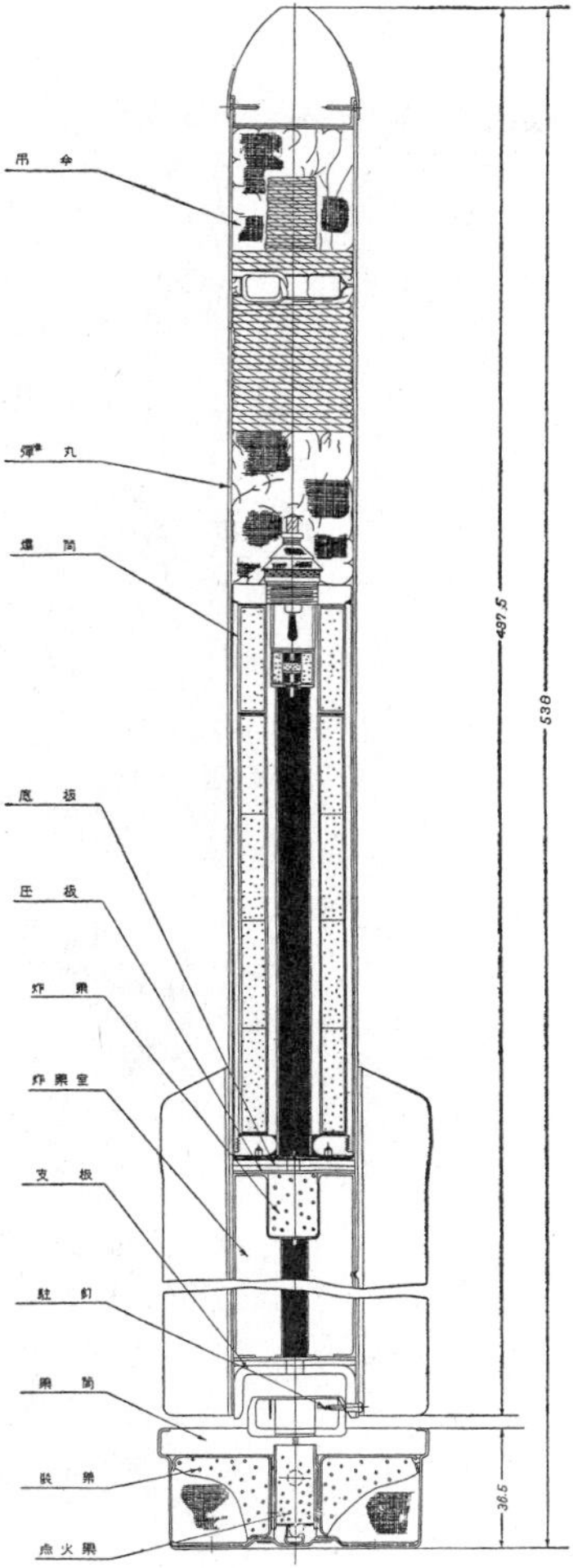

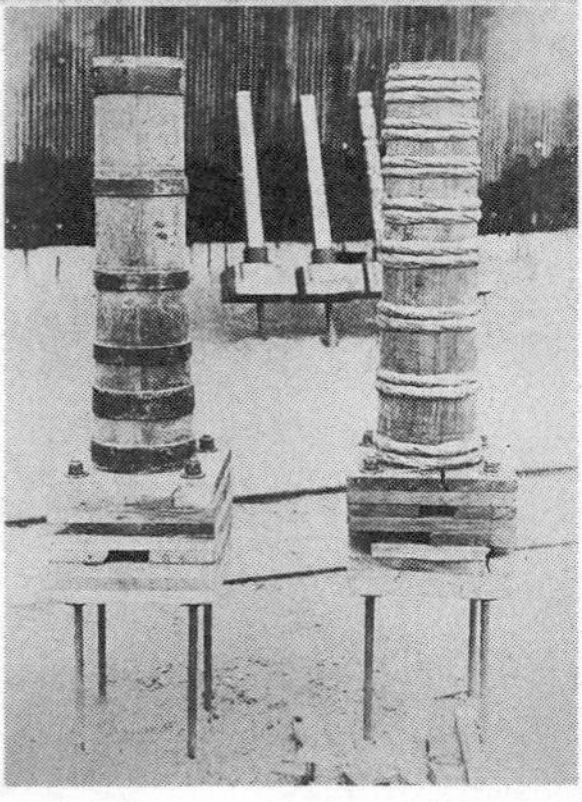

(上)試製四糎打上筒の多数弾発射試験。
(中)名古屋造兵廠が試製した七糎打上筒。左から第1案、第2案、第3案、木製第1案。
(下)同、試製木製打上筒。

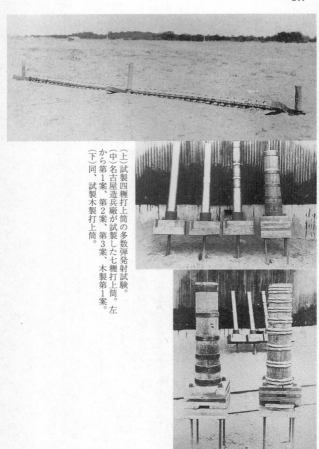

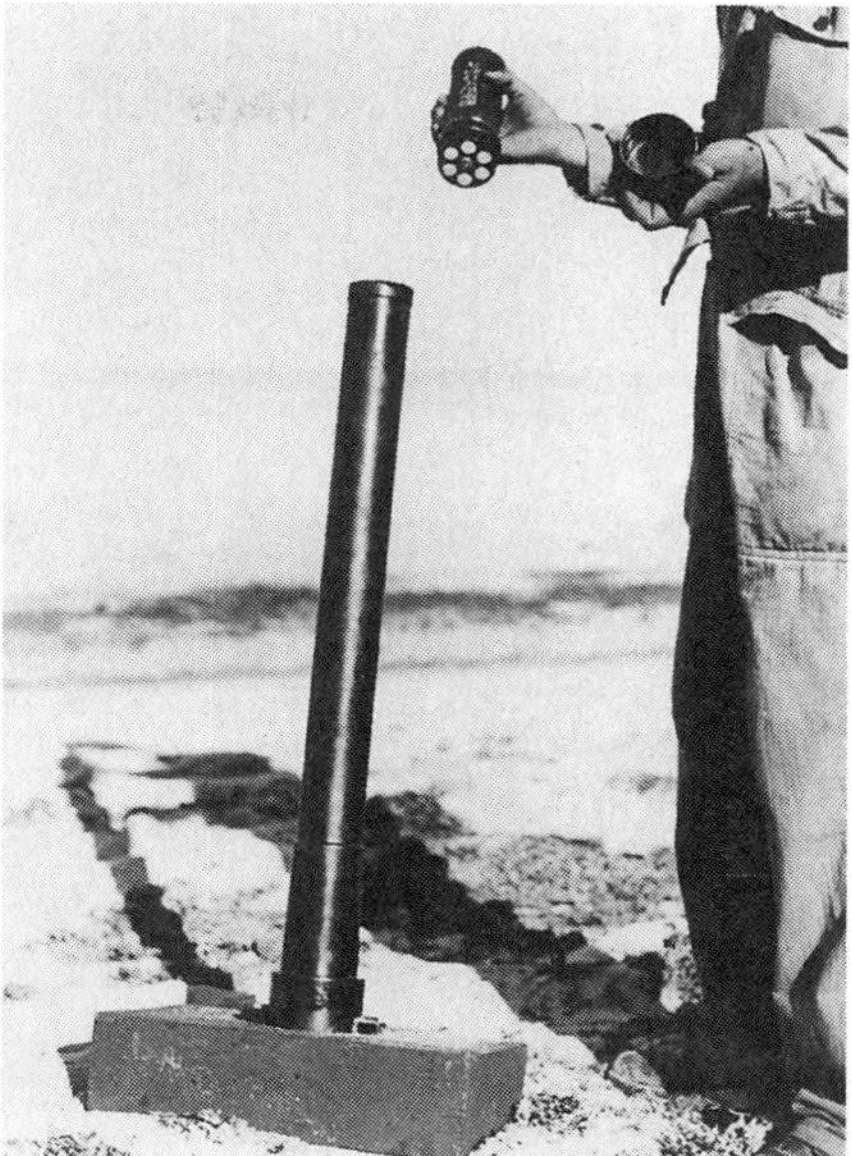

(上)米軍が鹵獲した七糎打上筒と七糎打上阻塞弾。
(下)同、七糎打上筒。

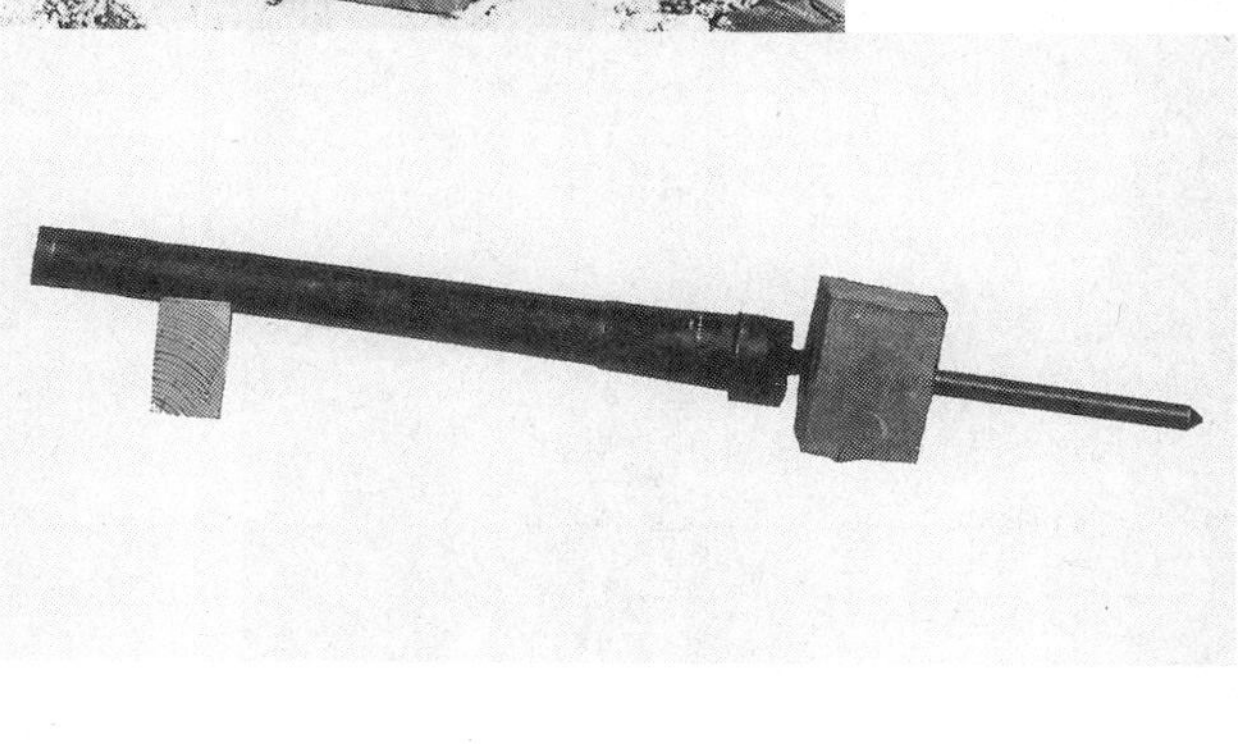

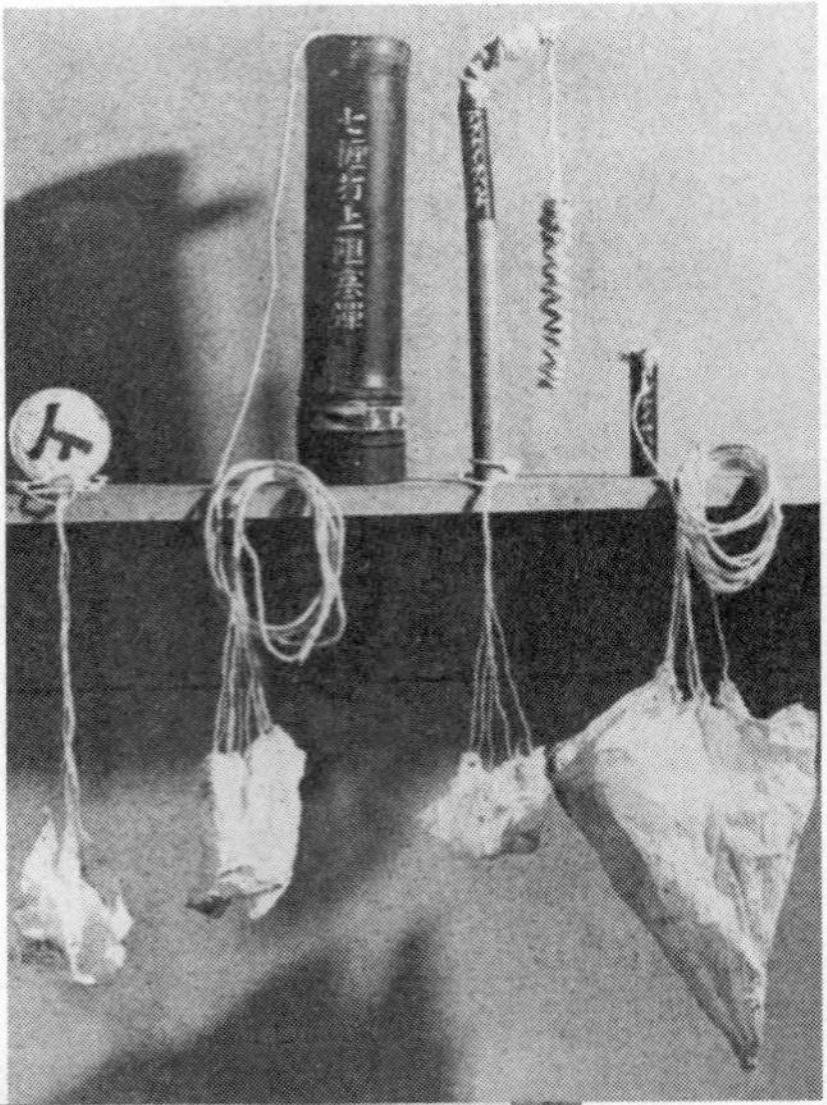

七糎打上阻塞弾。子弾、爆筒。吊傘。

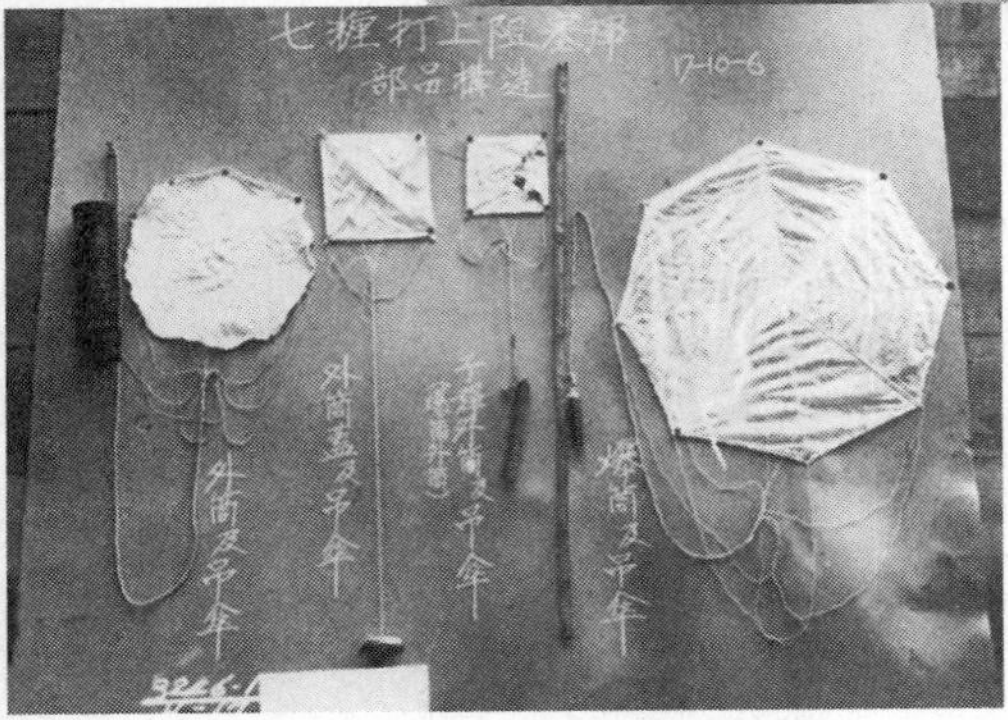

七糎打上阻塞弾。部品構造。

247　七糎打上筒

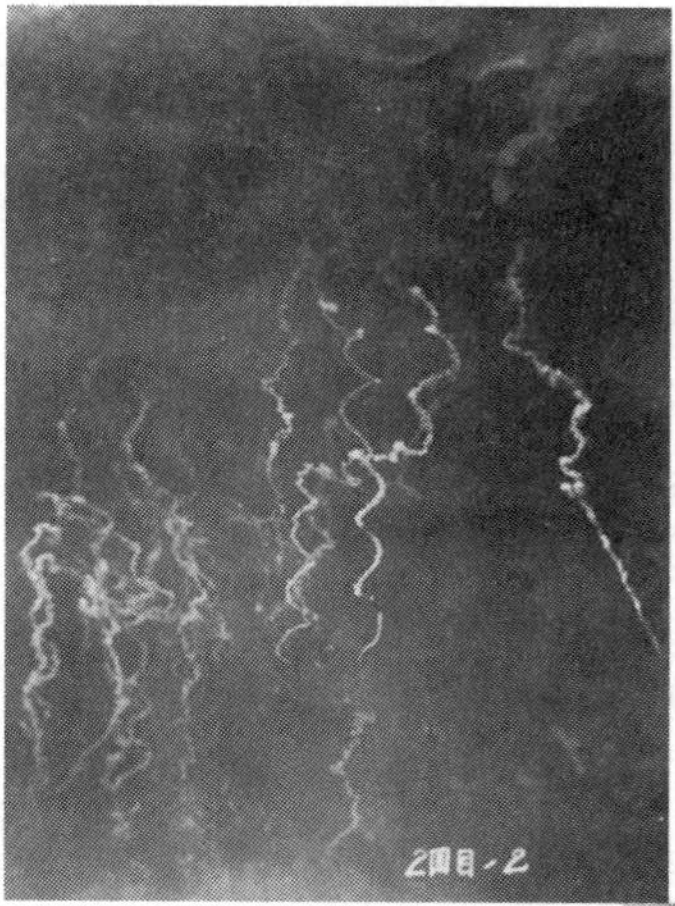

七糎打上阻塞弾の弾幕。

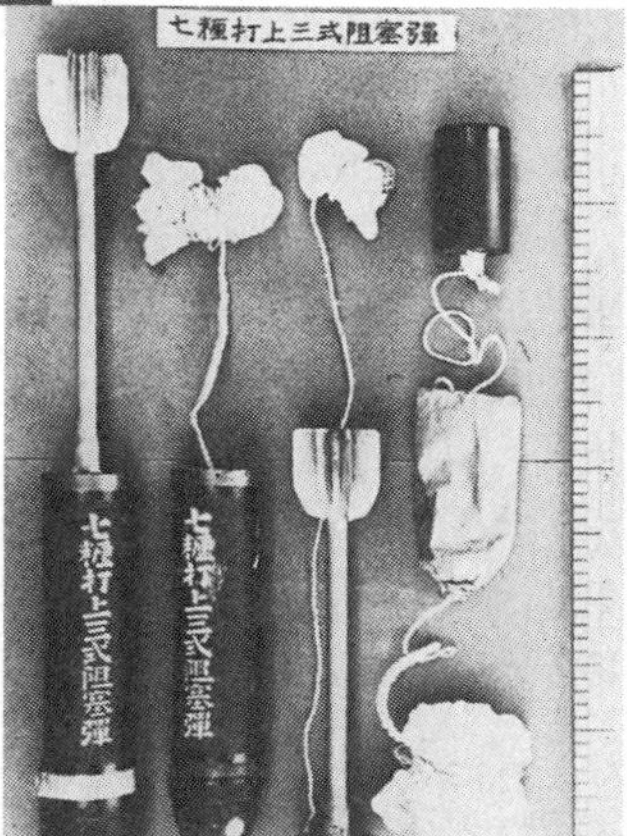

七糎打上三式阻塞弾。

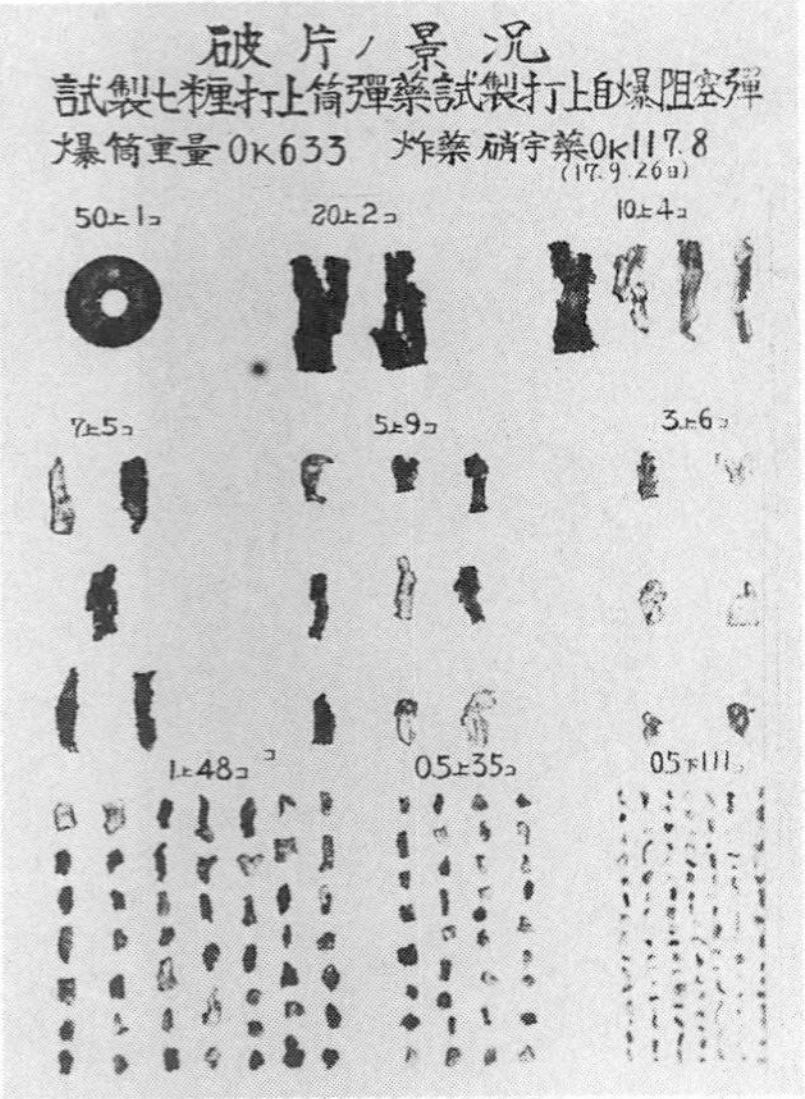

試製打上自爆阻塞弾破片の状況。

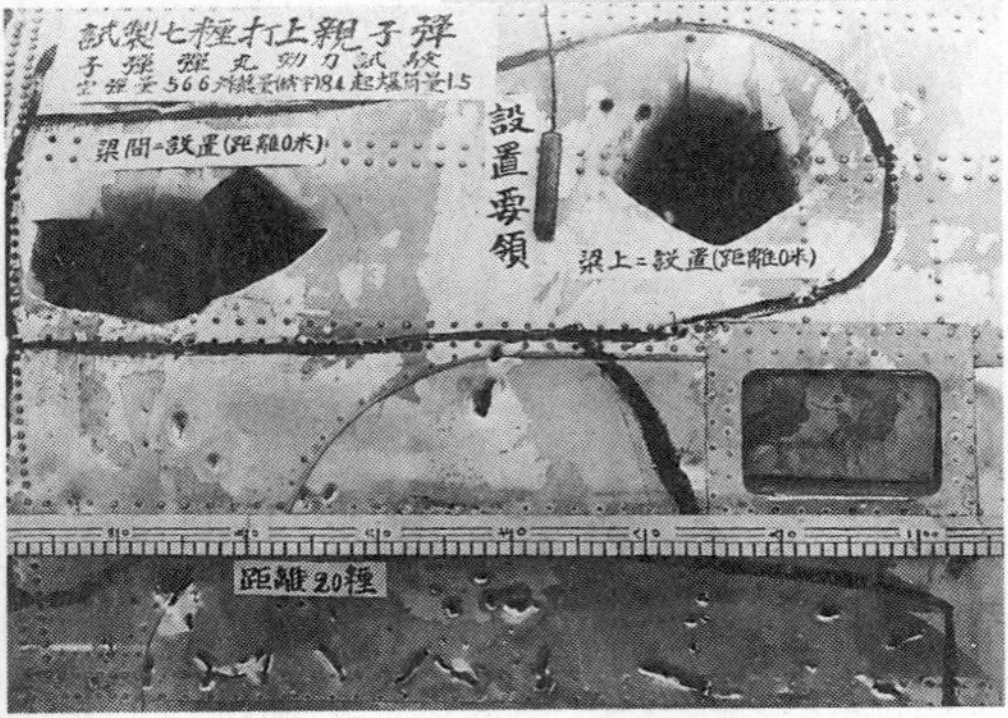

試製七糎打上親子弾。子弾の弾丸効力試験。

筒身長　890mm
地上高　1410mm
支柱長　350mm
筒身重量　約10・5kg
全重量　約24・6kg

阻塞弾は金属製外筒の底部に雷管と阻塞弾放出用装薬の無煙点火薬23gを装し、その上部に子弾放出用装薬の小粒薬4gを装して、隔板を隔てて子弾7個を填実している。子弾は金属製外筒の底部に延期火道を備え、その上に爆筒と吊傘《ちょうさん》を装填し、吊索は外筒の外に出して蓋をしたもので、爆筒の上部には触発信管が付いて、吊索と連絡している。

●七糎打上阻塞弾主要諸元

全長　275mm
直径　69・6mm
全備弾量　約2・4kg
子弾重量　150g
爆筒重量　85g
吊索長　1m

阻塞弾外筒および蓋には羽二重《はぶたえ》製吊傘を、子弾外筒には十目付羽二重製吊傘（目付は絹布の規格で幅一寸、長さ六丈の重さを匁《もんめ》で表わしたもの）が付いており、自由落下を防止し、人畜に危害を与えないよう考慮している。これらはすべて30秒以内に落下する。爆筒の吊傘は直径約600㎜で、雁皮紙《がんぴし》で製作する。

発射の際は支柱を地中に差し込み、所要の射角を与えて放列を布置する。阻塞弾は下部装薬室蓋を除去し、打上筒口より装填すると、落墜発火により直ちに発射する。約8秒後、高さ約400mにおいて曳火破裂し、7個の子弾を空中に放出する。子弾は1秒後再び曳火破裂し、爆筒を約50mの範囲に撒布し、吊傘に懸吊された爆筒は毎秒約2mで落下する。滞空時間は約3分間で、この間に飛行機が接触した場合は触発信管が直ちに作用し、爆筒が爆発して飛行機体を破壊し、また、飛散する爆筒の破片により搭乗者あるいは燃料槽ほか重要な部分に損傷を与え、飛行不能とする原理である。距離1mでは有効破片30個、2mでは25個が飛散する。膚接して破裂した場合は軽金属製胴体に中径約15㎝の穴をあけるほどの威力がある。射角80度で高度約400m、距離は約100m、最低射角45度では高度約170m、距離約400mに達する。

本弾の打ち上げは地上気象に影響されるが、通常風上に向かい、風速と所要高度に応じて適当な射角を与え、20門程度の打上筒が毎分20発程度の発射を連続して有効弾幕を構成する。吊索長1mの場合の米戦闘機カーチスP-40の受弾面積は約18㎡になるが、爆筒間隔が上下左右約25mでは命中公算は3パーセントしかない。これが数発発射し、この撒布範囲中に爆筒20個が浮遊している時の命中公算は約15パーセントとなり、さらにこのような撒布範囲が数箇所連続して存在する時は、命中公算50パーセントを得ることも計算上可能であった。また、吊索を長くすれば飛行機が触れる可能性も大きくなり、命中公算も高まる。ただし、急降下する飛行機には吊索の効果は少ない。

昭和十七年三月には「試製四糎打上阻塞弾」が完成し、伊良湖射場で試験を行なった。これは個人携行用の超低空防御用として東京第一造兵廠で試作したもので、仕組みは七糎と同様であるが、発射は燐寸発火装置を採用した。曳火秒時が適当であれば開傘高度は約100mで、曳火破裂後約10秒で自爆する。自爆高度は約70mである。この兵器は実用には至らなかった。

昭和十七年八月、「試製七糎打上目標弾」の試験を行なった。これは20㎜高射機関砲の射撃訓練用として開発した、高さ1000mまで打ち上げられる落墜発射式矢型目標弾で、試験の結果から吊傘展開機能を改善するため、炸薬量を増加することになり、同年十二月、完成した。

昭和十七年九月、七糎打上筒弾薬「試製打上自爆阻塞弾」および「同煙弾」が完成した。本弾は約7秒で打上高度に達し、曳火破裂して開傘する。高度は本炸弾が約430m、煙弾は約400mで、落速毎秒約3mで高度約160mまで落下すると自爆する。威力半径は約9mで、航空機の機体発動機に対する試験の結果、爆筒の位置が10mでは機体翼を貫通し、5mではガソリンタンクを貫通し、1mで発動機の気筒を貫通した。煙弾は50秒間に1発の割合で打ち上げれば有効な弾幕を構成した。

昭和十七年十二月、噴進弾による打上阻塞弾の研究を開始した。東京第一、第二造兵廠が噴進阻塞弾50発を試作し、同十八年十月までに機能試験を行ない、翌十九年三月に完成する予定だった。

昭和十八年七月、千葉陸軍防空学校は下志津原において試製七糎打上筒弾薬試製三式目標弾の実用試験を行ない、高射機関砲用目標弾として概ね実用に適すると認めた。

昭和十八年（一九四三年）九月、高度1000m以上に打ち上げ得る矢型の自爆阻塞弾を試製した。本弾を80度で射撃した場合は高度約950mに達し、自爆高度は約400mであった。中径870㎜の吊傘を使用し、延期秒時を約90秒にして、45度で射撃した場合は、高さ400mで曳火し、地上近くで自爆した。本弾は九七式曲射歩兵砲とも共用する意図があったが、九七式曲射歩兵砲は撃針突出量が小さいため、七糎打上筒と同様の薬筒では雷管が発火せず、また、薬筒が長いため、わずかの傾きがあっても雷管偏突を生じ、実用上問題があった。十二月にはこれを改良した阻塞弾が完成した。射角80度での打上高度は1000mに届くようになり、爆筒落速は毎秒4・6m、滞空時間は約100秒で、爆筒吊索は10mまで長くなった。

昭和十九年一月、「試製三式阻塞弾」が完成した。これは東京第一造兵廠が新たに試作したもので、初速約160m、最大射程約1000m、曳火機能、自爆機能ともに良好であった。

同年三月、「試製八糎打上筒」と「試製四式打上自爆阻塞榴弾」が完成した。打上筒は名古屋造兵廠熱田製造所が製作したもので、金属製3種類と木製2種類を試作した。強装薬3

0gで抗堪性を試験したところ、木製は破損したが金属製は異状なく、このうち3インチガス管を利用したものを整備することになった。試製四式打上自爆阻塞榴弾は東京第一造兵廠と大阪造兵廠が試作した。初速約160m、射角80度で高度約1000m、45度では約550mにおいて、いずれも発射後約12秒で曳火破裂し、約90パーセントは完全に吊傘展開し、爆筒を懸吊した。爆筒は毎秒約7・5mの落速で降下し、50秒後に80度射撃では高さ約600m、45度射撃では高さ約200mにおいて完全爆発した。このように機能良好であり、直ちに整備に着手できると認められ、同年五月十日、仮制式を制定された。また、爆筒の代わりに発煙秒時80秒の発煙筒を装着したものが「試製四式阻塞煙弾」である。阻塞榴弾と混用して発煙筒を空中に浮遊し、敵が機上から目視して脅威を覚える。同年九月には「試製四式照明弾」も製作した。

昭和十八年七月、威力が大きい打上弾および打上筒について、また、車輛用についても研究することになった。打上弾500発および代用弾500発を試作し、同年十月から翌十九年二月までに3回の試験を行なう予定だった。車輛用は昭和十九年三月を完成目標とし、第四技研と協力した。

阻塞弾は海軍でも使用した。呉軍港の空襲では5機のグラマンが阻塞弾に引っ掛かって落ちたという。

●八粍打上筒主要諸元

口径　81・3mm

筒身長　890mm
筒身重量　12・4kg
全長　1410mm
全重量　28・63kg
最大射程　2300m

●四式打上自爆阻塞榴弾主要諸元

全長　約540mm
弾丸中径　38mm
翼中径　80・5mm
全備弾量　1・94kg
装薬　20g（無煙拳銃薬）
炸薬　2・5g
爆筒重量　520g
爆筒炸薬量　125g
威力半径　9m
滞空時間　50秒（自爆延期秒時）

試製対近迫戦用曲射火器

CONVERTED MORTAR, EXPERIMENTAL

昭和十三年、技術本部は「中迫撃砲用全周曲射火器」および「臼砲用全周曲射火器」の研究を開始した。昭和十四年度の審査計画ではいずれも研究中で、昭和十五年半ばの完成を目途としていた。

昭和十六年一月末における試製兵器現況調によると、各種の対近迫戦用曲射火器が試作中で、完成予定を同年三月末または四月末としている。構造等詳細は不明であるが、二式十二糎迫撃砲が制定される前に、既製の迫撃砲等を流用し、南方の戦場での近接戦闘に用いる目的で大威力の曲射砲を急遽製造しようとしたものと推定する。

その種類には次のものがあった。

1、対近迫戦用曲射火器　鋼製九糎臼砲用　昭和十五年二月試作発注

2、対近迫戦用曲射火器　鋼製十五糎臼砲用　昭和十五年七月試作発注

3、対近迫戦用曲射火器　九六式中迫撃砲用

4、対近迫戦用曲射火器　九七式中迫撃砲用

5、対近迫戦用曲射火器　九四式軽迫撃砲用

噴進砲

試製四式七糎噴進砲

70mm ROCKET LAUNCHER TYPE4, EXPERIMENTAL

陸軍におけるロケット弾の技術研究は昭和九年以前から、技術本部、科学研究所、造兵廠、同火工廠、同東京研究所および航空技術研究所で別個に行なっていたが、支那事変の拡大などによりその開発を急ぐことになり、昭和十四年（一九三九年）十二月からは技術本部が中心となって推進した。ロケット弾は同一口径のもので同一距離を射撃するのに、火砲の2倍の火薬を必要とし、綿の資源のないわが国としては火砲用発射薬の生産と競合する問題であった。しかし、鉄の枯渇が激しくなった昭和十八年頃から、発射装置の簡単な噴進砲が離島防護および本土決戦用として実用化される気運が起こった。噴進弾がそれまで実用にならなかった最大の原因は、命中精度が極めて悪かったところにあるが、精度の増進に成功した結果、十分実用に供し得る兵器となった。次表に示す7cm、9cm、15cm、20cm、24cm、30cm、40cmの7項目10種類を研究目標としたが、結局整備の体系としては7cm、20cm、40cmの3種類を採用した。

区分	形式	重量（kg）	炸薬量（kg）	推薬量（kg）	燃焼時間（秒）	噴射孔 数	噴射孔 傾角（度）	最大射程（m）
40cm噴進弾	旋動	510	100	65	1.4	6	25	4000
24cm噴進弾	旋動	112	24	12	2.0	6	25	3000
20cm噴進弾	旋動	85	17	9.5	2.0	6	25	2500
20cm噴進水中弾	旋動	85	17	9.5	2.0	6	25	2500
15cm噴進弾	旋動	30	5	4.5	0.7	8	25	4000
15cm噴進タ弾	旋動	30	5	4.5	0.7	8	25	4000
15cm噴進阻塞弾	有翼旋動なし							
9cm噴進弾	有翼旋動なし	8.6	1.7	0.62	0.4	6	25	1100
9cm噴進タ弾	有翼旋動なし	9.0	1.6	0.62	0.4	6	25	1000
7cm噴進タ弾	旋動	4.0	0.7	0.26	0.4	6	25	800

陸軍兵器行政本部技術部は、昭和十八年（一九四三年）四月頃ドイツから運ばれてきたロケット弾発射筒パンツェル・シュレック型の図面から示唆を受け、「試製七糎ろ弾」および「試製七糎噴進タ弾発射筒」の開発に着手した。第一陸軍技術研究所が昭和十九年七月から九月にかけて概成した7cmロケット弾は「試製四式七糎噴進穿孔榴弾」として、発射筒は

「試製四式七糎噴進砲」として直ちに生産に移した。穿孔榴弾は「タ弾」と呼ばれたので、噴進穿孔榴弾を「ロタ弾」とも称した。

タ弾の語源は、昭和十七年五月にドイツ陸軍省兵器局の弾薬班長ニーメラー大佐が、封鎖突破船といわれたドイツの貨物船で横浜に到着し、木村陸軍次官に対戦車砲弾の図面を手渡した。この図面の名称欄に「エリプシェ・ターゲル」とあり、楕円弾と訳したが、ダエン弾では長すぎるので、ダ弾と簡略化し、さらにダをタに変えてタ弾という秘匿名称が生まれた。

射撃に際しては脚を立て、砲を砲手の肩に載せる。脚は九九式軽機関銃の脚を使用した。脚托架《きゃくたくか》には2個の凹部があり、砲に高姿勢と低姿勢をとらせることができる。砲手は托環《たくかん》と握把を握り、砲をしっかり固定する。照準は頬当てから照門、照星を覗く。照星は上下に2個あり、上が射距離５０ｍ、下が１００ｍ用である。弾薬手は射手の合図により弾薬を弾嚢から取り出し、左手で弾薬の重心部を下から握り、右手で安全栓を抜いて、右手を弾頭に添え、左手で砲身内に押し入れる。弾薬手は装填が完了したら「宜し」と唱える。砲手は照準が合ったところで、握把を握った右手で引鉄リングを引くと、引鉄リングから鋼線で連動した撃発機が弾尾の四式点火管をたたく。発火方式は電気発火式ではなく、撃発式である。拉縄でも発射できる。爆管が不良であったため、不発または遅発が多かった。

発火すれば、噴進薬の前後の点火薬に点火し、噴進薬は内外全表面から同時に燃焼し始める。射撃時には発射焔を防ぐため、体と砲身の角度を３０度以上離し、防焔布と防塵眼鏡を着ける。木製、竹製などの応急発射架に装載して発射することもできる。また、脚を取り付

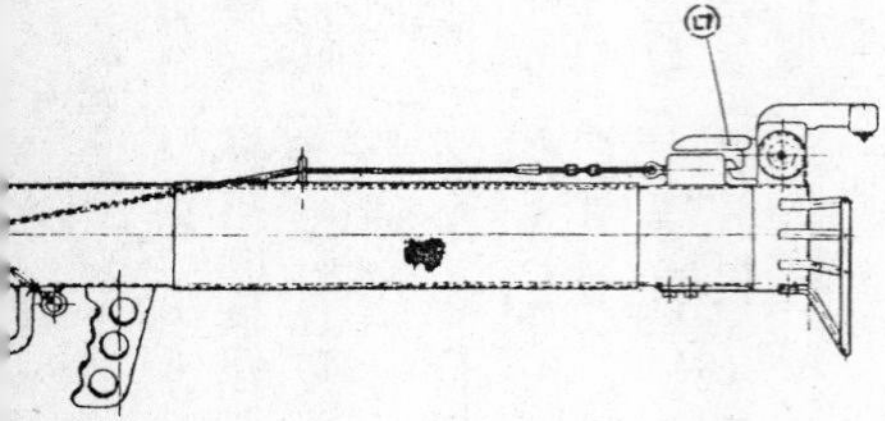

試製四式七糎噴進砲　側面、前面図

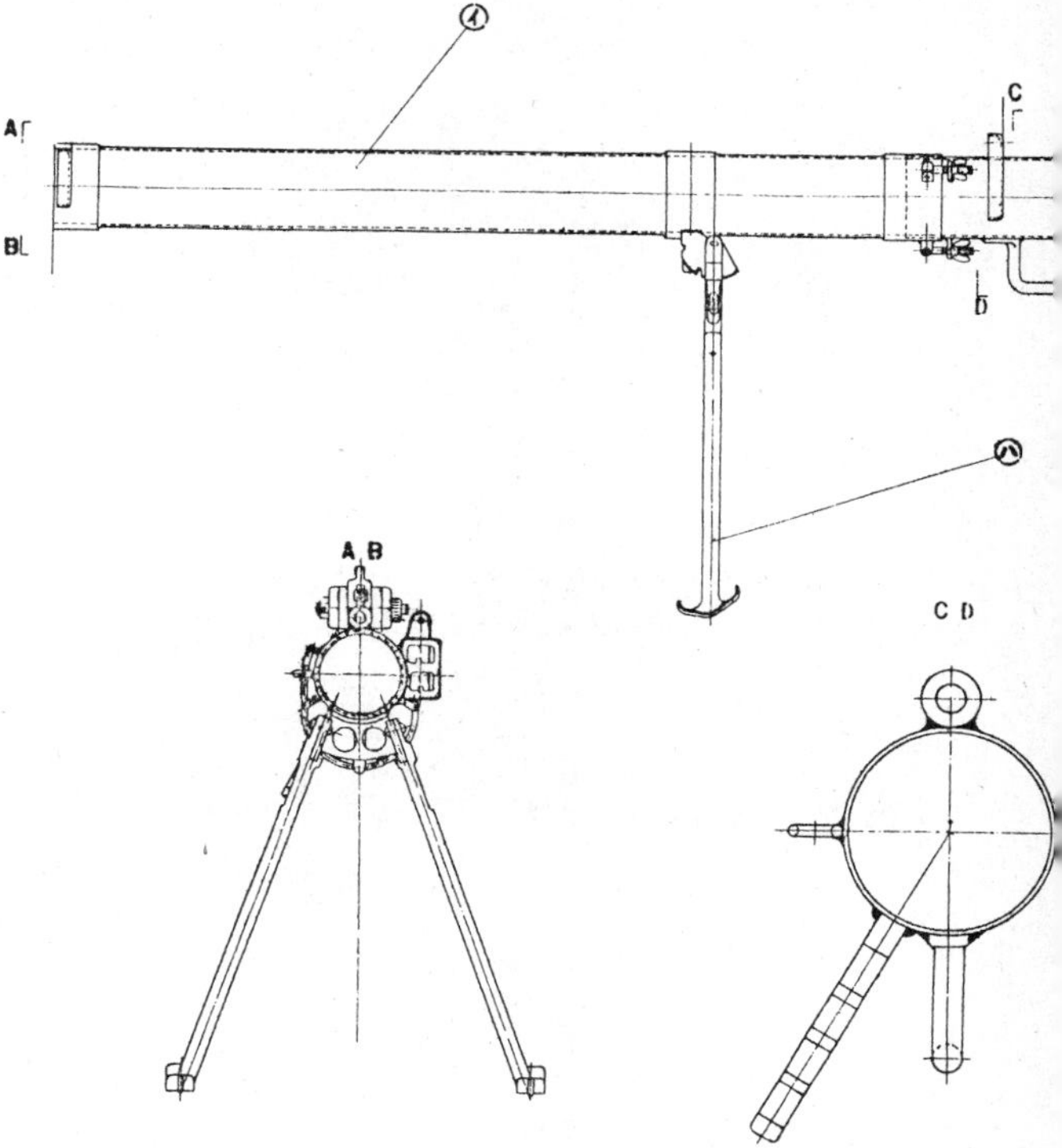

A B
C D

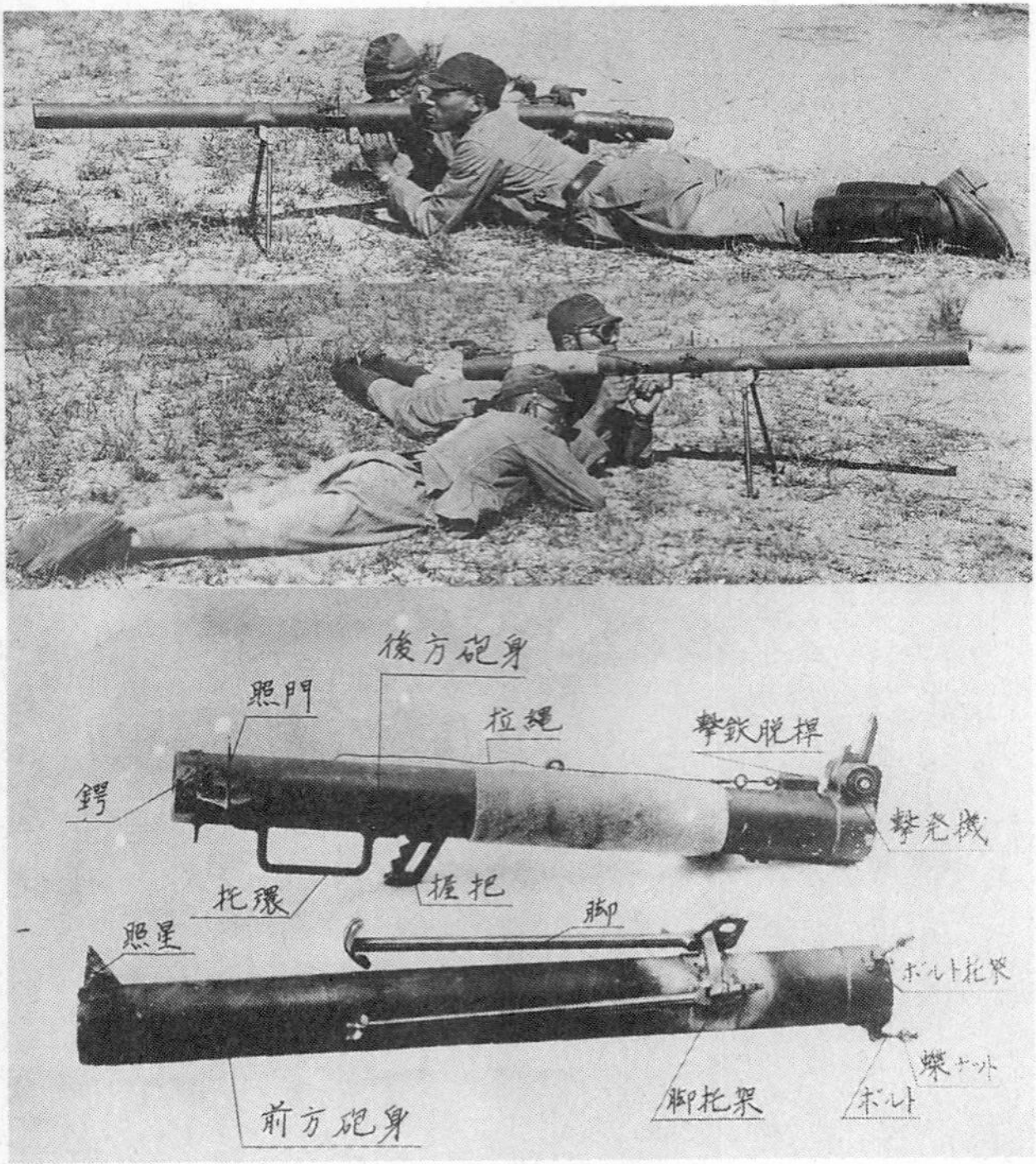

(上)試製四式七糎噴進砲装塡姿勢。
(中)同、射撃姿勢。防塵眼鏡。
(下)同、砲身分離。

(上)同、飛行する噴進榴弾の噴煙が見える。防楯は臨時のもの。
(下右)同、携行姿勢後視。
(下左)同、携行姿勢左側視。

(上)米軍が鹵獲した試製四式七糎噴進砲。引鉄リング。
(中)同、砲と背当褥。握把の仕様が異なる。
(下)同、砲を分離し、脚を前方に倒して背当褥に縛る。

267　試製四式七糎噴進砲

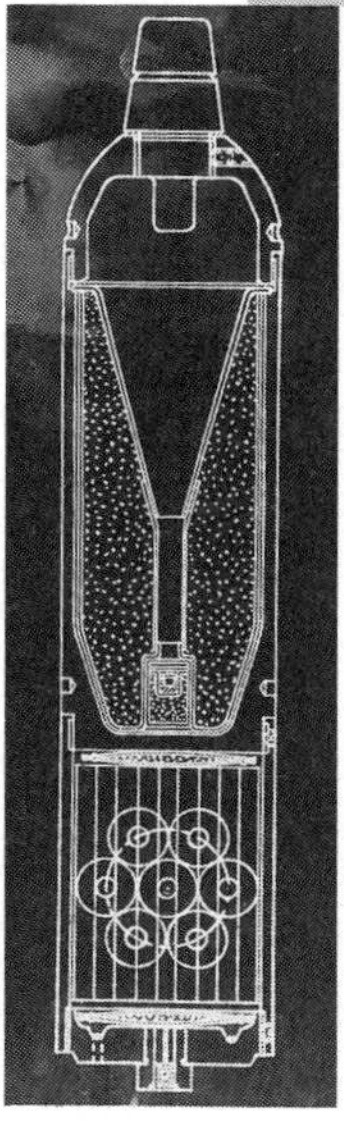

(上)試製四式七糎噴進穿孔榴弾。側視、下視。6個の噴気孔。
(下)同、断面図。

け曲射も可能であった。

弾丸は発射すると7本の円筒状推進薬が弾底の6個の孔から25度の角度でガスを噴出し、弾体を右方向に旋動しながら推進する。頭部に試製四式瞬発信管「穿」を装着し、弾着と同時に炸薬約710gが炸裂する。着角60～90度の場合、80㎜の鋼板を貫通する。命中率は射距離100mで約6割である。弾径72㎜、弾長359㎜、燃焼秒時約0・4秒、燃焼完了時の存速約160m／s、回転10000回／分。実用射程は200mであった。

本砲の運搬は、砲を前方砲身、後方砲身に分離し、脚を前方に倒して背当褥《じょく》に縛り、背負帯を肩から回して一人で携行する。弾薬手は3発入りの弾薬嚢を携行する。

移動戦車の射撃は通常待射射撃とする。側射に適した位置を選定し、小銃分隊による肉攻との位置関係を考慮する。状況により2門以上で同時に同一目標を射撃することもある。初発で敵戦車を撃滅し、適宜位置の小移動を行ない、絶えず敵の意表をつくことが重要であった。

本砲は試作段階から製作にかかり、精度について研究を続行した。大阪陸軍造兵廠は廠内と外注5社で昭和二十年度に1730門製作した。小倉陸軍造兵廠と合わせると終戦までに約3500門完成したと推定される。本土決戦に備えた昭和二十年度火砲調達計画に本砲26000門がある。終戦時に本砲の半途品890門が大阪機工の鳥取工場に、完成品320門と半途品約200門が福島製作所に、半途品50門が大阪機械製作所大阪工場に、半途品約50門分が大阪造兵廠第一製造所第四工場に、半途品約100門が同第三工場にあった。

試製四式七糎噴進穿孔榴弾は相模陸軍造兵廠で昭和十九年度に約19200発、昭和二十年四月に約3600発、五月に12400発、六月に約6000発、七月に約4700発、八月に約1700発、合計47600発製造した。終戦時に大阪の枚方製造所に試製四式七糎噴進穿孔榴弾の完成品1600発余りと、半途品1500発余りがあった。

本砲は相当数が部隊に配備された。昭和二十年十一月の解体兵器調査には、七糎噴進砲は東北に110門、東部に484門、東海に103門、中部に960門、中国に75門、四国に38門、西部に種類不明だが噴進砲386門ありと記録している。

●試製四式七糎噴進砲主要諸元

砲身	口径	74㎜
	長さ	1500㎜（前方砲身750㎜、後方砲身750㎜）
	肉厚	2㎜
全備重量		約8kg（前方砲身約3・9kg、後方砲身約4・1kg）
弾量		4・08kg
弾種		試製四式七糎噴進穿孔榴弾
初速		100m／s
最大射程		1000m
発射速度		4〜6発／分

試製九糎噴進砲／試製九糎空挺隊用噴進砲

90mm ROCKET LAUNCHER, EXPERIMENTAL/90mm ROCKET LAUNCHER, FOR USE BY PARATROOPS, EXPERIMENTAL

9cm噴進砲の開発にあたっては3種の砲身を試製した。I型は円筒型で長さ600mm、重量7・98kg、II型はU型で長さ600mm、重量5・1kg、III型は円筒型で長さ1800mm、重量18・0kgであった。昭和十九年七月、伊良湖試験場で竣工試験を行なった結果、対戦車射撃において砲身長600mmでは精度が悪いので、これを1500mm（空挺隊用は1200mm）に増大して命中精度を向上することになった。また、射撃時の安定を図るため、簡単な駐鋤を設け、九九式軽機関銃の脚を取り付けた。伊良湖試験場での竣工試験には海軍関係者15名が見学に訪れ、海軍でも6角砲身の「8cm対戦車噴進砲」を開発した。「試製九糎空挺隊用噴進砲」はパラシュート降下部隊の対戦車主力装備として計画した。昭和十九年八月、第一陸軍技術研究所は空挺隊用噴進砲4門と照準具4組、2本継ぎの空挺隊用噴進砲身1門を実用試験のため、西部第一一六部隊に送付した。試製九糎噴進砲、試製九糎空挺隊用噴進砲ともに研究は昭和二十年一月までに終了した。

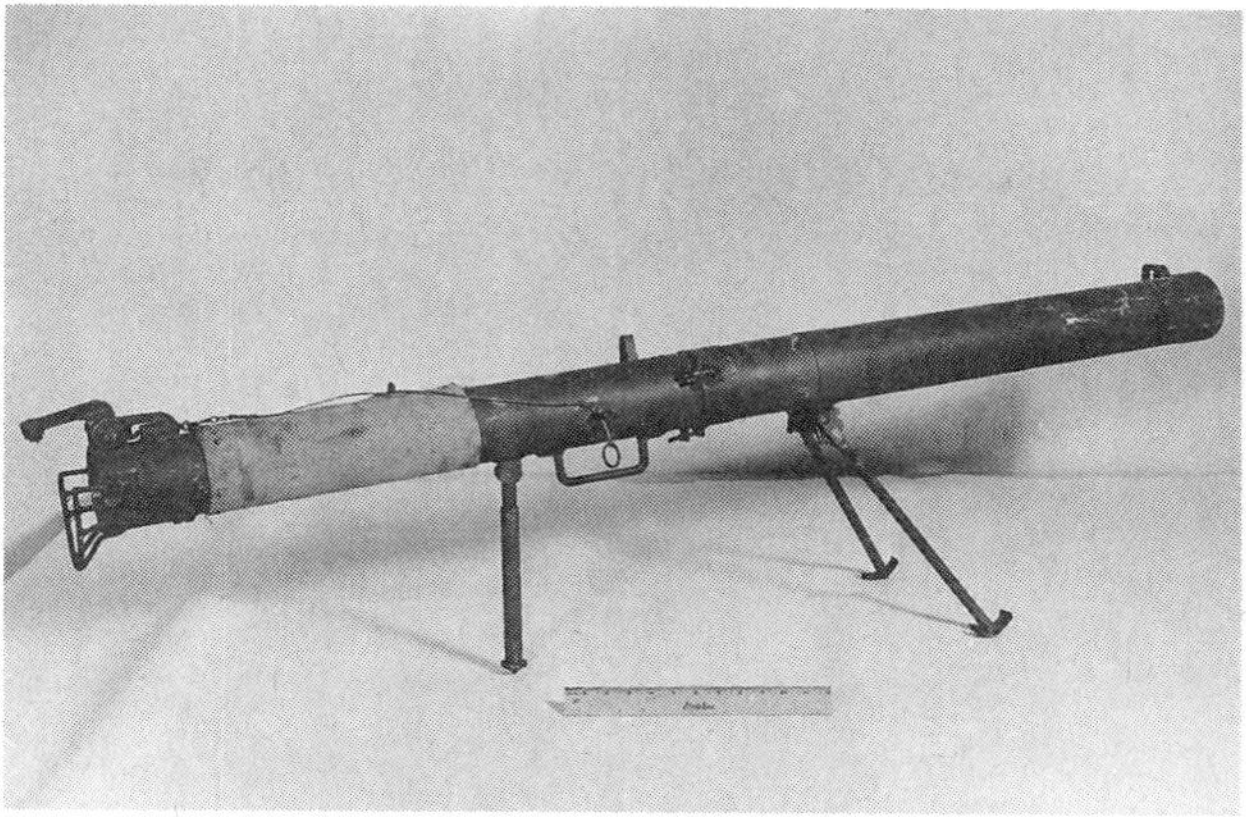

試製九糎噴進砲。射撃姿勢右側視。脚は低姿勢。

実用射程２００ｍ、炸薬量１・５９kg、防焔板付。試製九糎噴進砲、試製九糎空挺隊用噴進砲ともに２名で操作する。構造、機能は試製四式七糎噴進砲とほぼ同様で、弾丸効力は１３０㎜鋼板を貫通するほどであったが、整備には至らなかった。

区分	試製九糎噴進砲	試製九糎空挺隊用噴進砲
口径	９３・５㎜	９３・５㎜
砲身肉厚	３㎜	２㎜
砲身長	１５００㎜	１２００㎜
総重量	１２kg	２０・３kg
発射様式	撃発式	撃発式
高低射界		−6〜+56度
初速	１１０ｍ／ｓ	１１０ｍ／ｓ
最大射程		約１０００ｍ
弾量	９・０３kg	９・０３kg
発射速度	３発／分	２発／分

試製四式二十糎噴進砲

200mm ROCKET LAUNCHER TYPE4, EXPERIMENTAL

昭和十八年（一九四三年）七月、第七陸軍技術研究所が試作した二十糎噴進榴弾の発射機として、第一陸軍技術研究所が設計に着手した。長さ2・2mの鉄製円筒に架台、脚を付けた陸上用と、船載用の2種がある。当時は射角と装薬量の変化が射程に及ぼす影響が十分解明されていなかったので、発射機は高射界用と低射界用を別々に設計し、同年八月、大阪造兵廠に試作注文した。同年九月に噴進榴弾を秘匿名称「ろ弾」と呼ぶことになったので、それまでの「試製二十糎噴進弾発射機」という名称を「試製二十糎ろ弾発射機Ⅰ型」に変更し、船載用を「試製二十糎ろ弾発射機Ⅱ型」とした。

同年十月竣工試験を実施した結果、高射界用を採用することになった。操作を容易にするための改修を施し、同十二月の修正機能試験を経て、昭和十九年一月、陸軍野戦砲兵学校に実用試験を依託し、おおむね実用に適すると認められた。修正機能試験には新たに重量97kgの「発射筒短」を供試したが、発射筒短は眼鏡などに対する噴進焔の影響が大きく、かつ駄載が困難であったために不採用となった。この頃、ろ弾発射機という名称が部隊編成上種々の不便があることから、以後「噴進砲」と称することになった。構造は砲身（滑腔砲身）、脚、連結架、床板および照準具からなり、運搬は分解して駄載、車載を行なう。

二十糎噴進砲は陸軍野戦砲兵学校と陸軍技術研究所が共同で開発したもので、昭和十八年十一月に合同研究班が発足した。技術研究所はそれまで有翼式ロケット弾の発射実験を行なっていたが、有翼式は精度が悪く、精度を良くするため翼の長さを伸ばすと、翼が重くなるので薬室が小さくなり、運搬にも不便であること、有翼式は風の影響が大きく、風の方向を向いて飛んでいくこと、24cm以上では弾頭、薬室部とも80kg以上となり、人力搬送に適しないことなどの理由により旋動式に変更することになった。第1回合同会議において、旋動式ロケット弾の試作に関して決まった事項は次のとおりである。

1、人力搬送可能を原則とし、弾頭、薬室とも各50kgを限度とする。薬室の上に弾頭を載せてネジで結合する構造とする。

2、結合した弾を二人で運搬し、装弾するための操弾桿を用意する。

3、射距離の調整は噴射薬量、射角によって行なう。薬室底部は噴射薬量調整のため、着脱可能とする。

4、薬室底部円周上に旋動を与えるためのノズルを6個等間隔に付ける。ノズルは円周方向に傾斜角をつける。

5、噴射薬は有翼式と同じく綿火薬、有孔円筒形とし、中央に1本、円周上に6本とする。

点火には摩擦門管を使用する。

6、大量生産のため、弾頭薬室とも鋼管溶接で良く、搾出旋盤加工の必要はない。

7、発射装置は補強材付き薄肉円筒とする。長さ2m、筒の下部1mを半割り蓋式とし、蝶番を側面に付け、装弾時に開閉可能とする。極力軽量化する。

8、支脚、照準具は迫撃砲の方式とする。

9、信管は一般火砲のものを転用する。ただし、遠心子拘束装置は、発射の衝撃および旋速が低いことを考慮して改造する。

本砲が発射するロケット弾は弾頭、弾尾の2部からなり、弾体は鋼製である。弾頭に一〇〇式二働信管「迫」を装着する。二働信管は切換装置により瞬発または短延期として作動する。短延期の場合の延期秒時は0・1秒である。全長1019㎜、重量83・7kgで、炸薬は16・54kgである。後方底板には円周に沿って6個の傾斜した孔を開け、これからガスを噴出して旋動しながら飛行する。ガスの噴出速度は秒速最高2000mだった。噴気孔の径は15㎜。噴気孔の傾斜角は5度、10度、15度の3種を実験したところ、傾斜角5度が最も良好で射距離も伸びることを確認した。発射は摩擦門管を用いた。噴進薬にはI号装薬9・6kgからⅢ号装薬8・2kgまであり、一番多いI号装薬の燃焼秒時は約2秒である。弾丸は噴進薬が燃焼するにしたがって飛行速度と旋回速度を増し、燃焼完了時において最大となる。燃焼完了点はI号装薬の場合発射機前方約175mで、存速は約175m／s、旋回速度は毎分約3000回転に達する。瞬発信管を装着した試製四式二十糎噴進榴弾の威力

試製四式二十糎噴進榴弾　断面図　各部名称

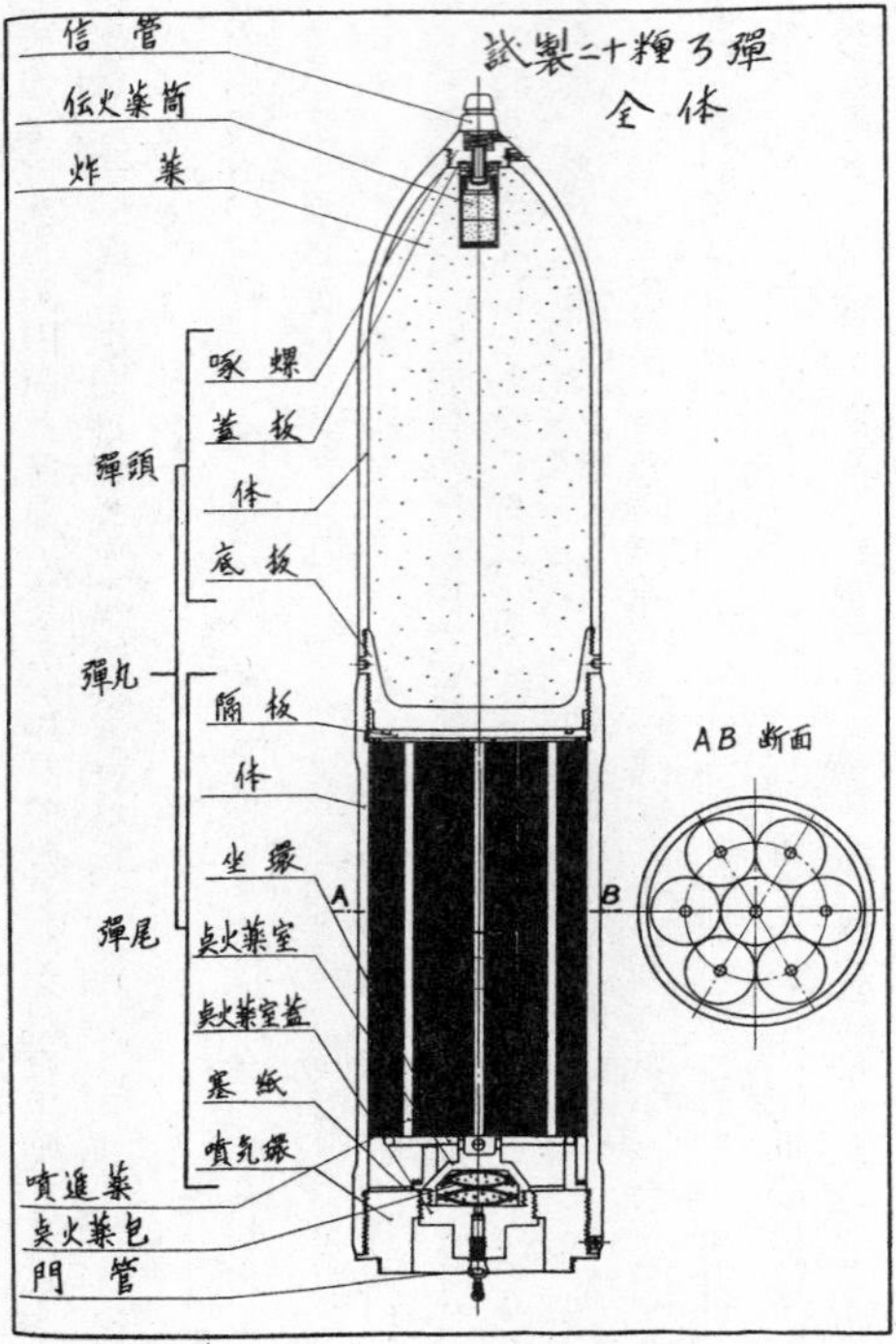

試製四式二十糎噴進榴弾　弾頭、弾尾

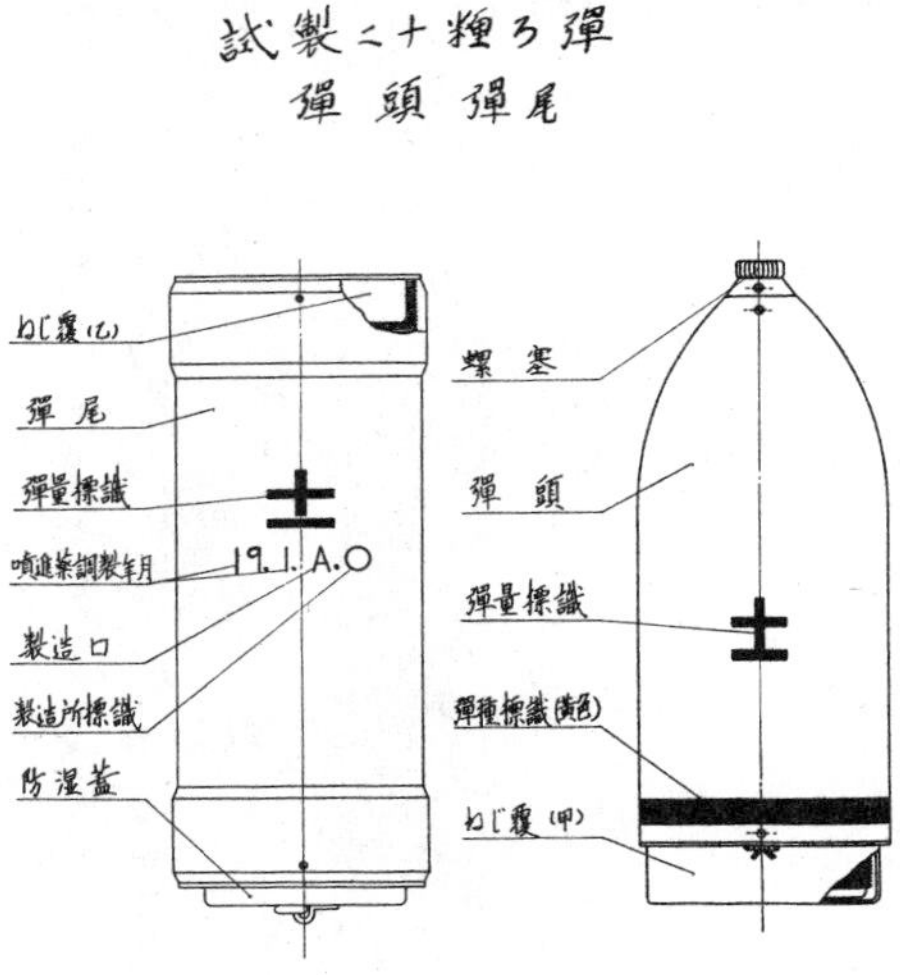

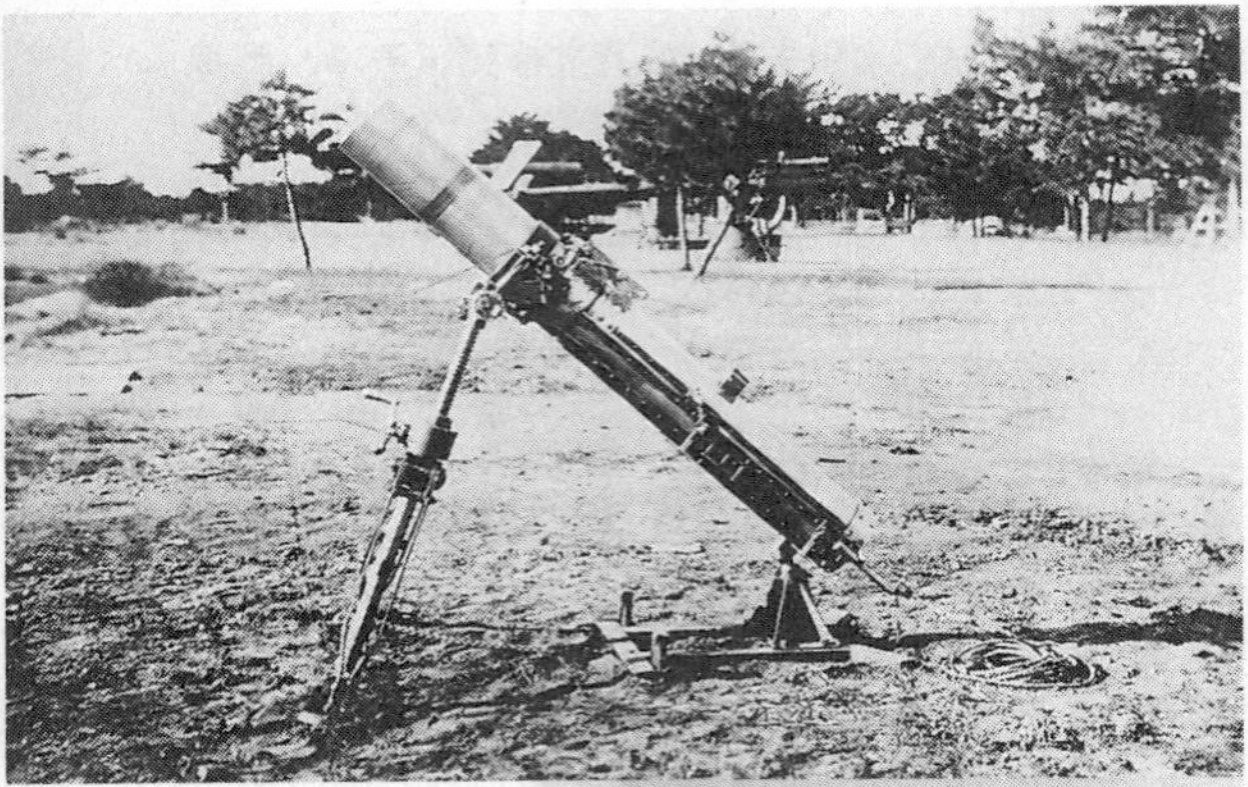

(上)試製四式二十糎噴進砲放列姿勢左側視。
(下)同、発射筒前方、同後方。

米軍が鹵獲した試製四式二十糎噴進砲。発射筒ふたを開いた装填姿勢。

同、試製四式二十糎噴進榴弾。床板中央に球軸受があり、砲尾を支える。

試製四式二十糎噴進砲。
発射試験の準備。

同、脚の組立。駐鋤は前方に打ち込んでいる。発射筒ふたを開閉する槓桿。

同、提弾器を2名で持ち、弾丸を装填する。砲尾に拉縄を通す滑車。

同、発射機に装填後、噴進弾に摩擦門管を取り付け、門管に拉縄を掛ける。

試製四式二十糎噴進砲。拉縄を強く引き、門管から噴進薬に点火。

同、噴進弾が回転を始め、砲口に覗く。

同、飛翔開始。火薬ガスは発射機全体を覆う。

283　試製四式二十糎噴進砲

(上)同、噴進薬燃焼継続中。
(下)射撃試験を行なうため試製四式二十糎噴進砲を組み立てる米兵。

半径は約31mで、弾着の漏斗孔は直径6mである。

昭和十九年四月、西富士青木ヶ原で諸兵合同の密林戦闘演習を実施し、この中で本栖湖畔において初めて二十糎噴進砲の実射を諸隊に披露した。同年五月、野戦砲兵学校に約20名の第1回噴進砲学生が入校し、約1ヵ月の教育を受けた。同年七月に入校した第2回噴進砲学生は噴進砲大隊長要員5名であった。第1回学生の横山中尉が指揮する噴進砲中隊は2個小隊からなる小規模な部隊であったが、硫黄島において初めて噴進砲を実戦に用いた。米軍が上陸した二月十九日の正午を少し回った頃、わが軍の噴進弾攻撃が始まった。大きな噴進弾が恐ろしい音を立てて飛び、浜に落下すると、ごった返している人も物資もあらゆるものを空中に吹き飛ばした。敵に「空飛ぶ爆雷」と呼ばれて脅威の的となり、千鳥平地の第1次会戦において敵の進撃予定を完全に狂わせたのは、横山大尉の指揮する噴進砲隊が最も与《あずか》って力があった。噴進弾430発余りを撃ち尽くした後は約20名の兵と持久戦を続け、三月十七日、玉砕したと伝えられている。

硫黄島陥落の後、八丈島の防衛を強化し、二十糎噴進弾1000発を配当した。予備陣地と代用発射機を多数準備したが、実戦には至らなかった。

硫黄島の他、沖縄、中国大陸で実戦に使用した。独立噴進砲第一大隊は昭和十九年九月、田園調布小学校で編成。本部、指揮班、3個中隊、段列で構成。1個中隊は3個小隊、砲は各2門、釜山から京城、武昌に行き、二十年に済州島に転進、実戦には参加しなかった。独立噴進砲第二大隊は十九年九月相馬ヶ原にて編成、漢口より粤漢《えつかん》線沿いに南下、来陽で終戦となった。独立噴進砲第三大隊は十九年九月横浜不入斗《いりやまず》小学校にて編成、十二月十五日、マニラ防衛隊に配属され、昭和二十年三月三日までにリンガエン湾に上陸する米軍を迎え撃って全弾を撃ち尽くした。これら3大隊の大隊長には第2回噴進砲学生が補せられた。

二十糎噴進砲は中迫撃砲以上の通過が困難な地形に使用する急襲兵器として企図したものであるが、２０cm噴進砲を実戦で使った部隊の評判は必ずしも良くなかった。長所としては火砲の運動が軽易で、多数の火砲を狭い地域に秘匿展開することができるので、奇襲的攻撃ができるとともに、密林、険難地帯の戦闘においても有利に使用できることは認められるが、射程が短いうえ、近距離の射撃には適さず、燃焼の不規性により方向が定まらず、射撃精度が不良である。噴進焰と噴進時における特異な音響とにより、射撃開始後の位置の秘匿が困難となる。また、夜間においては噴進焰により陣地付近が明るく浮かび上がってしまう不利がある。さらに砲側で発射操作ができないため、発射速度が2分間で3発と小さいことなどが問題であったが、それでも数さえ揃えばある程度の効果は期待できるとしている。

昭和十九年九月に兵器行政本部が出した十九年度整備に関する機密指示で、試製四式二十糎噴進砲１５０門を２００門に増加した。

昭和二十年五月、二十糎噴進砲を装備する噴進砲隊が１６個編成された。また、本土防衛の沿岸防御師団の砲兵は2個大隊、6個中隊編成で、中隊の火砲は野・山砲と噴進砲4門、迫撃砲6門だった。しかし、完成される前に終戦を迎えたものが多い。本土決戦に備えた昭和二十年度火砲調達計画に試製四式二十糎木製三連噴進砲２２０門があった。

終戦時における第三百十二師団の兵器充足数をみると、一式機動四十七粍砲は定数27に対して充足数10だが、二十粍噴進砲は定数、充足数ともに36となっている。ところが噴進砲弾薬は定数、充足数ともに288で、1門あたり8発しかない。

昭和二十年八月、大阪陸軍造兵廠は「二十粍対戦車噴進砲」の試作中であった。

終戦時に「試製船舶阻塞噴進砲」半途品1門が大阪造兵廠第一製造所第三工場にあった。

●試製四式二十糎噴進砲主要諸元

砲身　口径　203mm

全長　1920mm

肉厚　7.5mm

重量　(前方)31kg、(後方)86kg

高低射界　+40～65度

方向射界　射角45度で左右各150密位

重量　連結架　20kg

脚　44.5kg

床板　44kg(駐鋤2共)

放列砲車　227.6kg

射程　1400m(三号装薬射角65度)～2500m(一号装薬射角45度)

最大速度　175m／s
弾種　試製四式二十糎噴進榴弾
弾径　200mm
発射速度　3発／2分

試製四式船載二十糎噴進砲

200mm ROCKET LAUNCHER TYPE4, ON SHIP MOUNT, EXPERIMENTAL

昭和十九年六月に発足したばかりの第十陸軍技術研究所は本土決戦に備えて様々な肉迫攻撃用舟艇を考案する中で、太平洋戦争が終局に近づいた昭和二十年春、２０㎝ロケット弾の水上発射を計画した。

陸軍では当時既に多種の快速艇を開発していたが、数千隻作られたといわれる大発動艇とロケット砲を組み合わせることにより、敵の上陸用舟艇や上陸地点に対し、海上から、または海岸にのりあげてロケット弾攻撃を浴びせようとする目的であった。

研究の方針は「試製四式船載二十糎噴進砲」を鉄製発動艇の船艙中央部に設置し、付属設備として弾薬格納庫と揚弾装置をつけるだけの簡単なもので、昭和二十年（一九四五年）四月十日、基礎研究を終了した。引き続き設計も十四日までに終わり、直ちに十五日から大阪府堺市の木南車輛株式会社三宝工場において、大発動艇の準備にかかり、二十日に終了した。

第一陸軍技術研究所は既に昭和十八年七月から対潜用８０㎏噴進弾および２００㎏噴進弾

の発射機について研究を開始しており、同年十一月までに両種とも竣工試験を終えていた。対潜用200kg噴進弾発射機は成功しなかったが、80kg噴進弾発射機は船載用「試製二十糎ろ弾発射機Ⅱ型」として、昭和十九年一月には噴進焔防止装置を開発済みであった。この船載噴進砲が昭和二十年五月四日に到着し、六日に大発動艇への取り付けが完了した。七日から大津川射場で射撃試験を実施した。わずか2日間、発射弾数11発という簡単な試験だったが、第十陸軍技術研究所はこれで試験を打ち切り、改修すべき箇所は図面を修正するだけで、本艇の開発を終えた。

終戦まで残すところ2〜3ヵ月の間に本艇が整備されたか否か不明であるが、昭和二十年八月三十一日に兵器行政本部がまとめた兵器諸元表には、四式二十糎噴進砲、七糎噴進砲と並んで四式船載二十糎噴進砲が記載されている。

本艇の主要諸元は、全長14・88m、最大幅3・61m、深さ1・538m、自重10・7t、搭載量8・5t、60馬力ディーゼル機関を備え、速力は満載で7・8ノット、航続時間は15時間であった。船艙中央部に設置した木鉄構造の架台に20cm噴進砲を装備し、架台の前、後部に弾薬格納庫と揚弾用ダビットを設置している。ロケット弾は格納庫に8発ずつ、計16発収容することができる。

昭和十七年六月、陸軍技術本部は「対潜十三糎噴進弾」の試作を命じられた。弾体400発分を試作するため、外径155㎜の一般用継目無鋼管240m分など所要材料を下付されたが、完成には至らなかった。

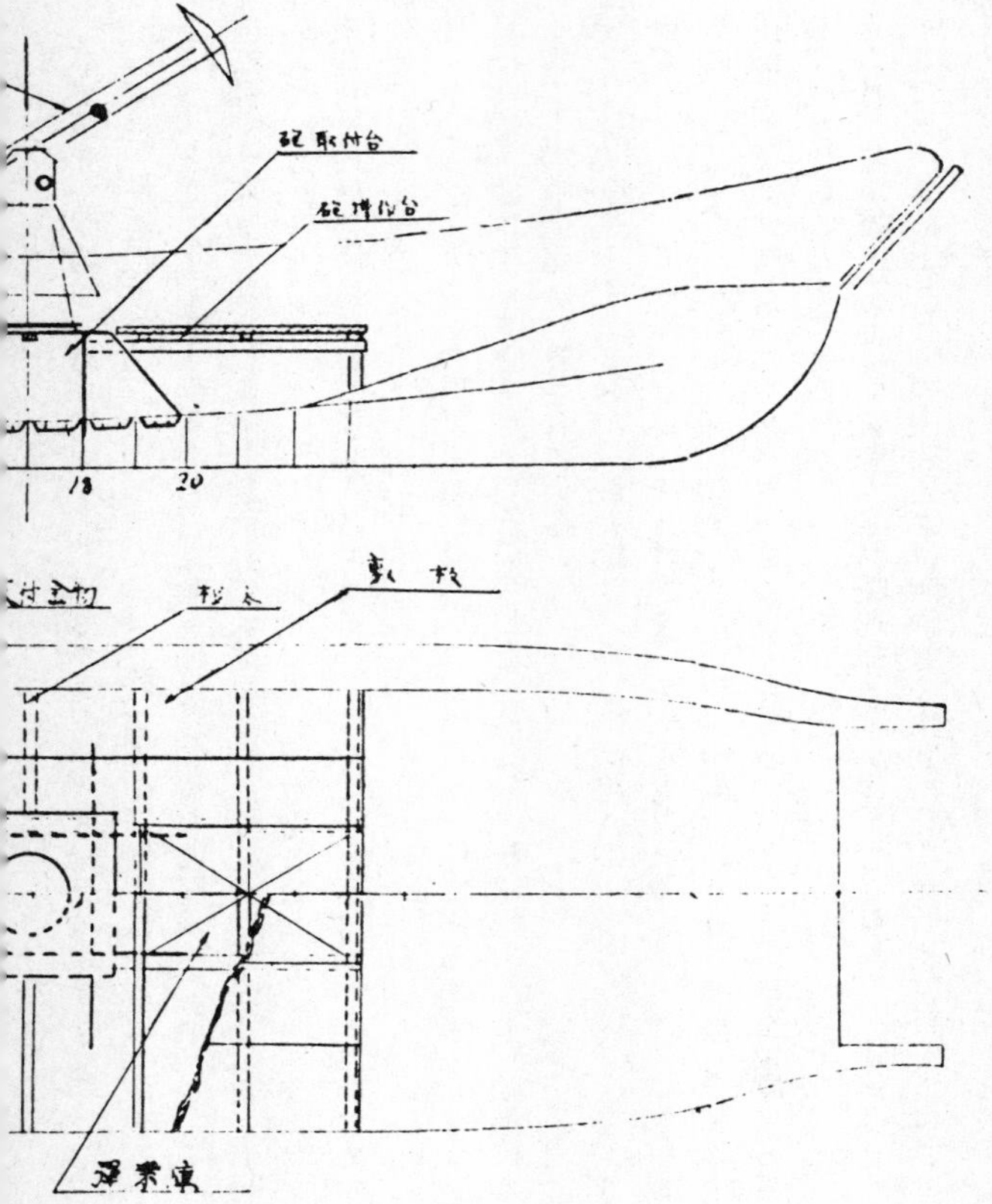
砲取付台
18
20
付金物
敷 板

試製四式船載二十糎噴進砲装載大発動艇要領図

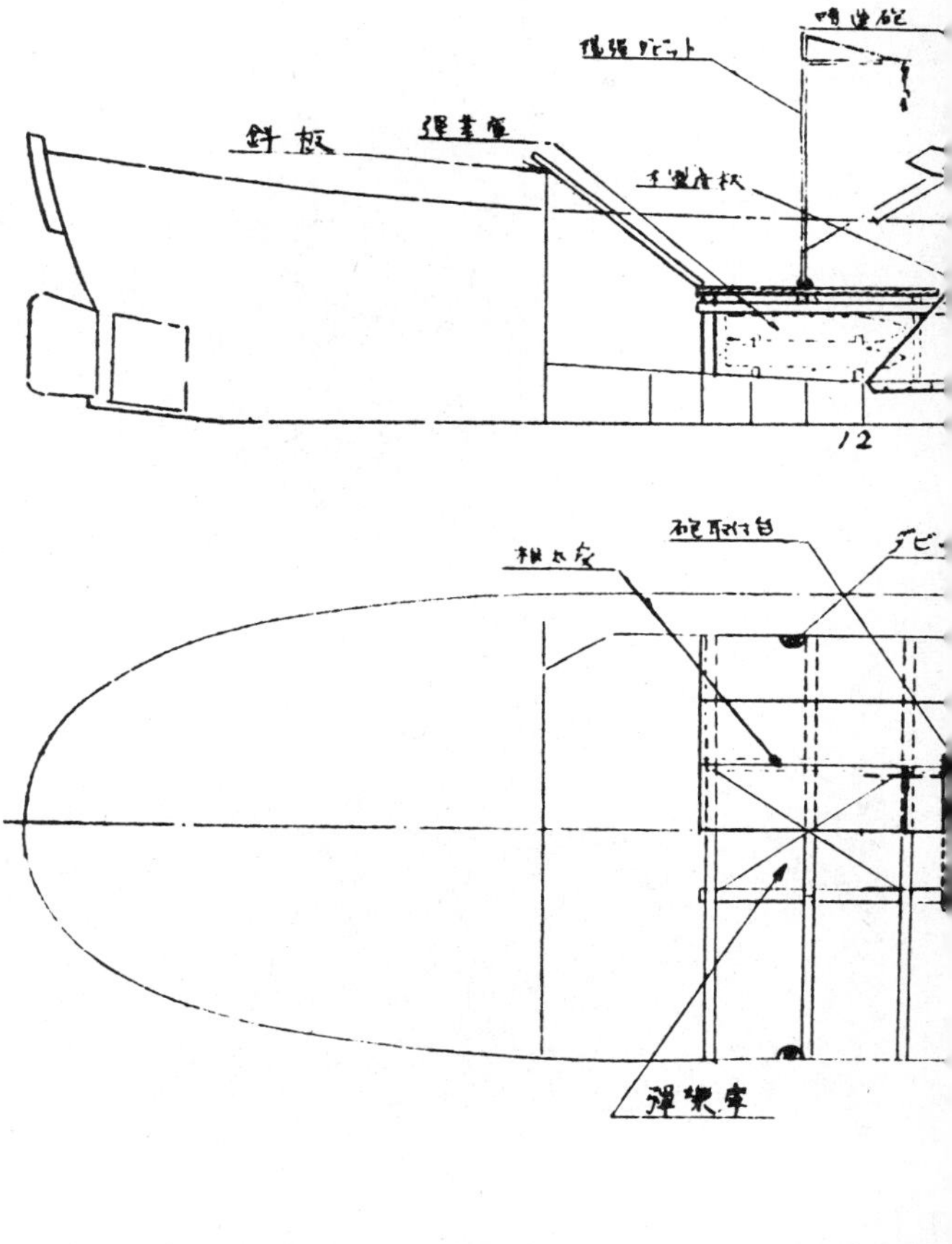

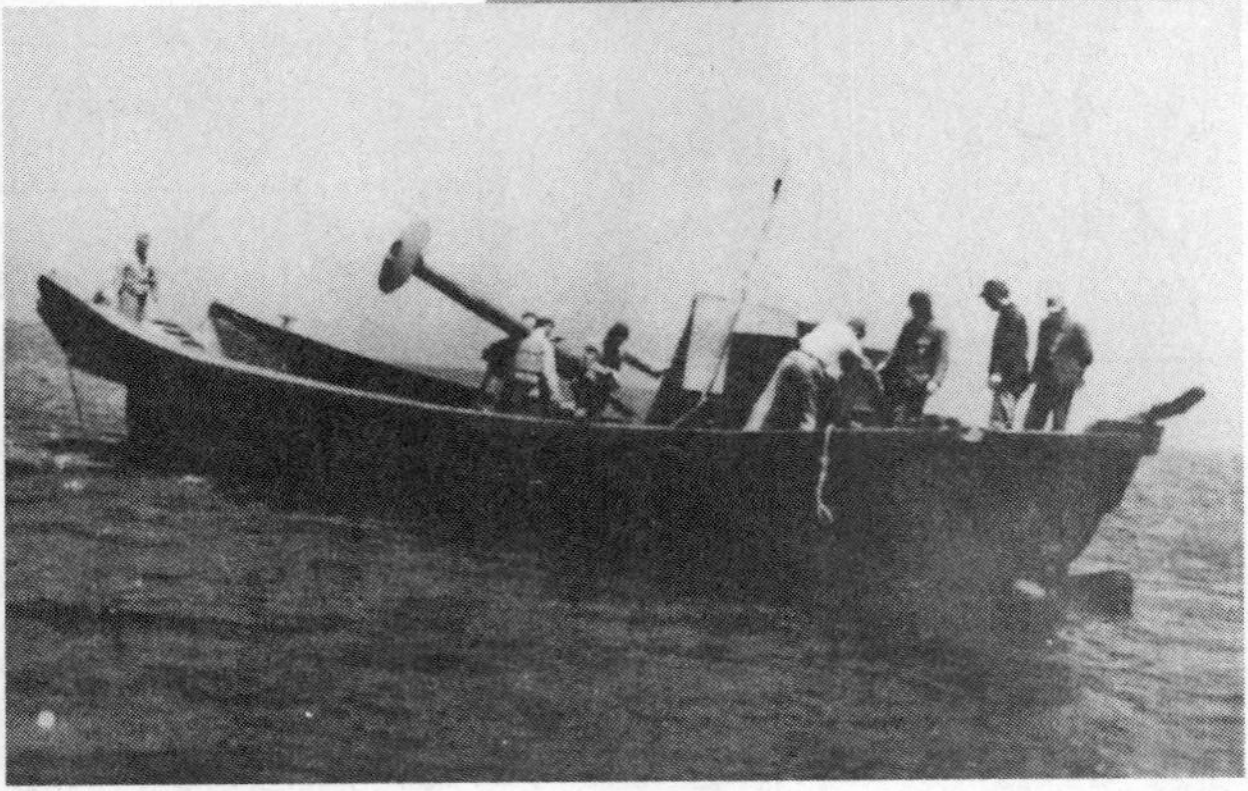

(上)試製四式船載二十糎噴進砲。砲口には大きな防炎板を備え、後方に操縦席をガスから保護するための斜板を設置する。
(下)同、大発動艇への取り付け。

●試製四式船載二十糎噴進砲主要諸元

砲身　口径　２０３㎜
　　　全長　２３００㎜
砲全長　約３ｍ
砲全高　約２・５ｍ
放列砲車重量　約６４０kg
発射速度　２発／分

試製四式船載二十糎噴進砲の発射。

試製四式二十四糎噴進砲

240mm ROCKET LAUNCHER TYPE4, EXPERIMENTAL

　昭和十八年度一技研修正研究計画により、野戦用として80kg噴進弾および120kg噴進弾を発射する分解搬送可能な発射機について研究することになった。昭和十八年（一九四三年）七月、設計に着手した。本砲は堅陣突破用の急襲兵器として設計したもので、昭和十八年八月、試製四式二十糎噴進砲と同様に高射界用と低射界用の2種を大阪造兵廠に試作注文した。同年十一月、竣工試験を実施した結果、弾道性能上高射界用を採用することに決まり、各部に改修を施して機能を確実にした。噴進弾は静止燃焼試験の結果、ノズル孔径は15㎜を最適とした。機能、安全度、弾道性いずれも良好と認められ、四式二十四糎噴進榴弾として制式の上申準備をすることになった。

　翌昭和十九年四月、弾薬の完成を待って修正機能、抗堪性、弾薬機能試験を実施した結果、機能良好、抗堪性十分、操法容易、安定良好であり、実用に適すると認められた。

　続いて同年五月、陸軍野戦砲兵学校に実用試験を依託した。その結果、野砲校としては二

試製二十四糎噴進榴弾
弾頭、弾尾

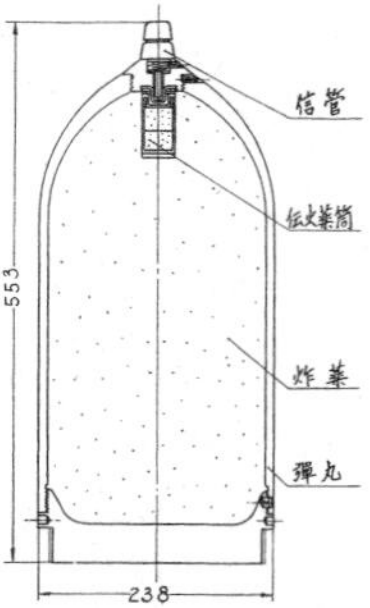

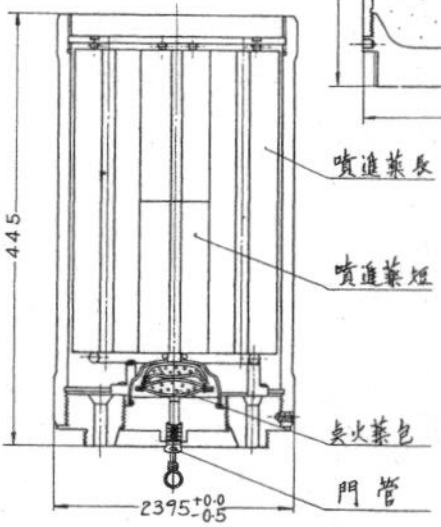

試製二十四糎噴進榴弾
断面図　各部名称

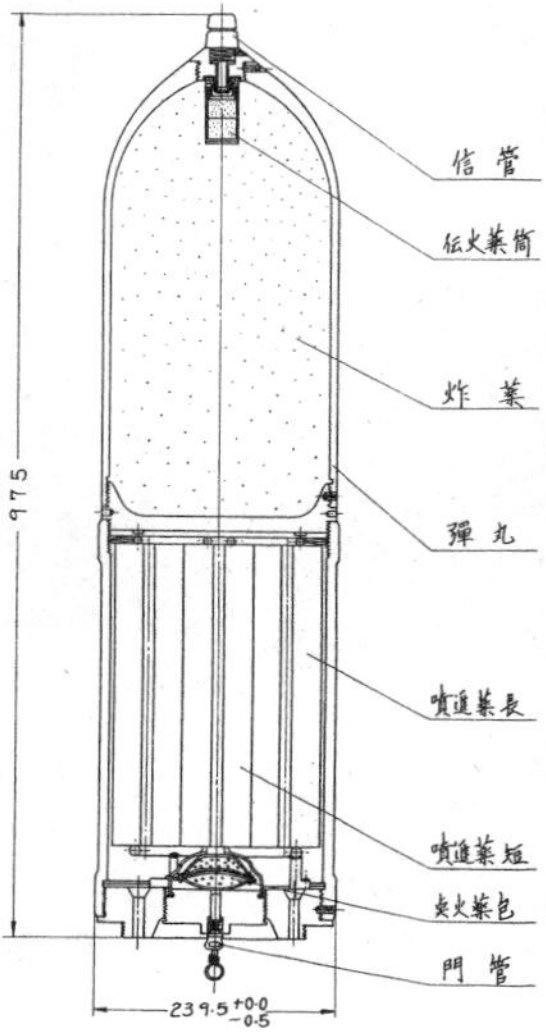

試製四式二十四糎噴進砲。放列姿勢左側視。

十糎よりも二十四糎の方を採用したい旨の判決を出したが、実際に整備されたのは二十糎噴進砲だけで、二十四糎噴進砲は整備に至らなかった。

本砲の構造はおおむね二十糎噴進砲と同じである。組み立てに要する時間は二十糎噴進砲と同じ2分以内で、弾丸の装填機能および発射の際の安定は良好だった。発射様式は摩擦門管牽引式。噴進薬の燃焼秒時はI号装薬の場合約2・1秒である。機（秘）密兵器取扱区分は二十糎、二十四糎ともに秘密兵器であった。

昭和十八年七月、対潜用で弾量200kgの「試製三十糎噴進水中弾」および装薬の研究を開始した。同年十一月には噴進弾の第2次試験まで進み、翌十九年三月には完成する予定だった。「対潜用二〇〇瓩弾発射機」は昭和十八年九月に試作注文、十一月に竣工試験を予定していた。

●試製四式二十四糎噴進砲主要諸元

砲身　口径　241mm
　　　全長　2200mm
　　　肉厚　7・5mm
　　　重量　（前方）55・5kg、（後方）103・5kg

方向射界　左右各150密位

高低射界　710〜1160密位

連結架重量　23・5kg

脚重量　６５kg
床板重量　６３kg（駐鋤共）
放列砲車重量　３９７kg
最大射程　約２９００m
弾量　約１１０・７kg
弾種　試製二十四糎噴進榴弾（一〇〇式二働信管「迫」）

試製四式二十糎・二十四糎共通木製噴進砲

200mm・240mm WOODEN ROCKET LAUNCHER TYPE4, EXPERIMENTAL

噴進弾は火砲の装薬に比べて多量の火薬を消費する不利はあるが、噴進弾の初速は０に近いので発射機に対する反動がほとんどなく、車上、船上、その他軟弱地上においても軽易に装置し、大口径弾を発射できる。この利点を生かし、木製の「試製二十糎・二十四糎共通木製噴進砲」を試作した。第一陸軍技術研究所は図面を作成するに止め、現地部隊において製作することを前提とした発射台であった。第一陸技研で製作した試製砲には、Ⅰ型、Ⅱ型、三連砲があった。

昭和十九年（一九四四年）六月、伊良湖射場において3種の木製噴進砲の実射試験を行なった。初日は機能試験を行ない、Ⅰ型、Ⅱ型、三連砲ともに2発ずつ二十糎ろ弾を発射した。その結果は、Ⅰ型で射角４５度、Ⅰ号噴進薬使用の場合は弾着距離２７７３ｍ、Ⅲ号噴進薬使用では１８７３ｍ、Ⅱ型でⅠ号噴進薬使用の場合は弾着距離２８３３ｍ、Ⅲ号噴進薬使用では１８６９ｍ、三連砲はⅠ号噴進薬で約２８００ｍの飛行距離を示した。引き続き、合計

33発の二十糎ろ弾を、発射角を変えながら発射したが、その飛行距離はI型、II型ともに射角45度で2800m前後というところであった。これは同時に行なわれた金属製の試製四式二十糎噴進砲（3号砲）の射距離が平均2791mであったことと比べても、遜色のない成績であった。また、II型を使用して行なった二十四糎ろ弾の発射試験でも、平均3015mの飛行距離を示し、二十糎と二十四糎の共用には問題がないと判定した。

この試験で明らかになった木製噴進砲の長所は、放列布置と撤去が容易であること、方向、高低照準が容易であること、人力による搬送が容易であること等である。反面、短所として噴進炎が砲に及ぼす影響が考えられたが、これも数十発までの発射なら表面が焦げる程度で、本質を害することはないと分かった。また、高射界射撃においてはガス圧のため、砲が後方に転倒する恐れがあったが、これは前脚下部に横木を付けて、土嚢で押さえることにより解決した。三連砲はろ弾を3発装填しておいて、約5秒間隔で発射することができた。以上の試験結果を総合して、現地部隊に配付する図面は次の要領で製作することになった。

1、砲身は長い方が精度良好であるが、取り扱いの関係上、砲身長はII型の2mを採用する。

2、弾丸滑走部に鉄板を被覆しなくても、数十発の発射には耐え得ると認められるので、純木製とする。また、ボルト、ナットの使用も止め、釘程度で組み立てられるようにする。

3、試製砲は軟木を使用したが、南方諸地域には堅木が豊富にあるので、これを使用することにより、さらに砲の命数を延長できる。
4、方向照準具は照門照星式、高低照準機は垂球式の簡易な木製に改める。
5、本砲は二十糎および二十四糎共通の木製噴進砲とする。

このように、本砲は製作法と操法の簡易化を追求した兵器として完成し、現地部隊に製作法と取扱法が付いた図面の形式で緊急に配付した。また、本砲より数ヵ月遅れて昭和十九年十一月、「試製四式二十糎木製三連噴進砲」の図面を配付した。

これに対し、現地部隊の反応はどうだったか、昭和二十年四月に東部第十三部隊が調整した新兵器解説書に、次の所見が述べられている。

「火砲の運動が軽易で、多数の火砲を狭小な地域に秘匿展開することができるので、奇襲的攻撃に使用するとともに、密林、険難地帯の戦闘においても有利に使用できる。しかし、射程が短小なうえ、近距離の射撃に適さないのみならず、燃焼の不規性により方向上の偏流が大きく、射撃精度は不良である。また、噴進炎と噴進時における特異の音響とにより、射撃開始後の位置の秘匿は困難となる。夜間においては噴進炎により、陣地付近が明るく浮かび上がってしまう不利がある。さらに、砲側で発射操作ができないため、発射速度が2分間で3発と小さい」

この木製噴進砲については実用試験を経ていないと思われるので、事前に実施部隊側の意見を求めることはなかった。終戦時の第一四五師団の例では、噴進砲大隊に36門が定数のところ、鋼製の噴進砲は1門も支給されず、すべて部隊で製作する木製噴進砲をあてること

試製四式二十糎・二十四糎共通木製噴進砲I型。砲身長3m。砲架長2・5m。

試製四式二十糎・二十四糎共通木製噴進砲II型。砲身長2m。砲架長1・6m。

303　試製四式二十糎・二十四糎共通木製噴進砲

(上)共通木製噴進砲による二十糎噴進榴弾の発射。
(下)三連砲。砲架はI型を使用。噴進榴弾は数秒間隔で連続発射できる。

(上)輜重車に搭載した三連砲。(下)同、中央に二十四糎噴進榴弾、左右に二十糎噴進榴弾を装填し、輜重車上から発射できる。

になっていた。同師団の終戦直前における兵器現地自活計画によると、木製二十糎噴進砲架は既に１００門製作済みで、八月初旬までにさらに１００門製作する予定だったが、八月八日の八幡空襲で材料を全部焼失してしまったという。

試製四式四十糎木製噴進砲

400mm WOODEN ROCKET LAUNCHER TYPE4, EXPERIMENTAL

昭和十九年（一九四四年）の後半に開発した四式ロケット兵器の中で最大のものである。昭和十九年に筒型砲、軌条式砲、木製砲の3種を試製し、比較試験の結果、木製砲の重量が軽く、取り扱い容易であり、機能も良好だった。

昭和十九年十一月、試製四十糎木製噴進砲Ⅰ型改修、Ⅱ型、Ⅱ型改修の3門を実用試験のため陸軍野戦砲兵学校に送付した。また、陸軍重砲兵学校にも実用試験を依託した結果、木製砲だけを「試製四式四十糎噴進榴弾」および「試製四式四十糎木製噴進砲」として採用することになった。木製噴進砲は図面を整備し、昭和十九年十二月以降、各部隊へ交付した。本砲は実戦に使用している。

試製四式四十糎木製噴進砲は概ね２０㎝噴進砲と同じ特性をもつが、重量が大きいため行動は鈍重にならざるを得なかった。運動様式は車載で、放列布置から第1発の発射までに要する時間は１５分であった。本砲が発射するロケット弾は全長１８７４㎜、弾頭部は砲弾と

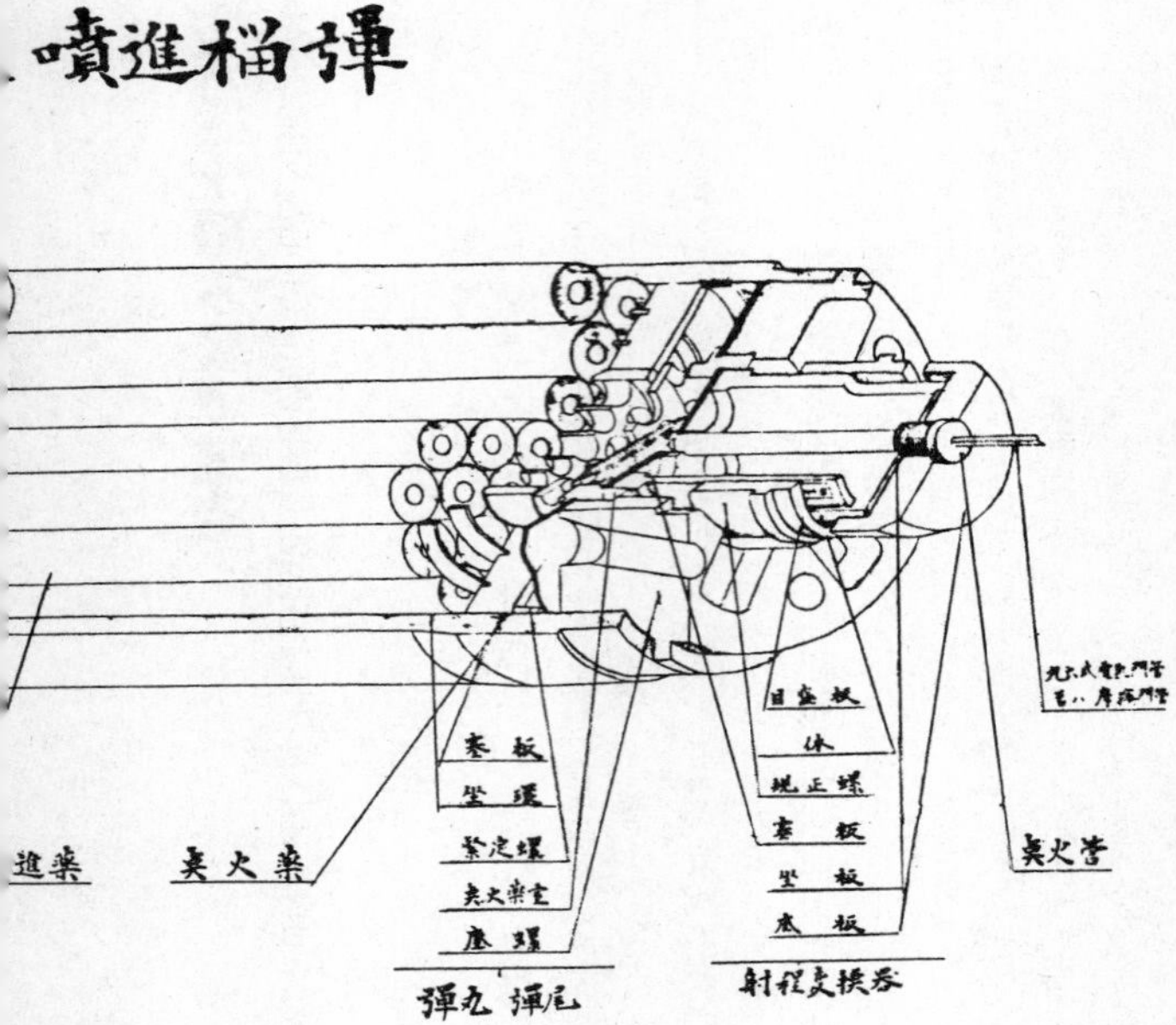

試製四式四十糎噴進榴弾　断面図　各部名称

試製四式四十

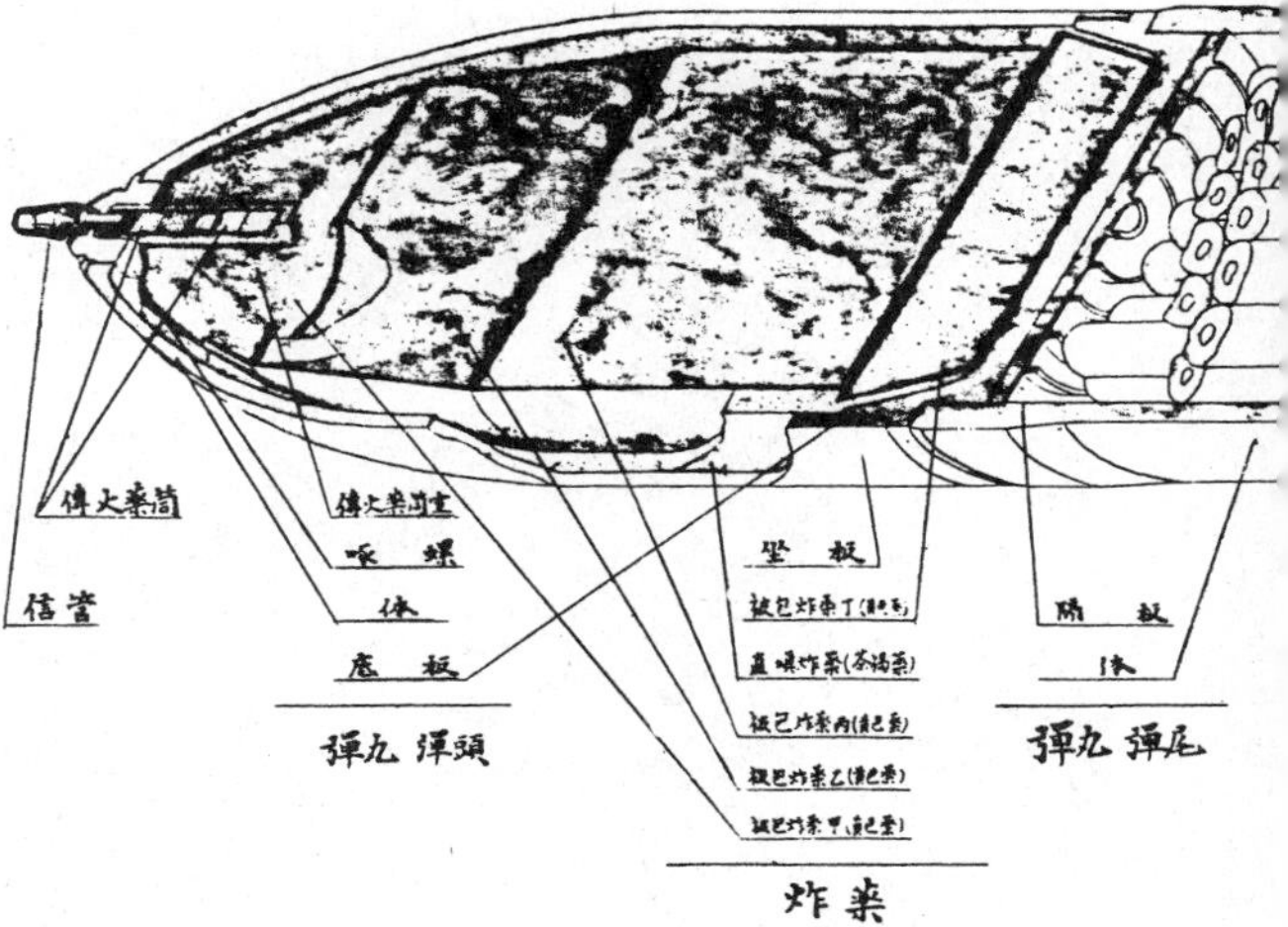

傳火薬筒
信管
傳火薬筒室
喉螺
体
底板
弾丸 弾頭
坐板
被包炸薬丁
直噴炸薬(茶褐薬)
被包炸薬丙
被包炸薬乙
被包炸薬甲
炸薬
隔板
体
弾丸 弾尾

(上)試製四十糎噴進砲。金属製筒型。
(下)同、発射筒ふたを左右に開き、揚弾機により弾丸を装填する。

(上)試製四十糎噴進砲。木製砲I型。弾丸装填。
(下)試製四十糎噴進砲による試製四十糎噴進榴弾の発射。

(上)試製四式四十糎噴進榴弾を装填した試製四式四十糎木製噴進砲。制式。
(下)同、各部名称。

（上）試製四式四十糎噴進榴弾と野砲弾の比較。
（下）試製四式四十糎噴進榴弾。噴気孔および側方噴気孔。

同じで内部に炸薬98・28kgを充填している。その後方に円筒部を連結し、内部に径48㎜の管状の推進薬37本66kgを詰めている。後方底板には円周に沿って6個の25度に傾斜した孔を開け、これからガスを噴出して旋動しながら飛行する。噴気孔の径は44㎜。噴進薬が燃焼する時間は1・2秒から1・7秒で、このときの榴弾の位置は砲口前約180m、存速は155m/sから220m/sである。発射は摩擦門管を用いた。1弾の効力半径は約50mに達する。本弾の射距離変換は弾底部の側方に4個付いている射程変換器の噴気孔を開閉して、噴出ガスの量を変えることにより行なう。側方噴気孔を全開すると射程は最小の2000mとなり、全閉すると最大射程約4000mとなる。側方噴気孔の幅は20㎜で、長さは最大60㎜まで調節できる。噴進砲の射角は45度の一定である。

昭和十九年九月に兵器行政本部が出した十九年度整備に関する機密指示に、新たに四十糎噴進弾発射機50門を追加した。終戦時に本砲の完成品45門が名古屋造兵廠港工場にあった。四十糎噴進榴弾は約500発の製造に止まったが、他の大口径弾を含めると昭和十九年以降、約9000発製造したと推定される。また、大阪陸軍造兵廠枚方製造所第六工場において、昭和十九年十二月頃から、四式噴進榴弾用瞬発信管の量産体制に入り、終戦までに約8万個製作した。枚方製造所には終戦時に四十糎噴進榴弾の完成品、半途品が約350発あった。

昭和二十年十一月の解体兵器調査には、二十糎および四十糎噴進砲は北部に1門、東部に83門、東海に2門、中部に51門、四国に37門ありと記録している。

●試製四式四十糎木製噴進砲主要諸元

発射軌条　全長	3220mm
重量	約200kg
高低照準	垂球式
方向射界	左200密位、右100密位
方向照準	照星照門式、別に間接照準用眼鏡を付す
発火様式	摩擦門管、電気門管
弾丸の接触角（中心角）	100度
全備重量	約500kg
射程	2000〜4000m
最大速度	220m／s
弾種	試製四式四十糎噴進榴弾
弾径（定心部）	400mm
弾量	507・6kg

●噴進弾主要諸元

口径	弾種	空弾量	炸薬量	信管	弾丸全長	噴進薬量	全備弾量	最大射程
七糎	タ弾	2.83kg	0.71kg	五式ろ弾用瞬発信管	359mm	0.26kg	4.08kg	750m
九糎	榴弾	6.00kg	1.73kg	五式ろ弾用瞬発信管	433mm	0.62kg	8.60kg	1050m
九糎	タ弾	6.58kg	1.59kg	五式ろ弾用瞬発信管	470mm	0.62kg	9.03kg	950m
十五糎	榴弾	20.55kg	5.17kg	五式ろ弾用瞬発信管		4.43kg	30.39kg	4200m
二十糎	榴弾	57.30kg	16.54kg	一〇〇式二働信管「迫」	1019mm	9.85kg	83.70kg	2500m
二十四糎	榴弾	72.55kg	24.70kg	一〇〇式二働信管「迫」	975mm	13.16kg	110.7kg	2900m
四十糎	榴弾	321.2kg	98.28kg	一〇〇式二働信管「迫」	1874mm	66.00kg	509.6kg	4000m

●試製四式二十糎・二十四糎・四十糎木製噴進砲主要諸元

区分	発射軌条長（m）
試製二十糎・二十四糎共通木製噴進砲	（I型）2.1 （II型）2.1 （三連砲）2.25
試製二十糎木製三連噴進砲	2.186
試製四十糎木製噴進砲	3.220

315　試製四式四十糎木製噴進砲

全備重量（kg）	（Ⅰ型）60 （Ⅱ型）42 （三連砲）85	85	200
最大幅（m）	（Ⅰ型）1・722 （Ⅱ型）1・264 （三連砲）1・970	1・920	2・523
最大高（m）	（Ⅰ型）2・325 （Ⅱ型）1・500 （三連砲）2・335	2・160	3・090
最大射程（m）	（Ⅰ型）約2500 （Ⅱ型）〃 （三連砲）〃	約2500	4000

試製十五糎多連装噴進砲

150mm MULTIPLE ROCKET LAUNCHER, EXPERIMENTAL

試製十五糎多連装噴進砲は装輪式とし、軽装甲車または自動貨車により牽引する計画だった。陸軍技術本部は昭和十九年（一九四四年）に、わずか1門だが、金属製砲架の20連装ロケット・ランチャーを試作し、自動貨車に装載して射撃試験を行なった。試験射撃では射弾が拡散したため、砲身長、砲口部に改修を加えるところで終戦を迎えた。大阪造兵廠第一製造所第九工場では次の試製砲が7割方できていた。同じ頃に試作した砲撃艇搭載型の「七糎二十連装噴進砲」は木製砲架だった。

十五糎噴進榴弾は重量30・4kg、炸薬量5・2kg、推薬量4・4kg、燃焼時間0・7秒で、最大速度190m／s、最大射程4200mに達した。噴気孔は8個あり、25度の傾角で毎分最大3000回転を与えて弾道を安定する。発射方式は電気点火式である。

終戦時に「試製車載多連装噴進砲砲架」と「試製連装十五糎噴進砲」の半途品1門が大阪造兵廠第一製造所第九工場にあった。

317　試製十五糎多連装噴進砲

（上）試製十五糎多連装噴進砲。転把は右側が方向照準機で、左側は高低照準機。（下）同、射撃試験のため自動貨車に搭載。

(上)同、運行姿勢。砲架側面に射角板。(下)同、射撃姿勢。砲架左側の照準座から照準後、遠隔操作による電気発火で順次発射する。

五式砲撃艇

7cm ROCKET LAUNCHER BOAT, EXPERIMENTAL

五式砲撃艇は合板を張った艇体に自動車機関を搭載し、7cm噴進砲を装備した高速艇で、主に敵の上陸用舟艇に対し、ロケット弾の弾幕を浴びせて、上陸を阻止しようとするものであった。海軍の震洋は12cm単装噴進砲を2門装備していた。第十陸軍技術研究所は昭和二十年（一九四五年）五月に本艇の開発を決定し、六月中旬に試作艇を完成した。兵装装置は試製七糎噴進砲取付架と発射装置からなる。取付架は木製で、砲20門を上下2段に10門ずつ装載し、電気点火式発射装置により10門を斉射できるように配線している。また、必要に応じ艏甲板《おもて》に九七式自動砲か重機関銃を装備し、操舵室から操作することができる。

噴進砲発射の要領は、①発射門数に応じた点火開閉器を閉じる。②射角付与器の把手を回し、砲の射角を水平線上所望の角度に保持して、③点火用電源開閉器を閉じると、噴進弾に点火し、発射する。

船用機関は試作の遅延、故障、空襲などのため、研究が中止され、自動車用エンジンの転

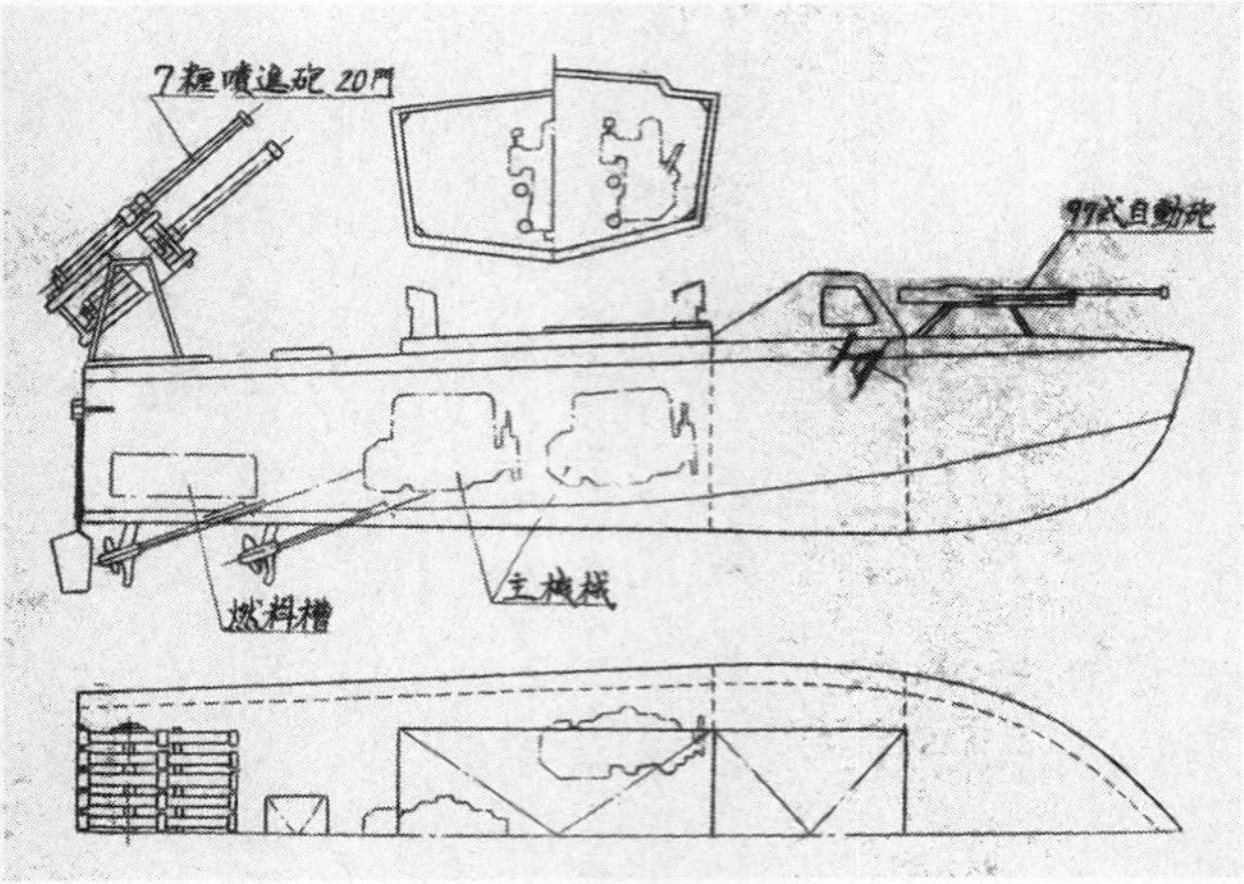

五式砲撃艇。側面図。

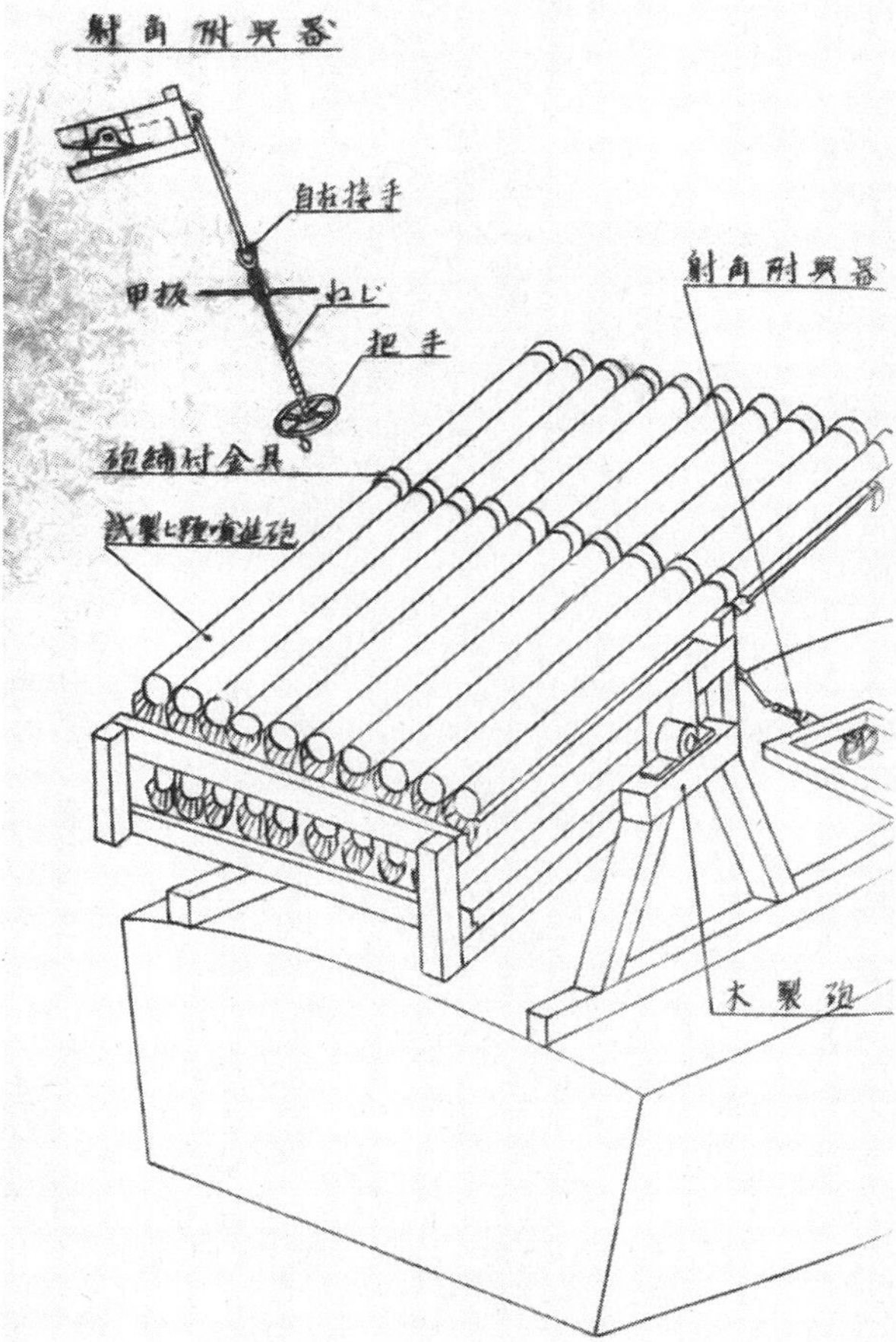

同、試製七糎噴進砲取付架、射角付与器。

用になった。本艇はロケット弾の精度と速力が不十分であったので、なお研究を続けていた。艇体全長7m、全幅2・2m、全高1・092m、満載排水量2・95t、速度24ノット、航続時間約3・5時間、乗員3名。

無反動砲

試製八十一粍無反動砲

81mm RECOILLESS GUN, EXPERIMENTAL

ドイツで生まれた無反動砲に関する技術は、昭和十八年の半ば頃に概要説明に続いてパンツェル・ファウスト型の図面が到着し、第一陸軍技術研究所は松田少佐、山本中尉の担当で昭和十八年後半から無反動砲の開発に着手した。

試製八十一粍無反動砲は昭和十九年（一九四四年）五月、大阪陸軍造兵廠に試作を発注し、同年十一月頃に完成した。同型式のⅠ型とⅡ型があり、Ⅰ型は砲身がやや長く、Ⅱ型は噴気口の径が太い。３名で運搬し、滑腔砲身と撃発機、噴気筒、脚からなる取り扱い簡便な対戦車兵器であった。伏姿で有翼タ弾を発射する。実用射程３０ｍ、炸薬量０・４５kg、穿孔厚１００㎜。

伊良湖射場で試験を行なった結果、レール上の台車に載せた砲は、後部のラッパ（テーパー円筒）の角度や長さを変えることにより、様々な変化が現われた。ある条件にすると、弾丸が飛んで行った後から砲が追いかけて行き、前の砂場に転落したこともあった。伊良湖射

(上)試製八十一粍無反動砲。機銃架に搭載したⅠ型。
(下)試製八十一粍無反動砲。三脚架に搭載したⅡ型。

場で無反動砲の試験中、射撃指揮官の斉藤軍曹が砲身の後方から覗いた瞬間発火して、顔面を吹き飛ばされて即死したことがある。

本砲はレイテ作戦に間に合わせるため、突貫作業で３００門製造した。ところが出来上がっていざ発送という時に、全部の照門が前後逆に付いていることがわかった。直すのに1週間かかるので、そのまま急送した。レイテ作戦には間に合わなかったが、沖縄戦には役立ったという。

●試製八十一粍無反動砲主要諸元

口径	８１・４㎜
重量	３７kg
高低射界	−2〜+20度
方向射界	左右各１５度
弾量	３・１kg
初速	１１０ｍ／ｓ
最大射程	２００ｍ
発射速度	２発／分

試製十糎半無反動砲

105mm RECOILLESS GUN, EXPERIMENTAL

本砲は昭和十九年九月、大阪陸軍造兵廠に試作発注し、昭和二十年（一九四五年）二月に試作砲身が完成した。二月十一日から十七日にかけて伊良湖試験場で無反動条件の基礎資料を得るための試験を実施したが、試験途中において薬莢の緊塞不良に基づく火薬ガスの漏洩により砲尾体を破壊した。試作砲身は全長１４３３㎜、全重量１６７・５kg、拡散筒開角１５度、拡散筒全長６００㎜であった。

昭和二十年五月八日から十二日にかけて伊良湖試験場で行なった修正機能試験には完全弾薬筒用の砲身と分離薬筒用の砲身の2種を供試した。試験の結果、装薬１・３kgを用いると き初速約２５０ｍ／ｓを得、精度良好、抗堪性適当と認められ、反動はほとんど無かった。射角６度で鉄板上に砲を置いて射撃した結果、平均射程は１３５０ｍに達し、１０００ｍ付近における対戦車射撃が可能と認められた。弾薬の分離薬筒式は機能良好であったが完全弾薬筒式は莢底の密塞機能が不良であった。しかし分離薬筒式は薬室に段部があり弾丸の装填

329　試製十糎半無反動砲

(上)試製十糎半無反動砲。砲架は簡易な構造で、射撃時は三点保持姿勢をとる。(下)同、射撃姿勢後視。噴気筒は砲尾右側にある。

が困難であるため、完全弾薬筒式薬莢の莢底を改良して採用することとした。弾薬は九一式十糎榴弾砲用三式穿孔榴弾を使用した。

この後、七月中旬に薬莢機能、薬種・薬量決定、命中および弾道性試験を行なう予定だったが実施されたかどうか不明である。

本砲の砲身は八十一粍無反動砲の滑腔砲身とは異なり、腔綫数32本の施条砲身を用いた。運行は駄載または1馬輓曳で行ない、射撃時は三点固定姿勢をとる。弾丸は旋動タ弾で、炸薬量1・59kg、穿孔厚は130㎜に達した。

昭和十九年九月に兵器行政本部が出した十九年度整備に関する機密指示に、無反動砲250門を追加した。本土決戦に備えた昭和二十年度火砲調達計画に本砲200門があった。昭和二十年四月二十一日、大阪陸軍造兵廠第一製造所は第一陸軍技術研究所第二科に対し、200門整備のため至急図面を修正するよう求めている。終戦時に本砲の半途品1門が大阪造兵廠第一製造所第三工場にあった。

本砲は昭和二十年六月に研究を終了する予定だったが、本砲と同型式の「試製七糎半無反動砲」も少し遅れて同年八月に完成予定で研究を進めていた。試製七糎半無反動砲の弾丸も旋動タ弾で、炸薬量0・71kg、穿孔厚100㎜であった。

●試製十糎半無反動砲主要諸元

口径　105㎜（75㎜）

重量　350kg（280kg）

高低射界　−15〜+22度
方向射界　左右各30度
車輪中径　700mm
弾量　10・91kg（3・95kg）
初速　290m/s（350m/s）
有効射程　1000m（1000m）
（注）（　）内は試製七糎半無反動砲

試製五式四十五粍簡易無反動砲

45mm RECOILLESS GUN TYPE5, EXPERIMENTAL

本砲は昭和十九年十二月、大阪陸軍造兵廠に試作発注した。竣工後、各種試験とそれに基づく改修を重ね、昭和二十年六月に完成したⅣ型を整備する予定だった。

本砲は歩兵部隊が携行する簡単な無反動砲で、口径より大きい外装式柄付穿孔榴弾（砲の口径は45㎜で弾丸の外径は80㎜）を使用して、至近距離から対戦車射撃を行なう。穿孔厚は120㎜。砲は砲身、砲尾、副筒撃発機からなっており、一人で携行できる。砲身は棒鋼第3種で製作し、九九式小銃の薬莢を応用した点火具を用いる。無反動の原理は、薬筒の装薬を燃焼させて弾丸を発射すると同時に、後方にガスを噴流し、ガスの与える反動により火砲にはまったく反動がこないというものである。発射時は噴流ガスの危険防止のため後方5m以内に立ち入らないこととされていた。

●試製五式四十五粍簡易無反動砲主要諸元

口径　45㎜

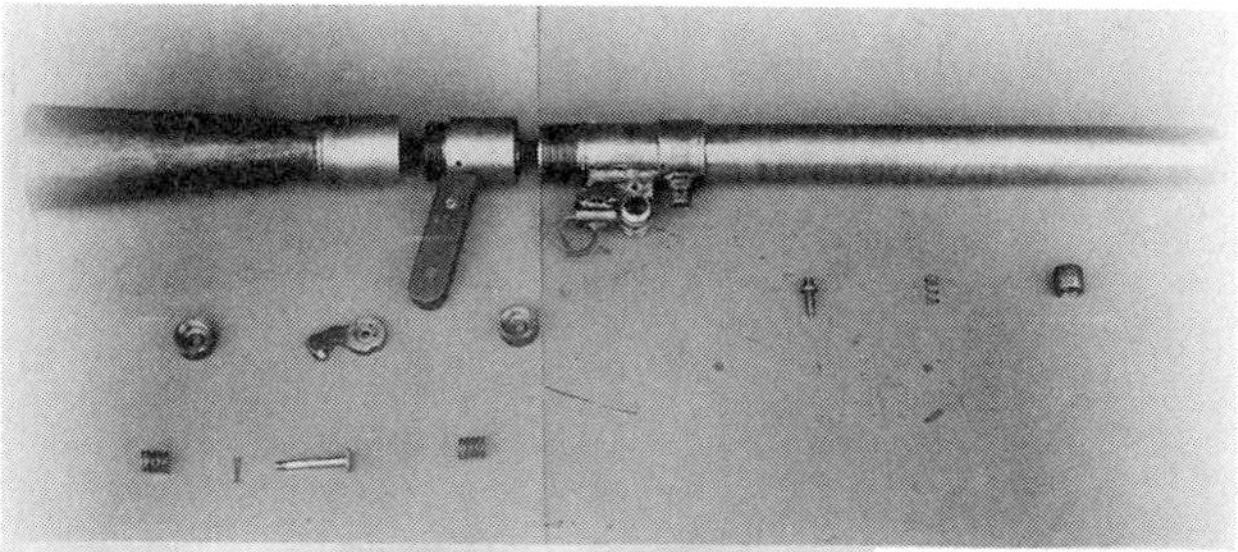

（上）試製五式四十五粍簡易無反動砲。砲の分解。
（下）外装式柄付穿孔榴弾を装填した射撃姿勢。立射。

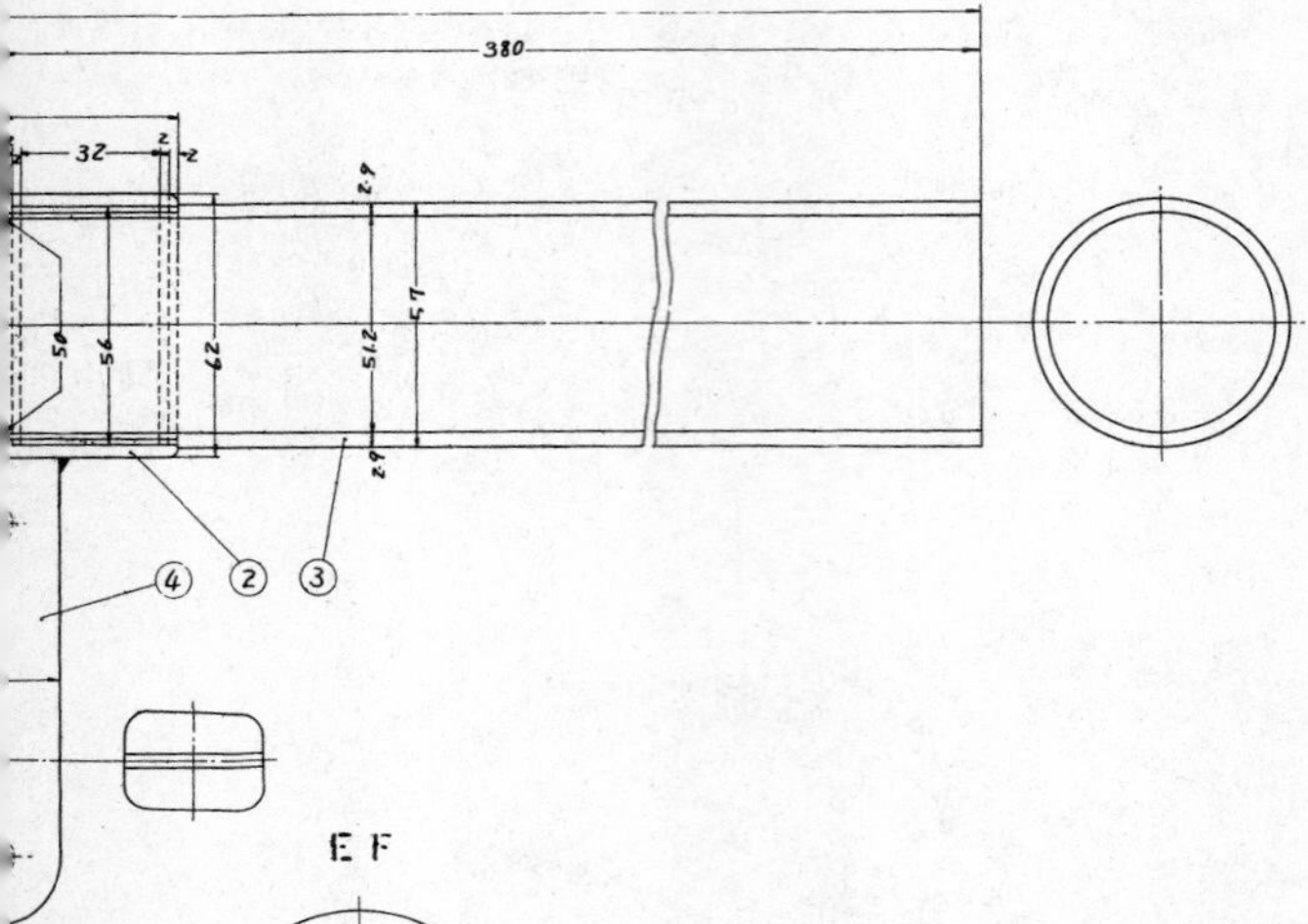

EF

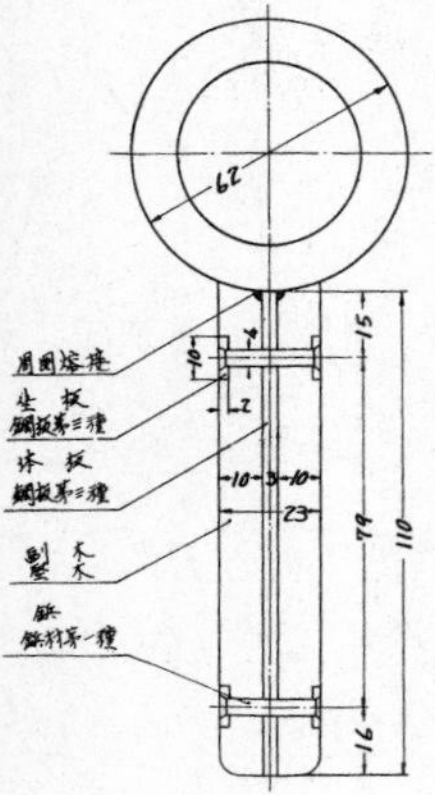

番号	名称
1	砲身
2	砲尾
3	副筒
4	握リ
5	点火管室
6	撃鉄室
7	撃鉄旋挿室
8	安全栓

番号及名称	品質	員数	摘要
1 砲身	特鋼第三種	1	外面ハ茶褐色塗リトス
2 砲尾	〃 〃	1	〃 〃
3 副筒	一般継目無鋼管	1	〃 〃
4 握リ		1	副木、坐板鋲共

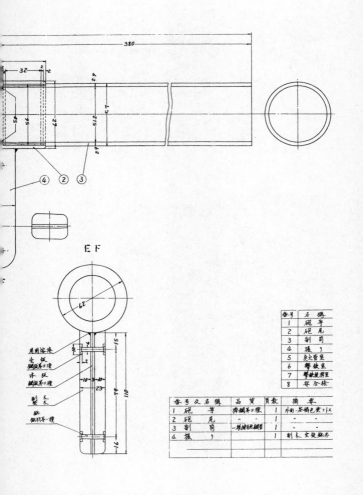

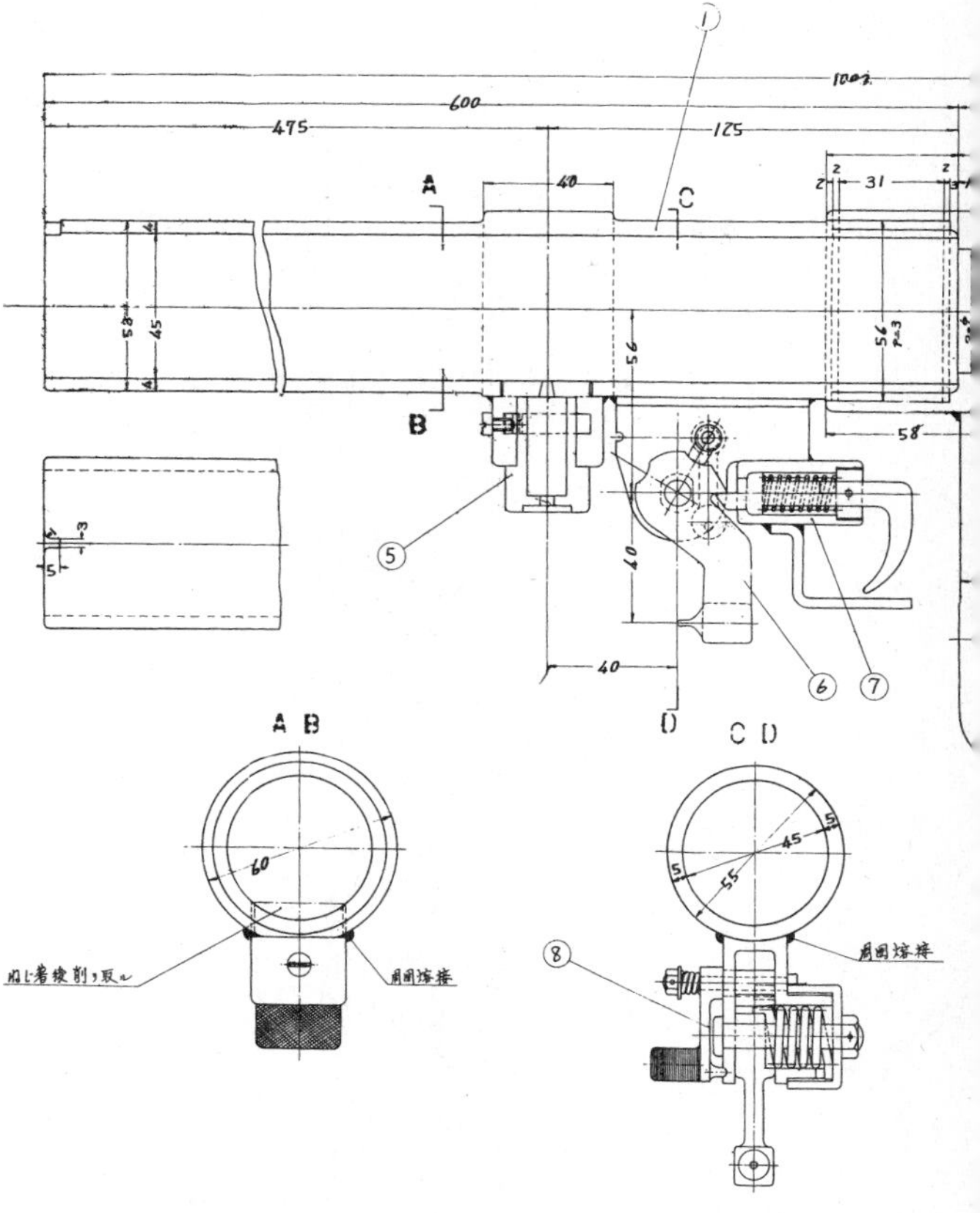

試製五式四十五粍簡易無反動砲　断面図

試製五式穿孔榴弾弾薬筒　断面図

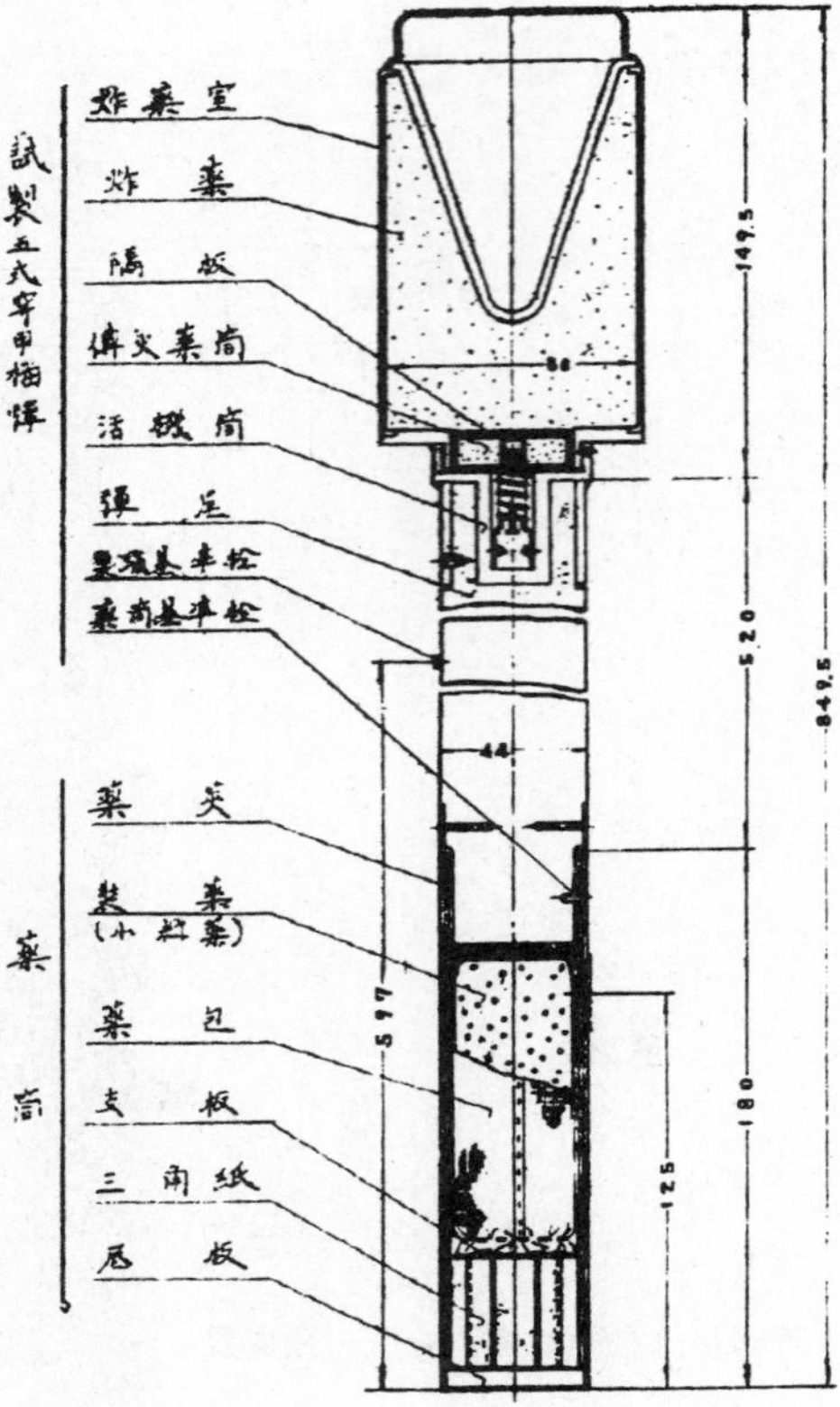

337　試製五式四十五粍簡易無反動砲

(上)試製五式四十五粍簡易無反動砲。膝射。
(下)同、伏射。

全長　1000mm
砲身長　600mm
砲身肉厚　4〜6mm
全備重量　5・2kg

●試製五式穿孔榴弾主要諸元（分離薬筒）

弾丸全長　700mm
全備弾量　2・15kg
炸薬量　0・64kg
薬筒全長　180mm
装薬量　100g
初速　45m／s
有効射程　50m
最大射程　150m（射角45度）
発射速度　2発／分

船載火砲

二式船舶用中迫撃砲

150mm SHIPBOARD MORTAR TYPE2

輸送船等の自衛専用兵器として設計した中迫撃砲で、船舶上に据え付けて全周方向射界を付与し、潜航中の敵潜水艦に水中弾をもって水中攻撃を行なう。

円形の砲架、駐退機、復坐機、砲身、高低・方向照準機よりなる取り扱いの簡易な火砲で、発火様式は撃発と墜発の両用である。発射速度は墜発で毎分15発、撃発で10発程度であった。

本砲は昭和十七年（一九四二年）六月、研究設計に着手し、同十八年五月に竣工した。同年七月には陸軍船舶練習部に実用試験を依託し、船舶用対潜火器として適当であると認められた。昭和十九年六月までに19門竣工した。

専用の弾種は三式水中弾で、九六式中迫撃砲用の九六式榴弾を一部改造し、信管は試製三式水中小二号信管「迫」を装着する。水中における弾道はほぼ垂直に降下し、秒速約10mである。潜水艦に対する効力は至近距離で有効な損傷、200〜300m以内で破裂した場

二式船舶用中迫撃砲左側視。
手前の円筒は方向照準機。

同、後視。各部名称。

343　二式船舶用中迫撃砲

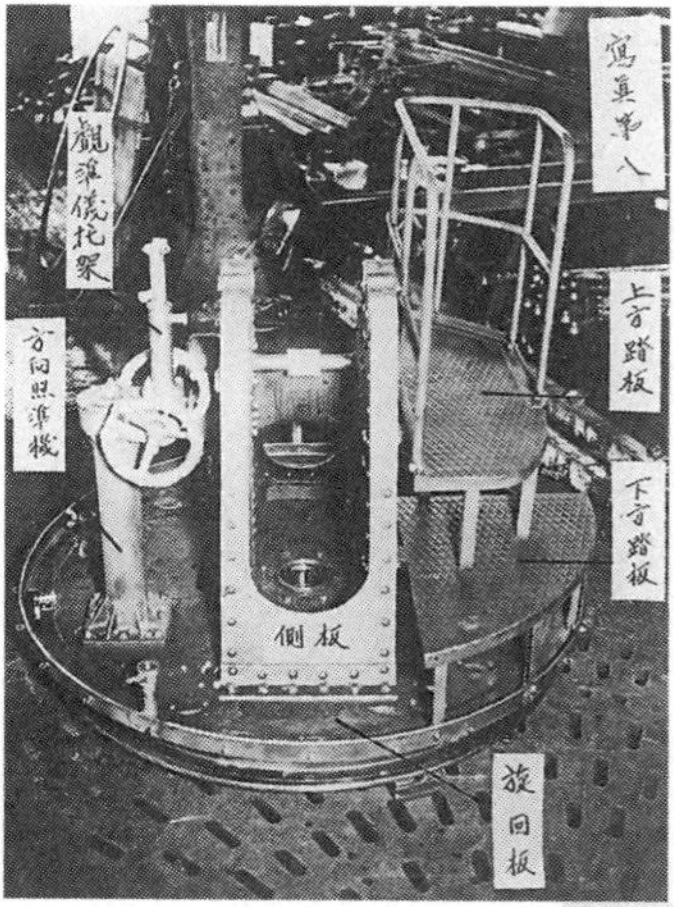

同、砲架上視。円形旋回板。各部名称。

二式船舶用中迫撃砲の砲口を覗き込む米兵。

合は相当な衝撃を与える。

砲手定員は砲車長以下9名とする。ただしうち4名は弾薬手である。

終戦時に本砲の半途品３２門が大阪造兵廠第一製造所第一、第三、第九工場に、砲身の完成品４９門分が同第一工場に、砲車の半途品１８門分が大阪金属工業堺製作所にあった。

●二式船舶用中迫撃砲主要諸元

砲身	口径	１５０・５mm
	全長	１３２５mm
	重量	１１１・３kg
後坐長		２７０mm
高低射界		−5〜+80度
方向射界		３６０度
放列重量		２５５５kg
初速		２１４m／s
弾量		２５・６６kg
最大射程		約３９００m
最小射程		約２００m
破裂深度		約１５m、３０m、４５m

試製船舶用十二糎迫撃砲

120mm SHIPBOARD MORTAR, EXPERIMENTAL

本砲は各種船舶に搭載して、主に対潜防御に使用する迫撃砲である。昭和十八年（一九四三年）八月、研究設計に着手し、昭和十九年四月、大阪陸軍造兵廠で竣工した。同年五月、陸軍船舶練習部に実用試験を依託し、輸送船宇品丸甲板上で射撃試験を実施した結果、良好な成績を示した。

砲身は滑腔砲身で、前装式である。発火様式は墜発、撃発の両用。砲架により全周旋回し、俯角は-25度までとれるが実用上の高低射界は４５度以上である。

船載迫撃砲の射角を一定に維持するため、すなわち海上で揺れる船体から砲架の水平を保つために、射角板の指針を所望の角度に締め付け、照星と照準環で常に水平線を照準するようにハンドルを回すことにより、船体の動揺にかかわらず、おおむね一定の射角を維持することができる。

弾丸は三式水中弾を専用するほか、必要に応じて二式十二糎迫撃砲用各種弾丸を使用する。

この場合、薬筒、薬包は共通である。三式水中弾は弾体に二式十二糎迫撃砲用弾薬筒の二式重榴弾を使用し、信管は試製三式水中小二号信管「迫」を装着、薬筒、薬包は二式重榴弾と同じである。水中における弾道はほぼ着水時の角度のまま直進する。

終戦時に本砲の半途品15門が伊丹市の中央工業に、船載砲床28組が大阪造兵廠第一製造所第三工場にあった。

船舶用対潜火器としては他に軽迫撃砲を利用し、有効射程2000m以上のものを研究する計画があったが、未着手に終わった。

●試製船舶用十二糎迫撃砲主要諸元

砲身	口径	120㎜
	全長	1530㎜
	重量	171kg
後坐長		210㎜
高低射界		+45〜80度
方向射界		360度
放列重量		1450kg
初速		196m/s(4包)
弾量		19.96kg
最大射程		約2500m

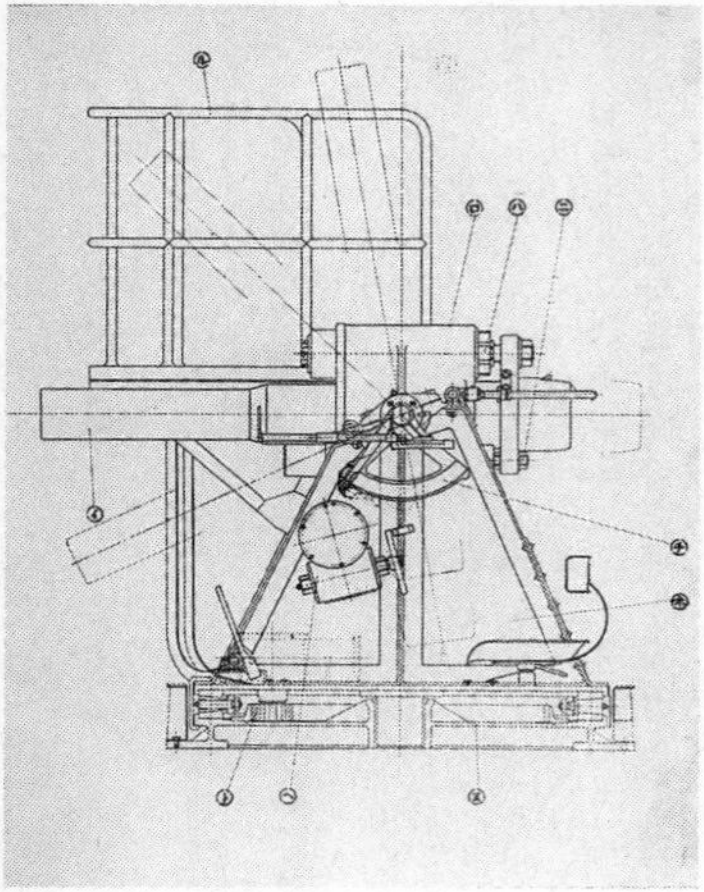

試製船舶用十二糎迫撃砲側面図。

破裂深度　約１５ｍ、３０ｍ、４５ｍ
操作半径　１・５ｍ

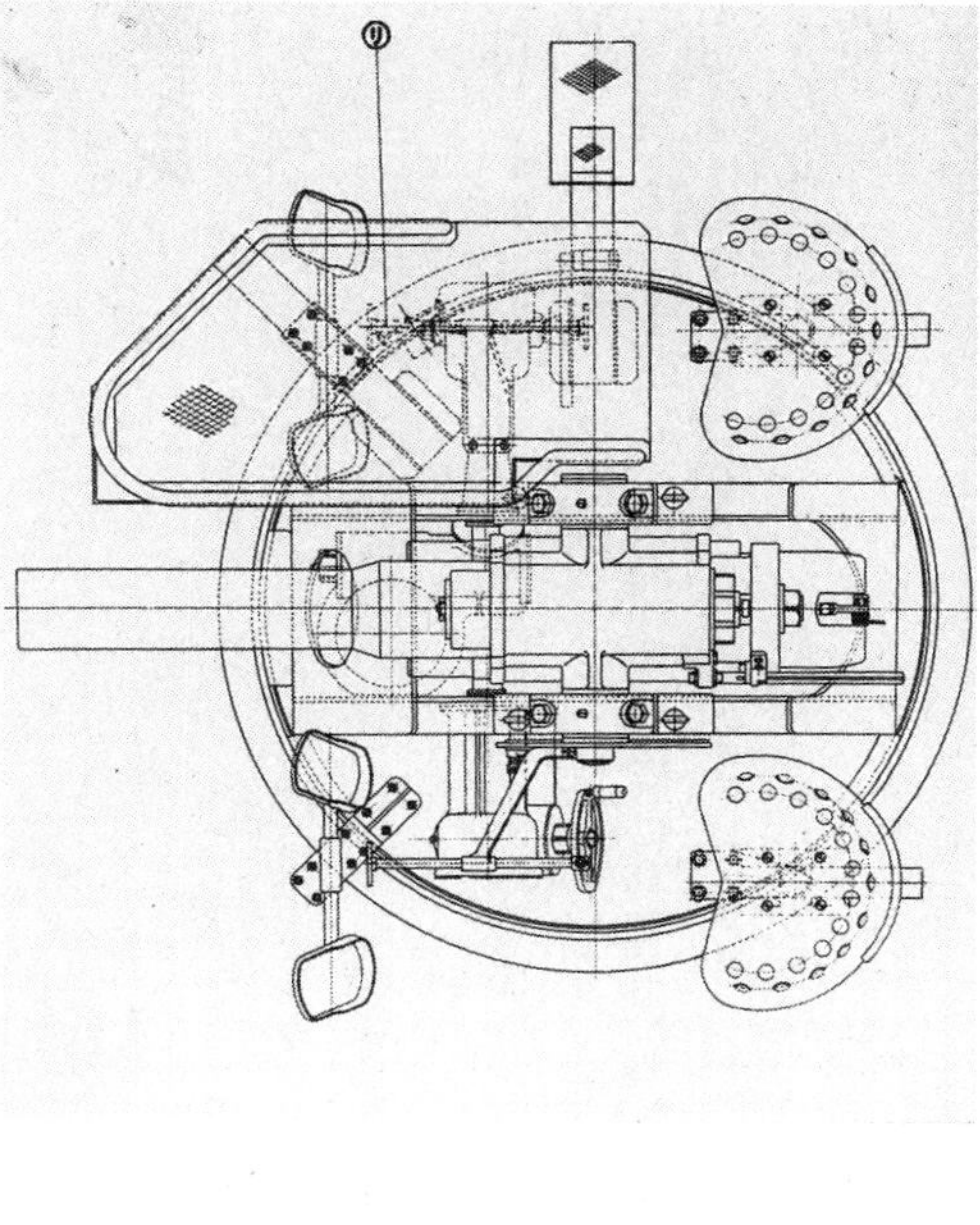
同、平面図。

十四年式重迫撃砲船載砲床

270mm HEAVY SHIPBOARD MORTAR TYPE14

本砲は制定以来整備することなく保管していた旧式の十四年式重迫撃砲1門を船載迫撃砲として利用するため、新たに専用の砲床を製作して火砲を搭載したものである。昭和十八年三月に完成し、同年四月、伊良湖射場で竣工試験を行なった結果、船載砲床により全周射界は得たものの、弾薬装填など操作上の不便は残った。発火様式は撃発。弾丸は十四年式破甲榴弾に水中信管を装着したものと推定される。

●十四年式重迫撃砲船載砲床主要諸元

砲身　　口径　　274・4mm

高低射界　　+45～75度

349　十四年式重迫撃砲船載砲床

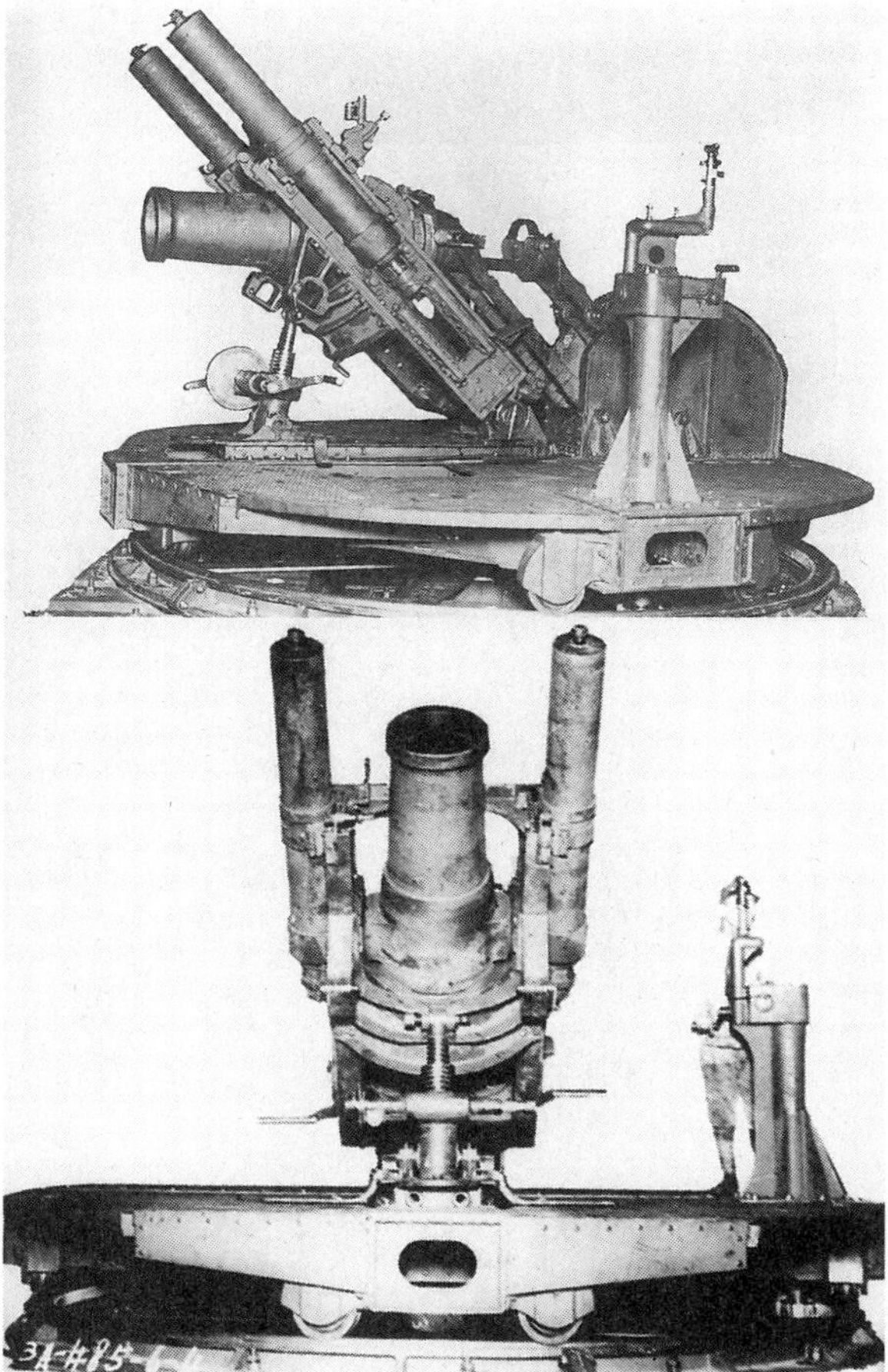

(上)十四年式重迫撃砲船載砲床左側視。(下)同、前視。

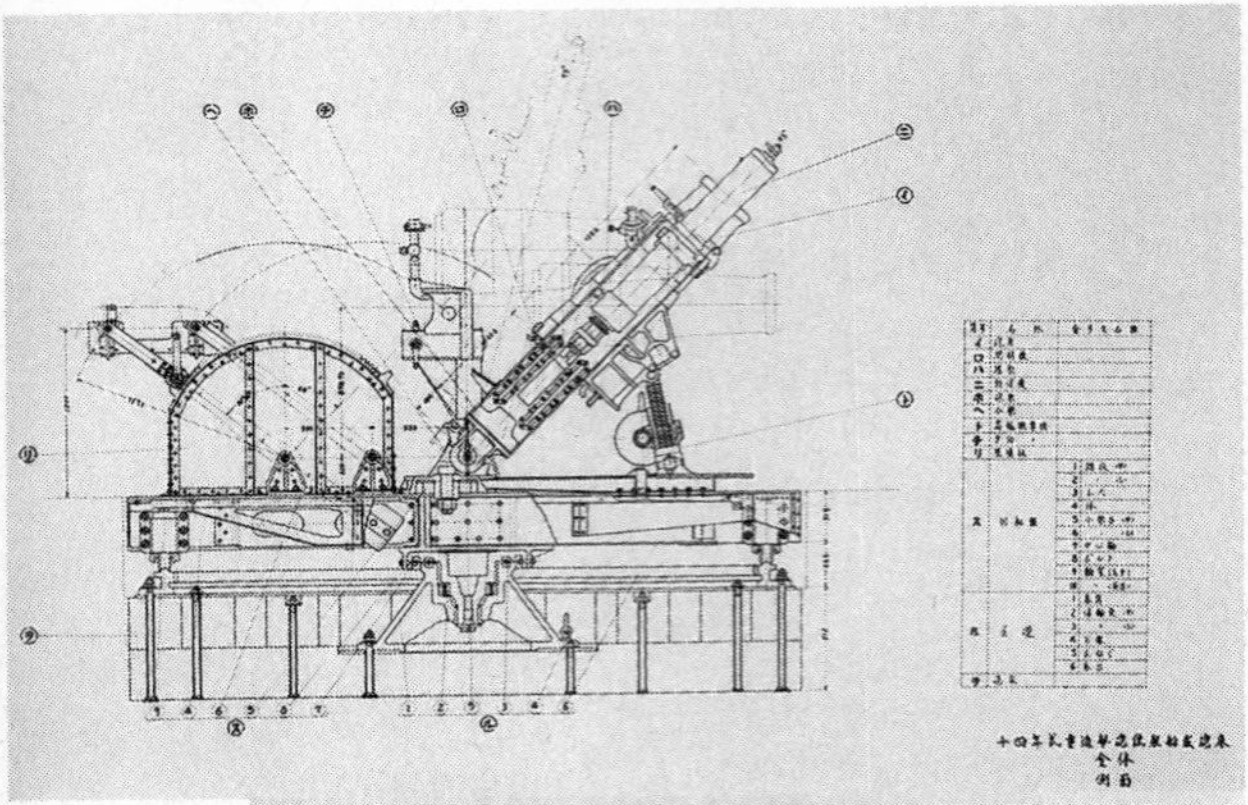

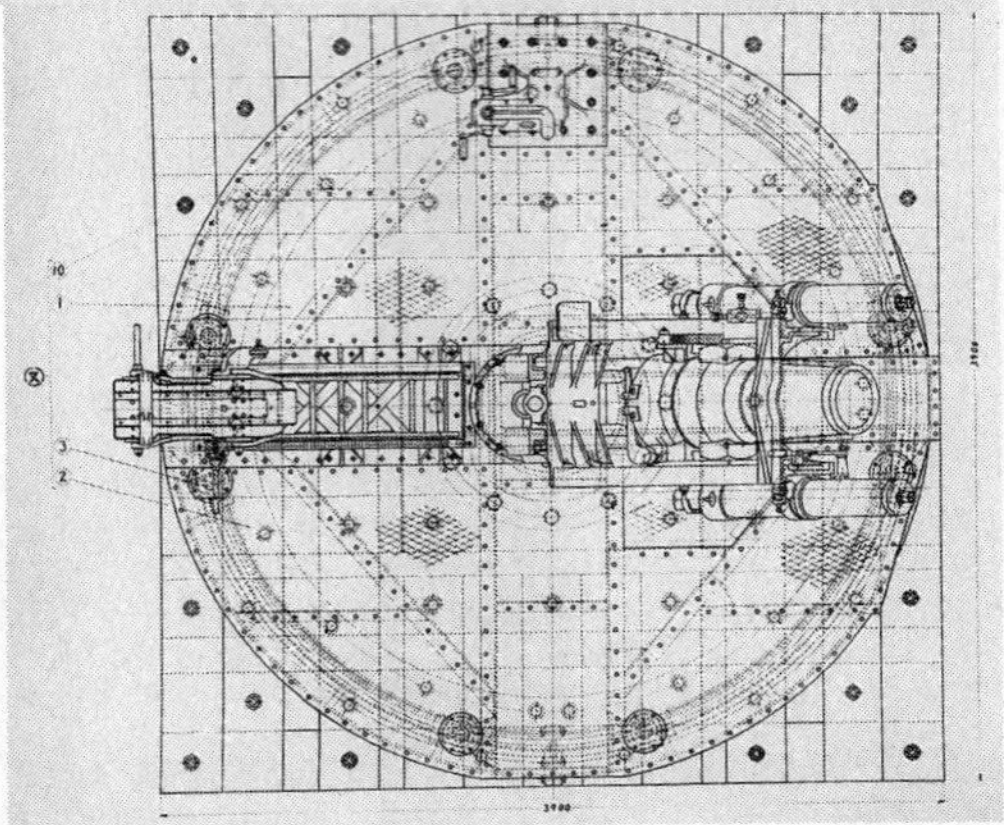

(上)十四年式重迫撃砲船載砲床側面図。
(下)同、平面図。

各種試製三式水中弾

ANTI-SUBMARINE AMMUNITION TYPE3

以上のように、船載迫撃砲は在来型の迫撃砲を応急の船載砲床に据え付け、弾丸を水中攻撃用の信管と取り替えて使用できるように改造したものであった。わが国では昭和十八年頃からこのほかにあらゆる種類の弾丸を改造して、試製三式水中弾と称する弾丸を試作した。試製三式水中弾は弾丸に水中を直進させるため、切頭の平頭弾としたもので、三式水中信管を深度によって燃焼秒時を合わせて射撃する。

海、空の護衛戦力が低下したことに伴い、船舶に自衛手段を講ずる必要が高まったことの表われであるが、これらの実体は爆雷とはほど遠く、威嚇射撃程度の効力をもつに過ぎなかった。

●各種試製三式水中弾諸元表

砲種＼要目	空弾量	炸薬量	全備弾量	最大射程	最小射程	破裂深度	沈降速度
九四式軽迫撃砲 九七式軽迫撃砲	3・92kg	0・99kg	5・13kg	約3800m	約200m	約15m、30m	10m／s
三八式野砲 四一式騎砲 改造三八式野砲 九五式野砲 四一式山砲 九四式山砲 八八式七糎野戦高射砲	6・02kg	0・86kg	7・63kg	約3500m	約800m	約30m	3m／s
九二式十糎加農 三八式十糎加農 七年式十糎加農 十四年式十糎加農	12・6kg	2・84kg	16・2kg	10000～11500m	2200～2600m	約30m	3・5m／s
四五式十五糎加農 七年式十五糎加農 八九式十五糎加農 九六式十五糎加農	41・91kg	8・94kg	51・6kg	7600～9000m	1000～1700m	約30m、40m	4m／s
二十八糎榴弾砲		31・51kg	221kg	約8000m	約1900m	0～60m	

353　各種試製三式水中弾

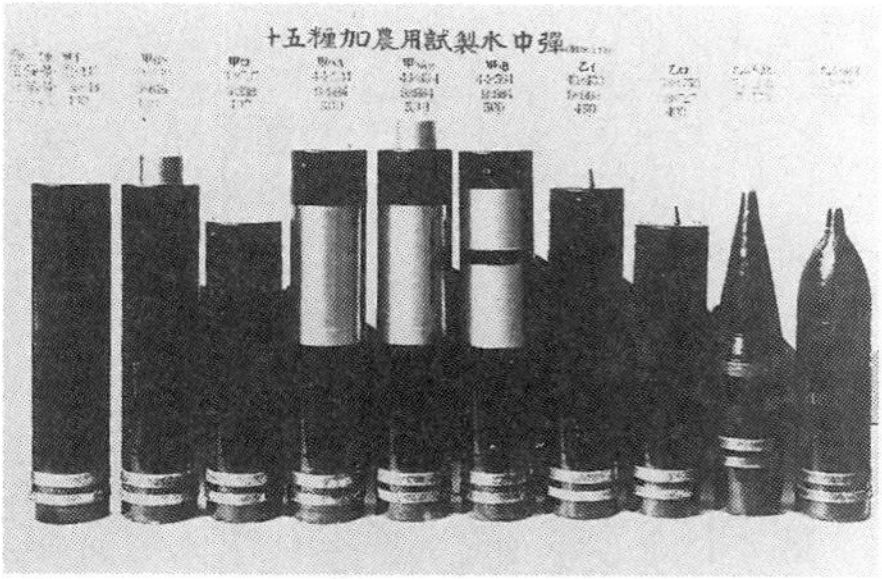

九三式榴弾、九三式尖鋭弾と十五糎加農用各種試製水中弾。

信管	破壊効力	脅威的効力
三式水中小二号信管「迫」「ロ」「ハ」		約200m以内
三式水中一号信管「榴」	0・5m	約200m以内
三式水中一号信管「加」	0・5m	約250m以内
三式水中一号信管「加」	2〜3m	400m以内
三式水中一号信管「迫」	10m以内	数百m以内

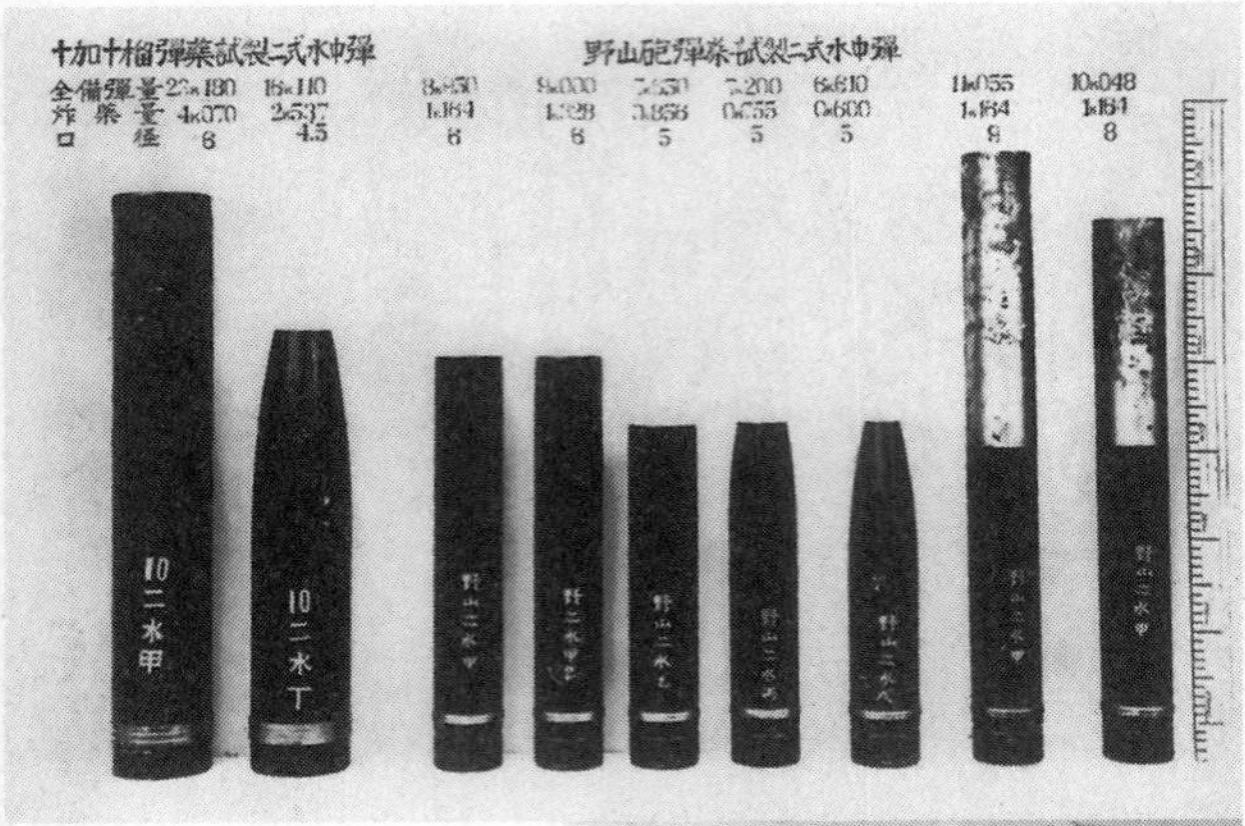

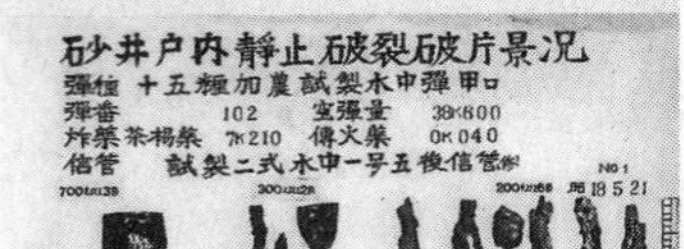

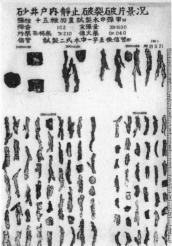

(上)各種試製二式水中弾。
(下)砂井戸内で静止破裂させた十五糎加農試製水中弾の破片。その1。

各種試製三式水中弾

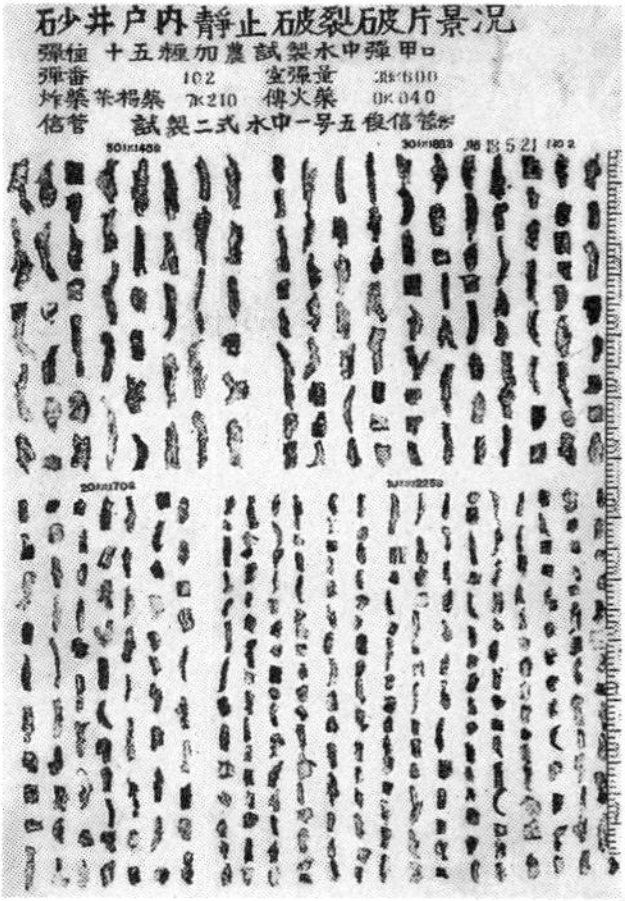

その2

その3

野山砲／高射砲

FIELD GUN, MOUNTAIN GUN & ANTI-AIRCRAFT GUN, ON SHIP MOUNT

昭和六年（一九三一年）七月、陸軍運輸部は野戦火器の船上装備と射撃試験を実施することになり、陸軍技術本部はこれと連合して研究中の装備の実用試験を行なった。技術本部が開発した装備は大きく次の3種に分類される。
1、四一式山砲および改造三八式野砲の簡易砲床式
2、四一式山砲および三八式野砲ならびに改造三八式野砲の基筒砲架式
3、十一年式七糎半野戦高射砲および八八式七糎野戦高射砲の簡易砲床式
十一年式七糎半野戦高射砲は船上に装備して、その機能、抗力、操用の便否、輸送船に及ぼす影響等を調査し、引き続き北九州付近で行なわれる第十二師団の防空演習における付帯演習の海上射撃として、部隊による実用試験を行なう。同時に野戦部隊の携行火器の臨時船上装備法として、三八式野砲船載砲床を改造三八式野砲用に改修したものと、四一式山砲用臨時船載砲床設備に関して、その機能、抗力を実験することになった。

技術本部はこれに先立ち諸般の計画に着手し、輸送船宇品丸の船首左舷側に高射砲を、前部ハッチの右舷側に野砲を、後部ハッチの右舷側に山砲を据え付けるよう、急いで設計を行ない、砲床設備の準備は一切運輸部に任せた。宇品在港中の宇品丸では三火砲を据え付けるとともに、船体の一部に補強策を施した。

七月十二日出港後、広島湾岩国沖において試験射撃を実施した結果は良好であり、続いて北九州防空演習の付帯演習として玄界灘芦屋沖において各種研究射撃演習を実施した。この間備砲の操作は技術本部係官の指導のもとに、浜松高射砲隊および久留米野山砲隊からの派遣将校以下が担当した。

これらの試験の結果は良好であったが、陸軍にとっては初めての試みであり、極めて臨時応急的な処置を講じたので、研究すべき問題も多く生じた。

運輸部からは部長広瀬中将、部付岸少将、渡辺中佐、長岡工兵少佐以下の熱心な協力があり、また岩国沖の射撃の際には上原元帥が乗船し、親しく視察したほか、寺内師団長以下多数の団隊長の視察があり、門司および芦屋沖射撃においては鈴木大将、木原師団長ほか各師団参謀の視察があった。異例ともいえるこれら多くの視察は輸送船の重要性とその自衛用兵器としての船載火砲に寄せる関心の高さを示した。

演習終了後、航海中の宇品丸で研究会を開催した。統裁は参謀本部沖少将で、出席したのは参謀本部、運輸部、防備課、海軍、技術本部であった。この試験で研究した主な課題は、

1、輸送船における備砲装備の配置と設備

2、砲種の選択と砲架の様式
3、観測設備と配置
4、対空および対潜水艦用火器と射法
5、上陸作戦における砲撃方法
6、船体動揺と観測、照準設備
7、船体の動揺と波浪に対する防危方法
8、将校以下の対船酔い処置

等である。また、上原元帥は特に潜水艦射撃の手段方法について疑問を提起し、この研究を唱導した。

次いで翌昭和七年（一九三二年）四月、運輸部渡辺中佐より、その年の輸送演習にも備砲装備を研究し、第十二師団と連合して宮崎県土々呂《ととろ》沖において実射を行ないたいので、研究配慮を願うとの依頼があり、技術本部では輸送船種、備砲の砲種等につき検討を進めていたが、同年四月二十三日、荒木陸軍大臣より緒方陸軍技術本部長宛に輸送船兵装研究の件達があり、輸送船に対する火器の装備に関し、運輸部と協同して研究することになった。

技術本部では前回の経験と研究結果から、三八式野砲、改造三八式野砲、四一式山砲を輸送船の備砲とする場合は全部に流用できる基筒式砲架を採用する必要を認めていた。

昭和七年五月、参謀本部および運輸部よりこの基筒式砲架に関する通牒があった。その内容は「昭和六年七月の研究においては三八式野砲船載砲床取扱法により、野山砲を輸送船上に装備し射撃試験演習を実施した結果、本装備法は船舶の構造上、装備位置および射界を著しく制限され、かつ迅速なる方向照準が困難である。加うるに上陸作戦に当たる輸送船の甲板上には舟艇の搭載などで狭隘を極め、前記砲架の装備位置をさらに著しく制限するであろう。したがってこの不利を除去するために基筒式砲架の研究を必要とする」というもので、技術本部側の所見と一致したのである。

技術本部ではただちに設計に着手し、大阪工廠において2種を試製した。これを昭和七年八月、宇品丸に搭載し、機能試験の後、前回同様岩国沖において射撃試験を実施した結果は次のとおりであった。

1、基筒式砲架の架匡は新試製のものを適当とする。

2、ベトンを砲床に使用するのは適当でない。甲板直結式を適当とする。

以上の結論が出たので、この方式によるものを採用して本船は以後の演習に参加した。ここで技術本部から運輸部へ注意した重要な事項がある。それは、基筒式砲架は船舶材料として整備されることになるが、砲架には照準機を装しているほか、構造上火砲の砲架を構成しているものであるので、これを普通の船舶材料と同様に扱って、民間の無経験者に製造させるようなことがあってはならず、射撃抗堪上の見地から材料の選択、製造工作法については十分留意しなければならない、という点であった。

この後、昭和十年（一九三五年）に至り、八八式七糎野戦高射砲を船載するための砲床の必要が認められ、技術本部で設計して運輸部が製作し、同年六月、試験の結果良好で実用に

四一式山砲の船載簡易砲床右側視。

四一式山砲の船載基筒砲架。水平射撃。後坐。

同、防楯装着。左後視。甲板上の枕木に取付。

同、防楯装着。右側視。

三八式野砲の円錐形船載基筒砲架。ベトン砲床に取付。

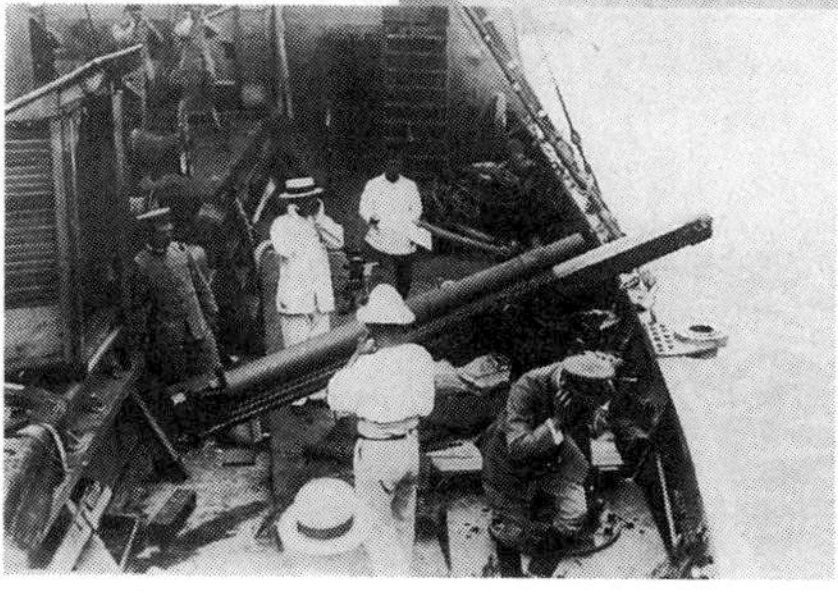

改造三八式野砲の円錐形船載基筒砲架。射撃。後坐。

(上)改造三八式野砲の船載基筒砲架。甲板に直接取付。
(下)同、左側視。防楯取付。

同、射撃。後坐。

同、大射角射撃。後坐。

改造三八式野砲の船載簡易砲床。

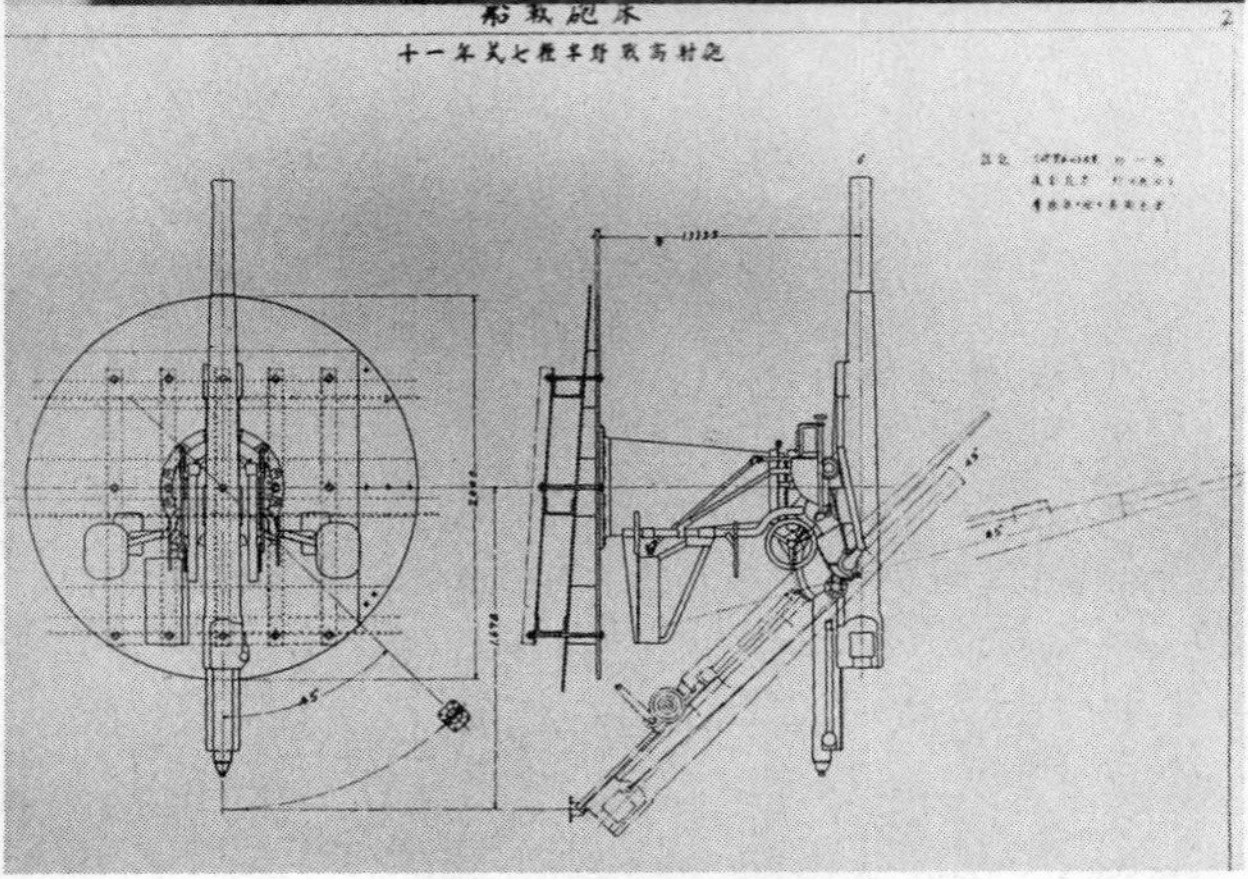

（上）八八式七糎野戦高射砲の船載簡易砲床。
（下）十一年式七糎半野戦高射砲の船載簡易砲床。

適すと認められた。

船載火砲に関しては、敵の潜水艦を駆逐爆沈するため各所の要塞火砲が行なう沿岸航路の保護あるいは海軍の護衛関係と相まって、火砲弾薬の選定について研究を重ね、海軍の爆雷砲に類するものも迫撃砲を応用して製造したことは前項のとおりである。

昭和十七年六月、民間船舶装備用兵器として船舶輸送司令部へ交付した火砲の種類、員数、交付先は次のとおりである。最初の案では斯《し》加《か》式十二糎速射加農や克《く》式十糎加農など明治時代に要塞に据え付けていた旧式火砲を当てることになっていたが、実施する前に三八式十二糎榴弾砲に変更した。

名称	門数	交付先
三八式野砲	45	宇品船舶輸送司令部
	44	大阪支部
	30	神戸支部
	60	門司支部
	20	東京支部
	10	大連支部
三八式十二糎榴弾砲	11	宇品船舶輸送司令部
ラ式三十七粍対戦車砲	10	大阪支部
	5	神戸支部
狙撃砲	36	大阪支部

馬式五十七粍速射砲	2	門司支部
四十七粍速射砲	3	門司支部
	10	東京支部
三一式山砲	5	宇品船舶輸送司令部
	4	中支監部
六年式山砲	6	高雄支部・基隆支部

船舶用臨時高射砲

TEMPORARY ANTI-AIRCRAFT GUN, ON SHIP MOUNT

船舶用臨時高射砲とは、九四式山砲、九四式三十七粍砲を装備した部隊が船舶で輸送されている間に、それらの火砲を応急的に対空自衛力の増加に利用するため、臨時高射用船載砲床に搭載するものである。

この研究は昭和十六年（一九四一年）の熱地対策研究要領に基づいて始められ、同年四月に技術本部工場において約2週間で試作した。いずれも方向射界は約40～50度、高低射界は50～70度が付与できるよう設計したが、砲床取り付けのためには甲板上に相当の面積を必要とするばかりでなく、方向射界はおおむね火砲開脚時の射界に限定され、有効な対空射撃は期待できなかった。

野山砲高射用砲座（陸上用）　改造三八式野砲用　側面図

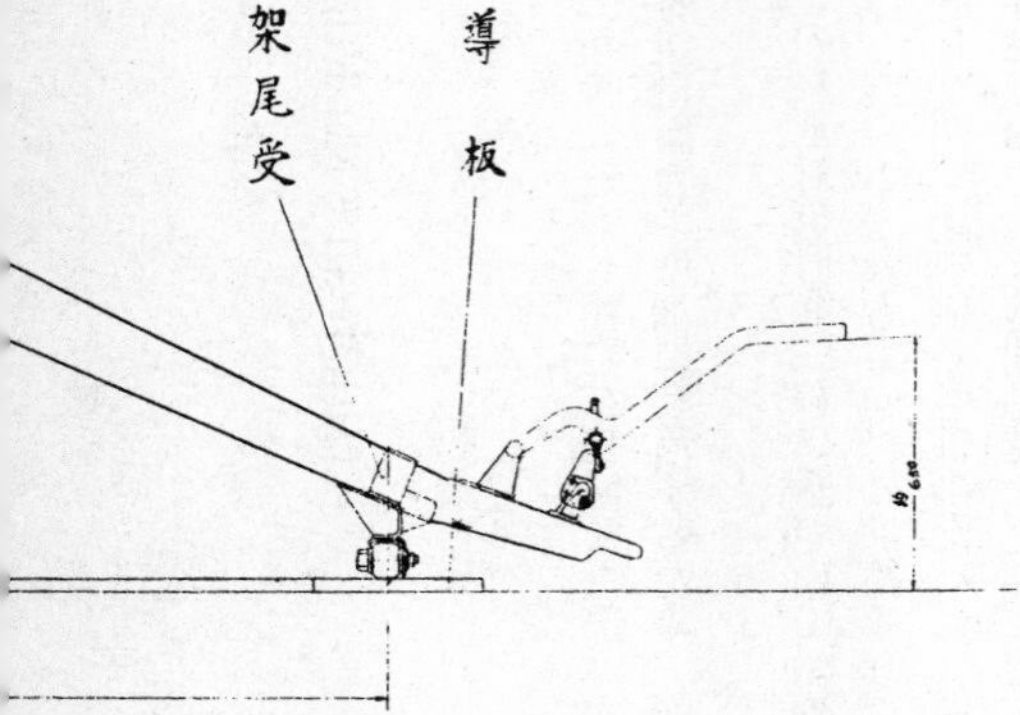

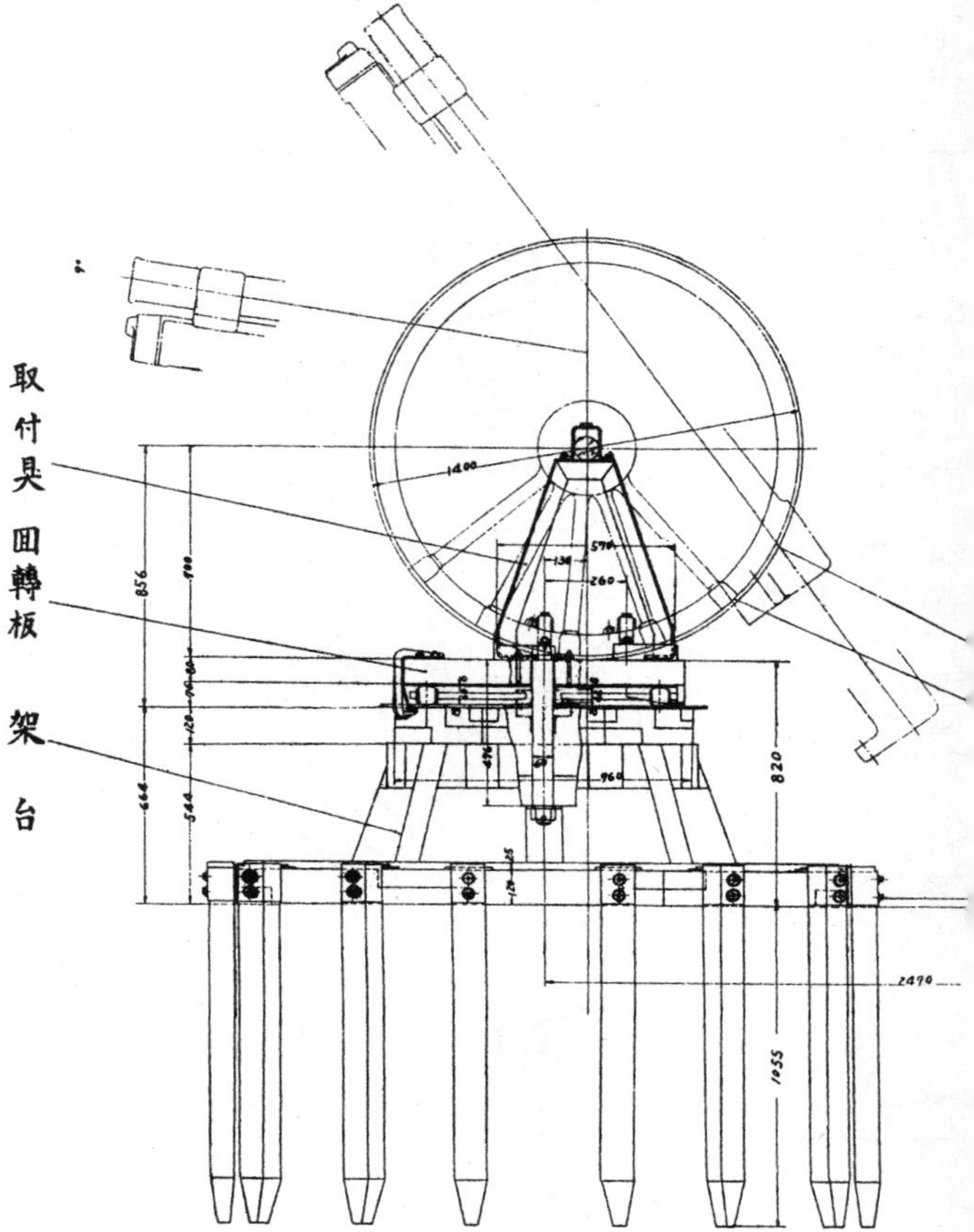
取付具
囬轉板
架台
1400
570
260
856
700
664
544
960
820
2470
1055

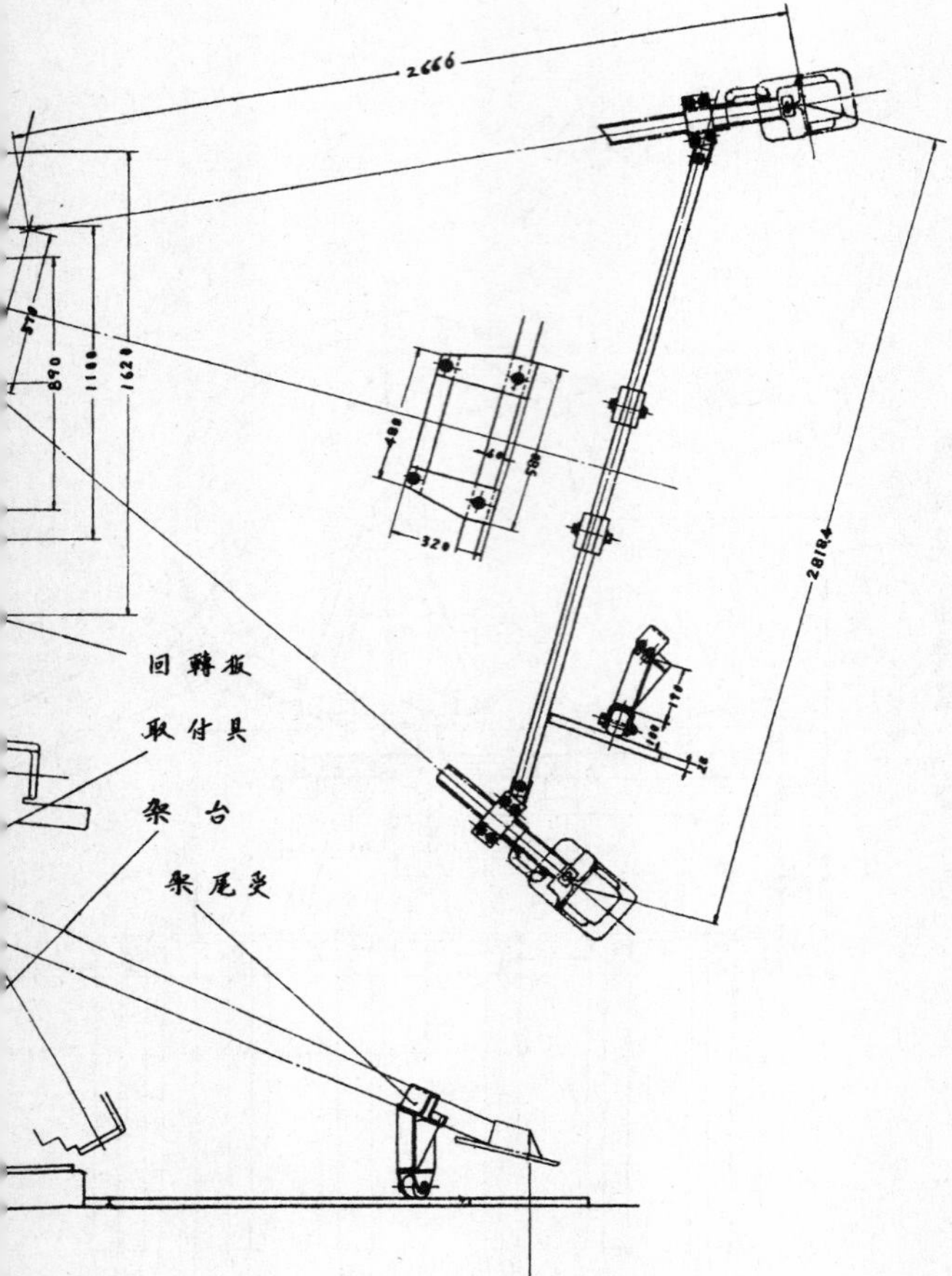
2666
870
890
1100
1620
480
40
580
320
2818.4
190
100
回轉板
取付具
架台
架尾受
2500

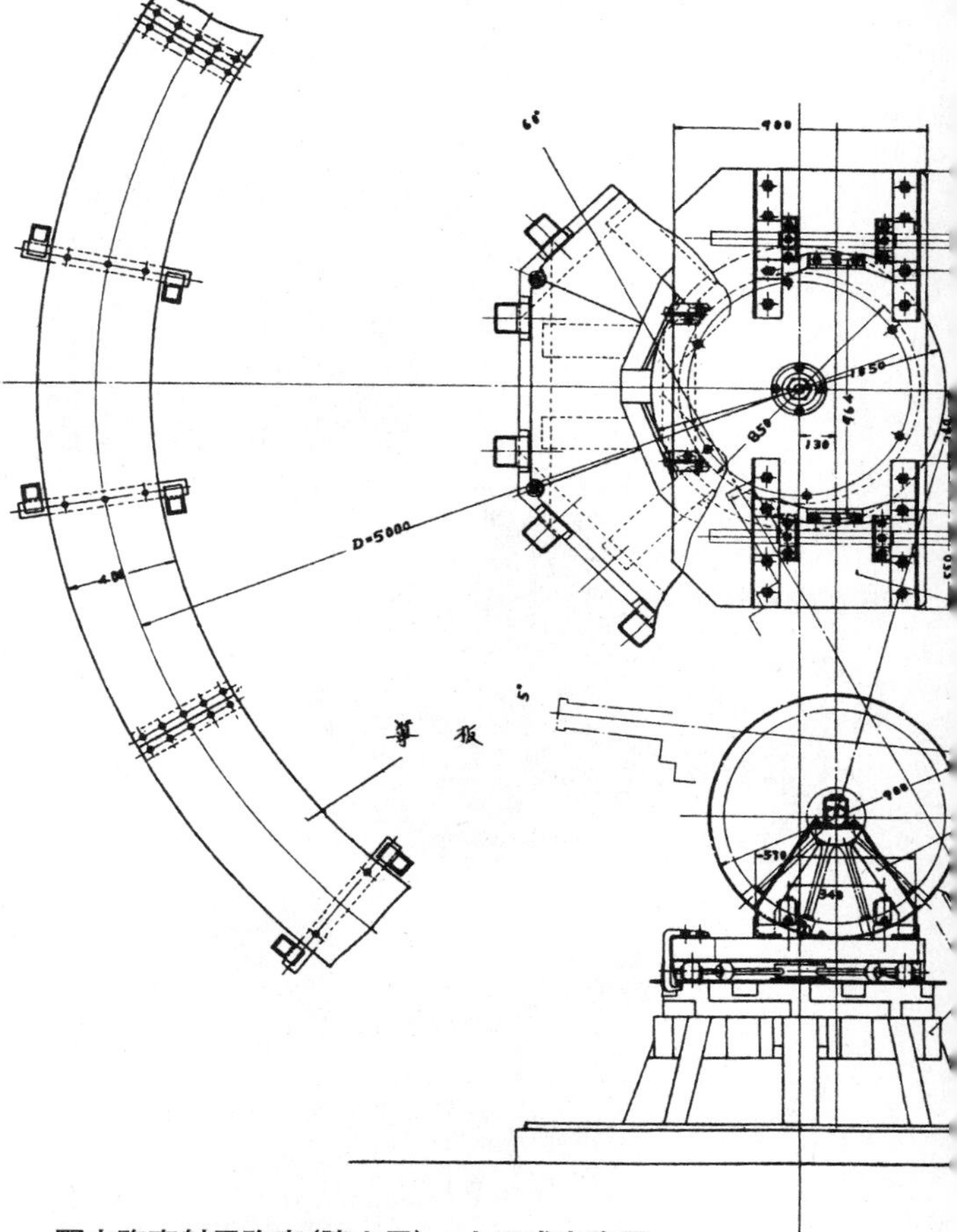

野山砲高射用砲座(陸上用)　九四式山砲用
側面、平面図

船舶用臨時高射砲。九四式三十七粍砲搭載。

船舶用臨時高射砲。九四式山砲搭載。

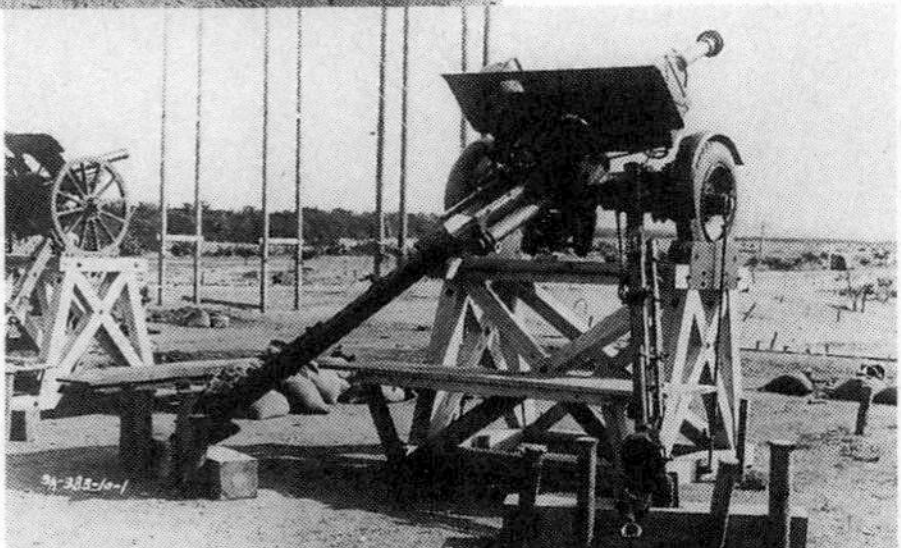

船舶用臨時高射砲。機動九〇式野砲搭載。

四式三十七粍舟艇砲
37mm SHIP GUN TYPE4

本砲は舟艇の自衛用として開発した火砲で、昭和十八年（一九四三年）五月、設計に着手し、同年八月、2門が竣工した。同年十二月に完成した陸軍の輸送用潜水艦㋒に取り付け、防錆と射撃機能を試験したところ、火砲の機能抗堪性は十分で、㋒本体に及ぼす影響もないことがわかった。本砲の主体は九八式三十七粍戦車砲と同じで、砲腔、砲尾重要部分、閉鎖機にはクロムメッキを施し、砲腔の前後端には防水栓を付けた。また、駐退復坐機に水抜き穴を設け、射撃時における海水の流出を容易にした。構造は基筒式で船体にボルトで取り付け、全周射界を付与した。弾薬筒は九四式三十七粍戦車砲のものを使用した。

昭和十九年（一九四四年）五月、大発動艇搭載用を試製し、同年八月には高射用砲架と砲尾装脱式砲身を試製した。高射用は抗堪性十分だったが、一〇〇式三十七粍戦車砲の砲身を使った砲尾装脱式砲身は、操用上からみて機能不十分と判定された。

終戦時に四式三十七粍舟艇砲の半途品24門が福島市の福島製作所にあった。また、砲身

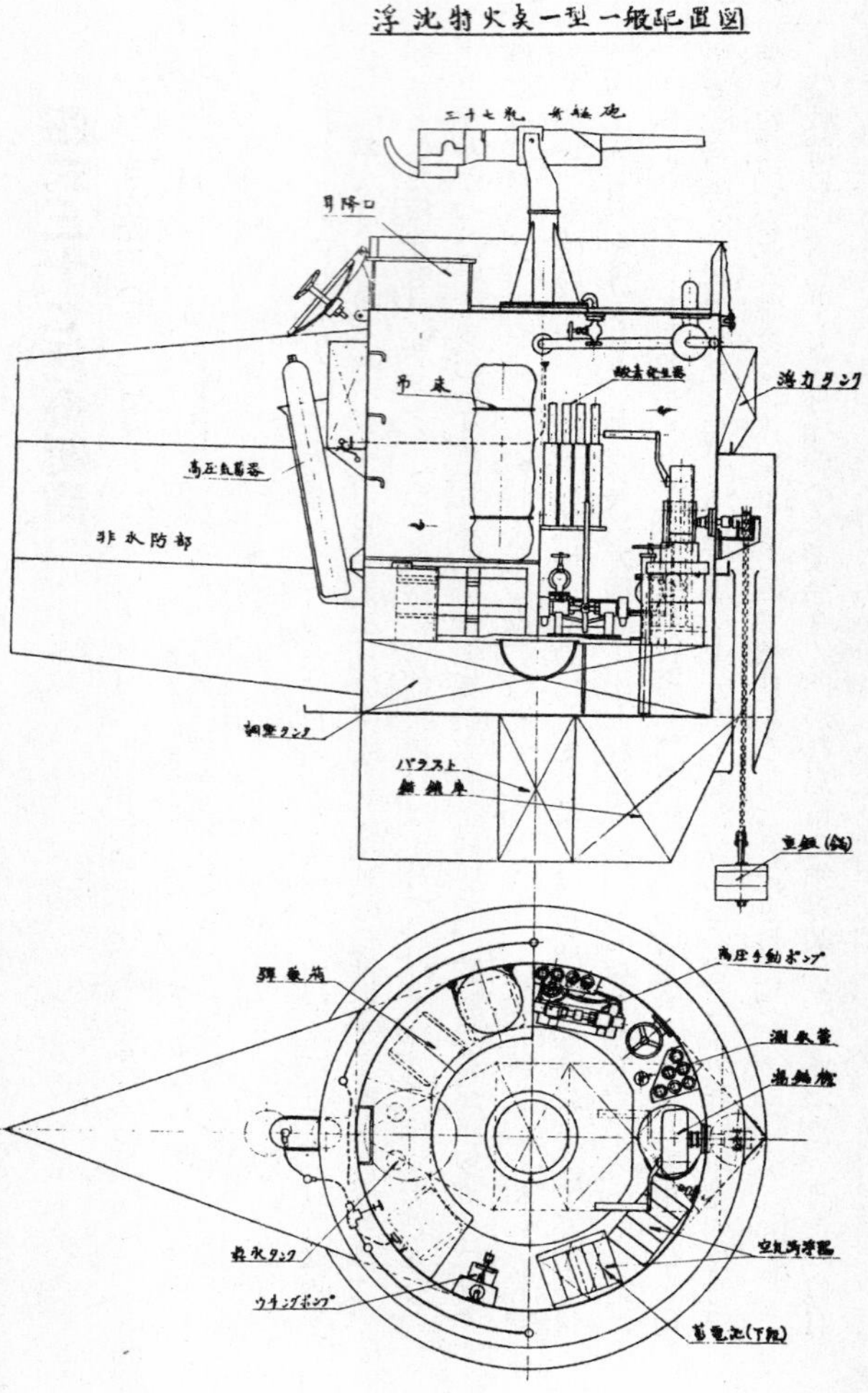

浮沈特火点一型に搭載した四式三十七粍舟艇砲

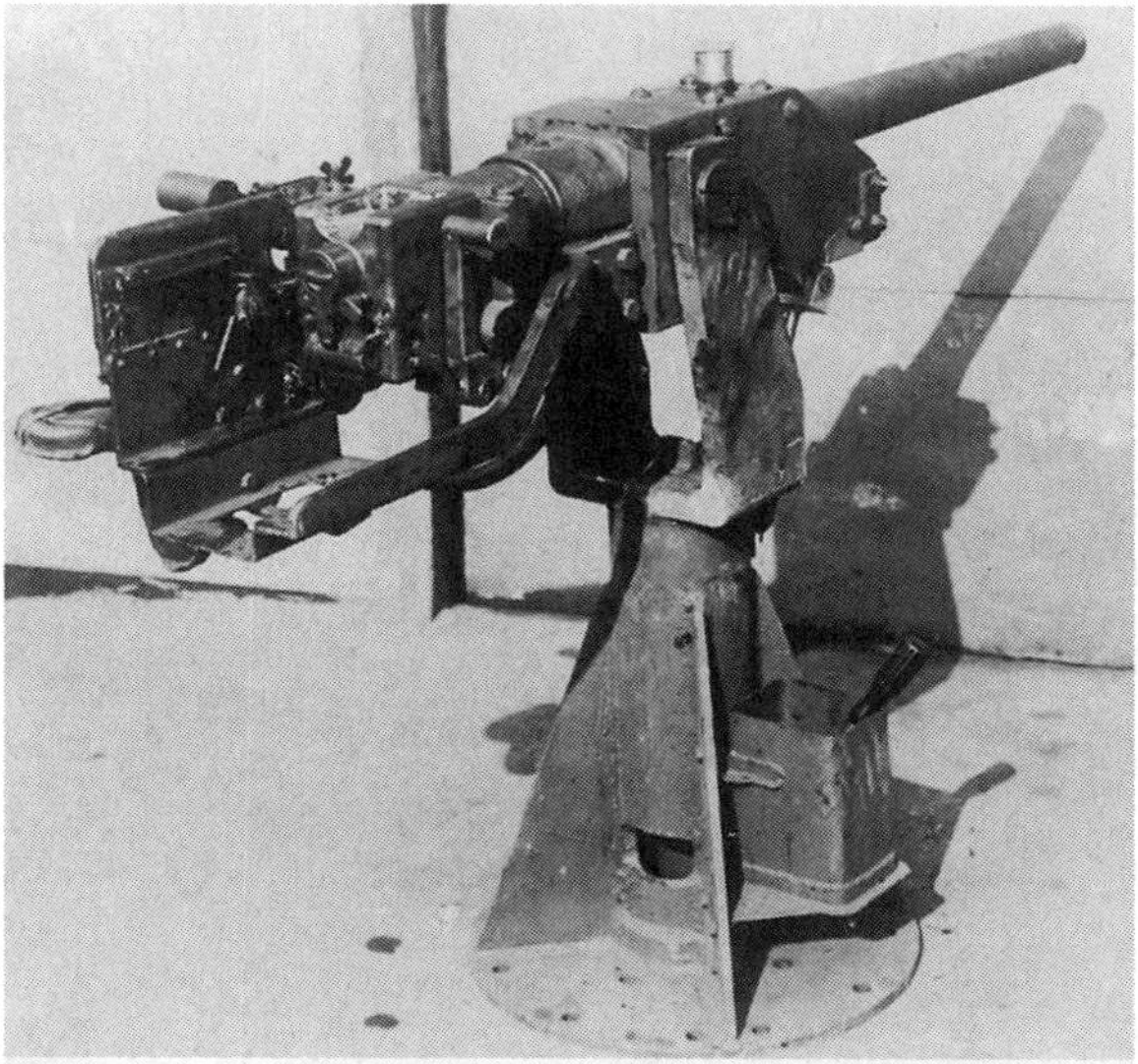

(上)四式三十七粍舟艇砲。右後視。
(下)高速艇に搭載した四式三十七粍舟艇砲。砲口の防水栓。

(上)輸送用潜水艦㋴に搭載した四式三十七粍舟艇砲。
(下)同、後視。

(上)大発動艇に搭載した四式三十七粍舟艇砲高射用砲架。
(下)四式三十七粍舟艇砲。照準眼鏡取付。

の半途品10門が大阪造兵廠第一製造所第九工場にあった。

陸軍技術本部が研究した舟艇砲はほかに47㎜、57㎜、75㎜があったが、37㎜以外は実用に至らなかった。

●四式三十七粍舟艇砲主要諸元

口径	37㎜
高低射界	−10〜+45度
方向射界	360度
全備重量	315kg
初速	676・8m／s

試製四式七糎半舟艇砲

75mm SHIP GUN TYPE4, EXPERIMENTAL

海上護衛戦力が低下するにしたがって、船舶に自衛の手段を講じる必要に迫られてきた。対空防衛のために高射砲や機関砲を搭載し、対潜自衛手段として野・山砲を応用したものや、船載迫撃砲を考案した。また、対潜水艦用水中弾として、あらゆる種類の火砲の弾丸を改造して、試製三式水中弾を開発した。舟艇砲は4種を研究した。

７５㎜舟艇砲は当初四一式山砲を使用し、昭和十九年（一九四四年）五月、試製砲が完成した。機能、抗堪性とも十分だったが、弾薬装填がやや困難な面があり、自動開閉式の九九式七糎半戦車砲を装載すればこの問題は解決されるので、これをⅡ型と称した。Ⅱ型は昭和二十年一月に完成した。抗力不十分な箇所があったが、機能は概ね良好で、一部修正を施し、二月に修正機能試験を行なった。その後五月に射撃試験を行ない、その結果撃発機を一部改修して、火砲をねずみ色に塗装し、六月上旬に第十技術研究所へ送り、舟艇に搭載して射撃試験を行なう計画だった。

(上右)試製四式七糎半舟艇砲I型。四一式山砲を使用。左前視。(上左)同、左側視。拉縄。(下)同、後視。

試製四式七糎半舟艇砲Ⅱ型。九九式七糎半戦車砲を使用。左側視。

同、右側視。右下に見えるのは三式七糎半戦車砲か。

同、射撃姿勢左前視。

同、射撃姿勢左側視。

五式木製大護衛艇(甲)に搭載した試製四式七糎半舟艇砲Ⅱ型。防危板装着。

同、左側視。

(上)同、後視。
(下)五式木製大護衛艇全景。

●試製四式七糎半舟艇砲主要諸元

全備重量　1048kg（830・5kg）

高低射界　-10～+60度（-12～+60度）

方向射界　360度

初速　358m／s

（注）（　）内はII型

海軍短二十糎砲・短十二糎砲

20cm/12cm SHORT NAVAL GUN

昭和十七年（一九四二年）八月、海軍の二十糎砲および十二糎砲を対潜火器に利用することについて研究を開始し、調査が終わったので、要すれば海軍から火砲、弾薬の保管転換を受けることになった。終戦時に陸軍重砲兵学校の富士分教所第五砲廠に短十二糎砲が４門あったことから、保管転換を受けて実用試験に入っていたと考えられる。また、同砲用の水中弾を各１００発ずつ試作し、昭和十八年十月、試験を行なう予定だった。

陸軍が実射試験を行なった際の測定諸元は次のとおりである。

		短二十糎砲	短十二糎砲
砲身（単肉）	口径	２０・３２cm	１２cm
	砲身長	２５２０mm（１２口径）	１５１０mm
	重量	６３０kg	２１８kg
高低射界		−15〜+65度	−15〜+75度

(上)海軍短二十糎砲。右後視。
(下)同、装填。海軍も射撃試験に立ち会った。

米軍が鹵獲した海軍短二十糎砲。砲弾の装填要領。砲尾に重錘を付けた。閉鎖機は外している。

海軍短十二糎砲。右前視。

同、右後視。

弾量	４７kg	１３kg
薬莢　重量（装薬共）	９・０kg	４・０kg
装薬量	２・０kg	０・４９kg
初速	３１０ｍ／ｓ	２９０ｍ／ｓ
砲全備重量	４０００kg	１７００kg
駐退機	弁軌による水圧管制式	弁軌による水圧管制式
復坐機	空気式	空気式
高低照準機	人力螺輪式、１回転２・８度	人力螺輪式、１回転６度
方向照準機	人力螺輪式、１回転２度	人力螺輪式、１回転４度
揚弾薬機	動力	動力
装填角度	１５度	自由装填
組立準備時間	１０時間	
発射速度　普通	５発半／分	１２発／分
発射速度　大射角	４発／分	７発／分
最大射程	６５００ｍ	５３００ｍ
用途	総ｔ数５０００ｔ以上の商船における対潜、対空、対水上艦艇、水際防御	総ｔ数５０００ｔ以下の商船における対潜、対空、対水上艦艇
砲手数	７名	５名
特色	簡単、軽量、急速多量生産向、町工場の技術利用、操作に訓練不要	

列車砲

九〇式二十四糎列車加農
240mm RAILWAY GUN TYPE90

要塞建設の進捗にともない、41cm級から20cm級にわたる諸据付火砲の配備計画のほかに、移動備砲として列車砲を必要とする議が起こり、まずわが国の鉄道における基礎条件を研究し、既設要塞で列車砲をただちに使用することを考慮して、東京湾付近における運用に支障がないよう基礎条件を定めた。東京湾付近とは横須賀線および房総線など東海道線以外の支線を意図していた。

大正九年（一九二〇年）七月二十日付で示達された陸軍技術本部兵器研究方針には、特殊重砲兵の中にすでに列車砲の研究について記されているが、これは従来海岸要塞用として整備していた各種27cm加農を利用し、満州のレール・ゲージに適合する鉄道用移動砲架に搭載しようというものであった。これら27cm加農はいずれも最大仰角が30~35度であり、射程も16000mが限度であったが、技術本部計画案では約20000mの最大射程を予定しており、射角を45~50度まで増大することによってその性能を得ようとしたものであった。しかしこの計画は途中で変更され、実現することなく終わった。

大正十三年（一九二四年）、陸軍省兵器局長から技術本部に列車砲の口径24cm、最大射程50000mという性能について技術的可能性の照会があり、技術本部で試算した結果、初速1200m／s以上で弾形係数0・5以下の場合に可能という数値が算出された。これにより技術本部の研究方針に含まれる大口径列車砲の開発については、この際シュナイダー社から1門購入して審査してはどうか、という意見が兵器局長から出された。その結果、わが国の鉄道上を運行するのに支障のない寸法重量に対し可能性の有無、ならびに概略価格について、在仏大使館付武官を通じシュナイダー社に交渉を開始することになり、陸軍省から在仏の大平少将に対し、「列車砲は日本内地海岸要塞用として調査せんとするものにして内地トンネルを基準とし、列車砲の高さ4・5m、幅3・1m、曲半径300mにして、重さは1軸圧18tを限度とす。なお軌道は本邦三尺六寸とす。また、列車砲は既製品にても差し支えなし」と打電した。折り返し大正十三年九月二十八日に同少将より設計図および見積書が送付されてきた。24cm列車砲の見積価格は火砲車、弾丸車、装薬車の3輛で275万ポンド、弾薬1発が9000ポンドだった。これらの図面と主要諸元を基礎として、わが国の鉄道線路通過の可否について鉄道省運輸局長宛照会したところ、大正十四年六月三日、主要路線運転可能な旨、回答があった。他方、本列車砲購入のための経費約40万円の予算措置としては、関東大震災による東京湾要塞防御営造物復旧費の中の某火砲に代用するということで処理することが、参謀本部における関係部員が列席した会議の結果承認された。

陸軍科学研究所長であった緒方中将は大正十四年二月、竹嶋大佐等とともに欧米各国へ出張を命じられた。その目的は「主として仏国に滞在し、一般軍事の視察、ことに列強の最優良兵器を調査し、之を購入して我が陸軍兵器改良の資料を得る」ことにあった。なぜこのような調査の必要があったかというと、陸軍は政府の方針に従い、師団の数を減らす軍縮を実施しなければならないので、その代わり兵器の改善と装備の充実とにより、戦力は従前どおり維持しようとの考えであった。とくに三八式野砲は旧式で時代遅れになっていたため、これに代わる新野砲と、師団砲兵用の10cm榴弾砲および海岸要塞用の列車砲を急いで整備する必要があった。しかし、これらを日本で開発することは到底不可能であったから、フランスのシュナイダー社ならば引き受けるであろうと、陸軍中央部の意向を含んで具備すべき条件を示し、研究を依頼したのである。列車砲を24cm級とするか、または28cm級とするかはシュナイダー社との間に技術的交渉が重ねられたが、最終的に24cm級に決まった。列車砲の要求諸元には最大射程40000mのほかに、次の鉄道条件があった。

1、軌間　1067mm（3尺6寸）
2、線路の最小曲半径　301・74m（15鎖）
3、軌条　27・215kg（60ポンド）　10・58m（33尺）の軌条に枕木11本配当

当時東海道線は75ポンドレールを使用していたが、ほかはまだ60ポンドレールだった。細部仕様について数次の検討を行なった結果、前後の台車とも各5軸とし、軸重軽減を図っ

た。

実際に本列車砲が竣工したのは3年後の昭和三年（一九二八年）秋である。当初は「斯《し》式二十四糎加農」または「移動式二十四糎加農」と呼ばれた。受領検査は九月二十五日からクルーゾ工場において開始され、装薬量決定試験および運行検査を終えた後ガーブル射場に運び、十二月十二日から十五日および十九日の5日間にわたり試射を実施した。長射程試験の結果は第1弾が５２８００ｍ、第2弾が５２４００ｍで、要求性能である５０㎞を超えることが確認された。

大正十四年十一月に東京湾要塞備砲復旧用としてシュナイダー社に製造を注文した列車砲1門は無事受領検査を終え、翌昭和四年（一九二九年）一月十日、マルセイユから海路日本に向けて発送された。同年三月、横浜に到着し、梱包のまま千葉県の富津射場に向けて貨車輸送した。三月二十四日、現地到着と同時に全部品の卸下《しやか》が行なわれた。前日から出張来場していた陸軍技術本部の技術者に加え、シュナイダー社のロア技師および工長2名も来着し作業を開始、四月三日までに鉄道引込線上に大略の組み立てを完了した。この引込線は大正十五年、４０㎝榴弾砲試験の際、房総線の青堀駅から富津射場まで敷設したものであった。

富津射場では前もって昭和二年度末に列車砲用軌道、砲座および車庫を新設していた。また、本砲の試験射撃実施のため、磯根岬三角点８３ｍ高地付近に八八式射撃具用観測所を設け、富津東端、磯根、明鐘崎《みようがねみさき》を連ねる線以西の海上を広く観望できるようにした。本施設は昭和四年九月までに完成した。陸軍技術本部火砲班は列車砲の到着以降、昭和四年度に次の各種試験を行なった。
四月　列車砲諸試験準備および組立試験、列車砲機能試験
五月　列車砲試験射撃
六月　列車砲運行および離脱試験
八月　列車砲修理
九月　列車砲改修および総合試験
十二月　列車砲格納手入
陸軍技術本部が実施した各種試験には海軍次官の山梨中将や艦政本部第一部長松浦少将等13名も参観に訪れ、関心の高さを示した。
以上の試験の結果、本砲は実用に適すると認められたので、昭和五年（一九三〇年）五月五日、仮制式を上申し、昭和六年三月二十日、陸軍省において制式制定に関する技術会議を開催した。多くの討議を経て「本砲ハ要塞兵器トシテ適当ナルモノト認ム」と修正のうえ、九〇式二十四糎列車加農として可決制定された。
本砲の最大射程は50000mに達し、敵の艦船を艦砲の射程外から射撃できるという利点があった。もし火砲の命数を増大するため減装薬（最大装薬88・5kgに対し約60kg）を用いる場合においても、射程はおおむね35000mに達するので、当時の戦艦主砲の最大射程を凌駕していた。発射速度は1門1分1発で、海岸目標射撃のためには他の火砲と同様に4門で最小射撃単位とすべきであるが、やむを得ない場合でも3門編成とすることが必

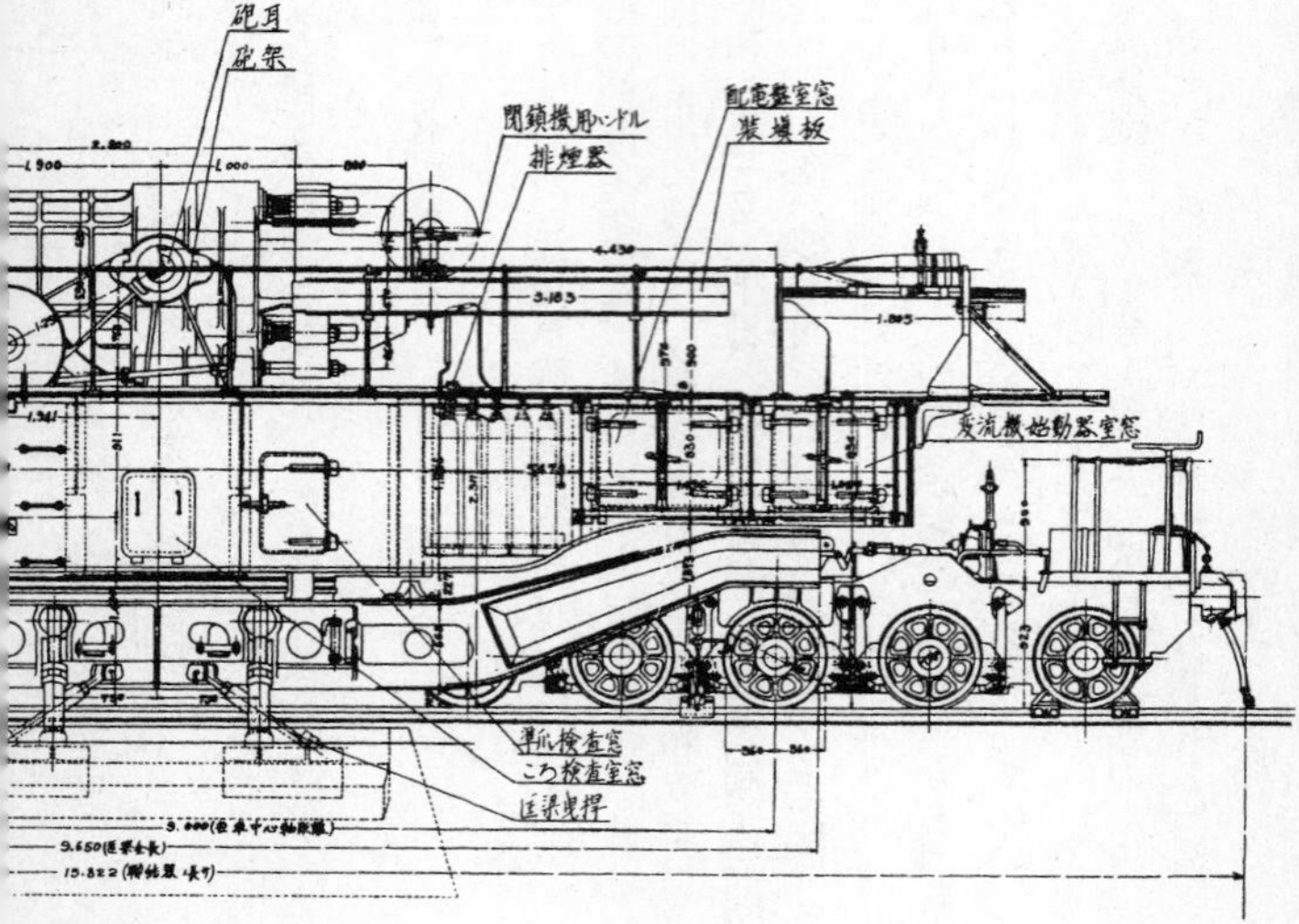

砲耳
砲架
閉鎖機用ハンドル
排煙器
配電盤室窓
装填板
変流機始動器室窓
滑爪検査窓
ころ検査室窓
匡梁曳桿

九〇式二十四糎列車加農　射撃姿勢左側面図

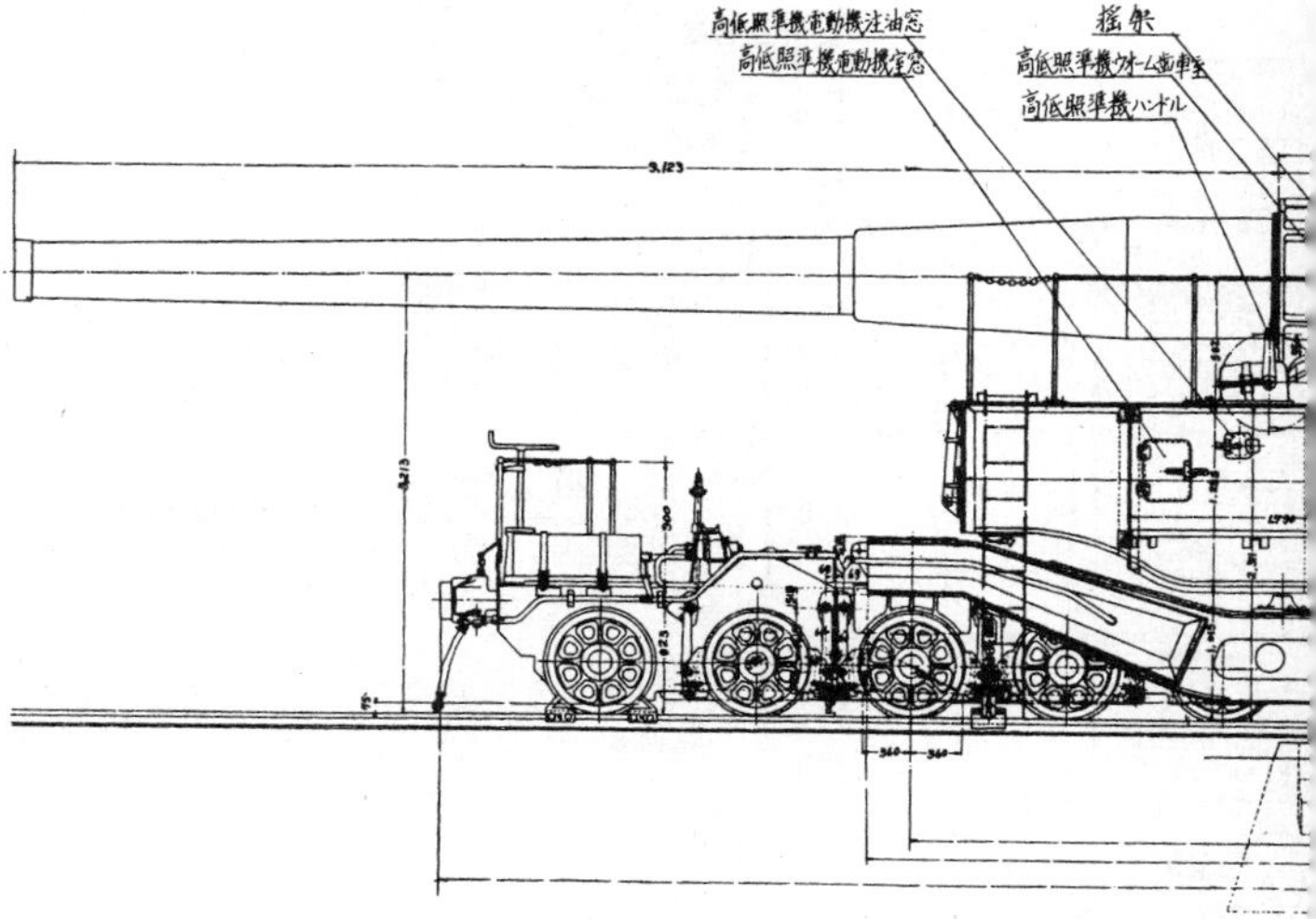

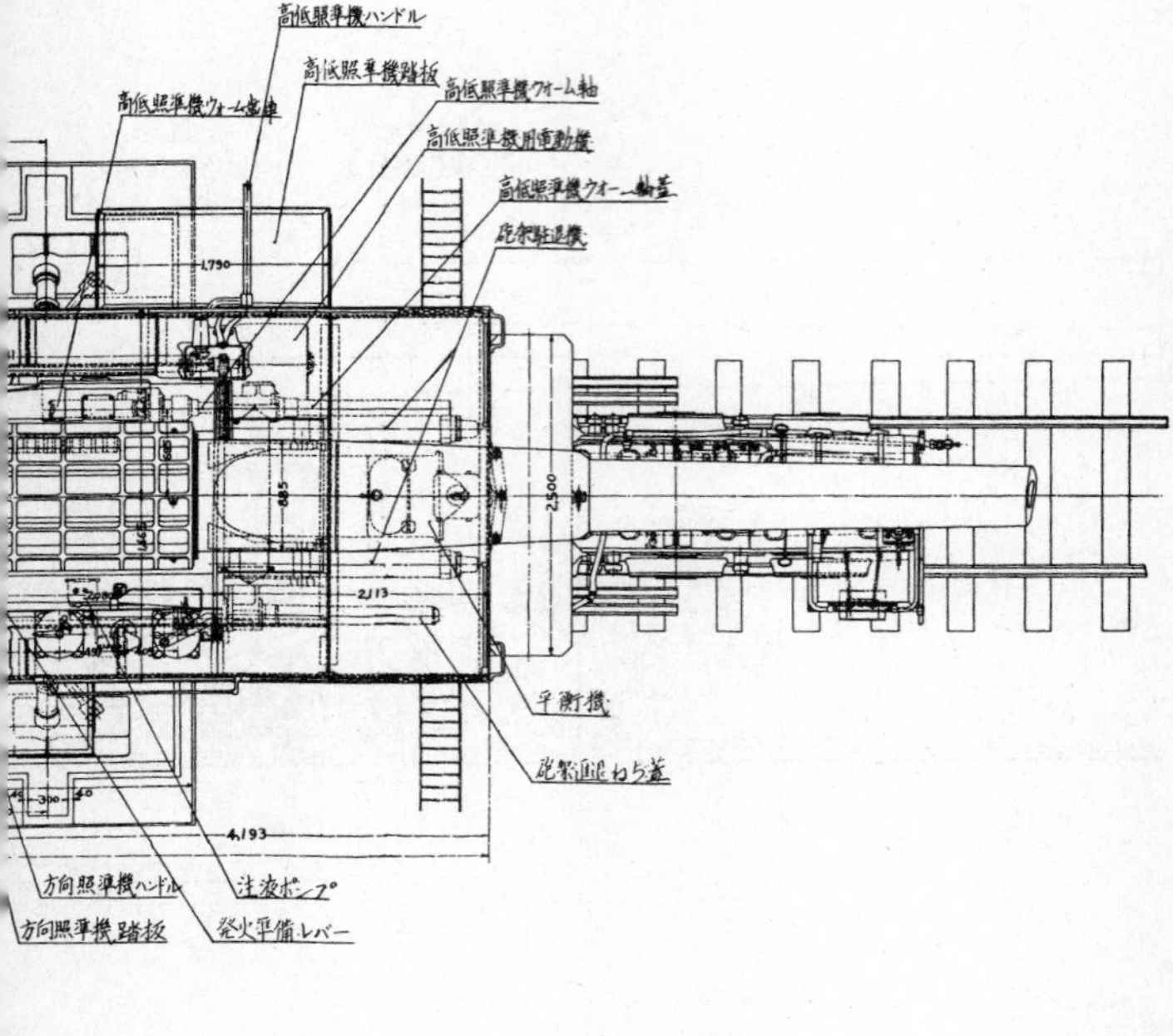

高低照準機ハンドル
高低照準機踏板
高低照準機ウォーム軸
高低照準機ウォーム歯車
高低照準機用電動機
高低照準機ウォーム軸蓋
砲架駐退機
1,790
885
2,500
2,113
4,193
300
平衡機
方向照準機ハンドル
注液ポンプ
方向照準機踏板
発火準備レバー

九〇式二十四糎列車加農　射撃姿勢平面図

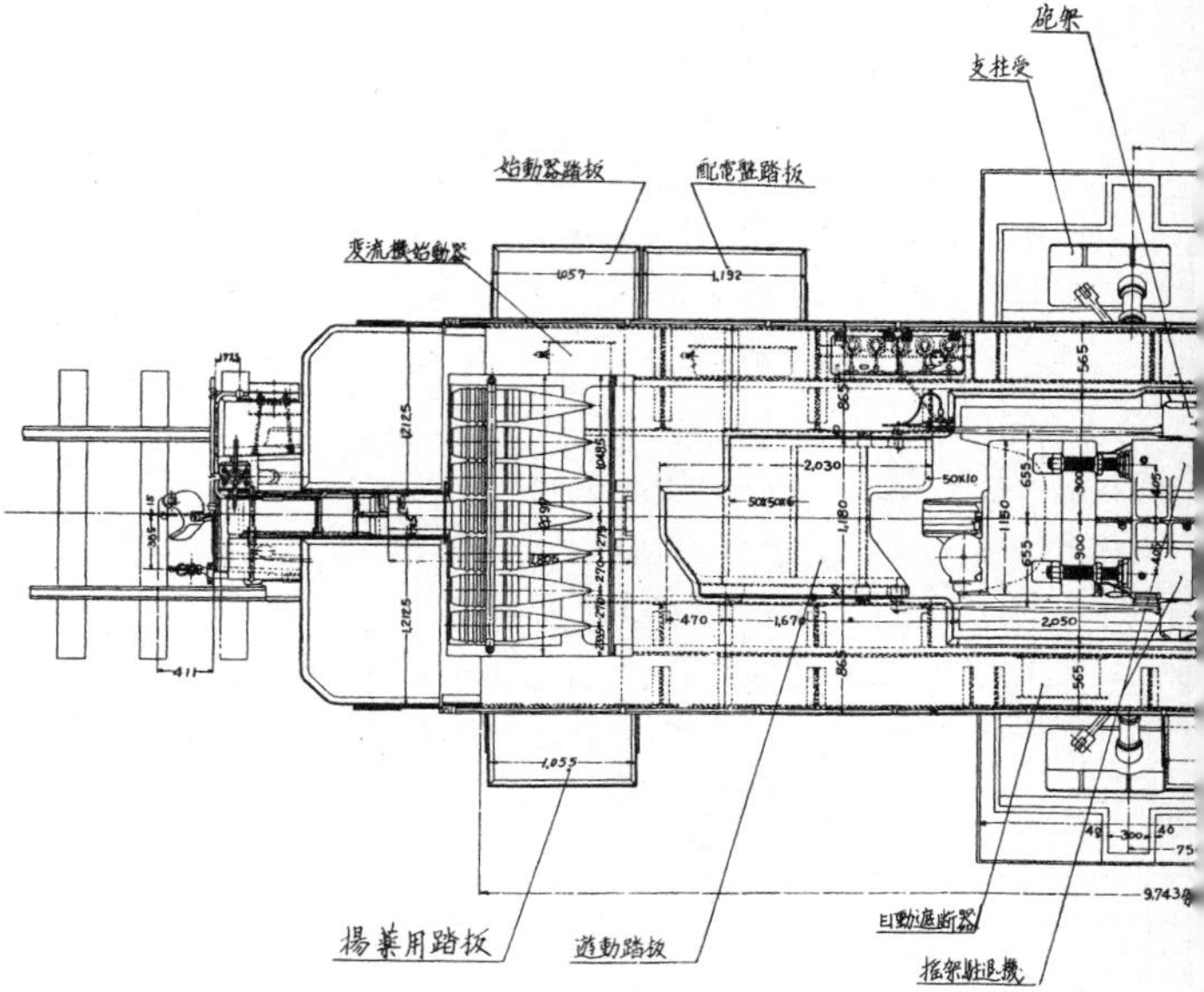

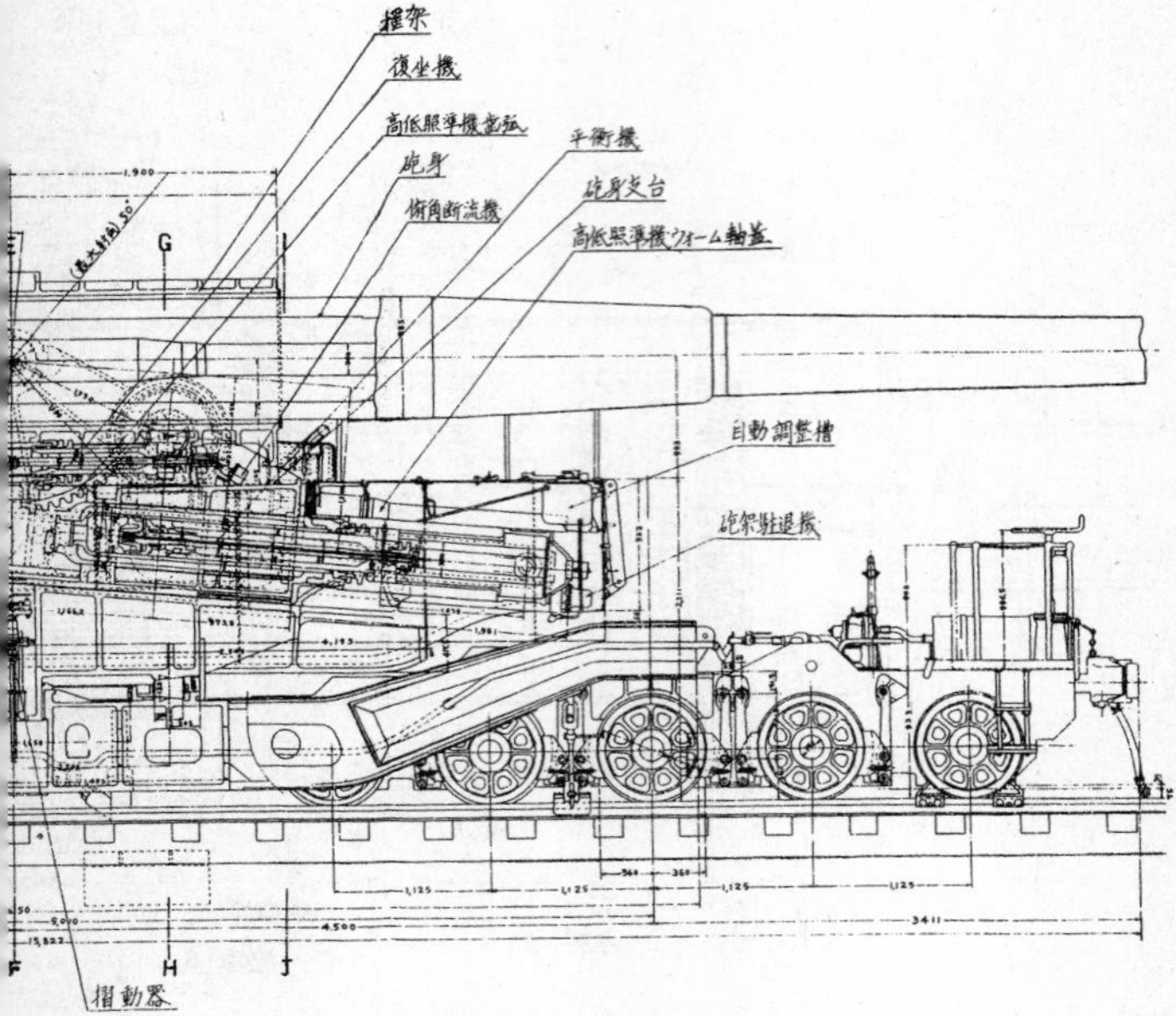

揺架
復坐機
高低照準機歯弧
砲身
俯角断流機
平衡機
砲身支台
高低照準機ウォーム軸蓋
自動調整槽
砲架駐退機
摺動器
1,900
G
H
J
F
1,125
1,125
360
360
1,125
1,125
4,500
3411

九〇式二十四糎列車加農　射撃姿勢縦断面図

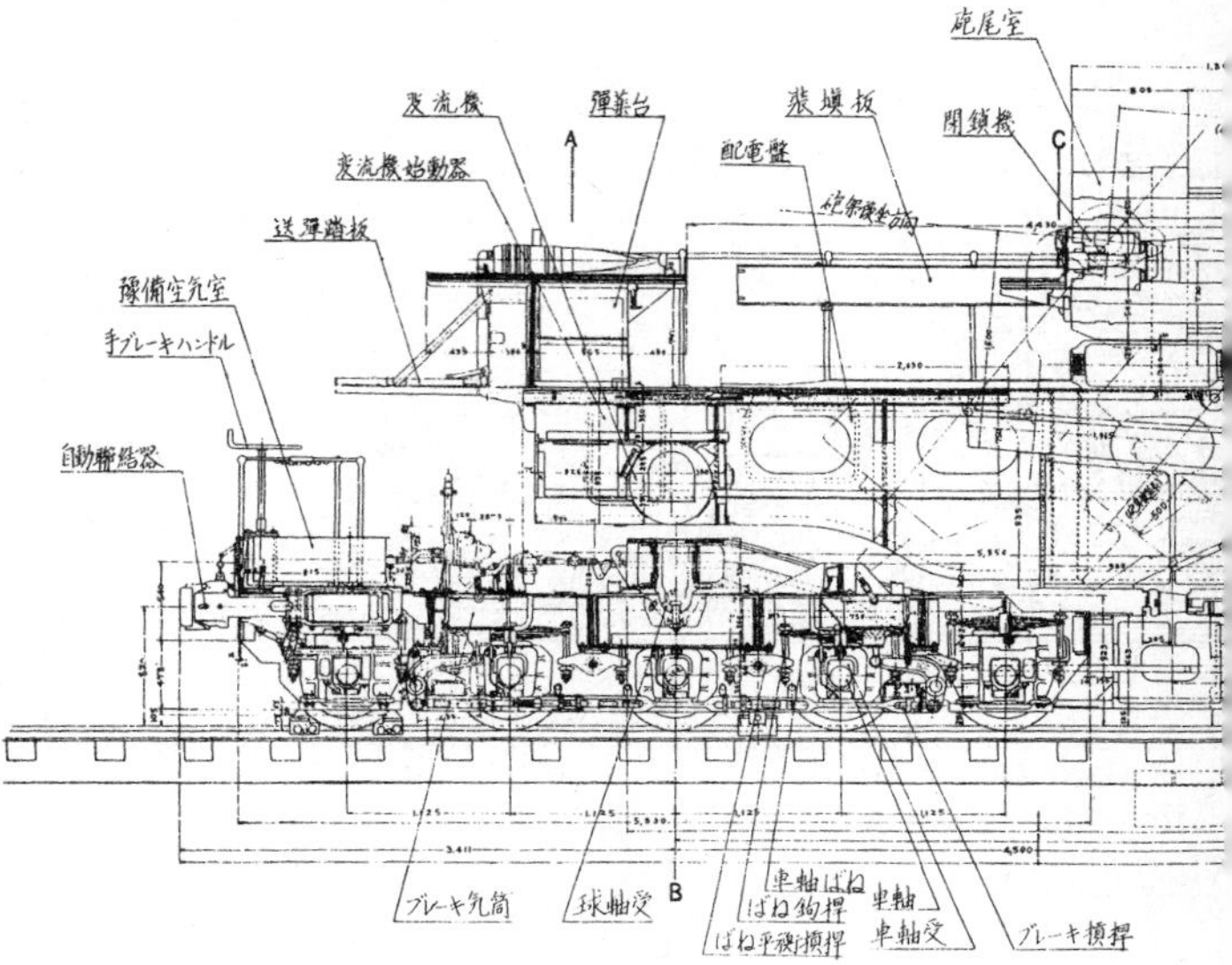

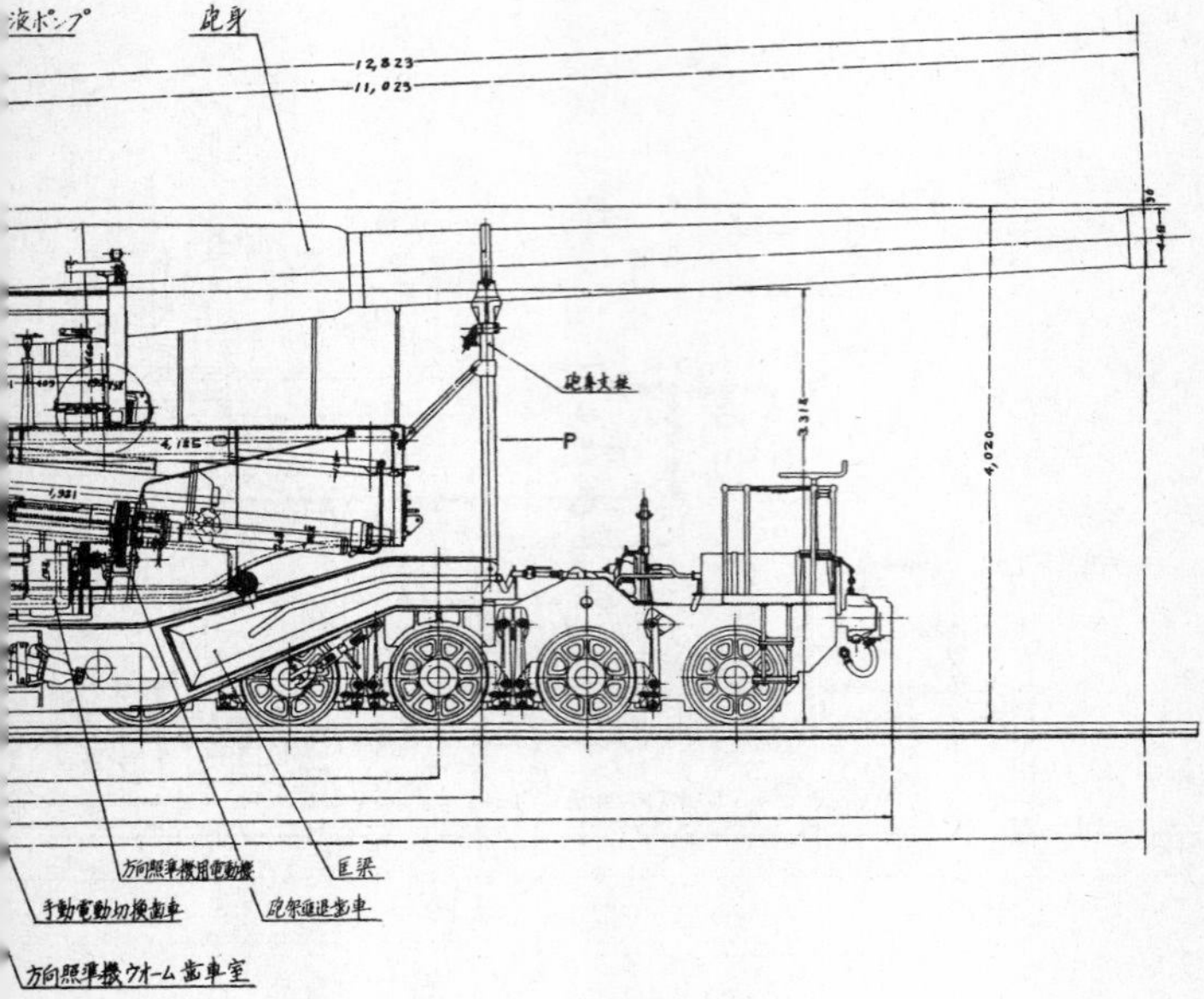

液ポンプ
砲身
12,823
11,023
砲身支柱
P
4,185
1,931
3,318
4,020
方向照準機用電動機
巨梁
手動電動切換歯車
砲架進退歯車
方向照準機ウオーム歯車室

九〇式二十四糎列車加農　運行姿勢右側面図

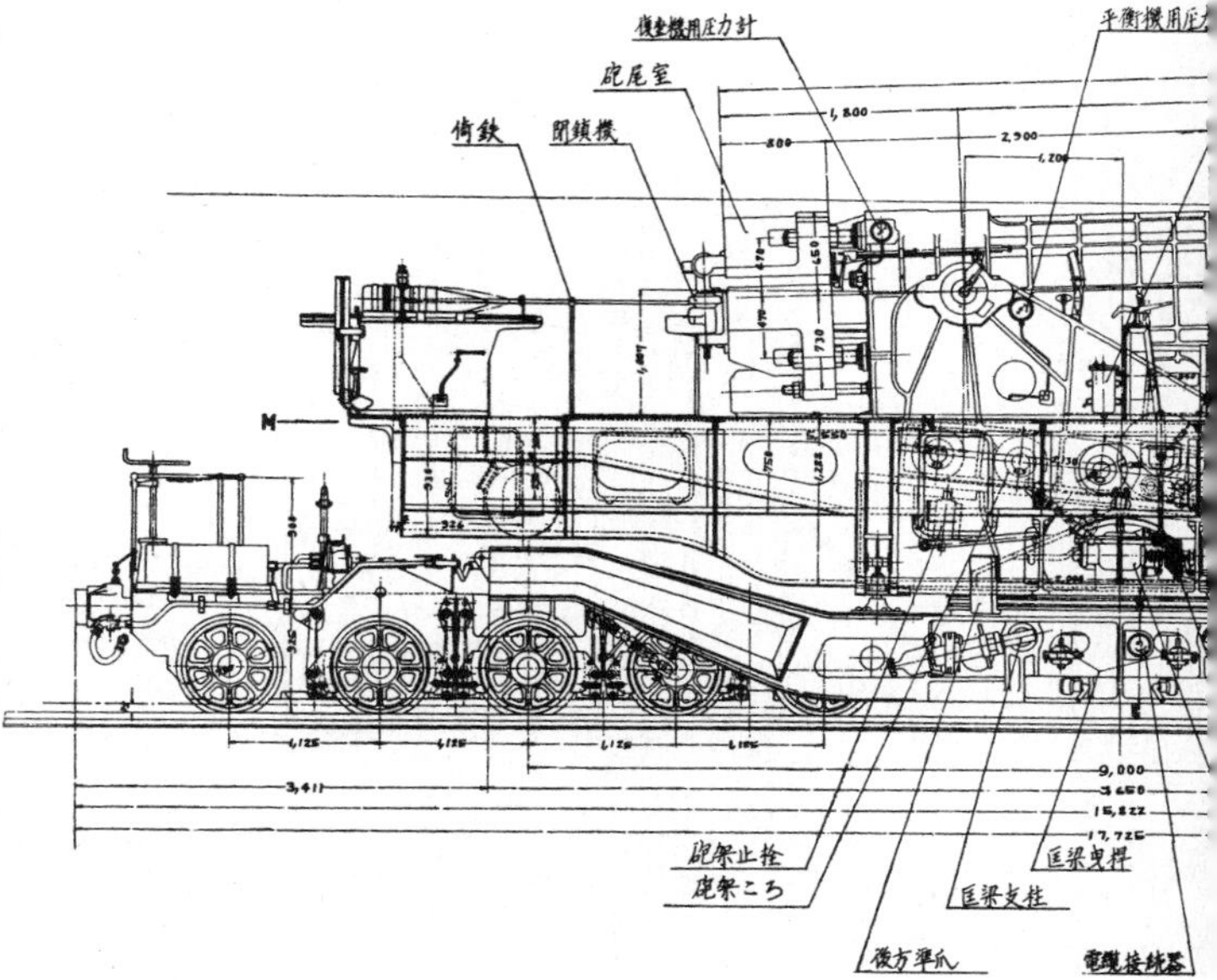

射撃姿勢

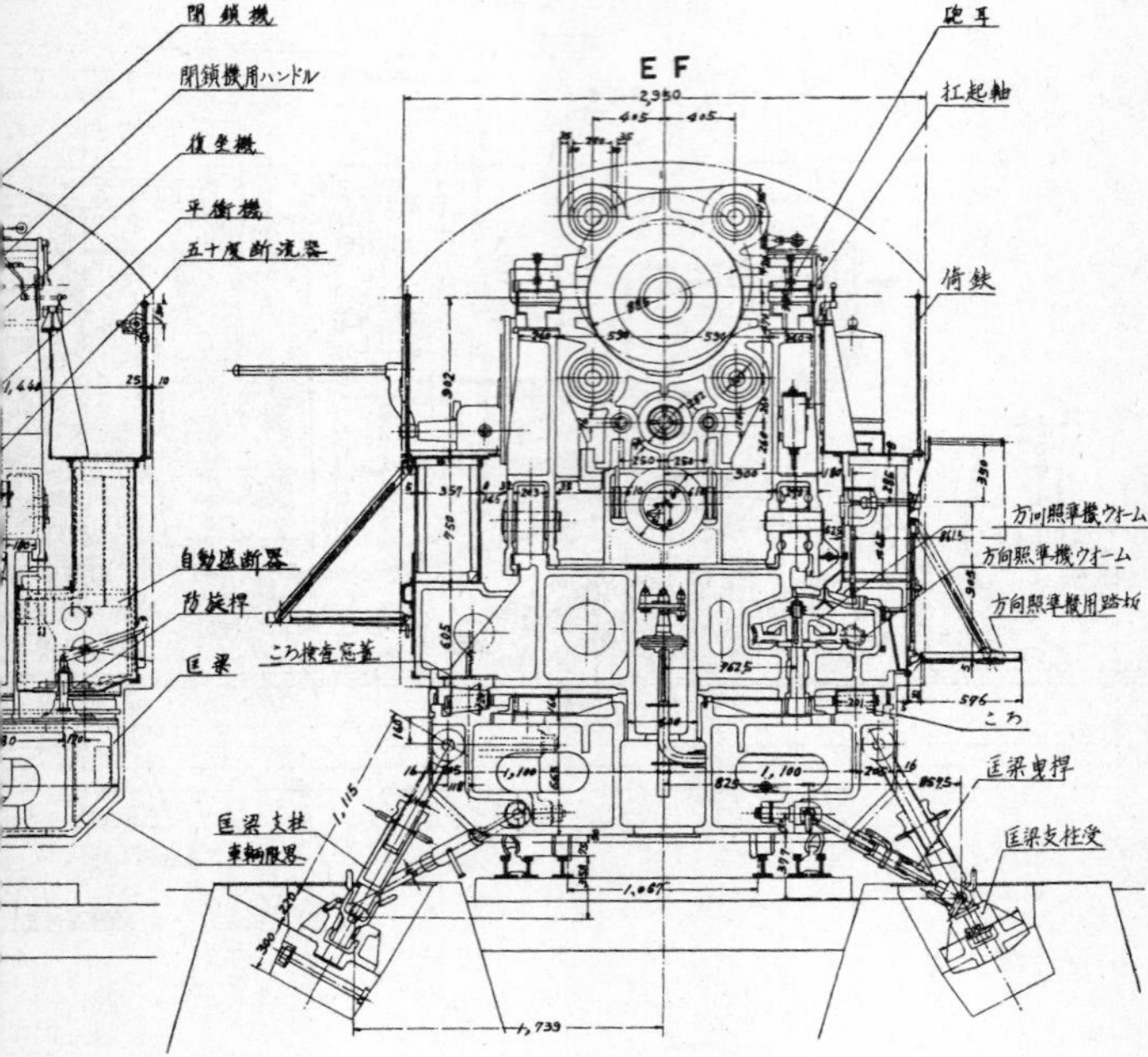
EF
閉鎖機
閉鎖機用ハンドル
復坐機
平衡機
五十度断流器
自動遮断器
防旋桿
匡梁
ころ検査窓蓋
匡梁支柱
車輌限界
砲耳
扛起軸
倚鉄
方向照準機ウオーム歯車
方向照準機ウオーム
方向照準機用踏板
ころ
匡梁曳桿
匡梁支柱受

九〇式二十四糎列車加農　射撃、運行姿勢横断面図

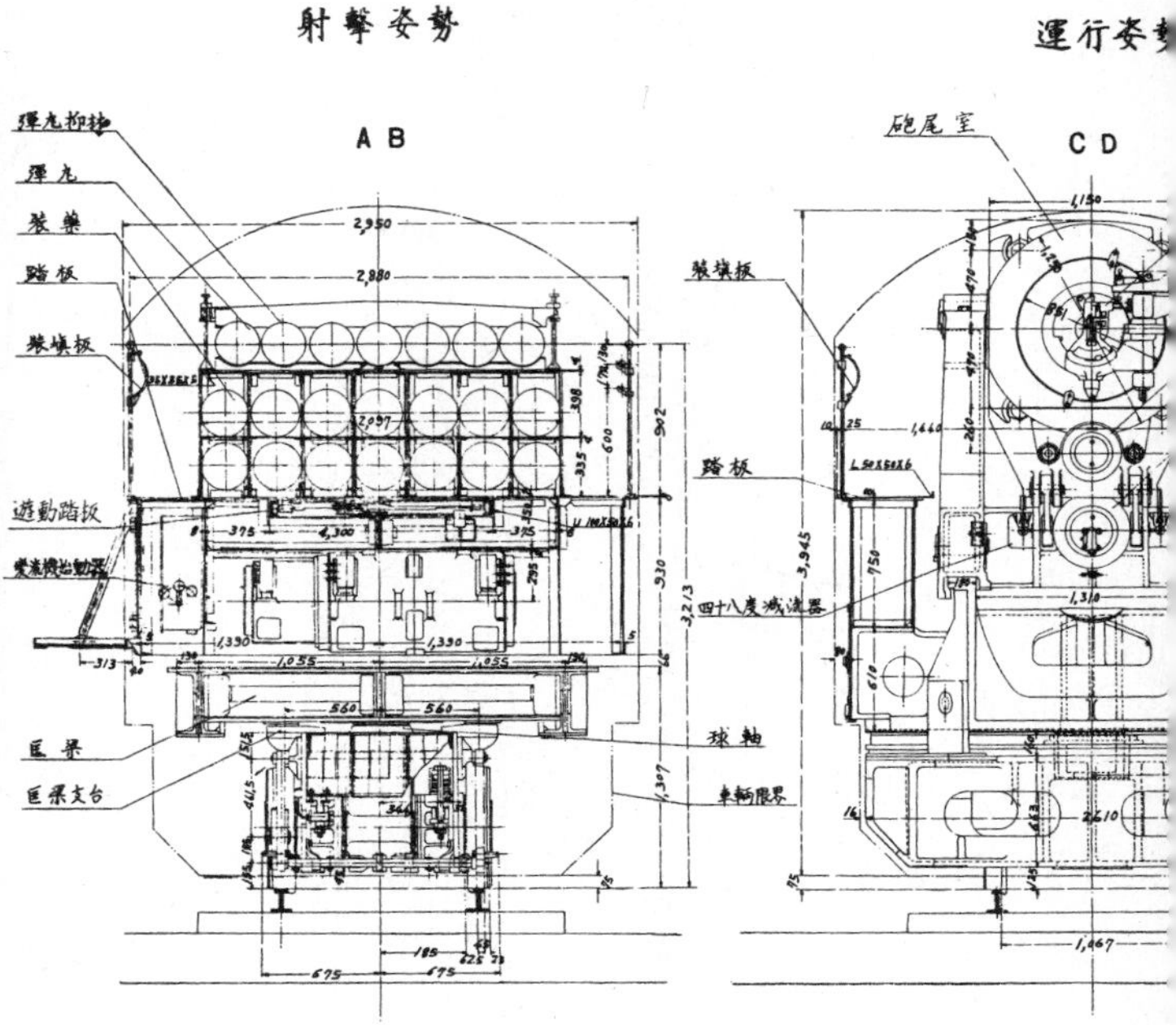

九〇式二十四糎列車加農弾薬
榴弾、半破甲弾

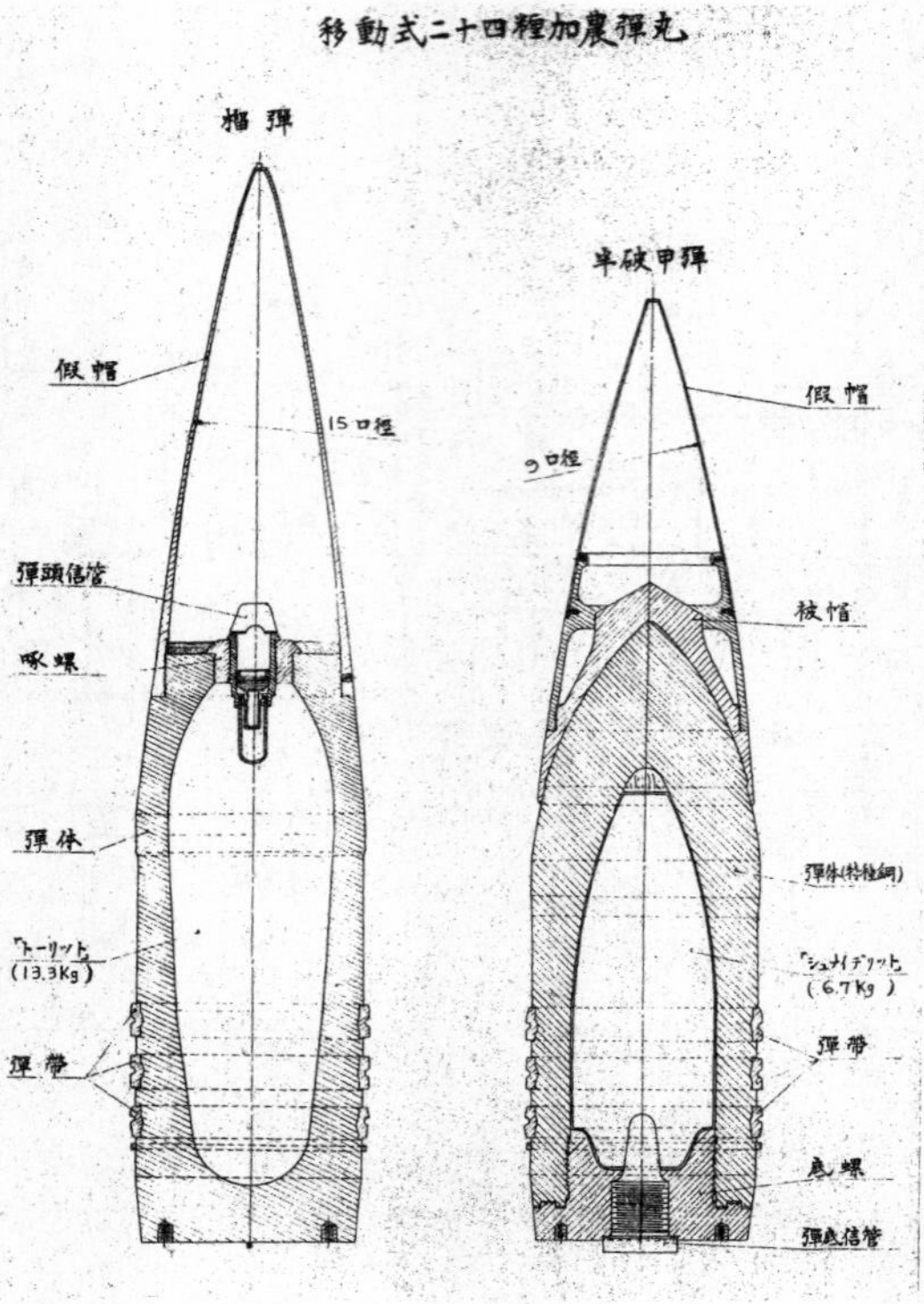

要であった。しかし、列車砲隊を編成するために、新たな列車砲を購入しようとする動きはみられなかった。昭和八年三月に決定した要塞整理修正計画において、澎湖島《ほうことう》要塞に移動式24cm加農を2門、宗谷要塞に2門、東京湾要塞に2門、予備として配備することになったが、いずれも実施されていない。後に国産の試製一式二十四糎列車砲の開発が試みられるが、完成には至らなかった。

本砲は改修の後、兵器本廠から陸軍技術本部へ保管依託され、富津射場列車砲車庫内に保管されていた。昭和五年十二月には試製火薬試験に、昭和十年十一月には試製弾薬試験に供試し、かつ毎年定期的に格納手入保存検査を実施していた。

火砲運搬上最重視したのは、日本の鉄道の建築限界に適合させることで、その高さは軌条上最大限4020㎜、幅は最大限2930㎜である。ボギー（回転台車）は狭軌1067㎜に応ずるもので、要すればこれを広軌1435㎜に変換可能である。制動装置は圧搾空気式および手動式の併用で、電力は独立した電源車から供給する。

本砲は運行間においては前後両台車に荷重を平均に掛けるため、砲架以上を後退し、砲身は約2・5度の射角を付与した姿勢で支柱により支持する。射撃のためにはあらかじめ設備した陣地に進入し、次の手順により放列姿勢をとる。

1、左右2個ずつの支柱および曳桿により匡梁《きょうりょう》と砲床とを結合する。

2、左右前後端2個ずつの掴桿《かくかん》により匡梁と側線とを連結する。

3、前後両台車の車輪に各2組の楔《くさび》を噛ませ、車輪の転動を防止する。

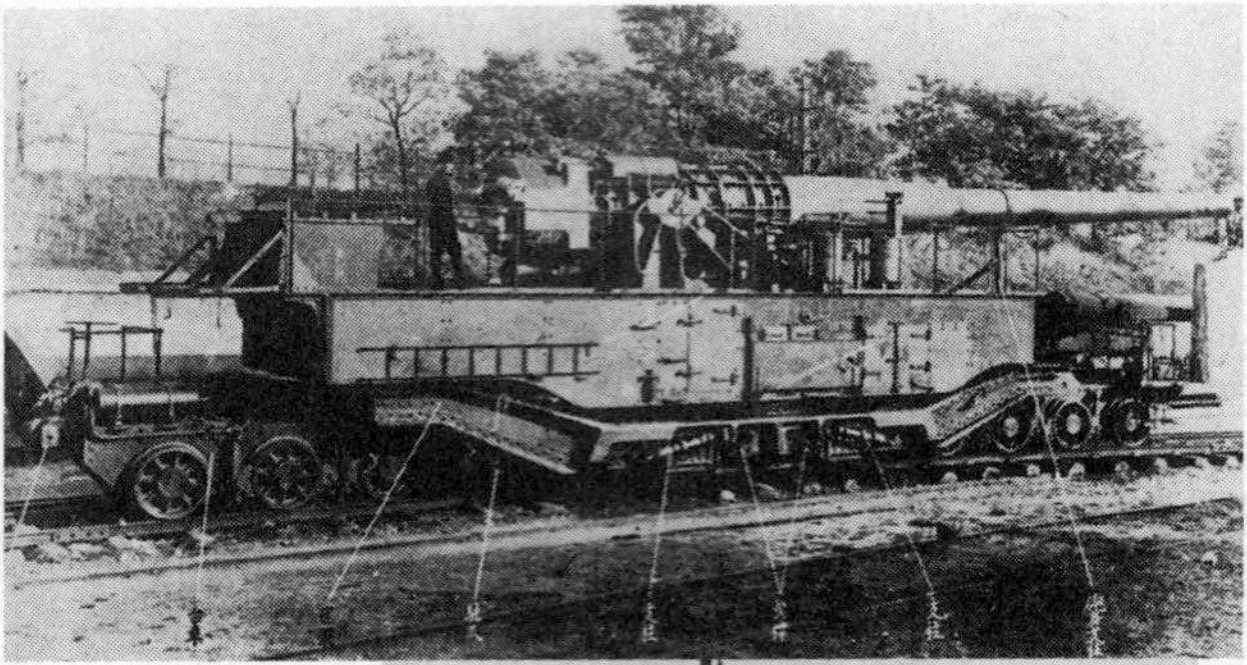

(上)シュナイダー社クルーゾ工場において竣工した斯式二十四糎加農。運行姿勢。
(中)富津射場に到着した移動式二十四糎加農の組立。砲身懸吊。
(下)同、砲身と砲尾鐶の結合完了。

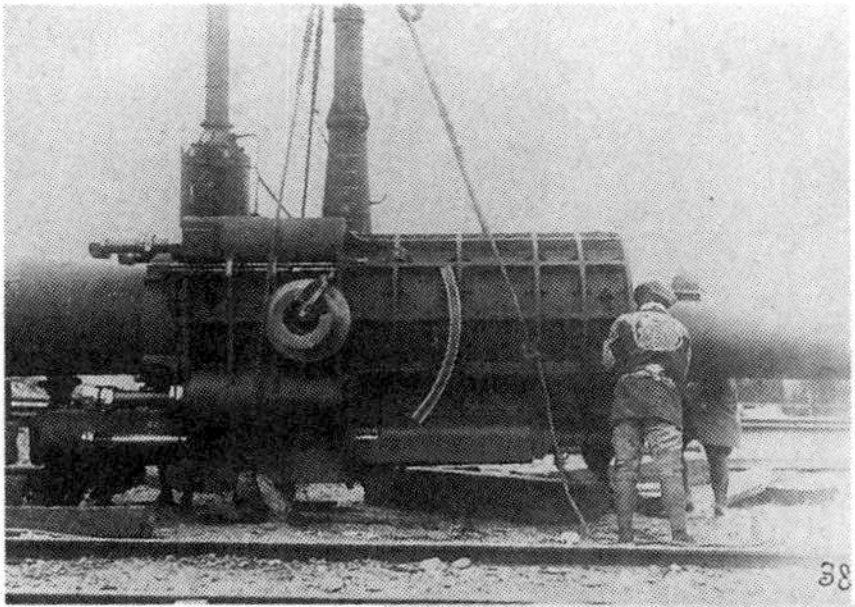

同、砲身に遥架の結合。

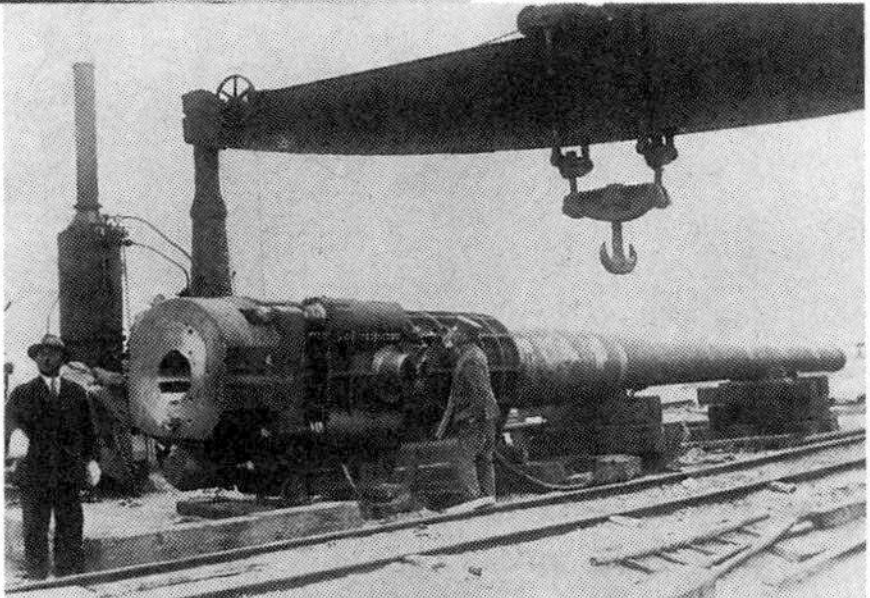

同、砲身と遥架の結合完了。

同、砲身遥架合成体の懸吊。

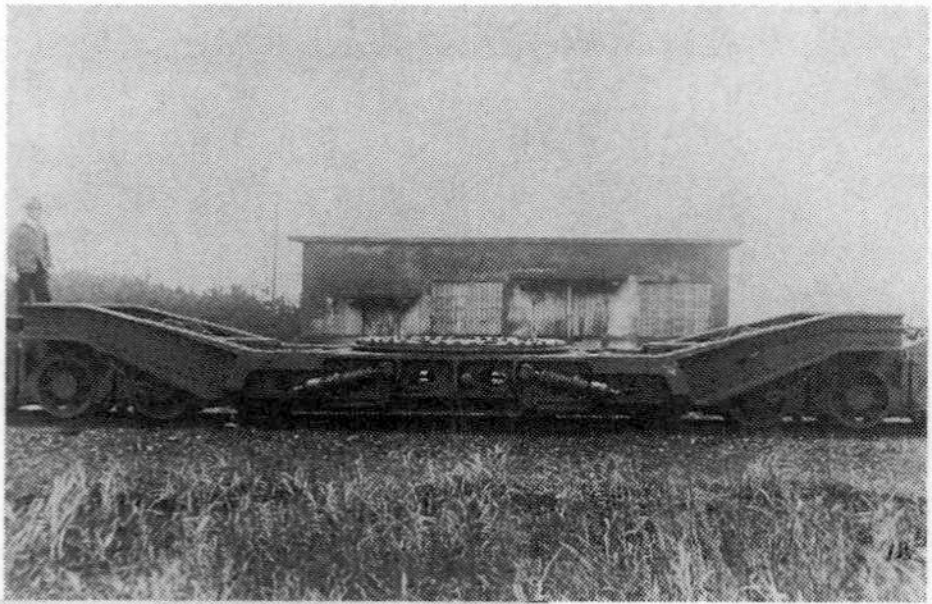

移動式二十四糎加農。ボギーと匡梁の結合完了。

同、架匡の吊り上げ。右前視。

同、砲架と砲身遥架合成体の結合。

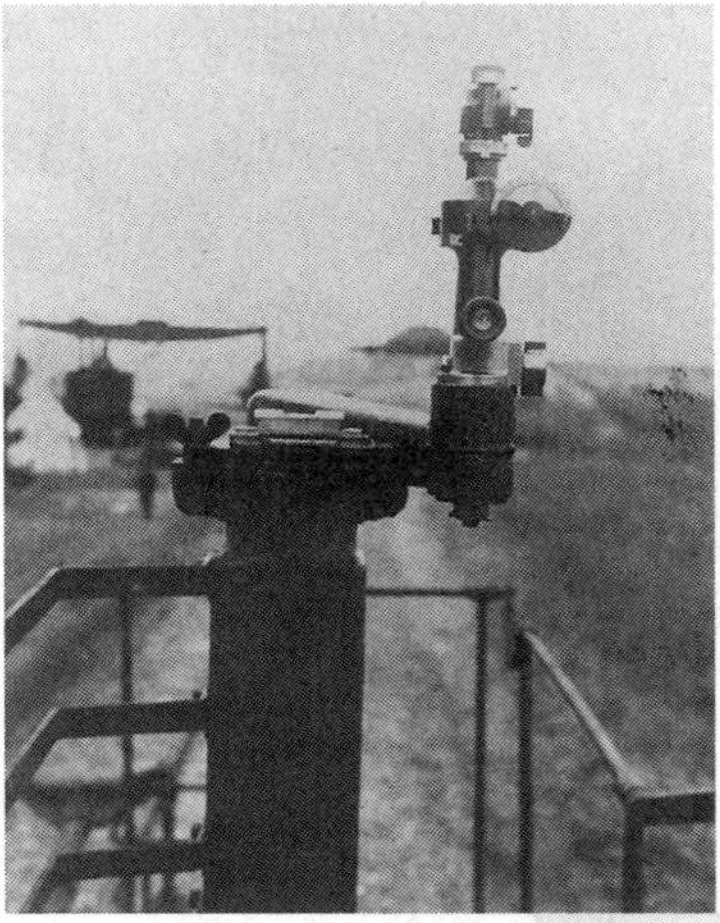

同、覘準儀《そじゅんぎ》の取り付け。

同、砲車後視。ボギー、匡梁、架匡結合後。

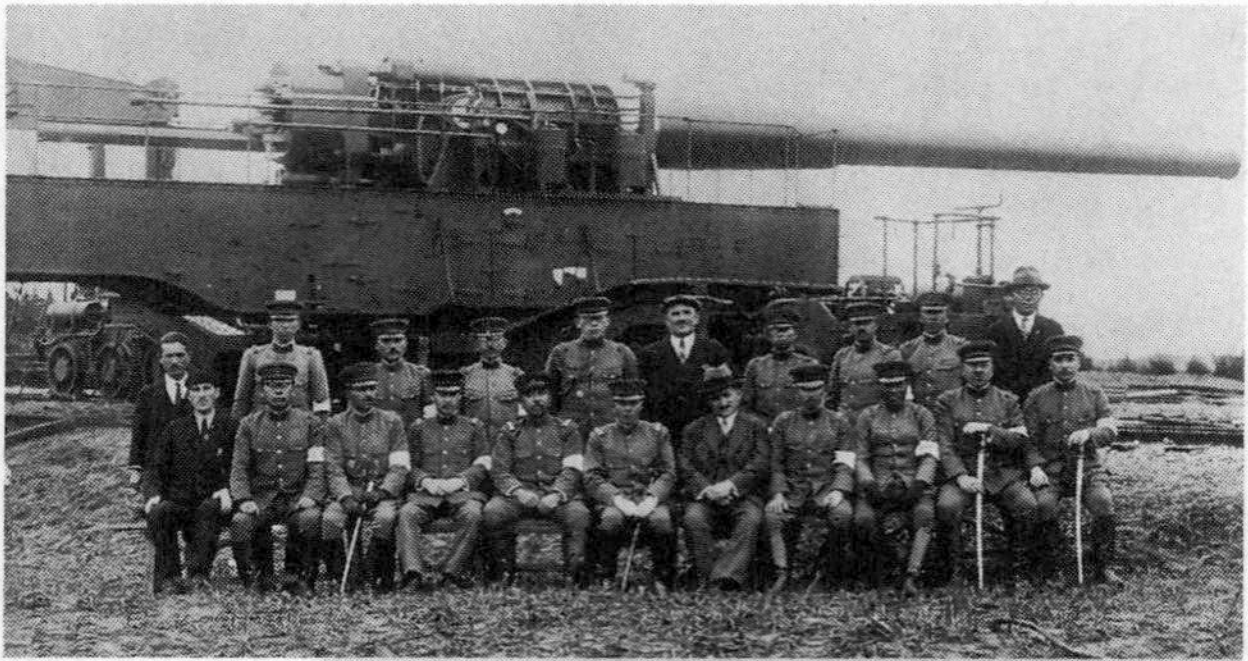

(上)組立完了した移動式二十四糎加農を背に記念撮影。前列中央が陸軍技術本部長吉田中将。その右がシュナイダー社のロアー技師。後列右端が技術本部の黒山技師。陸軍省、重砲兵学校からも参加。昭和4年5月撮影。(中)移動式二十四糎加農射撃姿勢。軌条に並行。射角0度。左側視。(下)同、射撃姿勢。左側視。

(上)同、射撃姿勢。軌条に直角。最大射角。左後視。
(下)同、射撃姿勢。軌条に直角。右前視。富津射場。

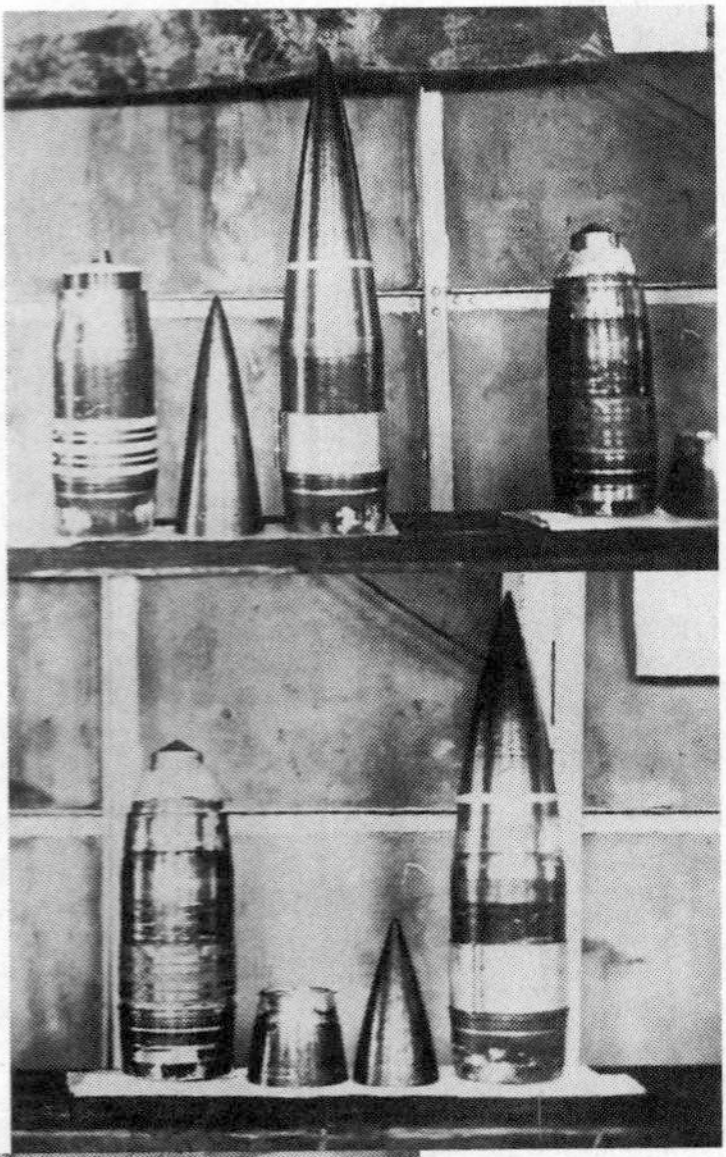

(上)移動式二十四糎加農弾薬。シュナイダー社製榴弾。
(下)同、シュナイダー社製半破甲弾。

(右)同、日本製装薬。
(左)同、シュナイダー社製装薬。

移動式二十四糎加農。砲尾。
240 SCHNEIDER LE C
REUSOT 1928 No. 1 とある。

(上)九〇式二十四糎列車加農。結合完了。砲尾鐶結合前の砲尾。
(下)同、砲尾に砲尾鐶の結合。

(上)九〇式二十四糎列車加農。組立完了。
(下)同、砲車運行姿勢前視。

台車を外し、車庫に格納した九〇式二十四糎列車加農。

九〇式二十四糎列車加農動力車右前視。

同、車輌限界。

九〇式二十四糎列車加農動力車。発動機直結発電機。

(上)九〇式二十四糎列車加農弾薬車。運行姿勢。
(下)同、放列姿勢。積込用起重機。揚弾用起重機。

419　九〇式二十四糎列車加農

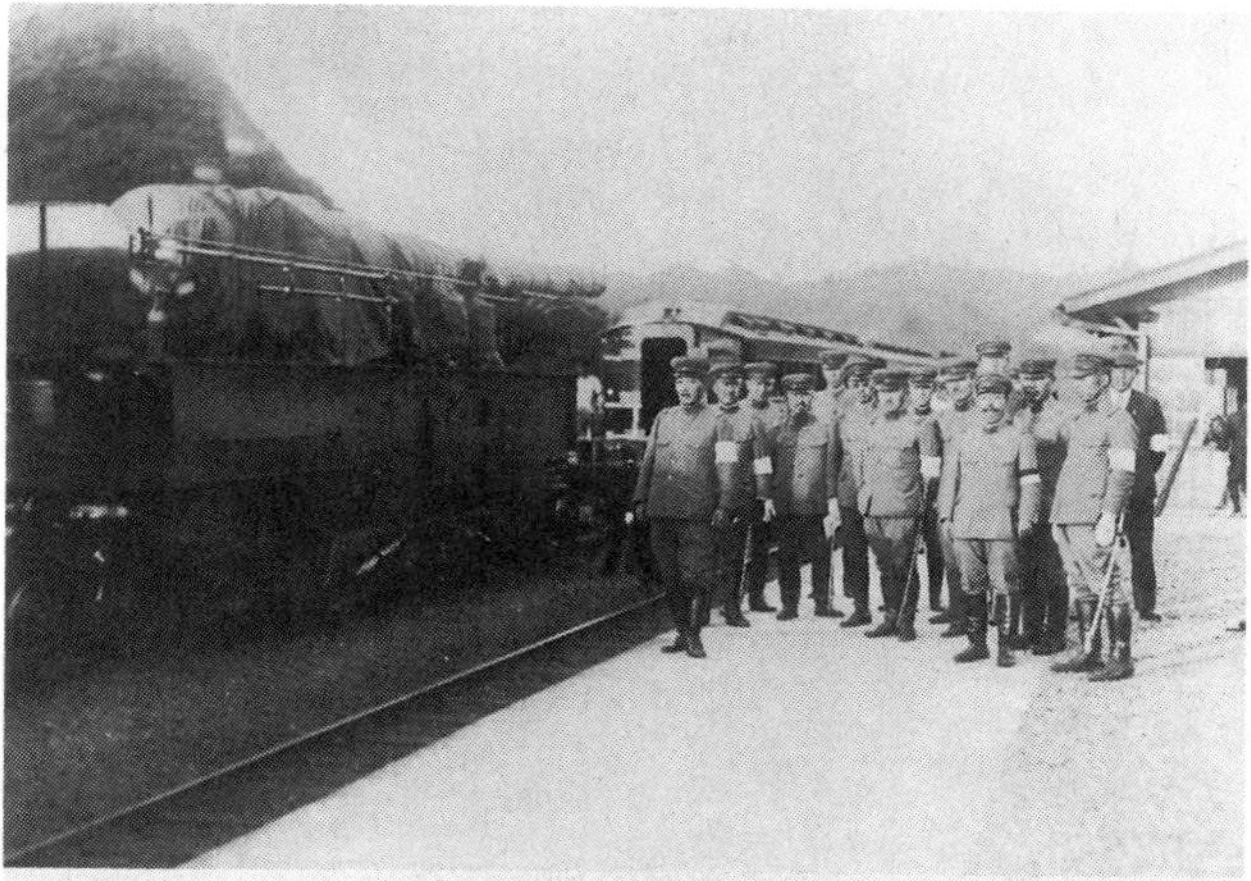

(上)昭和４年９月、移動式二十四糎加農運行試験。勝浦駅出発前の首脳部。
(下)同、勝浦駅を出発。

(上)移動式二十四糎加農運行試験。列車砲の後に客車３輌を繋いだ。(中)同、蘇我駅に到着した移動式二十四糎加農。(下)昭和17年１月、満鉄鉄道軌条上における九〇式二十四糎列車加農の組立運行試験。運行姿勢。

(上)同、射撃準備。動力車を離し、揚弾用起重機を組み立て、砲車の支柱を出す。(中)同、放列姿勢。砲身托架を外し、砲身を前進させる。(下)九〇式二十四糎列車加農広軌台車。4軸。

4、砲身支柱を外し、砲架を前方に出す。

5、動力車を砲車から離し、電纜により砲車に送電する。

陣地進入から射撃準備完了までの所要時間は約10分、射撃後に運行準備を完了するまでの所要時間は約5分であった。陣地の構築には2日間を要する。

本砲の構造上の特徴はその後復坐機構にあった。列車砲は細い2本のレールの上で大口径の砲弾を撃ち出すものであるから、発射の際車体に及ぼす反動をできるだけ減少して、放列砲車の安定を良好に保たなければならない。そのために二重の後復坐運動を行なう構造を有しており、砲身が揺架に対して後復坐すると同時に、砲架以上が架匡上に後復坐運動を行なう。このため揺架駐退機と同復坐機および砲架駐退機を有していた。ただし砲架の復坐は5度の降傾斜をもつ側梁により、重力の作用で行なうので復坐機は備えていない。

放列姿勢は軌条に対し直角となる直角砲座と、軌条に平行で行なう平行砲座がある。砲座は軌道両側のベトン実体、およびこれに錨着した木製横材からなり、横材には支柱および曳桿用の鋼索がついている。また護輪軌条は攫鉤《かくこう》を保持する特長を持つ。この砲座は放列布置を容易にし、動目標に対しての迅速な射撃においても十分な安定を維持する。

弾薬の装填は装填板および撞桿《どうかん》により、膂力をもって行なう。架匡の後部に設けた弾薬室には弾薬7発の搭載が可能で、各発毎に弾薬庫に往復補充する必要がない。弾丸は保弾索によって弾薬室の準溝に保留し、薬嚢は弾薬室下の薬嚢匡内に収容する。

照準機および照準具としては、方向照準用にはパノラマ式眼鏡を、高低照準用には水準器付き角度鈑を使用する。独立照準式で、方向、高低両照準のため、両照準座を設けている。高低照準は電動による場合、５０度の仰角をとるのに最大速度で１４・５秒を要すが、人力では5度上げるのに4人で３５秒かかり、連続5度以上は困難だった。方向照準は電動による最大速度での全周旋回が1分9秒であった。

列車砲の操砲に必要な動力源を発生する動力車については、最初から国産すべきであるとの判定が下され、シュナイダー社製動力車の構造を参考に考案した。兵器本廠は昭和二年五月、動力車の調達を決定し、その調達を技術本部に依託した。技術本部は同年十二月、芝浦製作所に発注した。動力車は翌昭和三年十月、同製作所鶴見工場で完成し、受領試験後列車砲の到着を待つべく富津射場に輸送した。列車加農とともに各種試験の後、実用に適すと認められ、昭和五年五月に制式制定を上申、翌六年十月、制定された。列車砲に付属し、同砲操作用の直流２５０Ｖ２０馬力電動機2個に対し、５００ｍの距離から所要電力を送電することを主目的とし、かつ自力運行および砲車牽引を副目的とした。車体は鉄道省所定の１５ｔ有蓋貨車を標準とし、これに８０馬力軽油発動機、３５kW発電機、２３馬力電車用電動機、電纜および電纜巻取機、空気圧縮機、通信・照明設備などを備えている。

弾薬車は列車加農と動力車の審査が進捗するに伴って、同砲用弾薬運搬車の必要が認められ、昭和五年九月、設計に着手し、神戸川崎車輌株式会社で試製、昭和六年十月に完成した。同工場内における組立機能試験に引き続き神戸―青森間約７００kmの運行試験を実施した結果良好であったので、富津射場内において火砲との連繋試験を実施、実用に適すと認められたので、昭和九年一月、制定をみた。本弾薬車は九〇式二十四糎列車加農用完成弾薬35発分を積載し、時速70㎞の鉄道運行に耐え、放列においては砲車の直後に連結し、火砲の架匡上にある弾薬置場に向かい連続7発ずつ弾薬を補給できる設備を有している。ただし、弾薬の補給をしている間、火砲は照準を中断し、砲尾を弾薬車の方向に向ける必要があった。

積載弾薬の品目、員数および重量は次のとおり。

榴弾または半破甲弾	165kgないし175kg	35個
装薬（1発分は4嚢で、各装薬罐に収容している）	1個約25kg	140個
点火薬		140個
信管		35個
積載品総重量		約10t

弾丸は積込用起重機により車側から車内中央部に積み込み、配弾用起重機により前後の弾丸置場に適宜固定する。装薬は装薬罐に収容したものを2個ずつ車内前後部の装薬置場の棚に収容する。長途運行間は安全のため弾丸の信管を離脱し、装薬は点火薬を分離しておく。射撃の際、装薬罐は人力により火砲装薬置場まで運搬する。弾丸は車内弾丸置場の中央に転動し、揚弾用起重機により屋上に揚弾して、7発ずつ屋上弾丸置場に準備し、送弾板を通して火砲の弾丸置場まで滑動して移載する。

動力車、弾薬車とも広軌軌条に適する車軸と車輪を備えており、狭軌、広軌入換作業には12人で1日の作業で容易に交換できるようになっていた。

放列位置において本砲を操作するためには、砲車、弾薬車、動力車の三者を必要とし、これに要する人員は将校1、下士3、兵卒22の計26名であった。

本砲は所要に応じて広軌軌道上を運用する必要が考えられたので、技術本部はしばしば計画をたて予算申し立てをしたが、兵器研究の緩急順序の関係から後回しとなっていた。

本砲は昭和十二年七月の改訂研究方針により研究を再開し、昭和十六年八月の「時局緊急兵器対策に関する件」命令により、広軌鉄道内において陸地砲としても使用する研究を促進することになった。具体的には満鉄軌道上で運用するための広軌台車と木材砲床の開発であった。広軌台車は昭和十三年三月に完成し、同年五月、千葉鉄道連隊および富津射場において短距離の運行試験を実施し、概ね良好な成績を得た。広軌列車加農として基礎的運行試験を実施するため、1万5000円の経費で富津射場構内の既設線約1000mを広軌に改修した。わが国の鉄道軌条用の列車砲狭軌台車は5軸台車2台からなるが、これを4軸台車2台として軌間を1435㎜にしたものが広軌台車である。狭軌車輪の中径は730㎜だが、広軌車輪は860㎜となった。

昭和十六年八月、木材砲床の研究に着手した。本砲の射撃は本来床板をベトン砲床に固定して行なう方式だが、ベトン砲床では位置が限定されることから、所要に応じてどこでも射撃できるようにするためである。同年九月、応急製作したものを十一月に実施部隊に供試し、木材砲床上における射撃を実施したところ、実用に適すると認められた。木材砲床本体は角材を4段に井桁に組み立て、幅6m、長さ4・5m、高さ1・05mとし、その上面に枕木と軌条を置き、これをボルト、ナットで緊定したもので、最下部の角材4本の両翼に火砲の床板を装着する部位を設けている。木材砲床の設置にあたっては軌条を中心にして幅約7m、長さ約5・5m、深さ約1・3mの砲床壕を掘開し、この壕内に前記の砲床を組み立て、埋設する。

本砲の砲身は身管と後半部を被包する被筒からなり、自己《じこ》緊搾《きんさく》法を施している。砲身命数は強装薬射撃の場合約100発と公称されており、射撃試験で83発を発射していたから残りは17発の余裕しかなかった。腔内面の焼蝕《しょうしょく》状態も相当に進行していたため、砲身内管または薬室の交換法を研究する必要があった。また、火砲命数の延長を図り、本砲の射撃威力をなるべく長く維持するため、本砲の射表は次のとおり定められた。射表は火砲を保管する部隊が火砲の性能を熟知し、射撃検査、報告等を行なう基準とするもので、火砲、弾道、射撃の各諸元、弾道側視図、弾丸図が記載してある。1火砲1弾種について1射表を編纂する建前であった。射表には平時用と戦時用、普通射表の海、攻、重、野、高、歩、雑の7種と、機（秘）密射表の甲、乙、丙、丁、戊、己、庚の7種があった。

1、火砲の最大威力を発揮すべき装薬

弾種	弾量kg	装薬区分	初速m	腔圧kg／cm²	最大射程m
榴弾	165	Ⅰ	1050	3300	50000
半破甲弾	176	Ⅱ	980	3300	41000

２、常時使用すべき装薬

弾種	弾量kg	装薬区分	初速m	腔圧kg／cm²	最大射程m
榴弾	１６５	Ⅲ	８５０	２０００	３７０００
半破甲弾	１７６	Ⅲ	８３０	２２００	３５０００

本表の榴弾と半破甲弾はともにシュナイダー社から購入した弾丸である。

本砲用の弾丸としてわが国でも榴弾を試製したが実射試験の機会が得られないまま放置されていた。昭和十年十一月に至り、長大な射程を有する弾丸を設計するに当たり、本邦製榴弾の弾道性を検し、これにより適当な弾形を得るため、ようやく富津射場で試製榴弾の試験射撃を行なった。この榴弾の弾頭部はシュナイダー社製半破甲弾の弾頭部とほぼ同様で、弾尾および重量等はシュナイダー社製榴弾と同一であった。試験射撃の結果、本邦製榴弾と本邦製火薬を以ってシュナイダー社製弾薬と同等の性能を表わすことができた。

昭和十六年九月、本砲の弾丸を試作し、富津射場において試験射撃を行なった。大初速大腔圧に基づく強大な発射衝力に抗堪するため四五式二十四糎榴弾砲用の九五式破甲榴弾の弾体を使用し、銅帯は３５㎜の３条と１９０ｇの除銅帯を付けた。炸薬は茶褐薬を４個の被包に溶融し、上部の３個は模造紙製で最下部はアルミニウム合金製とした。信管は九五式破甲大三号弾底信管「榴」を改修した同「加」で、遠心子バネの抗力を約１０倍、活機バネの抗力を約1倍半強くし、毎分4000ないし5000回転で完開するようにした。試験の結果、最大射程は約21000mに短縮するが機能、安全度、弾道性ともに良好で実用に供し得るものと認められた。全備弾量約200kg、炸薬量約11・2kg、初速798m／s。また、昭和十五年十一月に本砲用の試製一〇〇式尖鋭弾を試作したが、仮帽が試験射撃で破砕したため改修を施し、九五式破甲榴弾とともに試験を実施したところ機能良好となり、実用に適すると認められた。

本砲の砲齢修正について最初のうちは発射弾数により初速の低下を推定し、これによる射距離の減少は射角の増加により修正できたが、その発射弾数以後は初速の低下が著しく、かつその量は推定が難しいため、初速低下修正用として装薬に補助薬包を追加した。

砲身内管の交換については、昭和十五年十二月に九〇式二十四糎列車加農弾薬1000発と内管2本の至急調達を陸軍省兵器局銃砲課が起案しているが、決裁の段階では内管1本だけに削減されて、陸軍兵器本部長へ令達されている。弾薬については四五式二十四糎榴弾砲用の九五式破甲榴弾の在庫分を改修し、砲身内管を交換したと推定される。試製一〇〇式尖鋭弾の制式上申および生産は不明である。平成十七年に列車砲の火石山《かせきざん》陣地から発見された弾丸は仮帽をもたない九五式破甲榴弾だった。

九〇式二十四糎列車加農は関特演の際に試製四十一糎榴弾砲と共に第五軍に増援されることになった。昭和十六年十月、虎林の第十一師団司令部において、第五軍稲田参謀副長は砲兵準備担当の長沼参謀に対し、40榴と列車砲を同十七年三月末の解氷時までに内地から虎頭に輸送し、射撃準備を完了するよう内示した。長沼参謀は旅順重砲兵連隊中隊長で列車砲が日本に到着したときに砲車長として諸試験を行なった小野大尉を列車砲の担当として、東安第五軍司令部において、火砲の運搬と陣地設備について打ち合わせを行ない、虎林線完達《かんだつ》駅より東方（虎東山山麓）に約３００ｍの凹道を構築し、その末端を偽装して列車砲の陣地および格納庫を設備することを計画した。

昭和十六年十月二十八日、関東軍作戦命令により大津山少佐指揮の下に小野大尉、阿城重砲兵連隊下士官４名、二年兵、初年兵２８名を千葉県富津に派遣し、両砲種の基幹要員教育ならびに火砲の北満輸送を実施することになった。基幹要員は昭和十六年十一月一日、下関に上陸、直ちに千葉県富津に至り、列車砲は小野大尉が主任者となり火砲の取り扱いおよび操砲訓練を実施した。列車砲の操法教育は昭和八年に富津で試験した際に操法規定を作成していたので、これを基準として実施した。操砲訓練のためには三八式野砲の砲身を応用した縮射砲が昭和五年に制定されており、この縮射砲を列車砲の砲身上部に取り付けて、外膅《とう》砲による教育を行なったものと推定される。この訓練には陸軍重砲兵学校から将校が派遣される予定だったが、秘密保持の関係等で重砲兵学校からは派遣されなかった。

約１ヵ月間の訓練の後、黒山技師の指導により、大阪砲兵工廠からの派遣要員とともに不凍液に交換して火砲を分解した。列車砲の梱包数は火砲を砲身、揺架、砲架、車輌に分解し、動力車、弾薬車、広軌車輪、付属品など約３０梱となった。これを貨車に分載して神戸港に輸送した。次いで辰福丸に積載して出港し、昭和十六年十二月八日、大連港に到着した。同日関東軍作戦命令により大津山少佐以下基幹要員を関東軍直轄部隊として、火砲を現地に輸送するよう命令を発した。大連港での揚陸および汽車搭載については、列車砲の砲身（35t）、揺架、砲架、車輌、動力車、弾薬車などの重量品（いずれも厚さ1寸位の板で完全梱包した）は、満鉄の海上100tクレーン2基を使用して埠頭の引込線で搭載した。

以上の処置に基づき実施したが、関東軍と満鉄の協力により十二月中旬から下旬にかけて無事に全梱包を鉄道第三連隊の倉庫に集結することができた。列車砲は直ちに鉄道連隊の材料廠の工場内で組み立て、輸送の準備にかかった。列車砲の砲身、揺架の結合にはあらかじめ阿城重砲兵連隊から輸送した4脚30t起重機を使用した。満鉄においては四季を通じて硬グリースを使用した。列車砲は内地から未試験のまま輸送した広軌車輪を使用して運行試験をした結果、車軸の経始が間違っていたようで軌条との馴染みが悪く、加熱して長時間の運行に耐えないことがわかったので、三棵《さんか》樹《じゅ》の満鉄工場で急遽加修し、再三の試験の後、輸送に間に合わせた。

列車砲の牽引のためには発電動力車は使用しないで機関車を使用し、動力車、弾薬車、その他梱包積載車輌により貨物列車の運行に擬した。火砲は砲身を35t貨車に積載し、火砲固有の車輌は揺架、砲架を組み立てのままとし、上面および側面を板またはアンペラで囲い、外形を単に重量品を輸送するように見せかけた。シートは掛けたが偽装網は使用しなかった。ハルビンでの列車砲の組み立ては鉄道連隊の70tクレーンを使用した。クレーンの使用は鉄道連隊の援助を受けたが、企図秘匿の関係もあるので、努めて基幹要員の作業とした。

昭和十七年一月下旬、輸送準備を完了したので、虎頭に輸送を開始した。列車砲は小野大尉が指揮し、列車砲として組立輸送するので、梱包偽装に留意するとともに、企図秘匿のためハルビンより北上させ、ハルビン—綏化《すいか》—佳木斯《じやむす》—勃利《ぼつり》—林口—虎林線の経路をとらせて、夜間運行により二月中旬、完達の既設格納庫に輸送を完了した。40榴の完達到着から2日後であったと思われる。輸送中に綏化—佳木斯間で基幹兵員1名が凍結した列車の床板からすべって墜落し、失命した。

虎頭到着当初は完達駅付近の虎東山西北方麓にあった格納庫を陣地として訓練し、さらに虎頭線の月牙に砲座を設置した。防備の必要に鑑み、完達駅から1時間行程の水克《すいこく》北方高地に地下穹窖《きゆうこう》を構築することとし、構築完了に伴い、水克駅付近より引込線を設けてこれに移動した。洞窟陣地は火石山陣地と名付けられ、部隊の宿営設備を行ない、訓練および待機の位置とした。虎林線の線路上には砲床を設置した。射撃目標はスターリン街道の交通遮断と、イマン市南方およびラゾ東方地区の後方擾乱にあり、準備弾薬は榴弾300発を穹窖内部の弾薬庫に格納した。

列車砲は昭和十五年二月に編成された第四国境守備砲兵隊第十三中隊に配備され、㊃（マルヨン）という秘匿名称で呼ばれた。二十四糎加農の四からきていると思われる。これは先に四五式二十四糎榴弾砲が㊁（マルニ）の略称で呼ばれていたからである。

昭和十七年一月、満鉄鉄道軌条上において組立運行試験を行なった。その結果、列車砲広軌台車は硬グリース用車軸給油装置を使用し、満鉄第2種線（40k軌条）内を最大時速4

0kmで運行できることを確認した。ただし、駅構内および分岐点においては時速15kmに制限する必要があり、満鉄第1種線（32k軌条）内においては速度を制限すれば運行可能であった。動力車および弾薬車の広軌輪軸による運行機能も良好であった。

昭和二十年七月、第四国境守備砲兵隊は改編によって第十五国境守備隊と名を変え、第十三中隊も水克列車砲隊となった。

ソ連軍が侵攻を開始した昭和二十年八月九日、水克列車砲隊には通化地区へ移動する命令が出ていたため、その準備で列車砲は分解作業中であった。復員局の調査によれば、隊長内山少尉は開戦前虎頭に帰隊していたため、若井少尉が指揮をとり、全員水克を出発、牡丹江方面に後退中、八月十三日、黒台駅付近でソ連軍の攻撃を受け、隊長以下主力は行方不明となった。

●九〇式二十四糎列車加農主要諸元

砲身　口径　240㎜
　全長　12823㎜（53口径）
　重量　35000kg
閉鎖機様式　断隔螺式、石綿塞環
砲架様式　鉄道車輌式
後坐長　二重後坐　砲身475㎜
　小架1400㎜

高低射界　0〜+50度
方向射界　360度
放列砲車重量　136047kg
弾量　164.95kg
装薬　管状薬81・4kg（シュナイダー製榴弾）、同88・5kg（同半破甲弾）
初速　1050m／s
最大射程　50120m
最大経過時間　126秒
弾種　破甲榴弾（弾底信管）、榴弾（弾頭信管）、試製九五式破甲榴弾（試製九五式破甲大三号弾底信管「加」、試製一〇〇式尖鋭弾（試製一〇〇式弾中信管「加」）

試製一式二十四糎列車加農

240mm RAILWAY GUN TYPE1, EXPERIMENTAL

本砲は九〇式二十四糎列車加農をもとに一部の設計変更を行なった国産の列車砲で、昭和十六年に設計方針が示され、4門を製造することになった。昭和十六年一月末における試製兵器現況調によると、図面未受領につき完成予定は未定とされている。

大阪造兵廠第一製造所が昭和十七年十月末に調査した火砲製造完成数には、24cm列車加農は2門製造とある。このことから、試製一式二十四糎列車加農の砲身だけはこの段階までに2門完成していたと推定できる。

昭和十八年一月から三月にかけて、兵器行政本部と第一陸軍技術研究所および第一製造所の間で、頻繁に一式二十四糎列車加農の図面修正に関する文書のやり取りが行なわれている。その内容は不明だが、かなりのところまで製作が進んでいたものと推定される。

昭和十八年度第一陸軍技術研究所研究計画に「一式二十四糎列車砲」の表題で、「九〇式二十四糎列車加農ニ改良ヲ施シ、放列布置並ニ操砲便ナルモノニ付研究ス」とある。昭和十九年三月に竣工試験を予定し、同年九月に完成する予定だった。

しかし、戦局の悪化と資材の逼迫のために、本砲は完成することなく終戦を迎えた。

弾薬は昭和十六年三月から研究を開始し、昭和十八年に破甲榴弾７０発と弾底信管を試作し、翌十九年九月に完成する予定だった。

終戦時に大阪の枚方製造所で二十四糎列車加農用一〇〇式尖鋭弾を３８発製造中だった。

装甲列車

装甲列車
ARMORED TRAIN

わが国が制式兵器として開発した装甲列車は、「臨時装甲列車」と「九四式装甲列車」であるが、これらが製作される以前から各種の装甲列車を活用していた。シベリア事変で白軍セミョーノフや赤軍が装甲列車を有効に使用するのに刺激されたわが軍鉄道隊は、独自に在来の車輌に鉄板、煉瓦、コンクリート、材木等で装甲を施し、装甲列車を急造した。また、鹵獲した装甲列車も使用した。これがわが軍装甲列車の起こりである。

大正七年（一九一八年）八月、第十二師団に交付する「備砲貨車」をハルビンにおいて整備するため、旅順要塞に備え付けてあった五十口径七糎半速射加農8門を交付した。また、翌八年九月、ウラジオ派遣軍列車砲用として旅順要塞の四十七密速射砲10門を増加支給することになったが、折り返しウラジオ派遣軍から、「装甲列車は機関車、機関銃搭載装甲車、人員用装甲車の3輌を基幹として編成する14列車を要する。備砲貨車は在来の備砲は不便の点が多く、また、関東軍から交付を受ける予定の火砲も性能が適さないと思われるので、

(上)シベリア出兵でわが軍が初めて目にしたチェッコ軍の装甲列車「オルリック」号。大正９年４月。(下)わが軍も貨車に材木で装甲を施し、装甲列車を急造した。ウスリー鉄道。

（上、中、下とも）50t貨車に装甲を施し、七糎半速射加農を装備する装甲列車砲兵車。機関車、歩兵車と連結して編成した。

(上、下、左ページ３点とも)南満州鉄道の社線用装甲列車。砲兵車の搭載火砲は山砲。

むしろ山砲に交換するよう希望する」との返電が入り、増加支給する火砲を四一式山砲に変更した。

この後、大正十四年（一九二五年）から、軍事輸送会議規定に基づき、南満州鉄道株式会社は多数の社線用装甲列車を製作して、ゲリラの襲撃などに備えるようになった。自社の有蓋貨車「ヤサ」型を改造した歩兵車（ヒニ）を3輌、50t貨車を改造した砲兵車（ヒサ）を1輌製作し、9輌編成の装甲列車隊を編成して、各所の沿線警備に威力を発揮した。昭和二年九月、参謀本部は関東軍に四一式山砲2門および榴霰弾弾薬筒600発を列車砲用として特別支給し、砲兵車に搭載した。昭和三年にはさらに歩兵車を4輌、砲兵車を3輌製造した。昭和六年の満州事変に際し、南満州鉄道は砲兵車、歩兵車各1輌を連結した装甲列車6組を整備し、日本陸軍の使用に供した。これらは社線内と旧中華民国系鉄道において使用した。装甲列車隊の編成は次のとおり。

第一警戒車―歩兵車（甲、指揮車）―砲兵車―兵車（工兵車）―機関車
―水槽車―炊事車―歩兵車（乙）―第二警戒車

昭和七年には南満州鉄道の装甲列車の装備も進んで、8組を増備し、瀋海《しんかい》で1組、洮昂《とうぼう》・齊克《せいこく》で2組、吉長・吉敦《きつとん》で2組、四洮《しとう》で2組、奉山で1組、各鉄路で使用した。さらに呼海鉄路用に1組、海克線用に2組、吉長・吉敦・敦図線用に7組などを準備した。昭和十年

（一九三五年）二月時点の装甲列車の配置は次のとおりである。

局別	線別	駅名	装甲列車	警備列車	装甲軌道車
奉天	奉山線	溝帮子 錦縣	第八装甲列車 第九装甲列車		第115、116、119、136、122、123、136、210号
	錦承線	朝陽	第三装甲列車		
	奉吉線	清原 山城鎮	第七装甲列車 第一〇装甲列車		第211、216、217、219号
新京	奉吉線	磐石	第一一装甲列車		第120、127、128、131、132、200、201、202、203、205、206、207、208、209、300、301、500、501、502、503、504、505、506、513号
	京図線	吉林 威虎嶺 名月溝 図們	第一二装甲列車 第二一装甲列車 第二二装甲列車	第三警備列車 第五警備列車	
哈爾濱	拉濱線	新站 小城 五城 三棵樹	第二五装甲列車 第二四装甲列車	第二警備列車 第一警備列車	第105、107、113、114、117、118、129、133、134、135、137、204、230、507、508、509、510、511、512号
	濱北線	綏化 海倫	第二三装甲列車 第一七装甲列車		

洮南	大鄭線	通遼	第一三装甲列車		第108、109、212、213、214、215、220、221、222、223号
		鄭家屯	第一四装甲列車		
	平齊線	洮南	第一五装甲列車		
		齊々哈爾	第一六装甲列車		
	齊北線	寧年	第二〇装甲列車		
		克山	第一九装甲列車		
合計			19列車	4列車	65輌

昭和十、十一年度に関東軍は装甲列車装備用兵器として四一式山砲15門、十一年式七糎半野戦高射砲5門を満鉄に引き渡した。昭和十一年五月、関東軍は兵団配置の変更に伴い、装甲列車、警備列車および装甲軌道車の配置を変更した。この時点における保有数は装甲列車28組、警備列車4組、装甲軌道車62輌に達した。

関東軍は昭和八年（一九三三年）頃、列車高射砲隊の試験を完了し、同十一年には関東軍列車高射砲中隊の動員計画を作っていた。列車の先頭および後尾に10cm高射砲を据えて、対地対空射撃を可能とし、先頭から2輌目を観測車とした。この高射砲搭載列車は鉄道上から地上に移して、戦車のような用法ができるよう考案されていた。本高射砲隊の実用成果は不明である。

ヒニまたはヒサなどのヒとは車種の非常車を示し、装甲列車編成用として使用するもので、他に防護車ヒコ、ヒロ、ヒチや、装甲指揮車ヒハがある。ヒクは水槽車で、装甲列車に連結して機関車に給水する車輛である。南満州鉄道ではこれらの車輛の多くは土運車や無蓋車、石炭車、無側車などを改造して製造したが、ヒハのように新造したものもある。また、車掌車カニを装甲した車輛が18輛あり、旅客列車の最後尾に連結して警備用に供した。

このように満州事変を通じて、装甲列車の威力が証明されたことにより、ようやく参謀本部内に制式装甲列車制定の気運が生まれ、臨時装甲列車、九四式装甲列車の開発へ進んだ。

臨時装甲列車

TEMPORARY ARMORED TRAIN

昭和七年（一九三二年）五月、参謀本部から陸軍技術本部に対し装甲列車研究に関する申し入れがあり、関係各方面の当事者が技術本部に集まって最初の協議会を開催した。技術本部は昭和六年から装甲列車の研究を始めており、昭和七年七月には装甲列車設計要領書を作成し、経費の見積もりも調整した。このような準備作業を経て、八月八日に開催された軍需審議会で、わが国では初めての装甲列車の開発が決まった。

昭和七年八月十八日、荒木陸軍大臣より緒方陸軍技術本部長へ装甲列車の設計が正式に下令された。具体的な作業方法としては、装甲列車の製作、指導は兵器本廠でさせるが、設計や技術上の細部事項については技術本部で援助するという方針であった。整備要領は、

1、機関車その他の車輛は満鉄より提供する。

2、設計製作の細部は満鉄に依託する。

3、製作指導のため陸軍から係員を派遣する。

4、装甲鈑、火砲、その他の装備資材は陸軍が満鉄に交付する。

などと決められた。

以上の決定により技術本部長は研究審査の担当割当を決めた。第一部は列車の武装およびこれに関連する事項で、特に重砲車（加農車、榴弾砲車）、軽砲車、歩兵車、指揮車の完成を担当し、第二部はその他の事項を担当した。続いて兵器局、技術本部、兵器本廠、造兵廠、陸軍通信学校との間に装甲列車製造に関する覚書を作成した。

技術本部はただちに装甲車輛の設計に着手し、各車輛に搭載する火器類、装甲鈑の装備、車輛内外の諸設備などを計画した。最大の問題は短時間で製作する要求がなされたため、既存の車輛、火砲を利用し、防楯となる鋼板は補給が可能な一定寸法の平板を利用するという設計上の制限があったことである。

九月二十一日には満鉄の技術者を迎えて詳細な打ち合わせを行なった。その要綱は、設計は一切技術本部の指図により、満鉄は車輛の改造から始める。銃砲は大阪工廠にて改修、試験の後満鉄に送る。装甲鈑は日本製鋼所から調達して満鉄に送付する。満鉄は以上を組み立て各車輛を完成する、というものであった。

装甲列車製作仕様書に記載された構造機能に関する項目の要旨を引用する。

1、列車は機関車1、補助炭水車1、指揮車1、重砲車2、軽砲車2、歩兵車2、材料車1、防護車2で編成する。

2、機関車は満鉄ソリイ型を改造のうえ要部を装甲し、水20t、石炭10tを積載する。

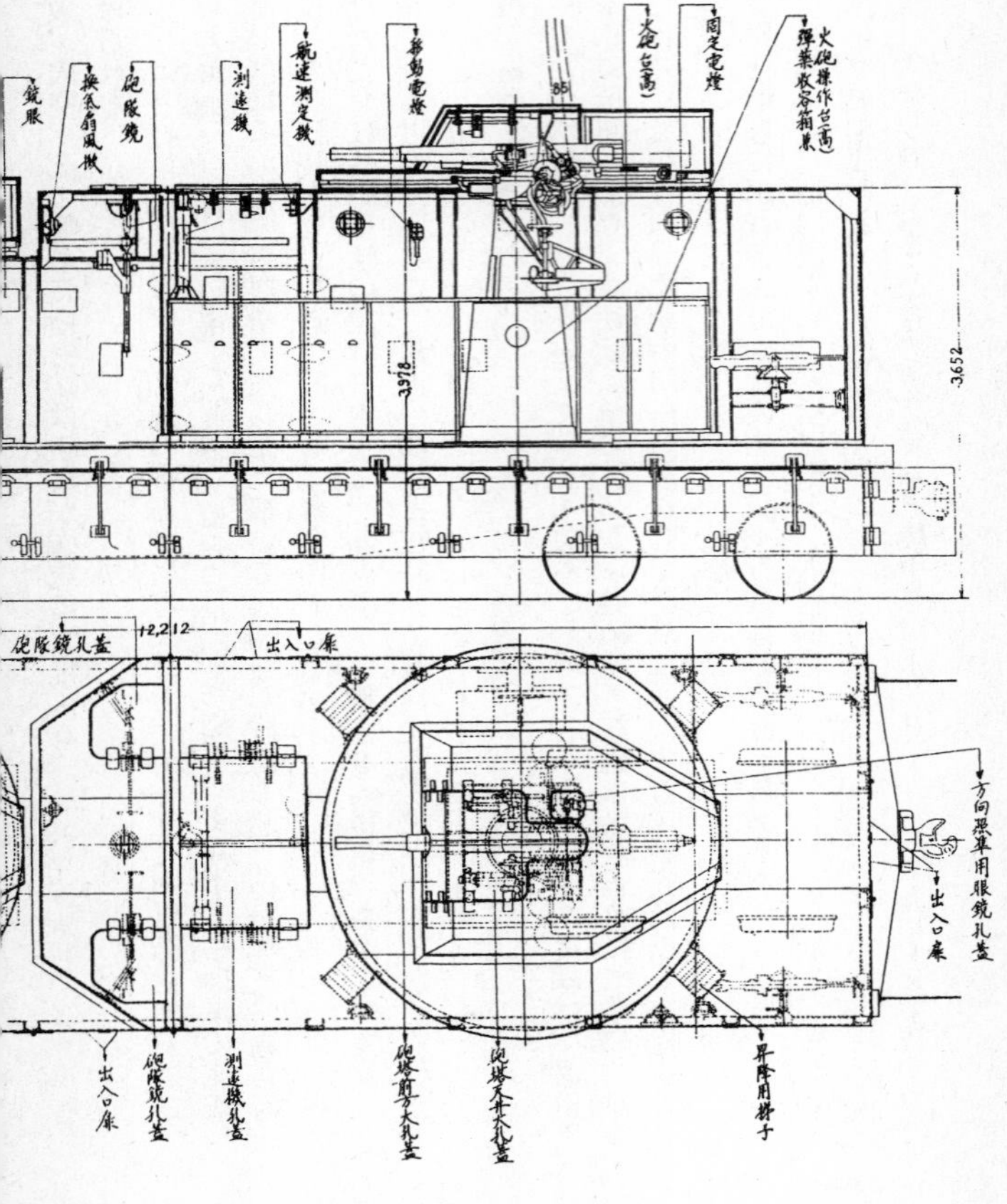

鏡眼
換気扇風機
砲隊鏡
測遠機
航速測定機
移動電燈
85
火砲台(高)
固定電燈
火砲操作台(高)
弾薬収容箱架
3978
3652
12,212
砲隊鏡孔蓋
出入口扉
方向照準用眼鏡孔蓋
出入口扉
出入口扉
砲隊鏡孔蓋
測遠機孔蓋
砲塔前方大孔蓋
砲塔天井大孔蓋
昇降用梯子

臨時装甲列車軽砲車
側面、平面、後面図　各部名称

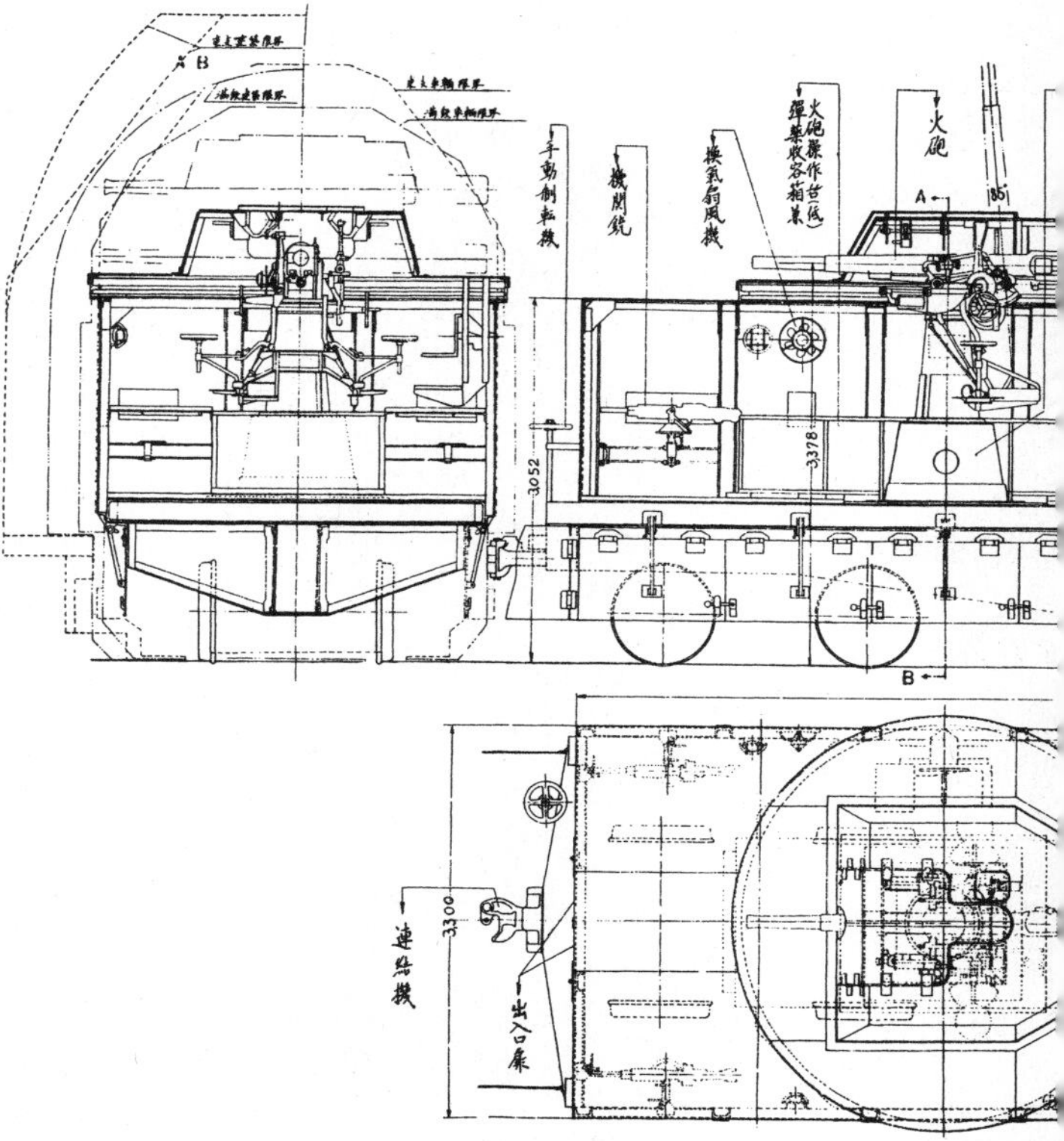

臨時装甲列車軽砲車搭載
十一年式七糎半野戦高射砲(一部改修)

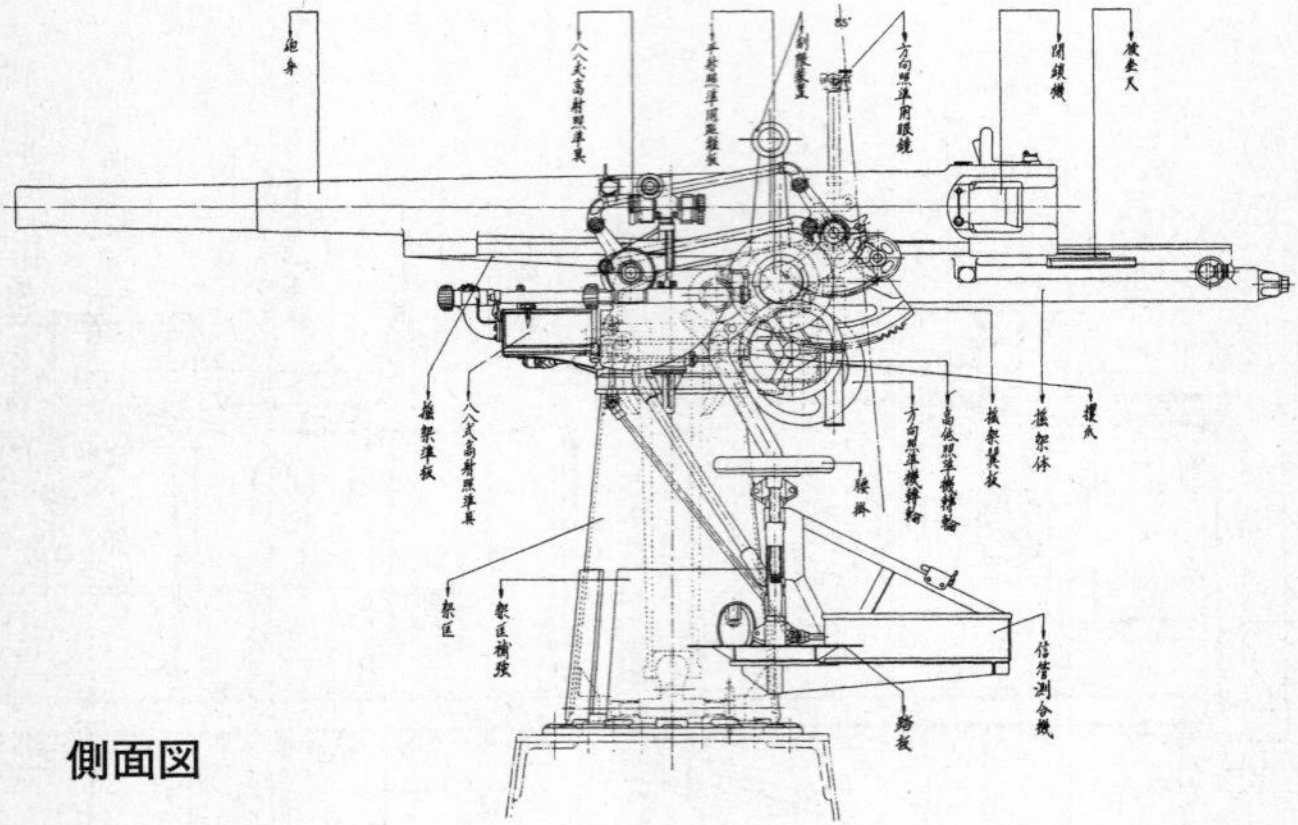

側面図

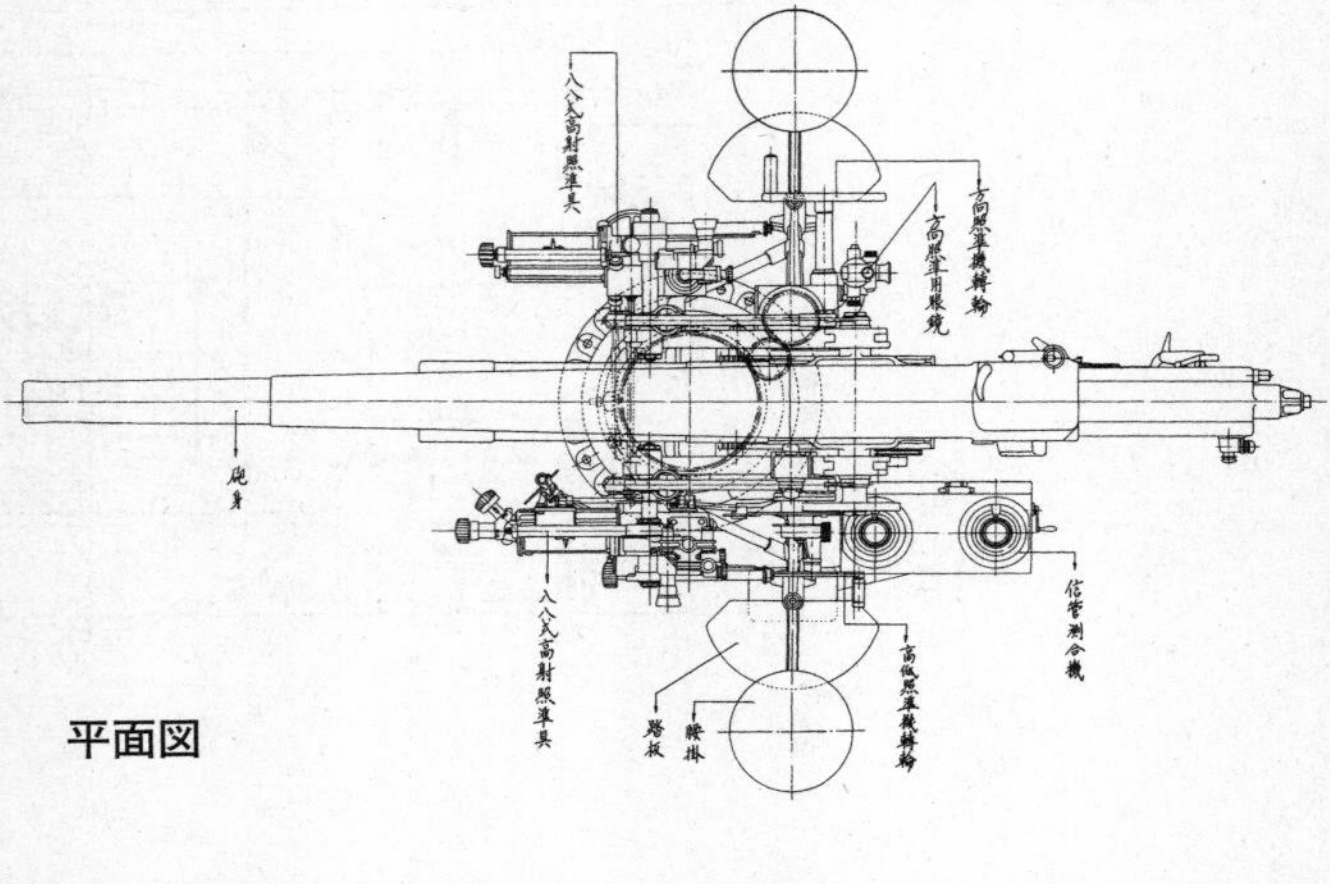

平面図

3、補助炭水車は満鉄タイ型50t石炭車を改造のうえ要部を装甲し、水40t、石炭5tを積載する。軽機関銃塔を設備する。
4、指揮車は満鉄タイ型50t石炭車を改造のうえ要部を装甲し、指揮観測装置を設備する。
5、重砲車および軽砲車は満鉄タイ型50t石炭車を改造補強のうえ、要部を装甲し、火砲、機関銃、弾薬、観測装置を設備する。重砲車には特に射撃安定設備を設ける。
6、歩兵車は満鉄ムシ型30t無蓋車の車框を新調のうえ要部を装甲し、機関砲、機関銃、照明装置を設備する。
7、材料車は満鉄三等客車の車框以上とタイ型50t石炭車の台車を改造補強のうえ組み合わせ、要部を装甲する。車内は発電機室、無線室、蓄電池室および倉庫に区分する。
8、防護車は満鉄ムシ型30t無蓋車の要部を装甲し、探照灯および軽機関銃塔を設備する。

まず、大阪工廠での改修火砲類（十一年式七高、十四年式十高、改造四年式十五榴、九二式車載十三粍機関銃、高射機関銃、三年式機関銃）を装備する砲塔が昭和八年（一九三三年）二月に完成し、試験の結果は良好でただちに満鉄へ送った。同年五月二十五日、技術本部係官が内地を出発、六月から七月にかけて満鉄沙河口《さかこう》工場で装甲列車の組み立てを指導し、完成したものから諸試験を開始した。

順次完成した軽砲車2輌、重砲車2輌、歩兵車2輌の機能試験を工場構内で実施し、逐次

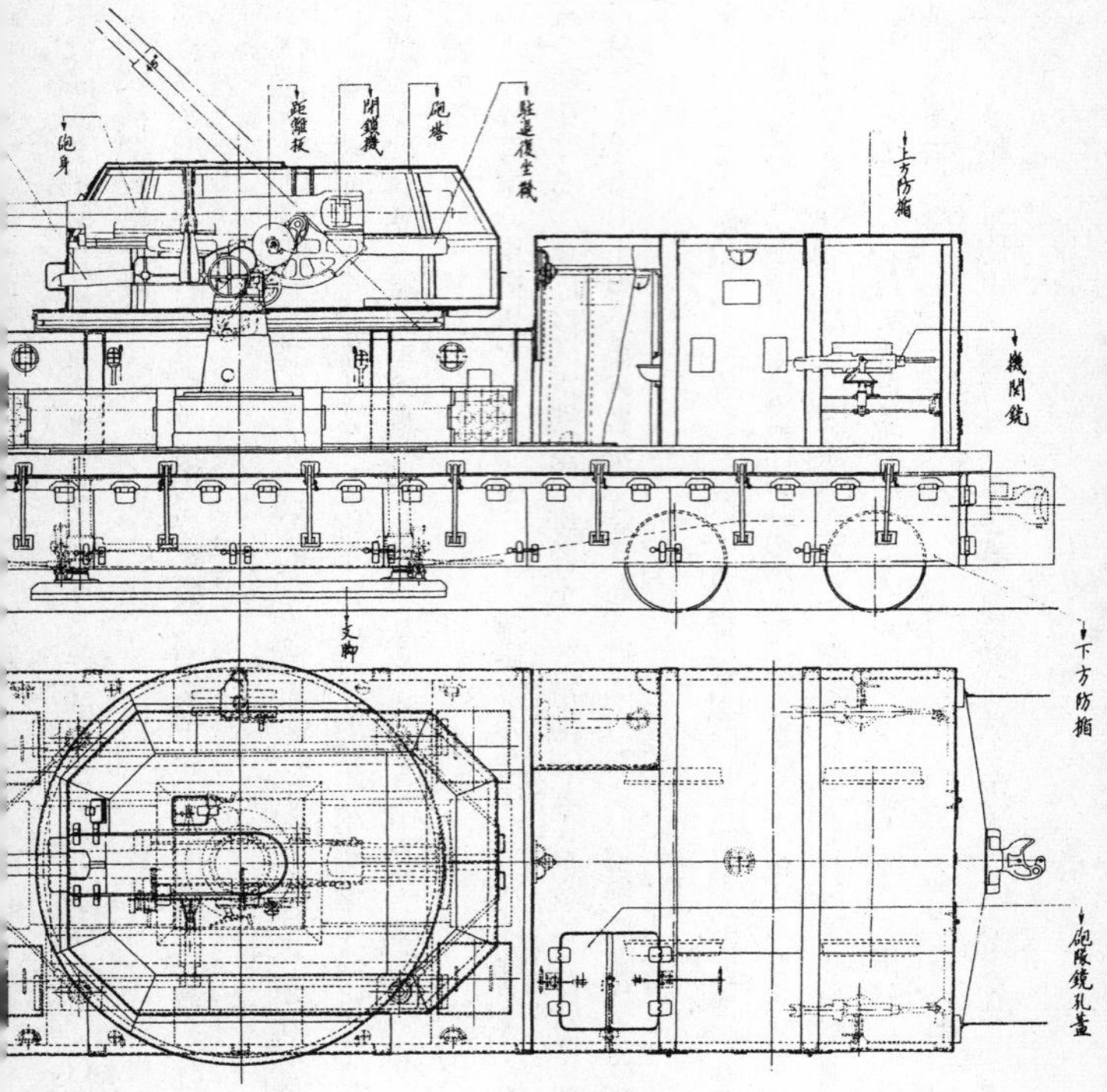
砲身
距離板
閉鎖機
砲塔
駐退復坐機
上方防楯
機関銃
支脚
下方防楯
砲眼鏡孔蓋

臨時装甲列車重砲車（加）
側面、平面、後面図　各部名称

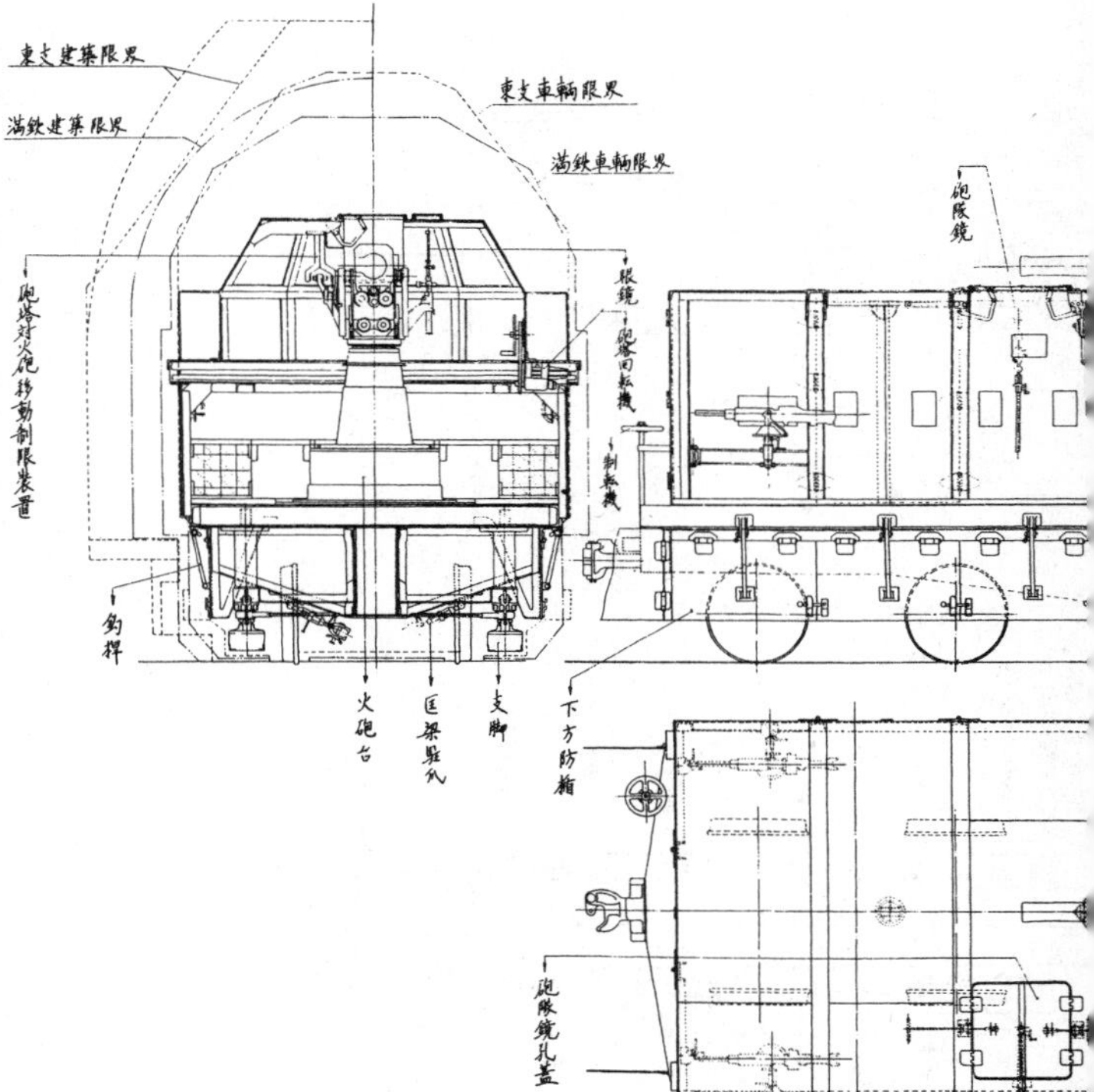

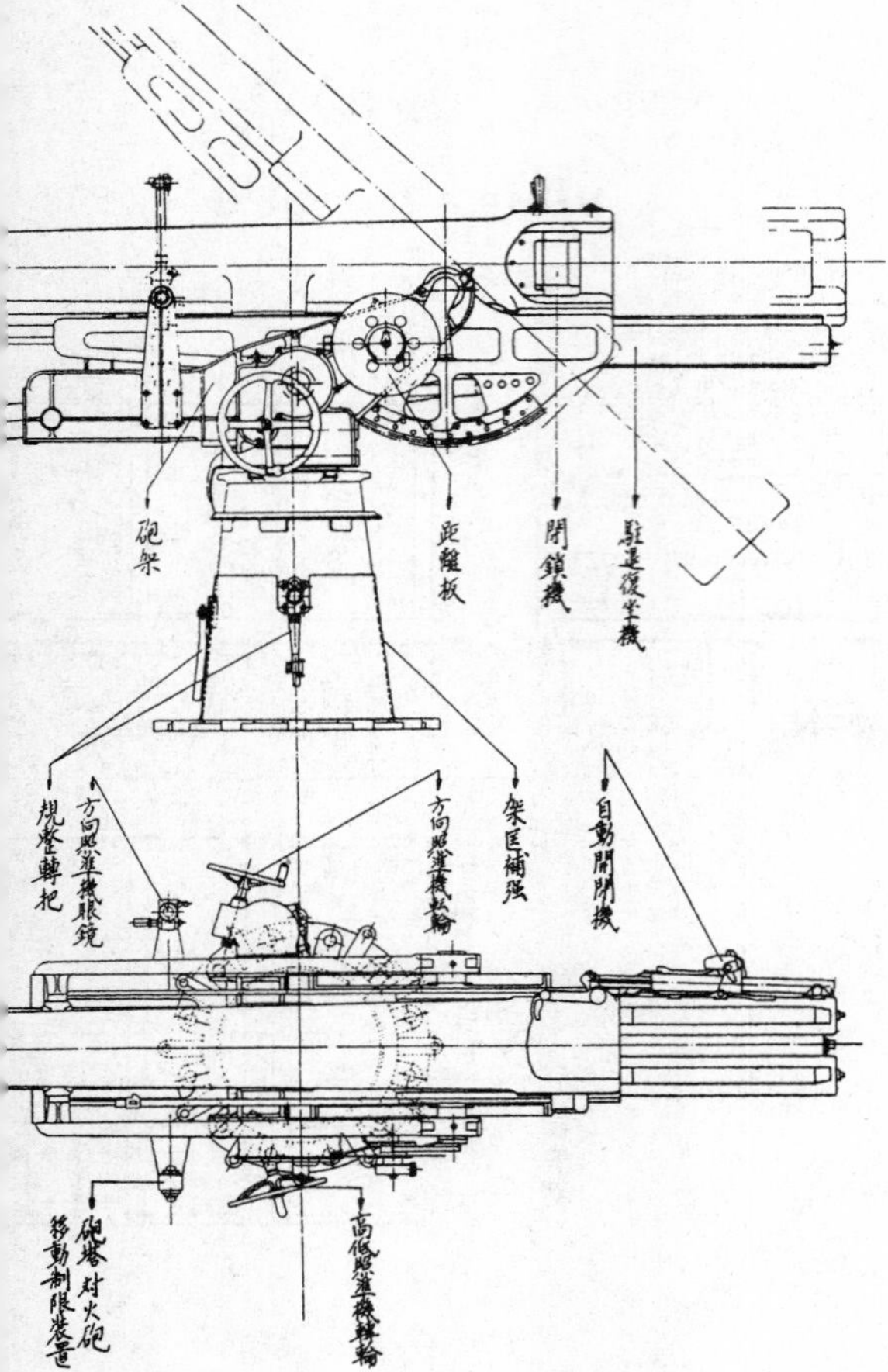

駐退復坐機
閉鎖機
距離板
砲架
自動開閉機
架匡補強
方向照準機轉輪
方向照準機眼鏡
規整轉把
高低照準機轉輪
砲塔対火砲移動制限装置

臨時装甲列車重砲車(加)搭載
十四年式十糎高射砲(一部改修)　側面、平面図

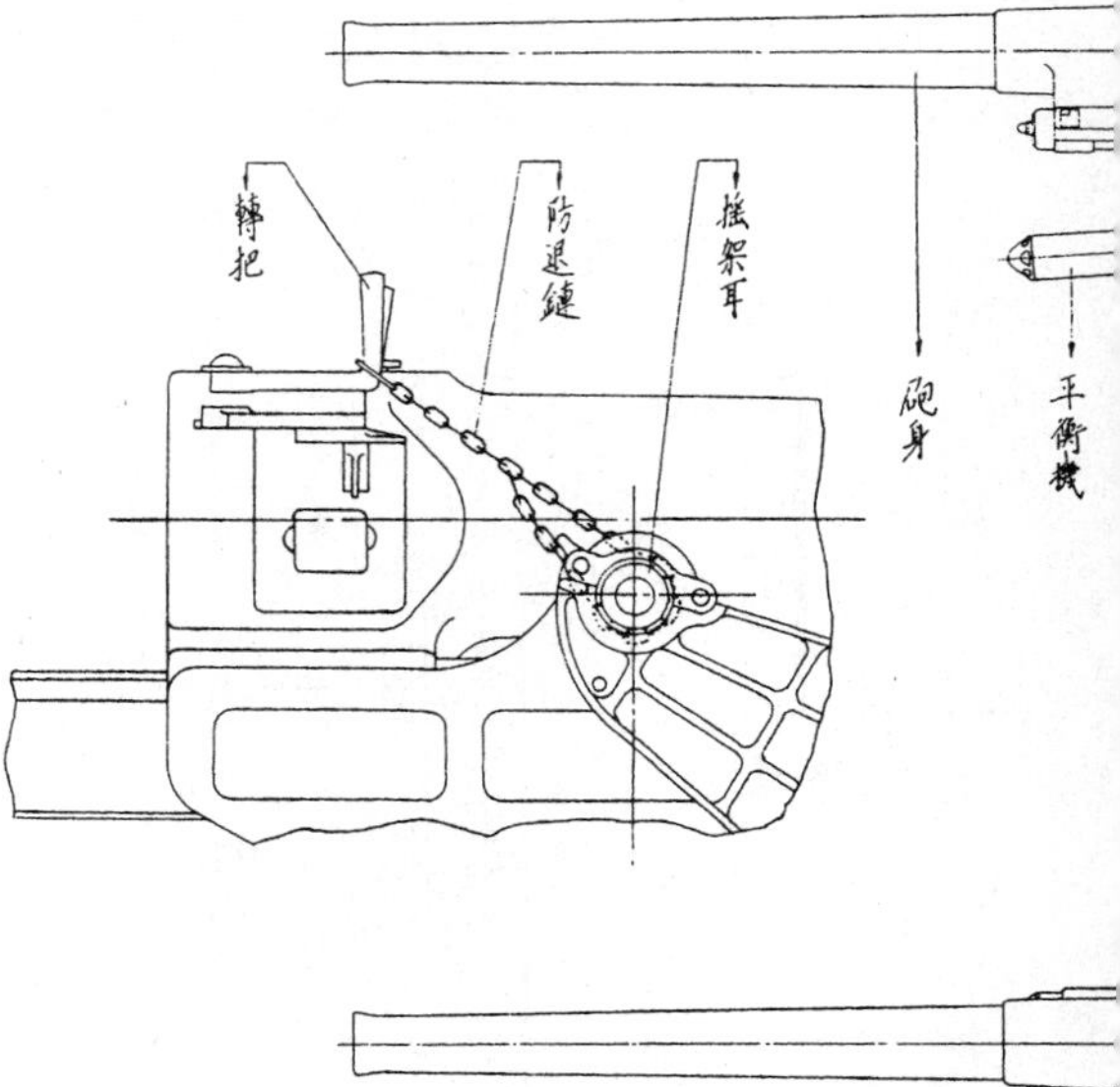

臨時装甲列車重砲車(加)用火砲弾薬
(右)十四年式榴霰弾弾薬筒
(中)八八式破甲榴弾弾薬筒
(左)九一式尖鋭弾弾薬筒

全体

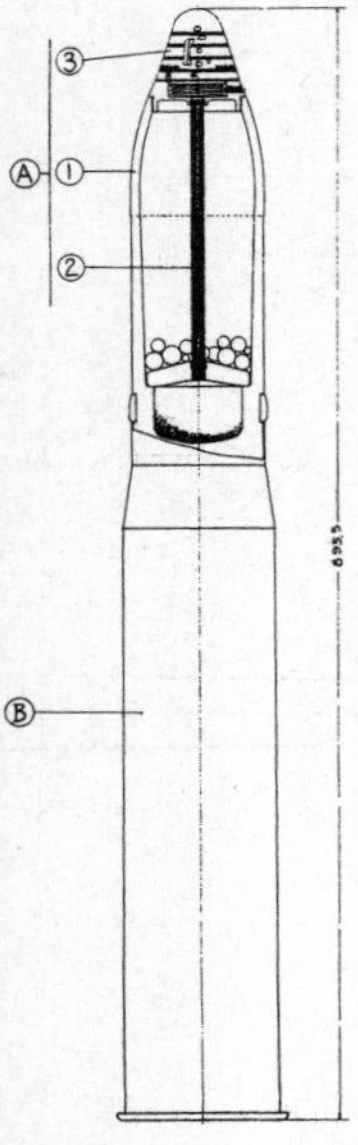

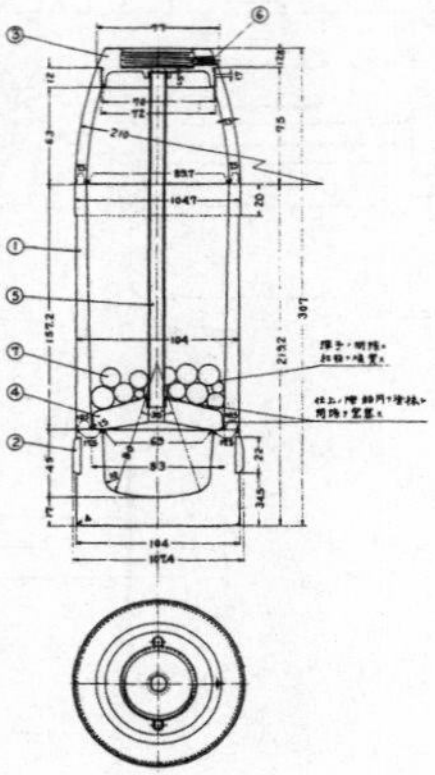

全　体

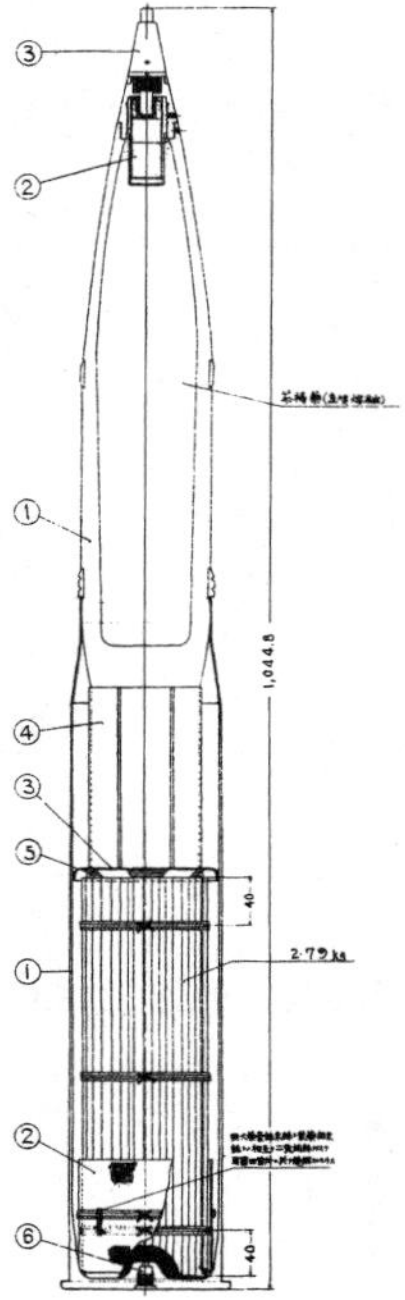
③
②
①
④
③
⑤
①
②
⑥
1,044.8
40
2.79kg
40

全　体

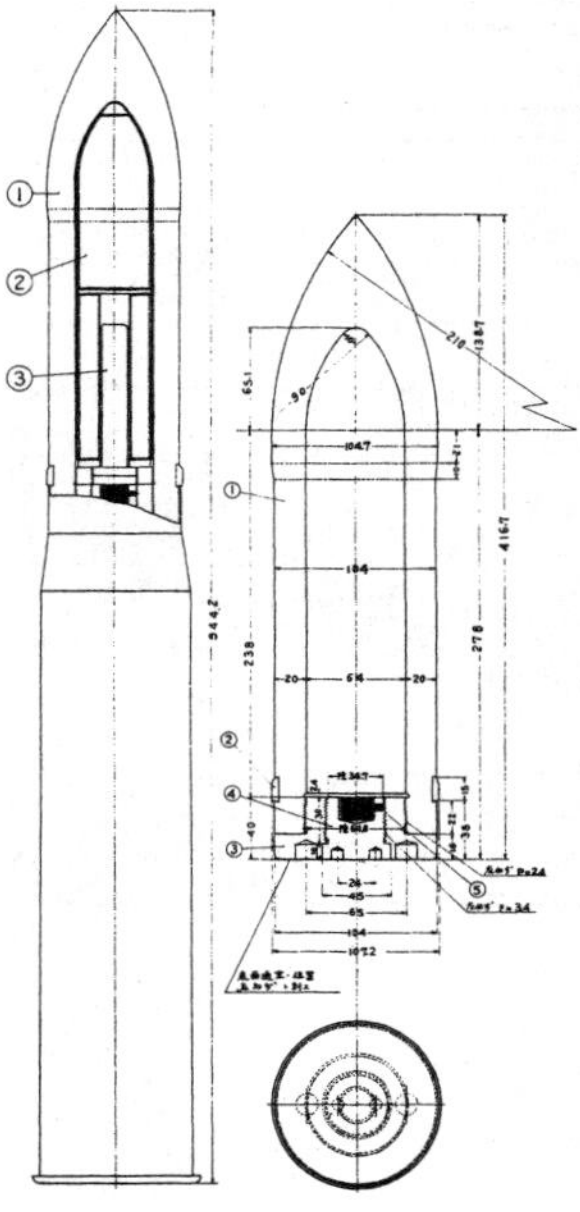
①
②
③
944.2
210
138.7
65.1
90
104.7
①
104
416.7
238
278
20
61.6
20
②
④
③
⑤
40
15
22
38
28
45
65
104
107.2

臨時装甲列車重砲車(榴)
側面、平面、後面図　各部名称

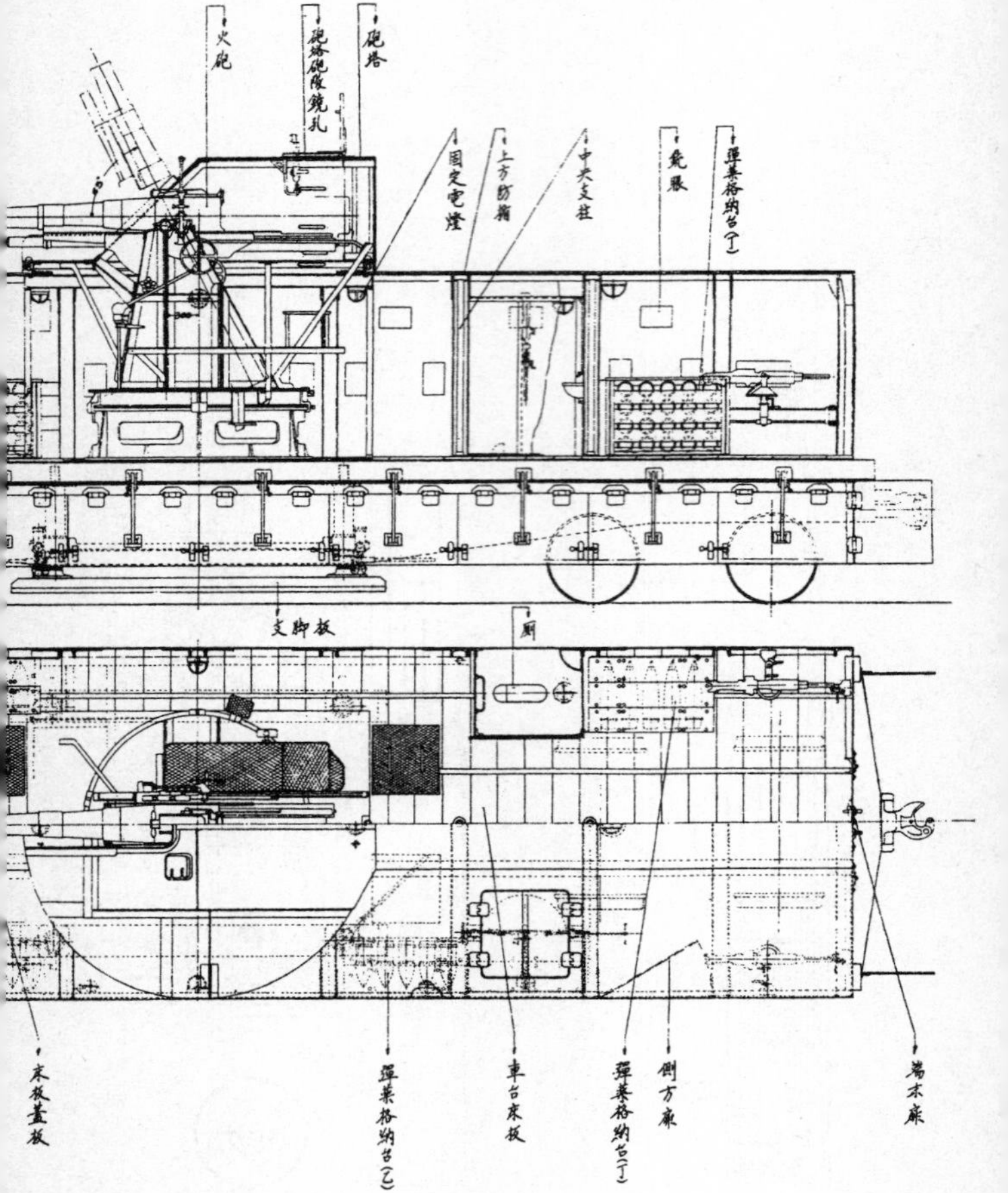

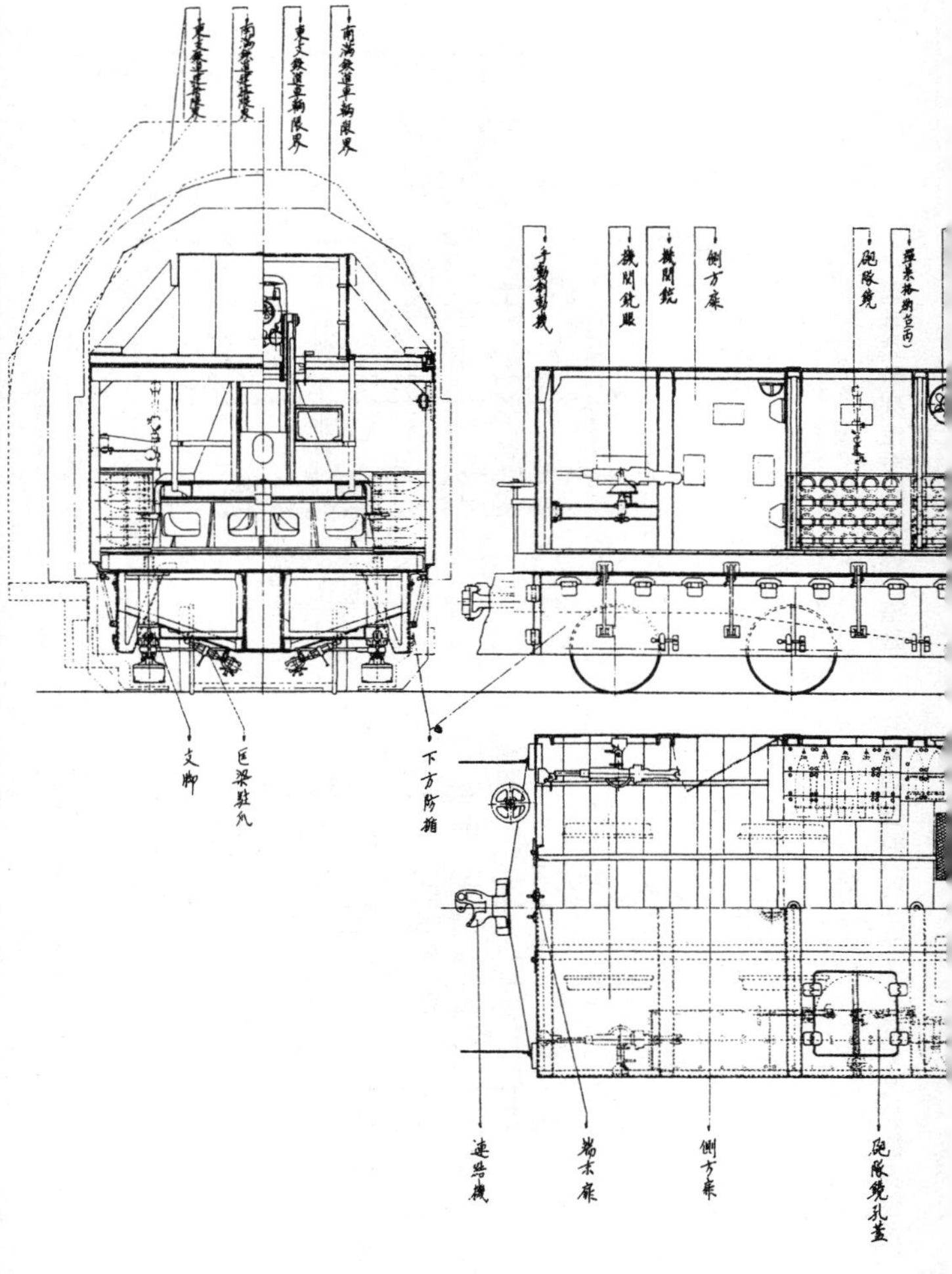

東支鉄道建築限界
南満鉄道建築限界
東支鉄道車輌限界
南満鉄道車輌限界
手動制動機
機関銃脚
機関銃
側方扉
砲隊鏡
弾薬格納台(丙)
支脚
巨梁駐爪
下方防楯
連結機
端末扉
側方扉
砲隊鏡孔蓋

臨時装甲列車重砲車（榴）搭載 十五糎榴弾砲（四年式十五糎榴弾砲砲身使用）

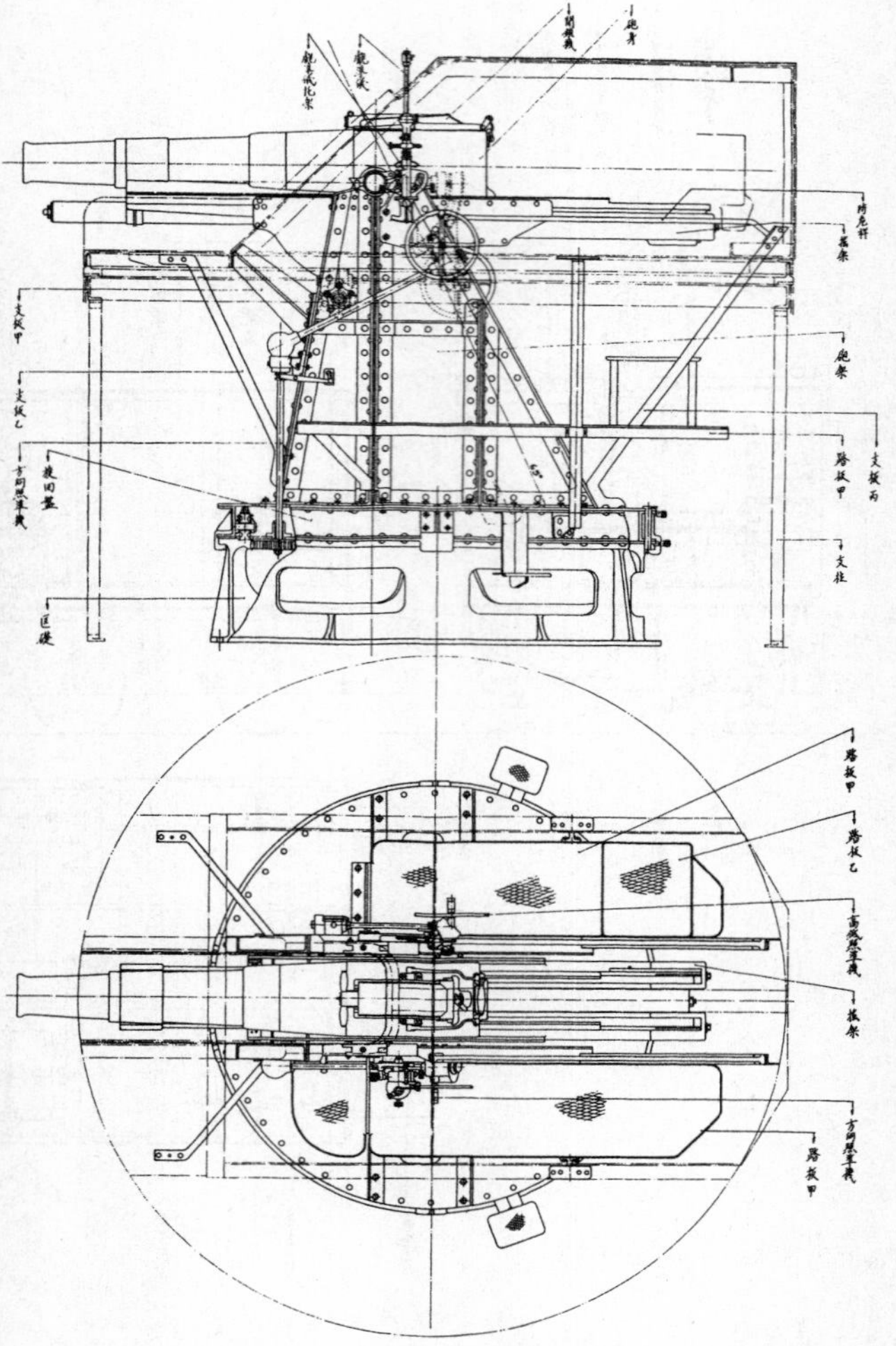

463　臨時装甲列車

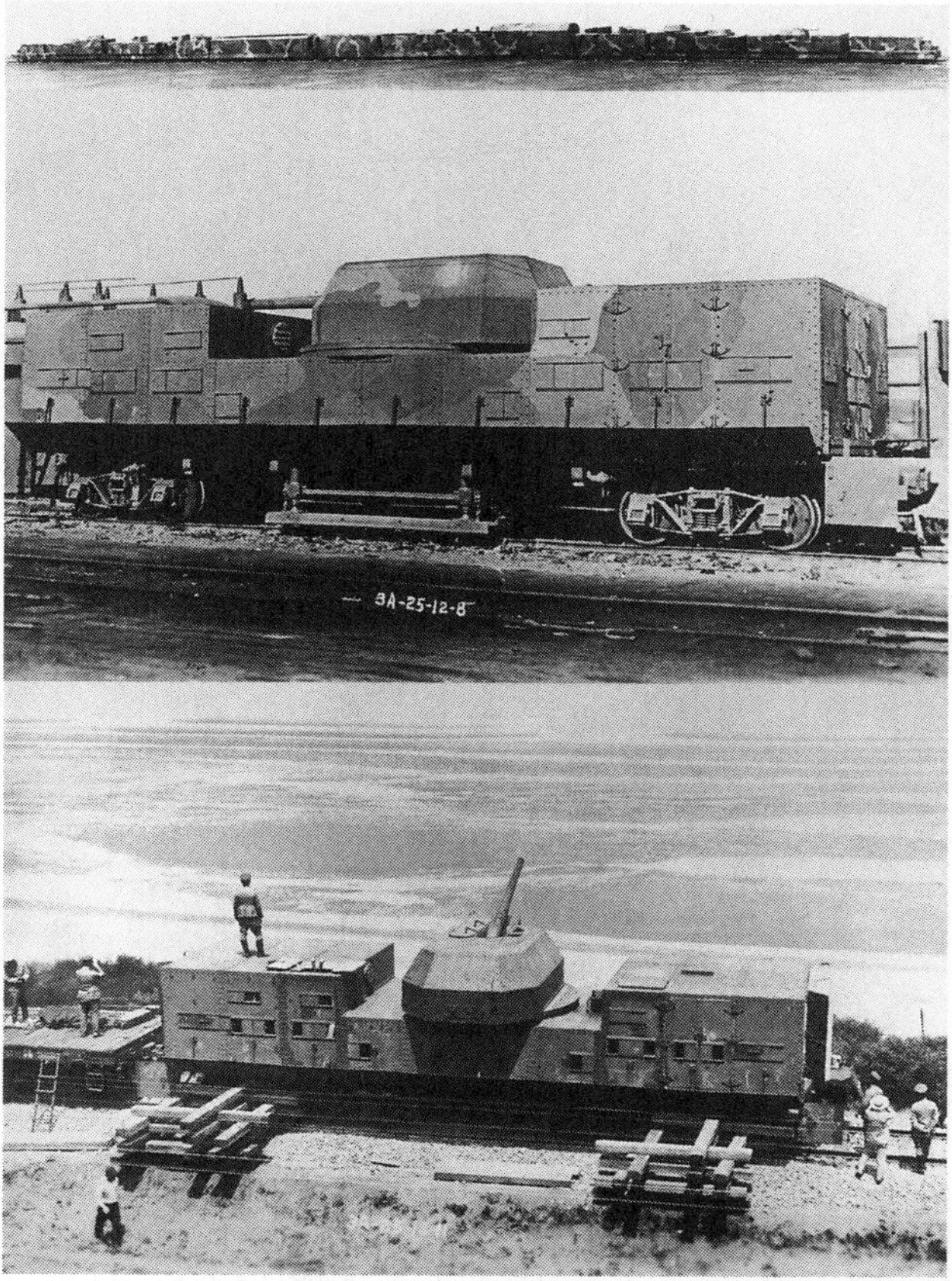

(上)臨時装甲列車。全12輛編成。(中)重砲車(加)。側視。下部装甲板上げ。(下)同、射撃姿勢。昭和８年６月。大連付近。左から２人目は技術本部の大角大佐。

(上)軽砲車。側視。下部装甲板上げ。
(下)同、大射角。下部装甲板一部上げ。

(上)同、内部。十一年式七糎半野戦高射砲基筒部。
(下)同、砲塔閉鎖。旋回板。

(上)軽砲車、射撃姿勢。
(中)同、十一年式七糎半野戦高射砲を一部改修し、平高射照準具を装着。
(下)同、弾薬匣。

(上)歩兵車。下部装甲板上げ。
(下)重砲車(榴)。下部装甲板上げ。

不良箇所の改修を行なった。約10日間で終了し、綜合列車編成による試運転を沙河口から金洲間で実施した。試運転に先立ち、関東軍司令部で参謀部、兵器部、線区司令部、野戦兵器廠の間で要員、材料などの援助方針を協定している。

試験射撃場の選定は大連から旅順を走る中間にある牧城子駅の待避線を中心にしたところで、旅客列車、貨物列車などの運転中は待機しつつ、列車の運行合間に本線上に出て、夏家《かか》河子《し》駅の西南海岸付近で海岸に向け射撃することに決定した。

射撃試験には奉天野戦兵器廠から職員の援助を受け、六月十五日から二十二日までに軽砲、重砲、機関銃の実弾射撃を実施した。射撃は毎日午前2回（八時半から約1時間と十時半から約2時間）、午後1回（十四時半から約1時間半）で、列車の運行の妨げにならないように行なった。この射撃は各車とも停止間、運行間の両場合と、さらに進行方向、進行に直角の方向、斜方向などいずれも平高射撃を混合し、1砲塔単発および斉発のあらゆる場合を取り混ぜて行なった。射撃時には車輌安定のため迅速駐定設備を装備するほか軌条掴みも設置した。射撃は砲手を大阪工廠職員が担当し、助手には満鉄工場の職員があたった。機関銃射撃は野戦兵器廠からの応援者が担当した。振動、ガス圧等の実験には満鉄中央試験所の職員があたり、車輌、保線、運転に関しては満鉄の各係員を動員した。憲兵や警察の警戒を厳重に行ない、秘密の保持に努めた。

軍民一体の試験射撃をすべて終了し、次に使用部隊による綜合試験を六月二十九日から七月十日にかけて行なうための乗員数を決定し、各車輌に割り当てた。

歩兵車2輌：独立守備隊より将校2、下士官兵22
軽砲車2輌：高射砲大隊より将校2、下士官兵38
重砲車1輌（加農）：旅順重砲隊より将校2、下士官兵14
重砲車1輌（榴弾砲）：野重九連隊より将校2、下士官兵20

以上合計102名の他に旅順衛戍病院より看護長1、看護手1を派遣した。これらの各隊員は六月三十日に集結し、七月三日には夏家河子海岸で教習射撃を行ない、七月六日から十日にかけて大連→奉天→新京（1日滞在）→奉天→大連と長距離運行試験を実施した。新京では時の関東軍武藤司令官、小磯軍参謀長、橋本憲兵司令官の視察があった。

七月十四日から十六日の間に、この全装甲列車を満鉄より兵器本廠へ納入することになり、現品受納は関東軍兵器部となった。装甲列車納入に際して次の事項が申し継がれた。

1、本装甲列車は極めて短期間に既存車輌を利用し、既存火砲を転用し、防楯鋼板は一定寸法の補給が可能な平板だけを用い、完成車輌は鉄道限界規尺を通行するよう、かつ製造に長時日を要しないこと等の条件下で計画、設計、製造したもので、以上の諸条件のために設計に制限を加えた点が多く、本装甲列車には「臨時装甲列車」という名称をつけた。

2、本装甲列車は北支鉄道作戦を目途として試製したもので、掃匪用ではない。

3、本装甲列車は分割せず、12輌編成で使用するのを原則とする。

各車輌の武装は次のとおり。

1、軽砲車：十一年式七糎半野戦高射砲を一部改修し、平高射照準具を装着したもの2門を、車体の前後に高さを変え、360度回転する砲塔に据え付けている。

2、重砲車（加）：十四年式十糎高射砲の一部を改修し、高射用照準具を除去して平射用照準具を装着した砲塔1門を搭載している。

3、重砲車（榴）：四年式十五糎榴弾砲の砲身を使用して遥架以下を旋回盤式にした砲塔を、車輛の中央部に据え付けている。

4、その他の歩兵車、指揮車等の装備については編成表のとおりである。

匪賊との近接戦闘で死角内に侵入され格闘になることがあったので、武装は主砲以外にも自衛用の小銃や催涙筒を装備した。装甲列車の上面、側面は10㎜の防楯鋼板を使用し、下面は6㎜である。天井も10㎜鋼板を使用している。これは手榴弾落下による危害を防止するためである。

装甲列車の塗装については、関東軍の中には平時から迷彩を施す必要はないという意見もあったが、工兵隊方面からの強い要望により特殊な迷彩塗装を施した。陸軍の移動兵器迷彩法は土草色（反射率8・4パーセント）を主色とし、これに土地色（反射率4・5パーセント）ならびに枯草色（反射率15パーセント）の飛雲形模様を概ね交互に配し、各色の塗装面積比を土草色50パーセント、土地色30パーセント、枯草色20パーセントとする。各色の境界には黒色線は描かないことになっていた。

装甲列車の本旨は第一線塹壕における陣中勤務と同等に考えた設計であるから、居住性は良くない。便所や休息用のハンモック、軽い炊事、蒸気と電熱による暖房などの設備はあった。

本装甲列車は装備兵器と戦闘任務とを勘案し、関東軍において適宜車輌編成を改変して使用したが、第一装甲列車隊として北支における外蒙迂回作戦に参加し、大同付近の追撃戦に偉功を奏した。

臨時装甲列車編成表

1号車	防護車	十一年式軽機関銃	1
2号車	重砲車（加）	十四年式十糎高射砲	1
		三年式機関銃	1
		三八式騎銃	10
3号車	軽砲車	十一年式七糎半野戦高射砲	2
		三年式機関銃	4
		三八式騎銃	10

4号車	歩兵車	九二式車載十三粍機関銃	2
		三年式機関銃	4
		高射機関銃	2
		三八式歩兵銃	2
5号車	指揮車	三年式機関銃	2
		三八式騎銃	10
6号車	機関車		
7号車	補助炭水車	十一年式軽機関銃	2
8号車	材料車	無線機	1
		十一年式軽機関銃	2
		所要資材	
9号車	歩兵車	4号車と同じ	

10号車　軽砲車　3号車と同じ

11号車　重砲車（榴）
改造四年式十五糎榴弾砲　1
三年式機関銃　4
三八式騎銃　10

12号車　防護車　1号車と同じ

九四式装甲列車

ARMORED TRAIN TYPE94

本装甲列車は前年度に竣工した臨時装甲列車の経験を基礎とし、軍用価値の一層の向上を図るため、運行能力の強化、前方に対する火力集中射界の増大、火砲車単車の場合の射撃指揮の容易、有線および無線通信機能の改善、列車内交通の便利等の諸点に改良を加えて、新たに設計したものである。

本装甲列車は表向き「試製九四式特種車輛」と仮称し、参謀本部が昭和八年（一九三三年）十月に策定した基礎要件に基づき製作を開始した。実際に製作を担当したのは車輛が満鉄、防楯鋼板は兵器本廠が内地の民間会社へ注文し、兵器は砲類（十四年式十糎高射砲、八八式七糎野戦高射砲）と照準具および銃砲塔を大阪工廠火砲製造所に、銃器（九二式重機関銃）を東京兵器製造所に、弾薬托架を名古屋工廠に注文して製作にあたった。

翌九年秋に完成した装甲列車は、関東軍野戦兵器廠に引き渡すため、十一月二十三日から十二月十五日にかけて、満鉄沙河口工場と同社瓦房店《がぼうてん》以南の軌道上で、受領検査を兼ねた竣工試験を実施した。

試験には陸軍技術本部のほか、野戦兵器廠、第一独立守備隊、旅順重砲隊、高射砲第一大隊、鉄道第三連隊、電信第三大隊、関東軍司令部から総勢170余名が参加し、沙河口工場内における機能試験、夏家河子海岸での射撃試験、続いて供用部隊による列車編成、教習指導、綜合射撃、関東州内における長距離運行試験まで綿密に行なわれた。その結果は臨時装甲列車に比べて諸般の点で実用性が向上し、大陸鉄道作戦における国軍装備に新威力を加えるものと認められた。

九四式装甲列車は火砲車3輌、指揮車1輌、機関車1輌、炭水車1輌、警戒車1輌、電源車1輌の計8輌からなり、列車の全長は121・12m、整備重量は合計501・56tである。列車速度は時速40～60kmを基準とするが、平坦直線路においては最大毎時80kmの速力があった。

1、火砲車（甲、乙、丙）の構造機能の概要

車台は満鉄60t無側車「チイ」型に準じて設計したもので、前方に対し重畳射撃を可能ならしめるため、車輌最高部の高さをそれぞれ甲3・18m、乙3・78m、丙4・38mとした。装載火砲は甲、乙が十四年式十高各1門、丙が八八式七高2門で、いずれも全周旋回砲塔に装備した。また甲、乙には車輌の前後部に銃塔を備え、九二式重機関銃各2梃を装備した。その他各車輌に共通して、停止時に精密射撃が実施できるように射撃安定用支脚や、各車ごとに観測具を備えている。装甲は車輌側面が10㎜、ほかは6㎜であ

(七高) 全体

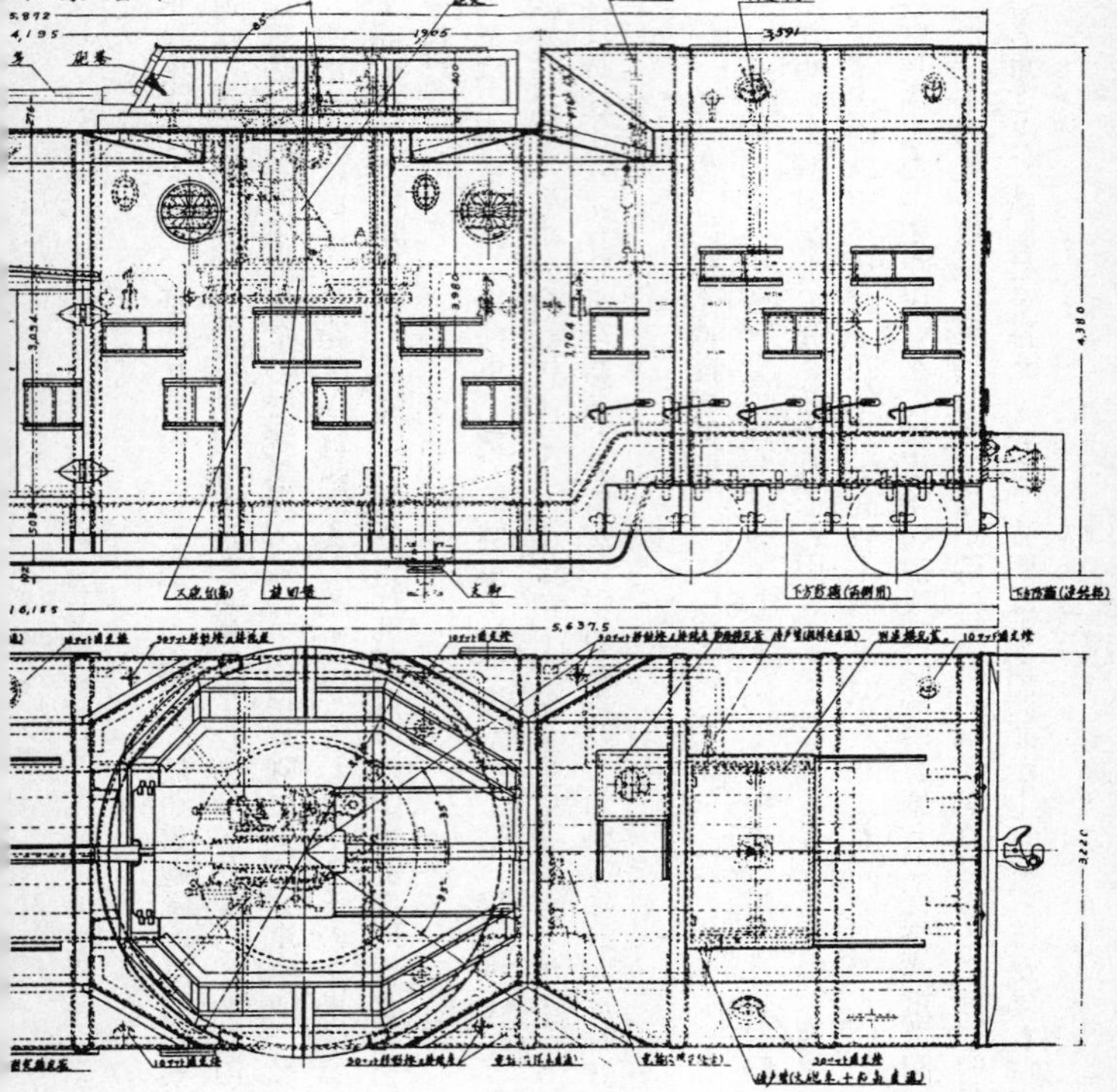

九四式装甲列車火砲車(丙)　側面、平面図

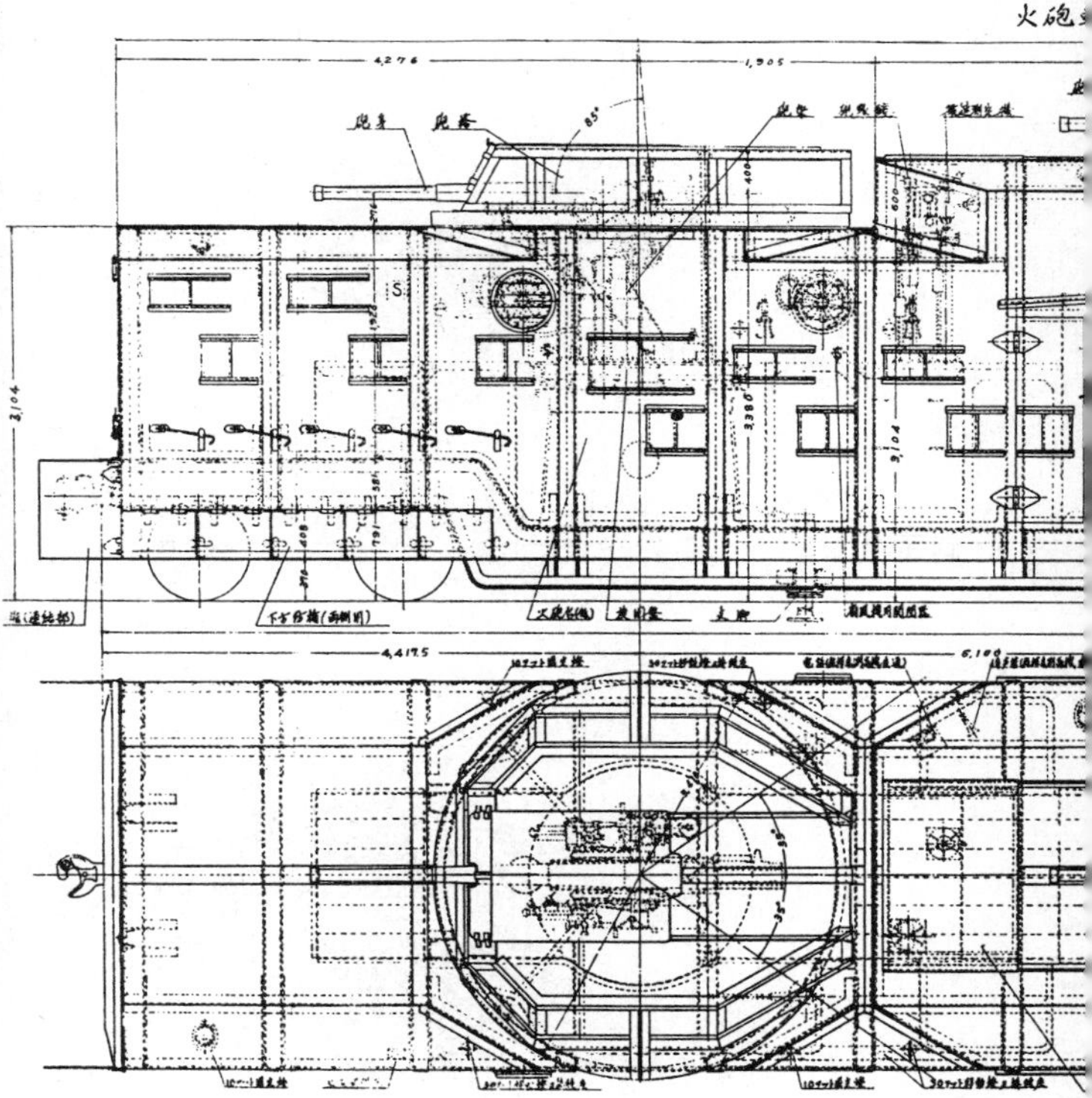

九四式装甲列車火砲車(丙)搭載
八八式七糎野戦高射砲(一部改修)

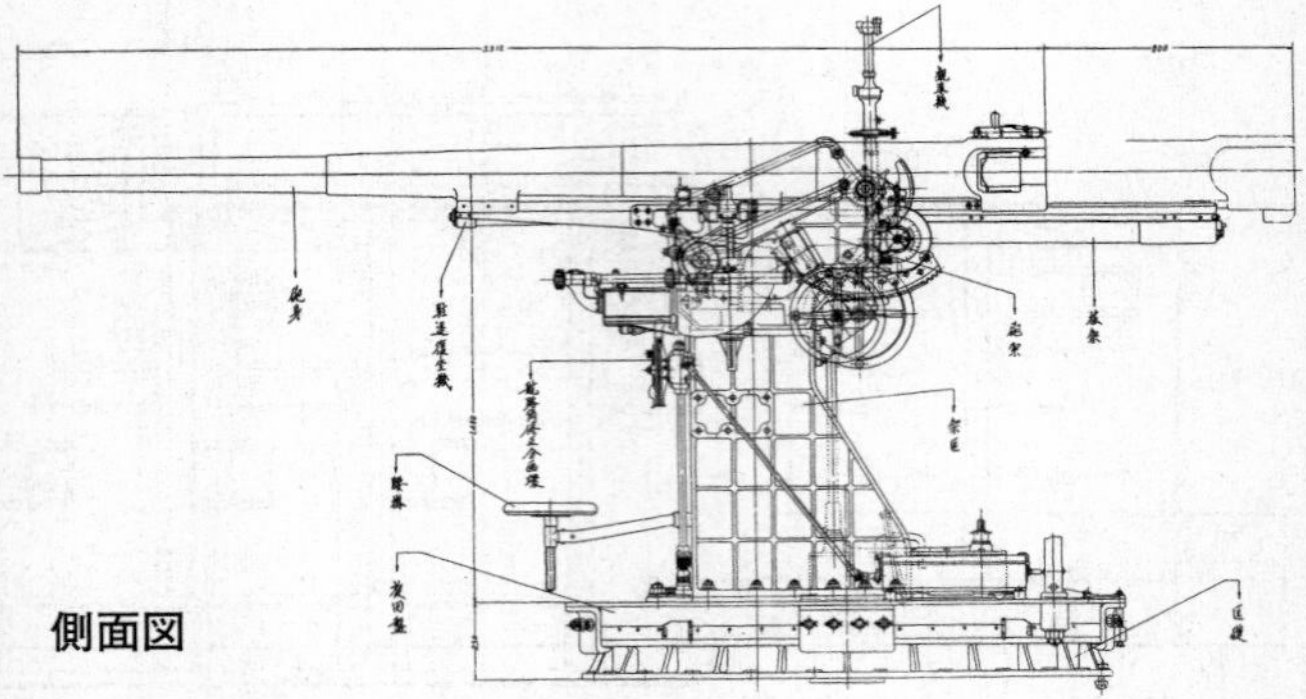

側面図

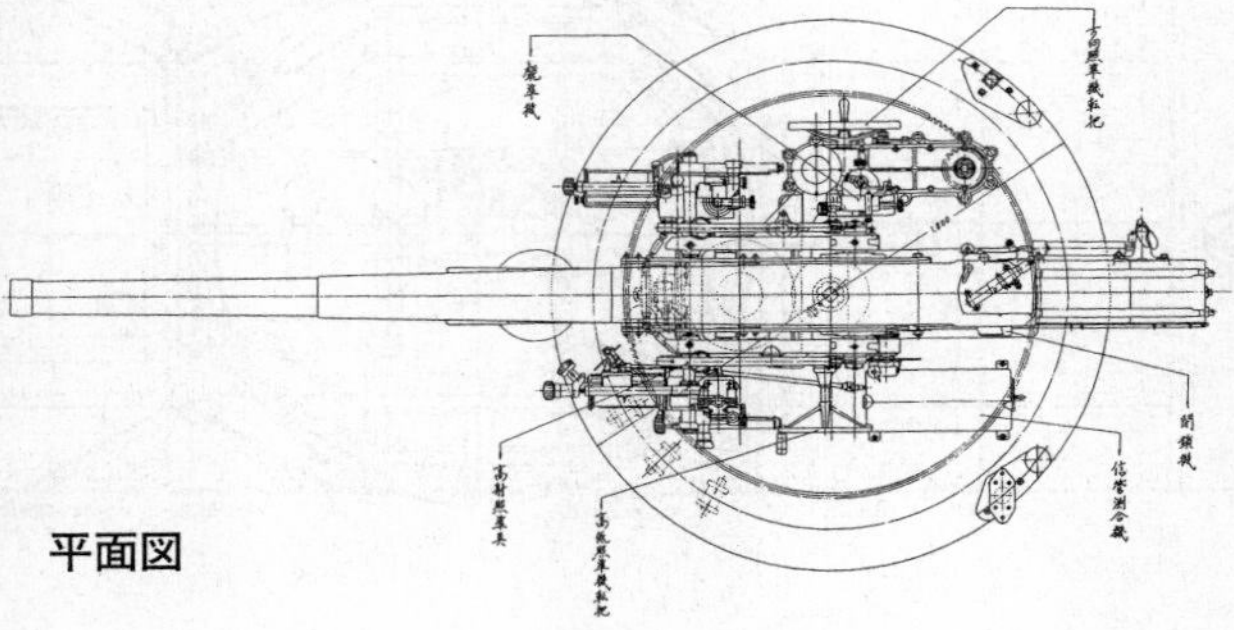

平面図

る。

2、その他の車輌の概要

機関車は満鉄軽「ミカド」型過熱蒸気機関車を汽車製造会社で改良し、満鉄に送って6㎜防楯鋼板で装甲した。

炭水車は新しく設計したもので、おおむね連続150㎞の運転に要する石炭と水を搭載する。車輌の両側に隠顕式銃塔を備え、九二式重機関銃を装備した。

指揮車は満鉄60t石炭車「タサ」型に準じて設計したもので、対空および地上戦闘の統一指揮に必要な観測設備（測高機、対空双眼鏡、観測鏡、砲隊鏡等）を持つほか、車輌の前後部に全周旋回式銃塔、遠距離用列車無線受信機、近距離用携帯無線電信機、側方照明用隠顕式30㎝探照灯2基を装備し、最大車高は4・5mとなった。

警戒車は満鉄50t石炭車「タイ」型に準じて製作したもので、火砲車甲の前方に対する平射を妨げないよう、車高は2・56mである。前方照明用30㎝探照灯1基、水平旋回式銃塔2基のほか、所要の鉄道器材、軌道修理材料を積載し、車輌前端に排障器を取り付けている。

電源車は満鉄60t石炭車「タサ」型を改造したもので、内部を電動機室、無線機室、蓄電池室に区分し、屋上に無線用空中線を張る。車輌後端には後方照明用30㎝探照灯1基、銃塔2基、排障器を備える。

装甲列車全体には標準迷彩塗装を施した。また、ソ連の1524㎜軌間鉄道へ進行する目

(上)九四式装甲列車。全８輛編成前視。昭和９年12月。大連付近。
(中)同、射撃試験。右前視。
(下)同、射撃試験。左前視。

481　九四式装甲列車

（上）火砲車（甲）右側視。
（中）火砲車（乙）右側視。
（下）火砲車（丙）右側視。

火砲車内部。八八式七糎野戦高射砲基筒部。

(上)炭水車左側視。
(下)電源車左側視。

的のために、軌間変更に必要な車輪、車軸を準備した。軌間変更の所要時間は機関車、炭水車が約6時間、その他の車輌が約2時間であった。

列車の整備重量は次のとおり。

警戒車	42・04t
火砲車（甲）	63・60t
火砲車（乙）	68・04t
火砲車（丙）	72・74t
指揮車	45・42t
機関車	95・10t
炭水車	65・80t
電源車	48・82t

九四式装甲列車火力装備

十四年式十糎高射砲	2門	最大射程15000m	平射用	1門につき破甲榴弾、尖鋭弾計200発を積載
八八式七糎野戦高射砲	2門	最大射程14000m	平高射両用	1門につき榴弾、尖鋭弾、高射用弾、特種弾計300発を積載

九二式重機関銃	1 2梃		一部平射用 大部平高射両用	機関車および火砲車丙を除く各車輌に2梃宛、1梃につき3000発を積載

ほかに自衛用として騎銃銃架を設備している。

九四式装甲列車はハルビン・香坊《こうぼう》の鉄道第三連隊に配属されて、第二装甲列車隊として任務についた。昭和十三年七月、張鼓峰事変が勃発し、関東軍は第二装甲列車隊に応急派兵を命じた。装甲列車隊は隊長が函館重砲兵連隊から、幹部将校には歩兵、砲兵、鉄道兵から各1名発令された。兵員は国境守備隊から歩兵、公主嶺から高射砲兵、鉄道第三連隊などから約200名が派遣された。当時第二装甲列車は第一装甲列車とともに鉄道第三連隊の列車庫に秘密兵器として格納されていたが、これを機会にベールを脱いだ。九四式装甲列車の編成は次のとおりである。

1号車	警戒車	九二式重軽機関銃	2
2号車	火砲車（甲）	十四年式十糎高射砲	1
3号車	火砲車（乙）	九二式重機関銃	2

2号車と同じ

4号車　火砲車（丙）
八八式七糎野戦高射砲　2

5号車　指揮車
九二式重機関銃　2

6号車　機関車

7号車　炭水車
九二式重機関銃　2

8号車　電源車
九二式重機関銃　2

これに食料などを積載した有蓋車が1輌付いた。機関車は企画秘匿のためシートで覆ったので側面から煙突は見えない。火力の主体は十四年式十糎高射砲2門と八八式七糎野戦高射砲2門で、前進方向および両側は全火力を使用できるが、後方は死界を生じた。第一装甲列車は指揮車を中央に、十四年式十糎高射砲1門、十一年式七糎半野戦高射砲2門を前方に配置し、十一年式七糎半野戦高射砲2門、改造四年式十五糎榴弾砲1門を後方に配置したが、第二装甲列車は運動性を重視して改善した。

射撃は原則として停止したうえで、砲車の安定板（車輌に4ヵ所）を下ろし、固定して行なう方式であったが、運行中でも高射砲の射撃は可能であった。火砲車（甲）は低床式の車台を使用し、他の車輌も車輌限界ぎりぎりの設計をしたので、隧道や橋梁の通過には細心の注意を払う必要があった。射撃位置は線路上であるので簡単に選定できるかといえば、暴露陣地をとると図体が大きいので敵の目標になり易く、遮蔽陣地では射撃地域を極度に制限される結果になる。また、線路に沿って多数の通信線が走っているのも無視できなかった。第二装甲列車は張鼓峰に至り、山上の敵司令部および砲兵陣地に対して距離12500mで射撃を開始した。火砲車丙は将校以下全員が高射砲隊出身で、地上目標の射撃は不慣れだったが、次々に至近弾が土煙をあげた。敵砲兵を沈黙させると、次いで交通の要点に対して試射を行ない、列車は転進した。

満鉄からソ連の広軌に乗り入れるには、当時綏陽《すいよう》に改軌設備があり、そこから国境まで二重にレールが敷設されていた。

NF文庫書き下ろし作品

NF文庫

日本陸軍の火砲 迫撃砲 噴進砲 他 新装版

二〇二三年二月二十三日 第一刷発行

著 者 佐山二郎

発行者 皆川豪志

発行所 株式会社 潮書房光人新社

〒100-8077 東京都千代田区大手町一-七-二

電話/〇三-六二八一-九八九一(代)

印刷・製本 凸版印刷株式会社

定価はカバーに表示してあります

乱丁・落丁のものはお取りかえ致します。本文は中性紙を使用

ISBN978-4-7698-3300-0 C0195

http://www.kojinsha.co.jp

NF文庫

刊行のことば

第二次世界大戦の戦火が熄《や》んで五〇年——その間、小社は夥しい数の戦争の記録を渉猟し、発掘し、常に公正なる立場を貫いて書誌とし、大方の絶讃を博して今日に及ぶが、その源は、散華された世代への熱き思い入れであり、同時に、その記録を誌して平和の礎とし、後世に伝えんとするにある。

小社の出版物は、戦記、伝記、文学、エッセイ、写真集、その他、すでに一、〇〇〇点を越え、加えて戦後五〇年になんなんとするを契機として、「光人社NF（ノンフィクション）文庫」を創刊して、読者諸賢の熱烈要望におこたえする次第である。人生のバイブルとして、心弱きときの活性の糧《かて》として、散華の世代からの感動の肉声に、あなたもぜひ、耳を傾けて下さい。